Nachrichtentechnik
Herausgegeben von H. Marko
Band 11

125

Helmut Schönfelder

Bildkommunikation

Grundlagen und Technik der analogen
und digitalen Übertragung
von Fest- und Bewegtbildern

Mit 124 Abbildungen

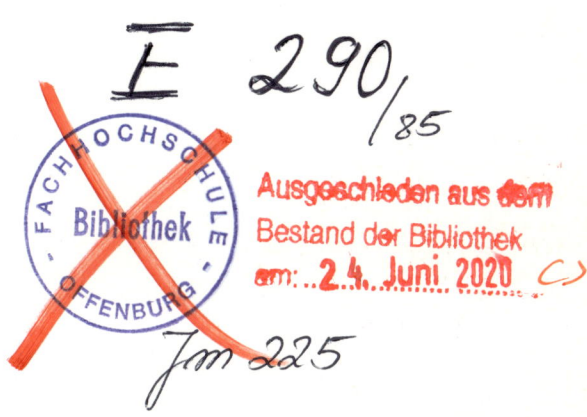
Springer-Verlag
Berlin Heidelberg New York 1983

Dr.-Ing. HELMUT SCHÖNFELDER

Professor, Institut für Nachrichtentechnik
Technische Universität Braunschweig

Dr.-Ing. HANS MARKO

Professor, Lehrstuhl für Nachrichtentechnik
Technische Universität München

CIP-Kurztitelaufnahme der Deutschen Bibliothek

Schönfelder, Helmut:
Bildkommunikation: Grundlagen u. Technik d. analogen u. digitalen Übertr. von Fest- u. Bewegtbildern / H. Schönfelder. –
Berlin; Heidelberg; New York: Springer, 1983.
(Nachrichtentechnik; Bd. 11)

ISBN 3-540-12214-1 Springer-Verlag Berlin Heidelberg New York
ISBN 0-387-12214-1 Springer-Verlag New York Heidelberg Berlin

NE: GT

Druck- und Bindearbeiten: Graphischer Betrieb Konrad Triltsch, Würzburg.
2362/3020 - 5 4 3 2 1 0

Zur Buchreihe „Nachrichtentechnik"

Die Nachrichten- oder Informationstechnik befindet sich seit vielen
Jahrzehnten in einer stetigen, oft sogar stürmisch verlaufenden Entwicklung, deren Ende nicht abzusehen ist. Durch die Fortschritte der
Technologie wurden ebenso wie durch die Verbesserung der theoretischen
Methoden nicht nur die vorhandenen Anwendungsgebiete ausgeweitet und
den sich ändernden Erfordernissen angepaßt, sondern auch neue Anwendungsgebiete erschlossen.

Zu den klassischen Aufgaben der Nachrichtenübertragung und Nachrichtenvermittlung sind die Nachrichtenverarbeitung und die Datenverarbeitung hinzugekommen, die viele Gebiete des beruflichen sowie des priva-
ten Lebens in zunehmendem Maße verändern. Die Bedürfnisse und Möglichkeiten der Raumfahrt haben gleichermaßen neue Perspektiven eröffnet
wie die verschiedenen Alternativen zur Realisierung breitbandiger Kom-
munikationsnetze. Neben die analoge ist die digitale Übertragungstechnik, neben die klassische Text-, Sprach- und Bildübertragung ist die
Datenübertragung getreten. Die Nachrichtenvermittlung im Raumvielfach
wurde durch die elektronische zeitmultiplexe Vermittlungstechnik ergänzt. Satelliten- und Glasfasertechnik haben zu neuen Übertragungsme-
dien geführt. Die Realisierung nachrichtentechnischer Schaltungen und
Systeme ist durch den Einsatz des Elektronenrechners und die digitale
Schaltungstechnik erheblich verbessert und erweitert worden. Die schnelle
Entwicklung der Halbleitertechnologie zu immer höheren Integrationsgra-
den erschließt neue Anwendungsgebiete besonders auf dem Gebiet der digitalen Technik.

Die Buchreihe "Nachrichtentechnik" trägt dieser Entwicklung Rechnung
und bietet eine zeitgemäße Darstellung der wichtigsten Themen der Nachrichtentechnik an. Die einzelnen Bände werden von Fachleuten geschrieben, die auf dem jeweiligen Gebiet kompetent sind. Jedes Buch soll in
ein bestimmtes Teilgebiet einführen, die wesentlichen heute bekannten

Ergebnisse darstellen und eine Brücke zur weiterführenden Spezialliteratur bilden. Dadurch soll es sowohl dem Studierenden bei der Einarbeitung in die jeweilige Thematik als auch dem im Beruf stehenden Ingenieur oder Physiker als Grundlagen- oder Nachschlagewerk dienen. Die einzelnen Bände sind in sich abgeschlossen, ergänzen einander jedoch innerhalb der Reihe. Damit ist eine gewisse Überschneidung unvermeidlich, ja sogar erforderlich.

Die derzeitige Planung der Reihe umfaßt die mathematischen Grundlagen, die Baugruppen und Systeme sowie die Technik der Signalverarbeitung und Signalübertragung. Eine Ergänzung bildet die Meßtechnik. Das folgende Schema zeigt den heutigen Stand der Reihe unter Einschluß der demnächst erscheinenden Bände.

Mathematische Grundlagen	Band 1 : Methoden der Systemtheorie (H. Marko) Band 4 : Numerische Berechnung linearer Netzwerke und Systeme (H. Kremer) Band 7 : Einführung in die Theorie linearer zeitdiskreter Systeme und Netzwerke (R. Lücker) Geplant: Anwendungsbeispiele zur Systemtheorie Geplant: Mehrdimensionale Systemtheorie Geplant: Kanalcodierung
Baugruppen und Systeme	Band 3 : Bau hybrider Mikroschaltungen (E. Lüder) Band 8 : Nichtlineare Schaltungen (R. Elsner) Geplant: Transistorverstärker
Signalverarbeitung	Band 5 : Prozeßrechentechnik (G. Färber) Geplant: Analoge Bildverarbeitung Geplant: Digitale Bildverarbeitung
Signalübertragung	Band 2 : Fernwirktechnik der Raumfahrt (P. Hartl) Band 6 : Nachrichtenübertragung über Satelliten (E. Herter, H. Rupp) Geplant: Millimeterwellen Band 11: Bildkommunikation (H. Schönfelder) Geplant: Lichtwellenleiter Geplant: Optimierung digitaler Übertragungssysteme
Ergänzungen	Band 9 : Nachrichten-Meßtechnik (E. Schuon, H. Wolf)

Herausgeber und Verlag danken für alle Anregungen zur weiteren Ausge-
staltung dieser Reihe. Die freundliche Aufnahme in der Fachwelt hat
die Richtigkeit der Idee, das sich schnell entwickelnde Gebiet der
Nachrichtentechnik oder Informationstechnik in einer Buchreihe darzustellen, bestätigt.

München, im Winter 1982/83   H. Marko

Vorwort

Durch die Übermittlung von Bildern läßt sich die Kommunikationswirkung
einer Nachrichtenverbindung wesentlich steigern. In den letzten 10 Jahren hat daher die Bedeutung der Bildkommunikation erheblich zugenommen.
Dies wurde aber auch begünstigt durch die eindrucksvolle Weiterentwick-
lung der Breitband-Übertragungstechnik (Mikrowellen- und Glasfasertech-
nologie) und besonders durch das stürmische Vordringen der Mikroelektronik, die zu einer digitalen Nachrichtenübertragung und Nachrichtenverarbeitung (mit den Methoden der Datenverarbeitung) geradezu heraus-
fordert, so daß diese beiden klassischen Teilgebiete der Nachrichtentechnik inzwischen zu einer umfassenden Kommunikationstechnik zusammenwachsen konnten.

Besonders auffällig ist diese Entwicklung zu einem umfassenden Kommuni-
kationssystem in der Fernsprechtechnik, die sich in den letzten Jahren
zu einer Telekommunikationstechnik erweitert hat. Zum konventionellen
Fernsprechanschluß kommen bei der modernen Bürokommunikation ein effek-
tiverer Bürofernschreiber, vor allem aber Kommunikationseinrichtungen
für Festbilder hinzu. Graphik und Schrift können dabei papiergebunden
mit Fernkopierern übertragen und bildschirmgebunden auf einem Fernsehempfänger (Bildschirmtext) wiedergegeben werden. Angestrebt wird eine
gemeinsame Übertragung all dieser Dienste über ein diensteintegrieren-
des Digitalnetz (ISDN). Man erkennt, daß durch solche Entwicklungen die
Festbildübertragung ein integrierter Bestandteil der allgemeinen Kommunikationstechnik zu werden beginnt, wie dies von der KtK (Kommission
für den Ausbau des technischen Kommunikationssystems) in ihrem 1976 er-
schienenen Abschlußbericht mehrfach empfohlen und vorausgesagt worden
war.

In zunehmendem Maße gilt das auch für die Bewegtbildsysteme, die zukünftig über den Schmalband-Bildfernsprecher Eingang in die Telekommunikation finden und - in der üblichen Breitband-Fernsehnorm - über die Glasfa-

sernetze Bestandteil einer Breitband-ISDN-Technik werden. Es wurden dazu
1981 zwei wichtige Impulse gegeben, die diese Entwicklung begünstigt haben: Die Deutsche Bundespost gab einen Glasfaser-Großversuch für den
Ortsnetzbereich - das sogenannte BIGFON - in Auftrag, und die internationalen Rundfunkgremien konnten sich auf eine digitale Fernsehnorm einigen. Damit sind die Voraussetzungen für eine zukunftsorientierte digitale Verarbeitung und Breitband-Verteilung bis zum Teilnehmer mit einer
erheblich verbesserten Bildqualität geschaffen.

Es ist deshalb ein geeigneter Zeitpunkt, die Grundprinzipien dieser nun
wesentlich erweiterten Anwendung der Bildkommunikation in einem Lehrbuch zusammenzufassen. Der digitalen Übertragungs- und Verarbeitungstechnik für Fest- und Bewegtbilder wird - den geschilderten Zukunftsas-
pekten der Bildkommunikation gemäß - ein breiter Raum gewährt. Eigene
Erfahrungen aus 13 Jahren Lehrtätigkeit an der TU Braunschweig haben
jedoch gezeigt, daß eine nur auf die Telekommunikation bezogene Lehre
der analogen und digitalen Bildübertragung nicht das nötige Rüstzeug
für die Planung oder Beurteilung solcher Übertragungsanlagen vermittelt.
Es ist vielmehr an der Zeit, die klassische Fernsehtechnikvorlesung
- also die Lehre von der Bildaufnahme, Signalkorrektur, Farbfernsehco-
dierung, Analogübertragung und Farbbildwiedergabe - mit der Behandlung
moderner digitaler Bild-Kommunikationsverfahren zusammenwachsen zu lassen.

Dies ist umso wichtiger, als gerade in den letzten 5 Jahren Diskussionen
aufgekommen sind, wie man die Qualität des bestehenden Fernsehsystems
durch den Einsatz moderner Methoden der digitalen Signalverarbeitung
verbessern könnte. In diesem Zusammenhang wurden auch die klassischen
Methoden der Bildfeldzerlegung im Lichte moderner Abtasttheorien be-
leuchtet und dabei wesentliche Erkenntnisse für die Qualitätsverbesserung gefunden. Eine ganz entscheidende Qualitätssteigerung bringt selbstverständlich der Übergang auf eine Hochzeilentechnik (HDTV). Alle diese
Fragen werden im vorliegenden Buch eingehend behandelt, ohne allerdings
auf die ingenieurmäßigen Lösungen all zu tief einzugehen, was den Rahmen
des Buches sprengen würde. Es erweist sich hingegen als sehr nützlich
für die Überlegungen zur Verbesserung des Qualitätsstandards, die klassischen Grundlagen der Bildübertragung noch einmal geschlossen darzustellen, damit sie mit den modernen Erkenntnissen der allgemeinen Bildkommunikation in einem gemeinsamen Werk vereinigt werden konnten.

Dieses Buch hätte nicht entstehen können ohne die große Unterstützung meiner beiden Mitarbeiterinnen, Frau Schalla und Frau Röttger, die den Text und die Zeichnungen für die Druckvorlagen außerordentlich sorgfältig erstellt haben. Ihnen gilt mein ganz besonderer Dank. Zu danken habe ich weiterhin meinen Wissenschaftlichen Mitarbeitern der Abteilung Fernsehtechnik und Bildübertragung im Institut für Nachrichtentechnik der TU Braunschweig - insbesondere den Diplom-Ingenieuren Buchwald, Jacobsen, Johansen und Wendler - sowie den Herren Dr. Reimers und Dr. Brand für wertvolle Diskussionen im Rahmen langjähriger Forschungsarbeiten, deren Ergebnisse in einigen Kapiteln dieses Buches ihren Niederschlag fanden. Es sei schließlich den Firmen Robert Bosch GmbH, Geschäftsbereich Fernsehanlagen in Darmstadt, Dr.-Ing. Rudolf Hell in Kiel und Siemens AG in München für die Überlassung von Vorlagen für die Bilder 39, 45, 103, 109, 116 gedankt. Nicht vergessen sei noch ein Dank an den Verlag und den Herausgeber für ihre Geduld bei der längerfristigen Erstellung des Manuskriptes.

Das Buch hat sich vorgenommen, die Brücke zwischen der klassischen Fernsehtechnik, wie sie seit vielen Jahren an einigen ingenieurwissenschaftlichen Hochschulen in Nebenfächern gelehrt wird, und der modernen Bildkommunikation zu schlagen. Es sind dabei eigene Vorlesungserfahrungen und Forschungsergebnisse aus beiden Gebieten eingeflossen. Damit dürfte der Stoff für die Studierenden der Nachrichten- bzw. Kommunikationstechnik in den höheren Semestern an Hoch- und Fachhochschulen, aber auch für den in der Praxis tätigen Fernseh- oder Telekommunikations-Ingenieur gleichermaßen interessant sein.

Braunschweig, im November 1982   H. Schönfelder

Inhaltsverzeichnis

1. Elektrooptische Wandlung

Der Aufwand einer Nachrichtenübertragung wächst mit der erforderlichen Bandbreite und der Parameterzahl. Von allen Nachrichtenformen steht die Bildübertragung bezüglich beider Faktoren an der Spitze. Dies gilt insbesondere für die Übermittlung von farbigen und bewegten Bildvorlagen. Hier soll jedoch zunächst eine Beschränkung auf die monochrome bzw. schwarzweiße Bildübertragungstechnik vorgenommen werden. Nach Bild 1 ist

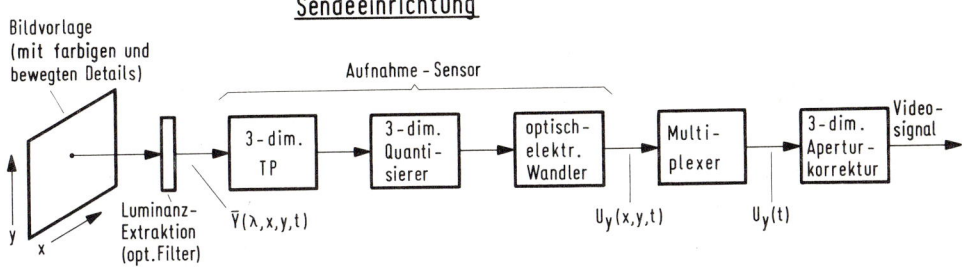

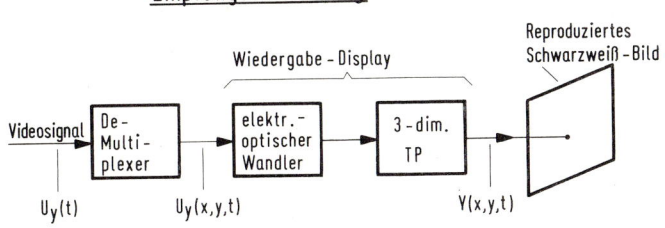

Bild 1 Die monochrome Bildübertragung als vierdimensionales Übertragungsproblem (Parameterreduktion durch Multiplextechnik)

dazu zunächst eine Luminanz-Extraktion erforderlich. Hierzu dient meist ein Filter, das die Hellempfindungskurve des Auges $\bar{y}(\lambda)$ möglichst gut anpaßt [1,Kap3.4]. Der monochrome Bildaufbau wird dann beschrieben durch die vom Ort x, y der Bildvorlage abhängige Luminanz

$$Y(x,y,t) = \int_\lambda \bar{y}(\lambda,x,y,t)\,d\lambda.$$ (1)

Diese Integration besorgt der optisch-elektrische Wandler (z.B. Halbleiter-Photoschicht der Bildaufnahmeröhre), wobei gleichzeitig die Umwandlung in das Luminanzsignal $U_y(x,y,t)$ erfolgt. Die Zeitabhängigkeit ist als vierter Parameter bereits in der Luminanzverteilung der Vorlage enthalten, da es sich ja im hier vorausgesetzten allgemeinen Fall um ein bewegtes Bild handelt, bei dem sich der Luminanzwert jedes Bildpunktes in Abhängigkeit von der Zeit verändern kann.

1.1 Quantisierung der Bildinformation

Um den übertragungstechnischen Aufwand in Grenzen zu halten, ist es erforderlich, für die drei Parameter x, y, t eine örtliche bzw. zeitliche Quantisierung durchzuführen. Statt kontinuierlicher Größen werden also durch einen Abtastvorgang (Sampling) nur diskrete Werte übertragen. In Bild 2a ist dieser Vorgang dargestellt. Angenommen wurde eine sinusförmige Luminanzänderung, die durch den Abtastvorgang in eine Treppencharakteristik verwandelt wird. Das gilt sowohl für die zeitabhängige Änderung eines Punktes auf der Bildvorlage mit der Periodizität T_p als auch für eine ortsabhängige Änderung der Luminanz in den beiden Richtungen der Bildvorlage mit den Periodizitäten X_p und Y_p bzw. den "Ortsfrequenzen" $u = 1/X_p$ und $v = 1/Y_p$. Die einzelnen Treppenstufen stellen den arithmetischen Mittelwert des orts- bzw. zeitabhängigen Verlaufes im Zeitabschnitt der jeweiligen Abtastperiode X_T, Y_T, T dar, der durch die integrierende bzw. speichernde Eigenschaft des Aufnahme-Sensors (z.B. Bildaufnahmeröhre) automatisch gegeben ist. Dieser Vorgang ist analog zu dem Abtasten des sinusförmigen Verlaufes durch einen Spalt. Das Ergebnis ist nach Kapitel 1.3.7 wiederum ein sinusförmiger Verlauf für die Amplitude am Spaltausgang, jedoch reduziert um den jeweiligen Amplitudenfaktor:

$$a(u) = \left| \frac{\sin\pi X_T u}{\pi X_T u} \right|$$ (2a)

$$a(v) = \left| \frac{\sin\pi Y_T v}{\pi Y_T v} \right|$$ (2b)

$$a(f) = \left| \frac{\sin\pi T f}{\pi T f} \right|.$$ (2c)

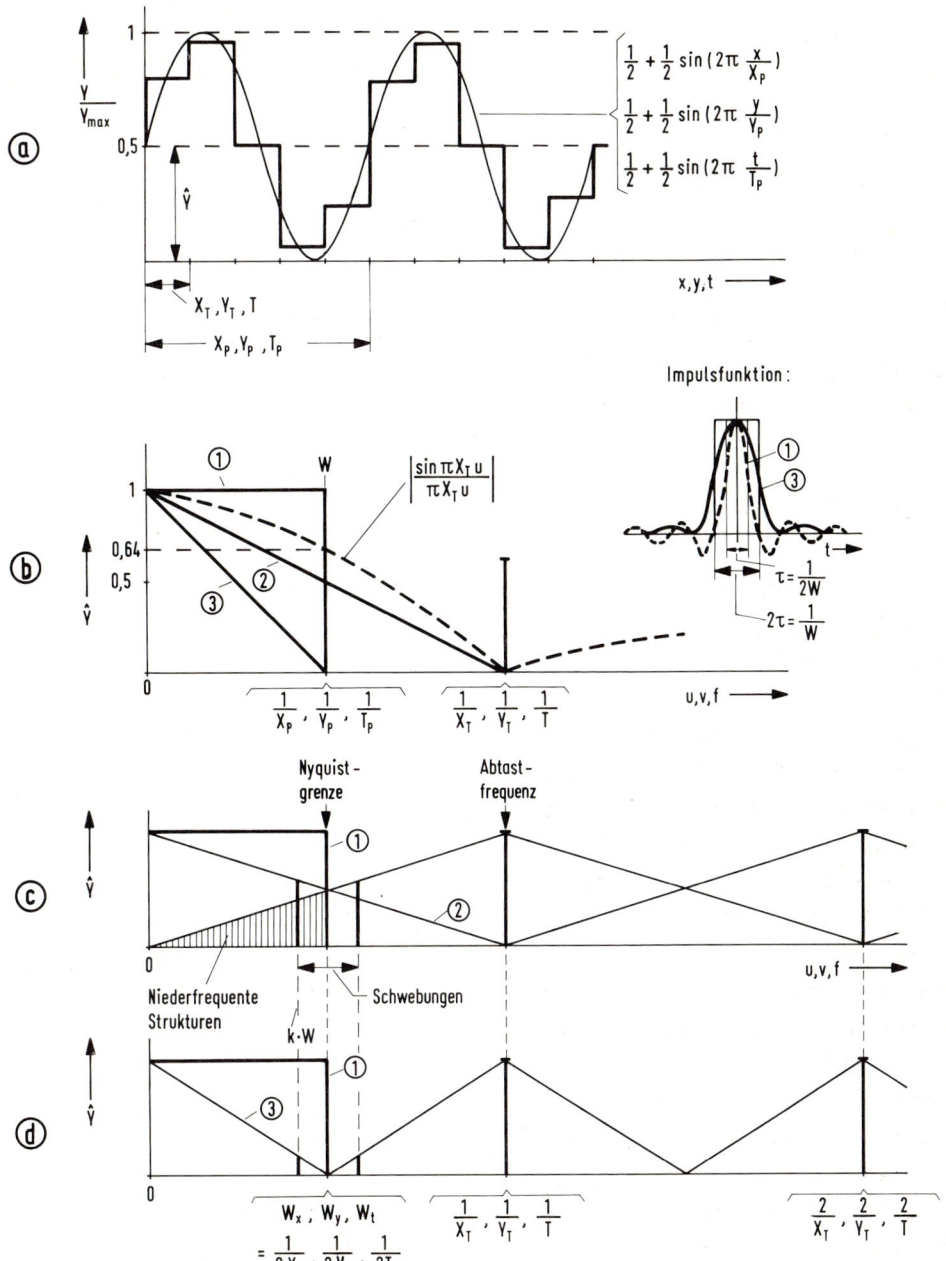

Bild 2 Abtasttheorem bei zeitlicher und örtlicher Quantisierung der
        Bildvorlage
        a) Treppencharakteristik aus Sinusverlauf durch zeitliche bzw.
           örtliche Quantisierung
        b) Optische Bandbegrenzungen (Vorfilter) und Impulsfunktionen
           hierzu
        c) Frequenzspektrum der abgetasteten Bildvorlage mit Aliasing-
           Fehler (niederfrequente Strukturen und Schwebungseffekte)
        d) Frequenzspektrum der abgetasteten Bildvorlage bei Vermeidung
           niederfrequenter Strukturen (Teil der Aliasing-Fehler) durch
           idealisiertes Vorfilter

Es handelt sich also um si-Funktionen, deren Amplitudenverlauf in
Bild 2b gestrichelt eingezeichnet ist. Dieser Frequenzgang läßt sich
entzerren (Kap1.3.7), so daß diesbezüglich die Quantisierung keinen Fehler hervorruft.

1.2 Erfüllung des Abtasttheorems

Eine sehr wichtige Bedingung für die Realisierung einer verzerrungs- und
störungsfreien Bildwiedergabe trotz Quantisierung der Bildinformation
ist die Einhaltung des Abtasttheorems [2,Kap3]. Dieses erfordert zunächst eine Bandbegrenzung des abzutastenden Signals auf die Orts- oder
Zeitfrequenz W und die Einhaltung der Bedingungen:

$$W_x \leq \frac{1}{2X_T}, \quad W_y \leq \frac{1}{2Y_T}, \quad W_t \leq \frac{1}{2T} \tag{3a}$$

oder:

$$X_T \leq \frac{X_p}{2}, \quad Y_T \leq \frac{Y_p}{2}, \quad T \leq \frac{T_p}{2}. \tag{3b}$$

Auf eine Halbwelle der sinusförmigen Luminanzänderung muß also wenigstens eine Abtastperiode fallen. Für den Fall, daß der durch die Quantisierung sowie weitere frequenzgangreduzierende Einflüsse (z.B. Aperturfehler nach Kapitel 1.3.7) hervorgerufene Frequenzgangabfall näherungsweise linear - entsprechend der Charakteristik (2) in Bild 2b - angenommen wird, zeigt Bild 2c, welche Störfrequenzlinien (schraffierter Bereich) in das Videofrequenzband fallen, wenn die Grenzfrequenz W nach
Gl. (3a) überschritten wird [2,Kap3.1]. Diese sogenannten "Aliasing-Fehler" verursachen störende Interferenz- und Schwebungseffekte. Beispiele
für solche Abtastfehler sind:

1. Im zeitabhängigen Luminanzverlauf
   a) Flimmern und ruckweiser Bewegungsablauf
   b) Ein sich scheinbar rückwärts drehendes Speichenrad bei zu schnel-
      ler Drehung (Stroboskopeffekt = Differenz zwischen Bildfrequenz
      und Speichenfrequenz)

2. Im ortsabhängigen Luminanzverlauf
   a) Treppenstrukturen an diagonalen Kanten
   b) Niederfrequente Strukturen durch die in den Übertragungsbereich
      fallenden Seitenlinien der Abtastfrequenz nach Bild 2c (schraf-

fierte Linien). Siehe Bild 20a für das Beispiel Zeilenquantisierung in der Nähe der Abtastfrequenz
c) Schwebungseffekte zwischen Strichrasterlinien und den entsprechenden Seitenlinien der Abtastfrequenz nach Bild 2c. Siehe Bild 20a
für das Beispiel Zeilenquantisierung in der Nähe der halben Abtastfrequenz.

Solche Effekte lassen sich vermeiden, wenn vor der Quantisierung - also
auf der optischen Seite - die ideale Bandbegrenzung (1) nach Bild 2b
vorgenommen wird. Das gilt für die 3 Parameter x, y, t, weshalb in
Bild 1 vor dem dreidimensionalen Quantisierer ein dreidimensionales
Tiefpaßfilter angeordnet wurde. Auch am Ausgang eines solchen Sampling-
systems muß nach Bild 2c ein Tiefpaßfilter angeordnet werden (es integriert die Treppenstufen aus), was in Bild 1 als dreidimensionales Tiefpaßfilter hinter dem elektrisch-optischen Wandler berücksichtigt wurde.

Ferner soll die Forderung nach einem Nach- bzw. Vorfilter für die beiden Samplingprozesse der Sende- und Empfangseinrichtung durch die Annahme eines idealen Rechteckfilters für den Übertragungskanal der Bandbreite W erfüllt sein.

Der ideale Rechteck-Tiefpaß mit der Bandgrenze W führt dann nach dem in
Bild 2b eingetragenen Verlauf der Impulsfunktion (1) zur geringsten Impulsbreite $\tau = 1/2W$, was der kleinstmöglichen auflösbaren Bildpunktbreite entspricht:

$$s = \frac{1}{2W}. \tag{4a}$$

Mit dem Grenzwert des Abtasttheorems nach Gl. (3) bedeutet das für die
drei Dimensionen:

$$s = X_T, Y_T, T = \frac{X_p}{2}, \frac{Y_p}{2}, \frac{T_p}{2}. \tag{4b}$$

Es ist nun praktisch unmöglich, derartig steil abschneidende Tiefpässe
auf der optischen Seite zu realisieren. Schaut man sich den Verlauf des
über ein solches Tiefpaßfilter übertragenen Impulses (1) in Bild 2b ge-
nauer an, dann erkennt man, daß aber auch negative Pendelamplituden vor
und hinter dem Impuls auftreten [2,Kap5.2.1]. Negative Lichtwechsel sind
jedoch nicht denkbar. Der lineare Frequenzgangabfall (3) in Bild 2b
zeigt eine demgegenüber praktisch realisierbare Form der Bandbegrenzung;
denn die zugehörige Impulsfunktion weist dann nur noch positive Wechsel

auf. Die hierbei auftretende Impulsbreite $\tau = 1/W$ hat sich jedoch genau
verdoppelt, da die Fläche unter der Frequenzkurve halbiert wurde.

Nach Bild 2d würde sich bei einer solch linear abfallenden Bandbegrenzung (3) keine Spektrenüberschneidung mehr ergeben, die beschriebenen
Aliasingfehler entfallen somit. In der Praxis wird dieser gewünschte
Frequenzgangabfall für den ortsabhängigen Luminanzverlauf bereits durch
den Aperturfehler des optisch-elektrischen Wandlers (Kap1.3.7) in der
Tendenz nachgebildet (gestrichelter Frequenzgangabfall in Bild 2b). Seine Ursachen sind der endliche Durchmesser des Abtaststrahles und die Unschärfe durch Bildpunktverkopplungen auf der Signalplatte des optisch-
elektrischen Wandlers sowie das Objektiv. Meist ist jedoch eine zusätzliche optische Unschärfe notwendig, um den bis zur Bandgrenze linear abfallenden Frequenzgang (3) in Bild 2b wenigstens näherungsweise zu erreichen und damit die Aliasingfehler nach Bild 20b zu vermeiden.

Mit einer solchen systemtheoretisch richtigen Betriebsweise des Bild-
übertragungssystems läßt sich jedoch - wie bereits nach Bild 2b erläu-
tert wurde - nur die doppelte Impulsbreite (gegenüber dem idealisierten
Rechteckfilter) erzielen. Der kleinste auflösbare Bildpunkt nach Gl. (4)
$s = 1/2W = X_T, Y_T$, T wird also um den Faktor 2 verbreitert, d.h. die
Bildschärfe wird halbiert.

In der Praxis ist kaum damit zu rechnen, daß der in Bild 1 dargestellte
idealisierte Fall zur Vermeidung von Aliasingfehlern vorliegt. Er würde
jeweils einen dreidimensionalen optischen Tiefpaß am Eingang und Ausgang des Systems erforderlich machen, der den in Bild 2b, Kurve (3),
dargestellten örtlichen und zeitlichen Frequenzgangabfällen entspricht.
Systemtheoretisch wäre es dann auch möglich, den durch diese beiden Filter hervorgerufenen Schärfeverlust auf der elektrischen Seite [3] - z.B.
nach Bild 1 am Ausgang der Sendeeinrichtung - durch eine dreidimensionale Aperturkorrektur zu kompensieren. Die zu den beiden Tiefpaßcharakte-
ristiken komplementären Frequenzganganhebungen sind in der Lage, über
das Gesamtsystem wieder die ideale Tiefpaßcharakteristik mit der Bandbreite W entsprechend (1) in Bild 2b zu erzeugen, so daß auch wieder die
volle Bildschärfe mit der Übertragung einer kleinsten Bildpunktbreite
$s = 1/2W = X_T, Y_T$, T nach Gl. (4) ermöglicht würde.

Es ist jedoch in der Praxis eines Bildübertragungssystems nicht üblich
- und aus Störabstandsgründen auch nicht möglich -, eine dem Frequenzgang (3) in Bild 2b entsprechende optische Unschärfe einzustellen und

diese durch eine solch starke Frequenzganganhebung auszugleichen. Im
Höchstfall wird eine zweidimensionale Aperturkorrektur (Kap1.3.7) verwendet, die dann nur den wesentlich geringeren Frequenzgangabfall des
optisch-elektrischen Wandlers (Aperturfehler) ausgleicht. Die Verhältnisse entsprechen etwa der optischen Bandbegrenzung (2) in Bild 2b. Die
damit verbundenen Aliasingfehler, wie sie zu Beginn dieses Kapitels beschrieben wurden, nimmt man in der Praxis in Kauf.

Bei der Zeilenquantisierung ist es insbesondere im normalen Fernsehsystem nicht möglich, die für eine Vermeidung aller Aliasingfehler systemtheoretisch zusätzlich zu fordernde Nachfilterung (Vertikalfilter mit
der Bandbreite W_y) zu realisieren. Nach Bild 2d werden dann zwar durch
das ideal angenommene optische Vorfilter alle niederfrequenten Strukturen (in der Nähe der Abtastfrequenz $\stackrel{\wedge}{=}$ 1250 Strichrasterzeilen) vermieden, es verbleiben jedoch die Schwebungseffekte zwischen den Strichrasterlinien und den entsprechenden Seitenlinien der Abtastfrequenz (in
der Nähe der halben Abtastfrequenz $\stackrel{\wedge}{=}$ 625 bzw. 313 Strichrasterzeilen in
Bild 20a wegen halbierter Zeilenzahl).

Eine nahezu klassische Frage der Fernsehtechnik ist daher die Ermittlung der Strichrasterfrequenz k · W (Bild 2d), für die der Beobachter
eine - sich mit der unteren Seitenlinie der Abtastfrequenz bildende -
Schwebungsstruktur gerade noch toleriert. Dabei ist W die halbe Abtastfrequenz und k der sogenannte "Kell-Faktor". Dieser Faktor wurde nach
dem ersten der drei Autoren in der historischen Arbeit [4] benannt.
Hier wird eine experimentelle Studie beschrieben, die den Faktor

$$k = \frac{k \cdot W_y}{W_y} = \frac{k \cdot 1/2Y_T}{1/2Y_T} = 0,64 \tag{5}$$

aufgrund subjektiver Untersuchungen mit Versuchspersonen definiert.
Nach der damaligen Nomenklatur können mit 100 Fernsehzeilen ($\stackrel{\wedge}{=} W_y$) nur
64 Strichrasterlinien ($\stackrel{\wedge}{=} k \cdot W_y$) mit tolerierbarer Schwebung übertragen
werden. Dieser Wert k = 0,64 wird auch in der nachfolgenden Berechnung
der Übertragungsbandbreite (Kap1.3.4.2) verwendet.

In der neueren Arbeit [5] werden solche subjektiven Studien über die gerade noch zulässige Schwebungsstruktur auf die Horizontale des Bildes
(Abtastrichtung x) erweitert, was beim Halbleiter-Bildsensor mit seiner
quantisierten Ladungsverteilung in x-Richtung von aktuellem Interesse

ist (Kap1.4.4). Es zeigt sich, daß die Größe des "Horizontalen Kell-Faktors" im wesentlichen von der Form der Bandbegrenzung des Nachfilters (im Verstärkerzug und Übertragungskanal) abhängig ist, was sich ja für die Abtastrichtung x - im Gegensatz zur Zeilenquantisierung in y-Richtung - leicht durch eine entsprechende Filtercharakteristik beeinflussen läßt. In [5] wird insbesondere gezeigt, daß für den Fall des nachgeschalteten idealen Übertragungskanals mit der Rechteck-Bandbegrenzung W_y nach Bild 2d der "Horizontale Kell-Faktor" k' = 1 wird, was von der Steilheit der Bandbegrenzung vor der Abtastung - also im optisch-elektrischen Bereich - praktisch unabhängig ist.

1.3 Bildfeldzerlegung

1.3.1 Anpassung an die visuelle Auflösung (Irrelevanzreduktion)

Die in Kapitel 1.1 besprochene Quantisierung der Bildvorlage soll nun näher erläutert werden. Es ist insbesondere der Zusammenhang zwischen Quantisierungsfeinheit und Auflösungsvermögen des Auges von Interesse. Man wird selbstverständlich bestrebt sein, die Quantisierung nicht feiner zu wählen, als es der Auflösungsgrenze des Auges entspricht. Diese weitgehend optimale Anpassung der Quantisierungsstufenzahl an die Leistungsfähigkeit des Auges nennt man "Irrelevanzreduktion" [6], da durch die Quantisierung nur solche Anteile der Bildvorlage unterdrückt werden, die für den Erkennungsvorgang des Auges nicht relevant sind. Die Quantisierungsstufenzahl wird also bei dieser Irrelevanzreduktion auf den durch psychooptische Verhältnisse vorgegebenen Minimalwert reduziert, was einer Reduktion des übertragungstechnischen Aufwandes auf den möglichen Grenzwert gleichkommt. Bei der Übertragung ruhender Bildvorlagen ist nur die ortsabhängige Quantisierung von Interesse, bei bewegten Bildern kommt noch das Problem der zeitabhängigen Quantisierung hinzu.

1.3.1.1 Zeitabhängige Quantisierung

Die zeitabhängige Quantisierung bewegter Bilder wird in der Kinotechnik dadurch realisiert, daß man dem Auge Einzelbilder in schneller Folge anbietet. Vom Gesichtssinn wird dies als kontinuierliche Bewegung empfunden, solange die Bildfrequenz über etwa 16 Bilder/sec liegt. Man nutzt hier das zeitliche Integrationsvermögen des Auges.

Die Speicherwirkung des Gesichtssinnes ist allerdings unvollkommen. So tritt bei zu geringer Bildfrequenz eine periodische Schwankung in der Hellempfindung auf, die sich als Flimmerstörung bemerkbar macht. Zwar liegt bei 16 Hz die Grenze der Bewegungsauflösung, d.h. Bewegungen werden trotz der Einzelbildprojektion als kontinuierlich empfunden, die Flimmergrenze liegt jedoch bei einer viel höheren Bildfrequenz.

In Bild 3 ist das Ergebnis einschlägiger psychooptischer Versuche dargestellt [1,Kap2.3]. Mit zunehmender Leuchtdichte B[asb] der Bildwieder-

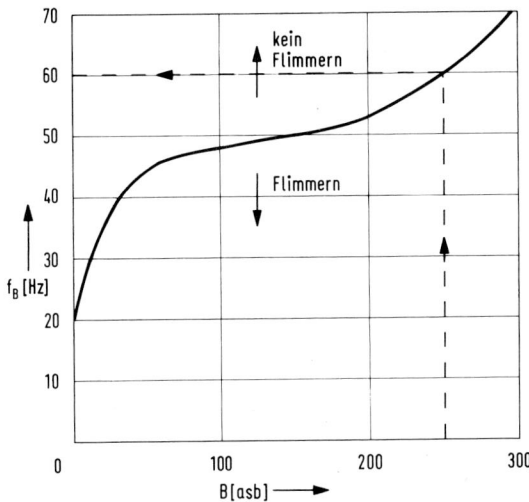

Bild 3 Psychooptisch ermittelte Grenzwerte der Bildfrequenz f_B für den Flimmereffekt als Funktion der Leuchtdichte B

gabe muß demnach die Bildfrequenz f_B[Hz] erhöht werden, um störendes Bildflimmern zu vermeiden. Da die Spitzenleuchtdichte auch bei Fernsehbildern kaum über 250 asb hinausgeht, muß die Bildfrequenz nach Bild 3 zwischen 50 und 60 Hz (= Bilder/sec) gewählt werden.

Somit besteht nun eine erhebliche Diskrepanz zwischen dem Grenzwert der Bildfrequenz 16 Hz für die Bewegungsauflösung und dem Grenzwert 50 Hz für die Flimmerstörung. Keinesfalls möchte man nur wegen der Flimmerstörung die Zahl der Bilder pro Sekunde um fast den Faktor 3 erhöhen. Die Kinotechnik konnte dieses Problem lösen, indem sie mit zusätzlichen Sektoren in der Scheibenblende den Lichtstrom des Projektors während der Projektion eines Bildes noch zweimal unterbricht, so daß trotz

einer Bildfrequenz von 16 Hz die Pulsfrequenz des Lichtes dem Auge mit
16·3 = 48 Hz dargeboten wird. Bei den Normalfilm-Projektoren mit 24 Bil-
dern/sec benötigt man nur eine weitere Unterbrechung, so daß sich ebenfalls eine Pulsfrequenz des Lichtes von 24·2 = 48 Hz ergibt [7,KapVB].

In der Fernsehtechnik wäre ein derartiges Verfahren nur möglich, wenn
man empfängerseitig einen Bildspeicher zur Verfügung hätte, um das komplette Bild mehrfach abfragen zu können. Da dies bei heutigen Fernsehanlagen nicht der Fall ist, wird das sogenannte Zwischenzeilenverfahren
angewendet, mit dem ebenfalls eine Verdopplung der Pulsfrequenz des
Lichtes erzielt werden kann (Kap. 1.3.5.2).

1.3.1.2 Ortsabhängige Quantisierung

Nach Bild 4 wird die Fläche der Bildvorlage in ρ gleichgroße quadratische Bildpunkte unterteilt. Ist die Bildpunktzahl zu klein, dann ergeben

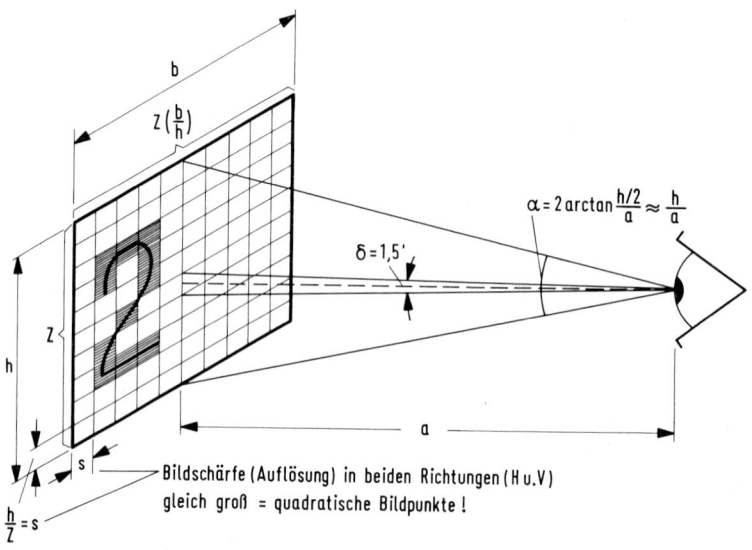

Bild 4 Abschätzung der kleinstmöglichen Bildpunktzahl

sich bei diagonalen Bildstrukturen treppenförmige Konturen (Aliasingfehler nach Kap. 1.2). Der nach Bild 1 notwendige optische Tiefpaß hinter
dem elektrisch-optischen Wandler (Wiedergabe-Display) wird in der Praxis
durch das begrenzte Auflösungsvermögen des Auges - also durch die geome-

trische Integrationswirkung des Gesichtssinnes - realisiert. Allerdings
trifft das nur bei einem entsprechenden Betrachtungsabstand zu, wenn die
Bildpunktgröße innerhalb des Winkels der Grenzauflösung δ liegt.

Umgekehrt kann man nach Bild 4 bei einem festgelegten Norm-Betrachtungsabstand a mit dem hierzu gehörenden Betrachtungswinkel α und der Näherung

$$\tan\alpha/2 = \frac{h/2}{a} \approx \alpha/2 \qquad\qquad (6a)$$

sowie der Näherung für den Winkel der Grenzauflösung des Auges

$$\tan\delta/2 = \frac{s/2}{a} \approx \delta/2 \qquad\qquad (6b)$$

folgende Bildpunktzahl Z für die Vertikale des Bildes ermitteln:

$$z = \frac{h}{s} \approx \frac{\alpha}{\delta}. \qquad\qquad (7)$$

Die gesamte Bildpunktzahl ergibt sich dann bei den quadratisch angenommenen Bildpunkten (gleiche Auflösung in vertikaler und horizontaler
Richtung) aus

$$\rho = z^2(\frac{b}{h}), \qquad\qquad (8)$$

wenn b/h das Seitenverhältnis des Bildes darstellt.

Die nach den Formeln (7) und (8) zu errechnenden kleinstmöglichen Bildpunktzahlen sind in Tabelle 1 für den Fernseh-Bildschirm und für das

Tabelle 1:   Kleinstmögliche vertikale Bildpunktzahl Z (bzw. Zeilenzahl)
             und Gesamt-Bildpunktzahl ρ für Fernseh- und Telebildsystem

	a	α	Z nach Gl. (7)	b/h	ρ nach Gl. (8)
Fernsehen	(4 ... 5)h	$\approx 15^\circ$	600	4/3	$0,5 \cdot 10^6$
Telebild	(2 ... 2,3)h a = 25...30 cm, h = 13 cm	$\approx 25^\circ$	1000	$\frac{18\ cm}{13\ cm}$	$1,4 \cdot 10^6$

Telebild bei einem Winkel der Grenzauflösung von $\delta = 1,5'$ zusammengestellt. Für das Fernsehbild ist dabei der empfohlene Betrachtungsabstand 4...5 mal Bildhöhe zugrunde gelegt, während man für ein bildtele-
grafisch über Telefonleitung übertragenes Bild im Presseformat 13 x 18cm
(Telebild) nur einen Betrachtungsabstand 25...30 cm in Rechnung setzen
darf, so daß sich eine wesentlich höhere Bildpunktzahl ergibt.

Bisher wurde die Bildpunktzahl nur nach dem Grenzfall einer durch das
Auge gerade noch verursachten Ausintegration des Bildpunktmusters gewählt. Welche Details mit diesen gewählten Bildpunktzahlen tatsächlich
aufgelöst werden können, soll in dem späteren Kapitel 1.3.8 behandelt
werden.

Der Gesichtssinn wirkt mit seinem zeitlichen und geometrischen Integrationsvermögen wie ein räumlicher Tiefpaß, dessen Orts-Grenzfrequenz
(nach Tabelle 1) 600 Bildpunkte/15° = 40 Bildpunkte/$^{\circ}$ und dessen Zeit-
Grenzfrequenz (nach Bild 3) 60 Hz beträgt. Die Leistungsfähigkeit des
Gesichtssinnes läßt sich daher durch das folgende Produkt beschreiben:

$$40 \cdot 40 \cdot 60 = 96000 \text{ Bildpunkte/s}, \tag{9a}$$

wobei dies auf eine quadratische Betrachtungsfläche bezogen ist, die das
Auge in der Vertikalen und in der Horizontalen unter einem Winkel von je
1° sieht. Das entspricht etwa dem Bereich des schärfsten Sehens, bedingt
durch die Abmessungen der "fovea centralis" (größte Zäpfchendichte) auf
der Netzhaut des Auges.

Nimmt man noch das bisher nicht berücksichtigte Helligkeits-Unterschei-
dungsvermögen des Auges dazu, das etwa 127 Pegelstufen = 7 bit/Bildpunkt
entspricht, dann kann man den folgenden vom Gesichtssinn verarbeitbaren
maximalen Nachrichtenfluß - auch "Kanalkapazität" genannt - mit Gl. (9a)
errechnen:

$$96000 \cdot 7 = 672 \text{ kbit/s}. \tag{9b}$$

Wenn es nun bei einer Fernsehübertragung möglich wäre, immer nur das
Bilddetail mit maximaler Auflösung zu übertragen, welches vom Auge gerade mit der "fovea centralis" beobachtet wird, dann könnte man tatsächlich mit dem vom Gesichtssinn gerade verarbeitbaren Nachrichtenfluß (9b)
von 0,67 Mbit/s auskommen. Selbstverständlich müssen jedoch alle Bilddetails mit der gleichen maximalen Auflösung übertragen werden, so daß

der auf 1^O x 1^O bezogene Nachrichtenfluß (9b) noch mit dem üblichen Betrachtungswinkel 15° x 15° (Tabelle 1) für Höhe und Breite des Bildes
(für die Abschätzung quadratisch angenommen) multipliziert werden muß:

$$0,672 \cdot (\frac{15^O}{1^O})^2 \approx 150 \text{ Mbit/s.} \tag{10}$$

In Kapitel 1.3.5.2 wird gezeigt, daß durch ein sogenanntes Zwischenzeilenverfahren die Bildfrequenz halbiert werden kann ohne Erhöhung der
Flimmerwirkung in den großen Flächen des Bildes (Irrelevanzreduktion),
so daß man mit dem an die Leistungsfähigkeit des Auges angepaßten Nachrichtenfluß einer Fernsehübertragung auf etwa 75 Mbit/s kommt.

1.3.2 Parameterreduktion durch Frequenzmultiplextechnik

In Bild 1 wurde dargestellt, daß am Ausgang des optisch-elektrischen
Wandlers ein Luminanzsignal $U_y(x,y,t)$ zur Verfügung steht, das noch
prinzipiell von drei Parametern abhängig ist. In einer praktischen Ausführung des optisch-elektrischen Wandlers wäre es dann nach Bild 5a z.B.
denkbar, daß von jedem Bildpunkt auf der fotoelektrischen Schicht eine
Signalleitung abgezweigt wird. Für die Bildübertragung steht jedoch nur

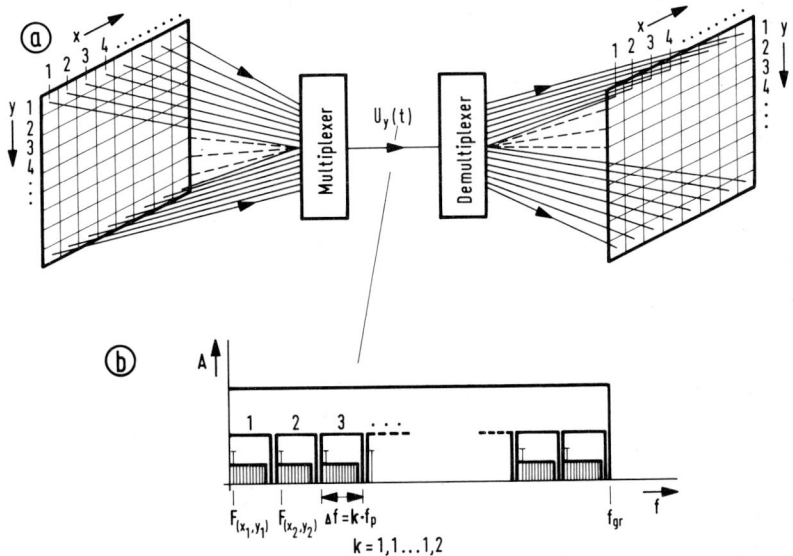

Bild 5 Frequenzmultiplex-System

eine Leitung zur Verfügung, über die man lediglich ein einziges Signal $U_y(t)$ übertragen kann. Die notwendige Parameterreduktion von x, y, t auf t erfolgt nach Bild 5a im Multiplexer dadurch, daß man die zeitabhängige Luminanzinformation jedes einzelnen Bildpunktes verschiedenen Trägerfrequenzen aufmoduliert, deren Summe dann übertragen wird:

$$U_y(x,y,t) = U_{y1}(t) \cdot \sin[2\pi F(x_1,y_1) \cdot t]$$
$$+ U_{y2}(t) \cdot \sin[2\pi F(x_2,y_1) \cdot t] \qquad\qquad (11)$$
$$+ \ldots\ldots\ldots\ldots\ldots\ldots\ldots = U_y(t) .$$

Nach Bild 5b wird für die Übertragung der einzelnen Kanäle eine Restseitenbandtechnik gewählt, so daß nur eine Bandbreite von $\kappa \cdot f_p$ pro Kanal zur Verfügung stehen muß. Dabei ist f_p die maximale Bildpunktfrequenz. Sie wird im Extremfall $f_p = f_B/2$ - also gleich der halben Bildfrequenz - betragen, da sie damit gerade unterhalb der zeitlichen Integrationsgrenze des Auges liegt. Der Faktor $\kappa = 1,1 \ldots 1,2$ berücksichtigt den für die Übermittlung des unteren Restseitenbandes erforderlichen Mehrbedarf an Bandbreite pro Bildpunktkanal.

Es sind nun bei einer Gesamt-Bildpunktzahl ρ natürlich auch ρ Bildpunkt-Frequenzkanäle erforderlich, so daß sich als Gesamt-Bandbreite des Fernseh-Übertragungskanals ergibt:

$$f_{gr} = \Delta f \cdot \rho = \kappa \cdot f_p \cdot \rho = \kappa \cdot \frac{1}{2}\rho \cdot f_B. \qquad\qquad (12)$$

Das folgende Kapitel wird zeigen, daß sich für das Zeitmultiplex-System die gleiche Bandbreiteformel ergibt, die jedoch nach Gl. (14b) den Faktor κ nicht enthält, so daß sich eine bis zu 20% niedrigere Bandbreite des Fernsehkanals ergibt. Dies und die Tatsache, daß es bisher noch keinen geeigneten optisch-elektrischen Wandler gibt, der einen simultanen Zugriff zu den einzelnen Bildpunkten gestattet, sind die Gründe, warum man bei allen Bildübertragungssystemen ausschließlich die Zeitmultiplex-Methode zur Parameterreduktion verwendet.

1.3.3 Parameterreduktion durch Zeitmultiplextechnik (Abtastung)

Bei der in Bild 6a dargestellten Zeitmultiplextechnik werden die Bildpunktinformationen nicht mehr gleichzeitig, sondern zeitlich nacheinander über die einzige zur Verfügung stehende Übertragungsleitung übermittelt. Üblich ist das zeilenweise Abtasten der einzelnen Bildpunkte,

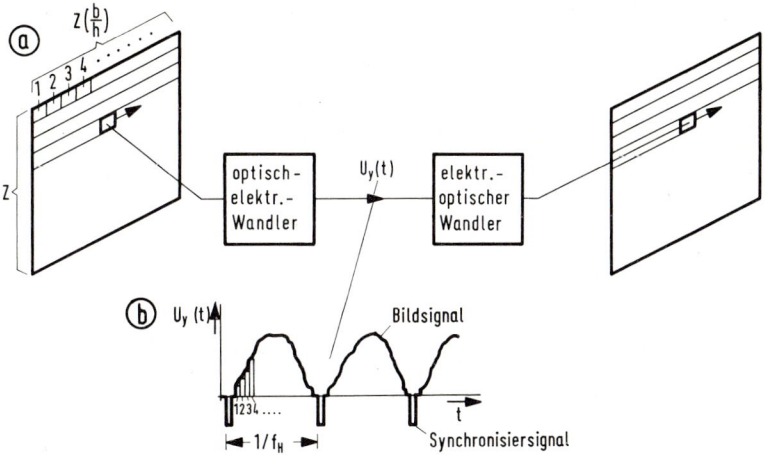

<u>Bild 6</u> Zeitmultiplex-System

da hiermit eine einfache Synchronisiertechnik verbunden ist (vergl.
Kap. 1.3.5.1). Der optisch-elektrische Wandler und der Multiplexer nach
Bild 1 verschmelzen nunmehr zu einer Einheit, da die bildpunktsequenti-
elle Abtastung bei der Bildaufnahmeröhre durch serielle Entladungen der
Signalplatten-Elemente mittels eines zeilenweise abgelenkten Kathoden-
strahles realisiert wird.

Auch auf der Wiedergabeseite sind jetzt Demultiplexer und elektrisch-op-
tischer Wandler (Bild 1) vereinigt, und zwar in der Bildwiedergaberöhre.
Der Ablenkvorgang muß selbstverständlich auf der Aufnahme- und Wiedergabeseite synchron verlaufen, was durch die Übertragung eines Synchronisierimpulses nach jeder Zeile (<u>Bild 6b</u>) bewirkt wird (Kap. 1.3.5.1).
Zwischen zwei Zeilensynchronsignalen liegen die zeitlich hintereinander
übertragenen Bildpunktinformationen, wobei mit jeder zeitlichen Lage der
betreffenden Bildpunktinformation durch den Abtastvorgang auch der geo-
metrische Ort verbunden ist:

$$x = x(t); \quad y = y(t).$$ (13a)

Damit wird die Parameterreduktion offensichtlich:

$$U_y(x,y,t) = U_y[x(t),y(t),t] = U_y(t).$$ (13b)

Wichtig ist nun auch hier die Frage nach der Bandbreite, die bei Übertragung eines solchen seriellen Fernsehsignals zur Verfügung stehen muß.

Sie läßt sich grob abschätzen, wenn man die maximal auftretende Abtastfrequenz als die in einer Bildperiode übertragene Gesamtzahl der Bildpunkte definiert:

$$\frac{1}{T} = \frac{\rho}{1/f_B} = \rho \cdot f_B. \tag{14a}$$

Nach dem Abtasttheorem (3a) (vergl. Bild 2d) wird dann mit Gl. (14a):

$$f_{gr} \equiv W = \frac{1}{2T} = \frac{1}{2}\rho \cdot f_B. \tag{14b}$$

Mit $1/f_B = T_B$ läßt sich Gl. (14b) in einer Form schreiben:

$$f_{gr} \cdot T_B = \rho/2, \tag{15}$$

die das Zeitgesetz der elektrischen Nachrichtentechnik anschaulich zu
interpretieren gestattet und insbesondere auch für die Telebildübertragung Gültigkeit hat. Da nach Gl. (15) das Produkt aus Bandbreite und
Übertragungszeit bei gleicher Bildauflösung (= Bildpunktzahl) stets konstant bleibt, kann die Bandbreite z.B. um den Faktor $5 \cdot 10^6/10^3 = 5000$
reduziert werden, so daß mit f_{gr} = 1000 Hz Bandbreite eine Übertragung
über Telefonleitung möglich ist, wenn dabei die Übertragungszeit um den
gleichen Faktor 5000 auf T_B = 5000 · 1/25 sec = 200 sec = 3,3 Minuten erhöht wird. Telebildübertragung ist also nur mit ruhenden Bildvorlagen
möglich und benötigt auf der Aufnahme- und Wiedergabeseite fotografische
oder äquivalent arbeitende Kopiertechniken, die den bei solchen Fest-
bildübertragungen stets notwendigen Bildspeicher darstellen.

1.3.4 Bandbreite

Für das ausschließlich angewendete Abtastverfahren nach Kapitel 1.3.3
ergibt sich nun durch Einsetzen der Bildpunktzahl ρ nach Gl. (8) in die
Gl. (14b) eine ausführlichere Bandbreiteformel:

$$f_{gr} = \frac{1}{2}z^2(\frac{b}{h})f_B. \tag{16}$$

In die endgültige Formel müssen jedoch noch der Einfluß der Austastlük-
ken und des Kell-Faktors aufgenommen werden.

1.3.4.1 Austastlücken

Nach Bild 6b wird im Bereich des Synchronisierimpulses eine Austastlücke
übertragen, die dem Potential des Schwarzwertes entspricht. Dies ist erforderlich, um den Kathodenstrahlen in der Bildaufnahme- und Bildwiedergaberöhre eine durch den magnetischen Feldabbau des Ablenkvorganges bedingte endliche Rücklaufzeit einzuräumen. Für den horizontalen Zeilen-
rücklauf sind 18% der Zeilenperiode und für den vertikalen Bildrücklauf
6% der Bildperiode vorgesehen.

Nach <u>Bild 7</u> kann man sich die Wirkung der vertikalen Austastlücken beim
Abtasten der Vorlage so berücksichtigt denken, daß auf die eigentliche
Vorlage 6% weniger Zeilen entfallen, was einer um 6% reduzierten Band-
breite, aber auch 6% geringeren Auflösung entspricht. Die horizontalen

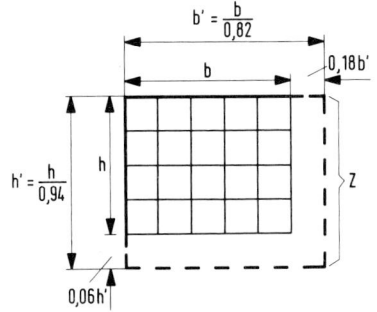

<u>Bild 7</u> Reduziertes Bildfeld durch Berücksichtigung der Austastlücken

Austastlücken haben dagegen eine um 18% größere Bandbreite zur Folge, da
wegen der um 18% längeren Zeile (Bild 7) die Bildpunkte des reellen
Bildfeldes mit 18% höherer Geschwindigkeit durchlaufen werden. Die Auswirkung beider Einflüsse auf die Gesamt-Bandbreite läßt sich leicht abschätzen, wenn man von dem gestrichelt dargestellten virtuellen Bildfeld
in Bild 7 ausgeht, das die um 6% größere Höhe h' und die um 18% größere
Breite b' besitzt, so daß sich mit Gl. (16) folgende korrigierte Formel
für die Bandbreite ergibt:

$$f_{gr}' = \frac{1}{2}z^2\left(\frac{b'}{h'}\right)f_B = \frac{1}{2}z^2\left(\frac{b}{h}\right)\frac{0,94}{0,82}f_B = f_{gr}\cdot 1,15. \qquad (17)$$

Insgesamt ergibt sich also bei Berücksichtigung der Austastlücken eine
um den Faktor 1,15 größere Bandbreite.

1.3.4.2 Kell-Faktor

In Kapitel 1.2 wurde unter Gl. (5) ein "Kell-Faktor" für die tatsächlich nutz-
bare Bandbreite angegeben. Er entspricht der eigentlich notwendigen optischen
bzw. optisch-elektrischen Bandbegrenzung vor der Quantisierung nach
Bild 1, um Aliasing-Fehler zu vermeiden. In der klassischen Arbeit [4]
wurde dieser "Kell-Faktor" - genannt nach dem ersten der drei Autoren:
R. D. Kell - empirisch an einem Fernsehsystem zu k = 0,64 ermittelt.
Das bedeutet nun, daß man mit 625 Zeilen tatsächlich nur Z · k =
625 · 0,64 = 400 Bildpunkte bzw. Strichrasterzeilen in vertikaler Richtung auflösen kann, wenn Aliasing-Fehler vermieden werden sollen. Da es
aber unsinnig ist, in der Horizontalen des Bildes mit einer höheren Auflösung zu arbeiten, muß die Bandbreite nach Gl. (17), die ja zunächst
unter der Annahme voller Auflösung in vertikaler Richtung ermittelt wurde, um den gleichen Faktor k reduziert werden. Für die europäische Fernsehnorm wurde allerdings der Faktor k = 0,64, wie ihn Kell ermittelte,
auf k = 0,67 erhöht, um bei der Bandbreiteermittlung glatte Werte zu bekommen. Damit ergibt sich nun mit Gl. (16) und Gl. (17) eine endgültige
Bandbreite:

$$f_{gr}^* = f_{gr} \cdot 1,15 \cdot 0,67 = \frac{1}{2} Z^2 \left(\frac{b}{h}\right) f_B \cdot 0,77. \qquad (18)$$

Mit den für das europäische Fernsehen genormten Werten

$$Z = 625$$
$$b/h = 4/3$$
$$f_B = 25 \text{ Hz}$$

ergibt sich $f_{gr}^* = 5$ MHz.

In der <u>Tabelle 2</u> findet sich dieser Wert unter "Europäische CCIR-Norm"
(dritte Zeile). Die anderen Zeilen enthalten die äquivalenten Angaben
über andere Fernsehnormen. Dazu wurden aus den Daten in [13,Kap9.6] die
verschiedenen relativen Werte für die vertikalen und horizontalen Austastlücken $\Delta T_B / T_B$, $\Delta T_H / T_H$ zusammengestellt und damit die theoretischen
Übertragungsbandbreiten f_{gr}' ausgerechnet. Dem steht der in der Praxis
verwendete Bandbreitewert f_{gr}^* gegenüber. Man erkennt, daß bei den einzelnen Fernsehnormen ganz unterschiedliche Kell-Faktoren k zugrunde gelegt wurden. Für diese Ermittlungen mußten die Gleichungen (16), (17),
(18) (hier für den Spezialfall der CCIR-Norm) in einer allgemeinen Form
dargestellt werden. Diese Formeln sind in der Legende von Tabelle 2 angegeben.

Tabelle 2:   Die verschiedenen Fernsehnormen und ihre
             erforderlichen Übertragungsbandbreiten

	z	f_B [Hz]	f_H $=z\cdot f_B$ [kHz]	$\Delta T_B/T_B$	$\Delta T_H/T_H$	$\dfrac{1-\Delta T_B/T_B}{1-\Delta T_H/T_H}$	f_{gr} [MHz]	f_{gr}' [MHz]	f_{gr}^* [MHz]	k
Englische Norm (alt)	405	25	10,125	0,04	0,18	1,17	2,75	3,2	3,0	0,94
USA-Norm	525	30	15,750	0,07	0,16	1,11	5,54	6,1	4,2	0,69
Europäische CCIR-Norm	625	25	15,625	0,06	0,18	1,15	6,54	7,5	5,0	0,67
Ostblock-Norm	625	25	15,625	0,08	0,18	1,12	6,54	7,3	6,0	0,82
Französische Norm (alt)	819	25	20,475	0,10	0,19	1,11	11,24	12,5	10,0	0,80

Allgemeine Formeln

zu Gl. (16): $f_{gr} = 0,67 \cdot z^2 \cdot f_B$ mit $b/h = 4/3$

zu Gl. (17): $f_{gr}' = f_{gr} \cdot \dfrac{1-\Delta T_B/T_B}{1-\Delta T_H/T_H}$ mit Austastlücken ΔT_B, ΔT_H

zu Gl. (18): $f_{gr}^* = f_{gr}' \cdot k$ mit Kell-Faktor k

1.3.5 Rastererzeugung

In der für das Fernsehen gewählten Zeitmultiplextechnik müssen die Ab-
tastblenden der Aufnahme- und Wiedergabeseite zeilenweise über die Bildfläche geführt werden. Bei der von den europäischen Postverwaltungen
(CCIR) festgelegten Norm für den Fernsehrundfunk mit einer Zeilenzahl
$Z = 625$ und einer Bildfrequenz $f_B = 25$ Hz sind in 1/25 sec 625 Zeilen
zu schreiben. Damit ergibt sich für die Periodizität des horizontalen
Ablenkvorganges die sogenannte "Horizontalfrequenz" oder "Zeilenfrequenz"
als Anzahl der Zeilen pro Bildperiode:

$$f_H = \frac{Z}{1/f_B} = Z \cdot f_B = 625 \cdot 25 \text{ Hz} = 15,625 \text{ kHz}. \tag{19}$$

Für Zeilen- und Bildperiode ergeben sich damit die Werte:

$$T_H = \frac{1}{f_H} = 64 \ \mu s; \ T_B = \frac{1}{f_B} = 40 \text{ ms} \tag{20a}$$

und für die horizontale und vertikale Austastlücke:

$$\Delta T_H = 18\% \ T_H = 11,52 \ \mu s; \ \Delta T_B = 6\% \ T_B = 2,4 \text{ ms}$$

$$\Delta T_V = 6\% \ T_V = 1,2 \text{ ms}. \tag{20b}$$

Der zweite Wert 1,2 ms für die vertikale Austastlücke gilt für das tatsächlich verwendete und in Kapitel 1.3.5.2 beschriebene Zwischenzeilenverfahren.

1.3.5.1 Synchronisierung

In die horizontalen Austastlücken mit 18% T_H werden nach <u>Bild 8c</u> die
9% T_H breiten Horizontal-Synchronimpulse eingefügt, die dem Fernsehempfänger melden, wann der Kathodenstrahl der Bildwiedergaberöhre jeweils
an den linken Zeilenanfang zurückspringen soll. Da nach Kapitel 1.3.4.1
solche Austastlücken im Signal für die Zeitdauer des Strahlrücklaufes
erforderlich sind, lassen sich die Synchronisierimpulse sinnvollerweise in diese Lücken einfügen, so daß der Nachrichtenfluß prinzipiell
nicht erhöht werden muß. Allerdings überträgt man nach Bild 8c diese Impulse in einem anderen Pegelbereich als das Bildsignal, und zwar unterhalb des Schwarzwertes. Dadurch kommt man im Heimempfänger mit einer
sehr einfachen Abtrennschaltung (S-Sieb) für die Separierung des Syn-

(a) **Bildwiedergabe:**

(b) **Bildschirm:**

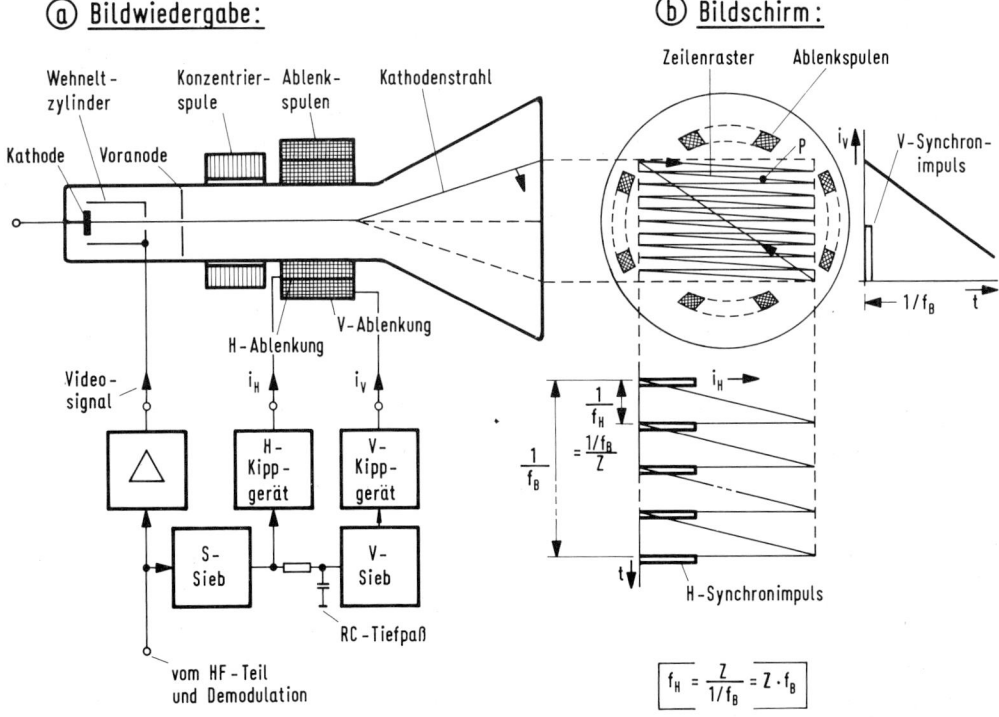

(c) **Videosignal:**

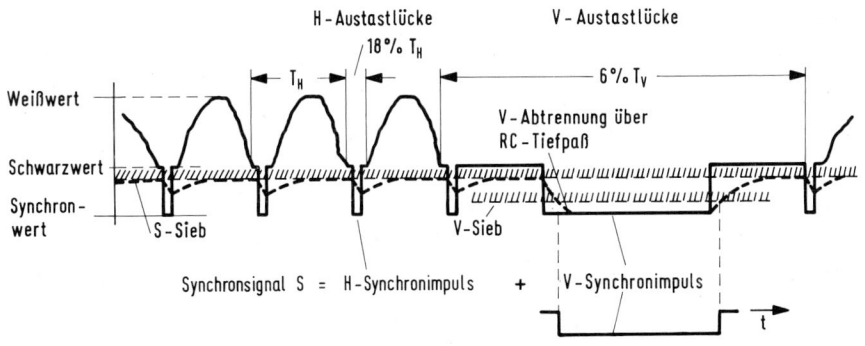

Bild 8 Rastererzeugung und Synchronisierung im Fernsehempfänger

chronsignals vom Bildsignal aus, wie die schraffierte Trennungslinie in
Bild 8c als Symbol für die Amplitudenschwelle eines einfachen Amplitu-
densiebes erkennen läßt.

Der nächste Schritt für die Synchronisierung des Empfängerrasters ist
die Trennung zwischen Vertikal- und Horizontal-Synchronsignal. Es muß ja
für die Markierung des Überganges zum nächstfolgenden Bild (bzw. Raster),
der durch einen Sprung vom rechten unteren zum linken oberen Bildrand
gekennzeichnet ist, ein zusätzlicher Vertikal-Synchronimpuls (V-Impuls)
in das Synchronsignal eingefügt werden. Nach Bild 8c wird hierfür sinnvollerweise die vertikale Austastlücke verwendet. Da eine größere Zeit-
spanne zur Verfügung steht (6% T_V), kann die Impulsdauer des V-Synchron-
signals wesentlich größer gewählt werden (2,5 T_H) als die des H-Syn-
chronsignals. Dies ermöglicht im Heimempfänger die Trennung der beiden
- in einer ODER-Kombination vereinigten - Synchronisierkomponenten mit
einem einfachen RC-Tiefpaß. Die höherfrequenten H-Impulse (15,625 kHz)
werden stärker ausintegriert als die niederfrequenten V-Impulse (50 Hz),
so daß der in Bild 8c gestrichelt dargestellte Verlauf der Ausgangsspannung des RC-Gliedes ein deutliches Herausheben des längeren V-Synchron-
impulses erkennen läßt. Über ein V-Amplitudensieb (schraffierter
Schwellwert) kann der V-Impuls dann abgetrennt werden.

Bild 8a zeigt die Synchronisierabtrennung des Heimempfängers noch einmal
im Blockschema. Hinter dem S-Sieb (Amplitudensieb) steht bereits die Ho-
rizontalsynchronisierung und - nach Durchlaufen des RC-Tiefpaßgliedes
und des V-Siebes (Amplitudensieb) - die Vertikalsynchronisierung zur
Verfügung. H- und V-Synchronimpulse steuern die Erzeugung von H- und V-
Sägezahnströmen in den beiden Kippgeräten [8,Kap11], die schließlich den
beiden - um 90° versetzt angeordneten - Ablenkspulen zugeführt werden.
Durch die sägezahnförmige Steuerung der beiden senkrecht zueinander wir-
kenden Magnetfelder wird der Strahl nach Bild 8b Z-mal (625-mal) von
links nach rechts geführt, während er in der gleichen Zeit einer Bildperiode $1/f_B$ (1/25 s) einmal von oben nach unten abgelenkt wird, was zu
dem gewünschten Zeilenraster führt.

1.3.5.2 Zwischenzeilen-Verfahren

Nach Kapitel 1.3.3 wurde für das Fernsehsystem eine Parameterreduktion
durch Zeitmultiplextechnik - in der Form eines zeilenweisen Abtastvorganges - gewählt. Dies hat zur Folge, daß die auf dem Bildschirm zei-

lenweise hintereinander aufleuchtenden Bildpunkte prinzipiell durch eine
Speicheranordnung zu einem kompletten Bild integriert werden müssen. In
Ermangelung einer geeigneten optoelektrischen oder auch rein elektronischen Bildspeicheranordnung nutzt man - nun schon seit den Anfängen des
Fernseh-Rundfunks - die "Visions-Persistenz" (Nachwirkungszeit) des
menschlichen Gesichtssinns, was einer psychooptischen Integrationswirkung gleichkommt.

Der dem Auge angebotene Lichtreiz vom Bildpunkt P (Bild 8b) ist in <u>Bild 9</u>
über der Zeit aufgetragen. Dem Einfach-Zeilenraster von Bild 8b, das in

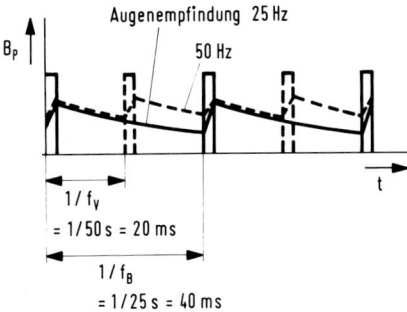

<u>Bild 9</u> Zeitverlauf der Helligkeitsempfindung bei Beobachtung eines
        Bildpunktes

$1/f_B$ = 1/25 s die gesamte Zeilenzahl Z = 625 schreibt, entsprechen Lichtimpulse vom Bildpunkt P, die in Abständen von $1/f_B$ = 1/25 s = 40 ms dem
Auge angeboten werden. Die zeitliche Integrationswirkung des Auges ist
bekanntermaßen unvollkommen, so daß sich nach Bild 9 Schwankungen in der
Helligkeitsempfindung des Auges ergeben, die einem starken 25-Hz-Flim-
mereffekt entsprechen.

Nach Kapitel 1.3.1.1 (Bild 3) sind bei den üblichen Leuchtdichtewerten
auf einer Fernseh-Bildröhre von 250 asb Flimmerstörungen nur zu vermeiden, wenn man die Bildfrequenz auf über 50 Hz erhöht. Bild 9 erklärt
anschaulich, wie durch das Hinfügen eines weiteren Lichtimpulses vom
Bildpunkt P beim Übergang auf 50 Hz Rasterwechselfrequenz die Schwankungen in der Helligkeitsempfindung des Auges wesentlich reduziert werden. Da die Bildfrequenz (25 Hz) nicht verdoppelt werden darf, müßte
der zweite Lichtimpuls während der Bildperiodendauer einem Bildspeicher
entnommen werden. Die Kinotechnik verwendet hierfür das fotografisch

gespeicherte Filmbild, das über Zwischensektoren auf der Scheibenblende
zweimal während einer Bildperiode projiziert wird (Kap. 1.3.1.1).

Der Fernsehtechnik fehlt es an einem solchen Bildspeicher. Hier verwendet man als Ersatzlösung das sogenannte "Zwischenzeilenverfahren". Nach
Bild 10 kommt hierbei der zweite Lichtimpuls nach 1/50 s nicht von der
gleichen Zeile (P), sondern von der Nachbarzeile (P'). Man erreicht das

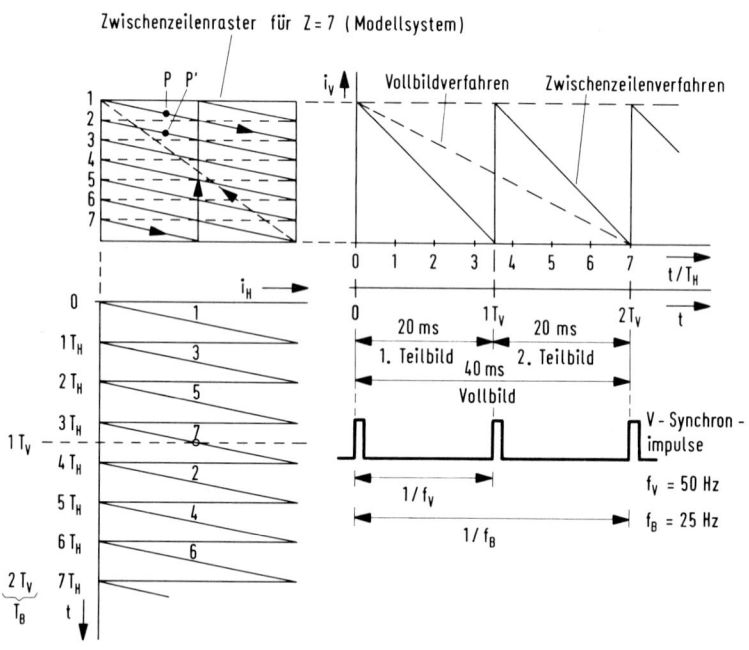

Bild 10 Erzeugung des Zwischenzeilenrasters

durch Ineinanderfügen von zwei Rastern mit halber Zeilenzahl (625/2 =
312,5 Zeilen). In der ersten 1/50 Sekunde werden die Zeilen 1, 3, 5,....
und in der nächsten 1/50 Sekunde die Zeilen 2, 4, 6,.... geschrieben,
so daß die beiden Lichtimpulse einer Bildperiode 1/25 s von den beiden
benachbarten Bildpunkten P und P' kommen, und zwar im gewünschten zeitlichen Abstand von 1/50 s (Teilbildperiode). Bei genügendem Betrachtungsabstand - nach Kapitel 1.3.1.2 bei 4 ... 5 mal Bildhöhe - integriert sich für das Auge die Zeilenstruktur des Bildes aus. Der Gesichtssinn wird also nicht mehr registrieren, daß die beiden Lichtimpulse in 1/50 s Abstand von den benachbarten Bildpunkten P und P' kommen.
Allerdings muß dabei die Bedingung erfüllt sein, daß die Helligkeitsin-

formation in benachbarten Zeilen identisch oder zumindest ähnlich ist,
was für die wichtigen großen Flächen des Bildes erfüllt ist. Diese werden also flimmerfrei wiedergegeben. Horizontale Kanten mit großem Kontrast sind allerdings bei diesem Verfahren durch ein 25-Hz-Flimmern ge-
stört, da die betreffende Zeile mit 1/25 s Periodendauer aufleuchtet, in
der Nachbarzeile nach 1/50 s aber nicht die richtige Ergänzung findet.
Solche kritischen Details sind jedoch in den meisten Bildern in nur geringer Zahl enthalten.

Die Erzeugung des Zwischenzeilenrasters ist mit einer Kathodenstrahlröhre relativ einfach durchzuführen. Man muß erstens dafür sorgen, daß der
Kathodenstrahl während einer Bildperiode zweimal in vertikaler Richtung
über den Bildschirm geführt wird. Die Frequenz der V-Synchronisierimpul-
se beträgt damit:

$$f_V = 2f_B = 2 \cdot 25 \text{ Hz} = 50 \text{ Hz}. \tag{21}$$

Zweitens muß für das Fernsehsystem eine ungerade Zeilenzahl gewählt werden. In diesem Fall fällt bei der Halbierung der Zeilenzahl der Verti-
kalsprung exakt auf die halbe Zeilenperiode:

$$\frac{z}{2} = \frac{2n+1}{2} = n + \frac{1}{2}. \tag{22}$$

In Bild 10 erkennt man am Beispiel eines Modell-Fernsehsystems (7 Zeilen),
daß mit den beiden Bedingungen nach Gl. (21) und (22) am Ende des ersten
Teilbildes genau die halbe Zeilenperiode erreicht ist, so daß der Verti-
kalsprung ein exaktes Zwischenzeilenraster für das zweite Teilbild ergibt.

Wichtig für die Darstellung des Zwischenzeilenrasters ist noch die pha-
senrichtige Abtrennung des Vertikal-Synchronimpulses. Hier ergeben sich
bei dem einfachen Synchronisierschema nach Bild 8c Schwierigkeiten. Da
beim Zwischenzeilenverfahren der V-Impuls des zweiten Teilbildes um eine
halbe Zeilenperiode verschoben ist, kann es bei V-Abtrennung über den
RC-Tiefpaß zu einem Phasenversatz dieses Impulses kommen, der das zweite
Teilbildraster an das erste heranrücken läßt, was das gefürchtete "Paa-
rigstehen" der Zeilen hervorruft. Durch das Hinfügen von Zusatzimpulsen
mit doppelter Zeilenfrequenz - sogenannte "Vortrabanten" und "Einschnittimpulse" - läßt sich dieser Effekt vermeiden [8,Kap10.2].

1.3.6 Frequenzspektrum des Fernsehsignals

Durch den periodischen Abtastvorgang der Bildvorlage treten in örtlich
und zeitlich benachbarten Zeilen oft gleichartige - zumindest aber sehr
ähnliche - Informationen auf. Es ist daher zu vermuten, daß das Fernsehsignal eine erhebliche Redundanz aufweist. Diese drückt sich im Zeitverlauf des Signals in den vielen Signalwiederholungen aus. Im Frequenzbereich wäre äquivalent dazu ein ausgeprägtes Linienspektrum zu erwarten.

Man erkennt das bereits sehr anschaulich an dem einfachen Beispiel rein
horizontaler Bildstrukturen nach Bild 11a. Eine zeilenweise über diese

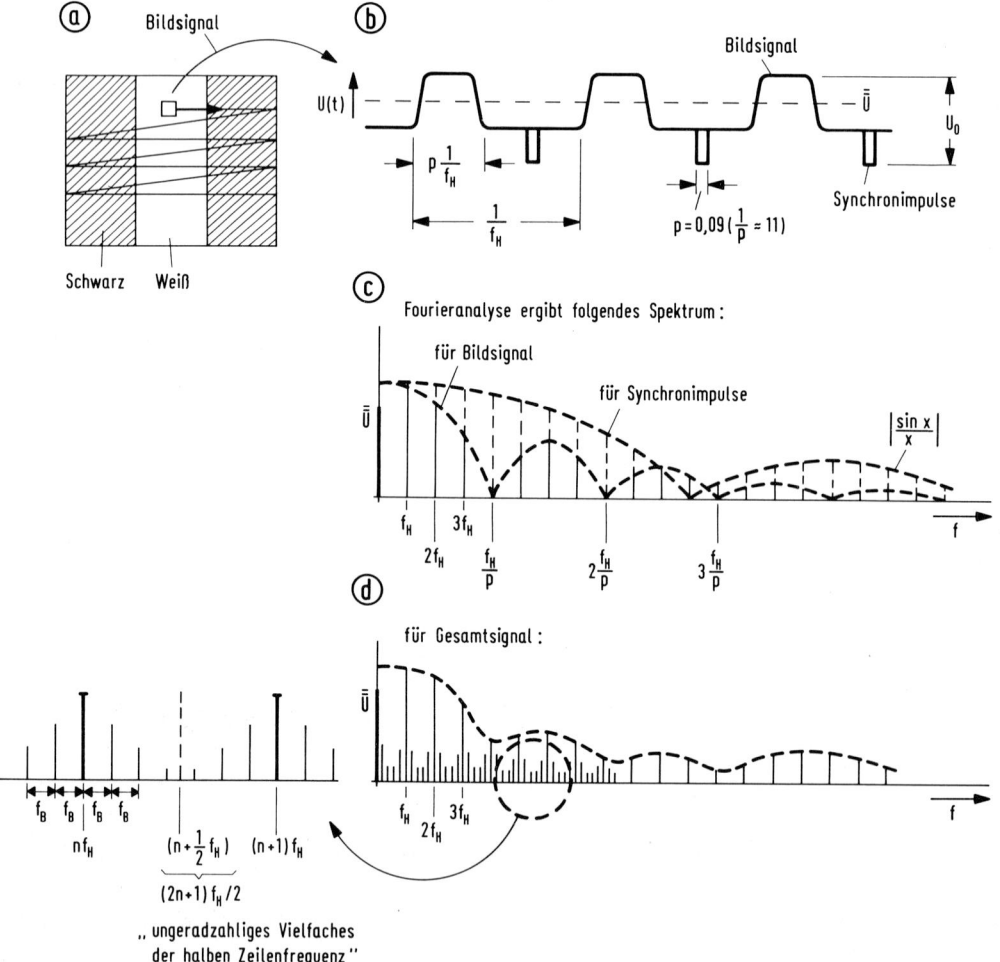

Bild 11 Zeitverlauf und Frequenzspektrum des Fernsehsignals bei nur
        horizontalen Bildstrukturen

Vorlage laufende Blende führt im Signalverlauf von <u>Bild 11b</u> zu Rechteckwechseln mit einer Zeilenperiode $(1/f_H)$ Abstand. Die Grundfrequenz dieser Impulsreihe entspricht also der Zeilenfrequenz f_H. Die Fourieranaly-
se führt zu dem Frequenzspektrum nach <u>Bild 11c</u>, das also nur aus Vielfachen der Zeilenfrequenz besteht. Die Fourierreihe dazu lautet:

$$U(t) = \bar{\bar{U}} + \sum_{n=-\infty}^{+\infty} U_o \cdot A_n \cdot a(n) \cdot e^{jn\omega_H t}. \qquad (23a)$$

Darin sind A_n die Fourier-Koeffizienten. Sie bestimmen den Hüllkurvenverlauf des Spektrums in Bild 11c, der bei idealen Rechteckwechseln einer
si-Funktion entspricht. $a(n)$ kennzeichnet den Aperturfehler des Abtastvorganges (speziell der Blende) in der Horizontalen des Bildes und beschreibt eine Tiefpaßcharakteristik (Kap. 1.3.7).

Gl. (23a) gilt sowohl für die Rechteckwechsel des Bildsignals als auch
für die schmaleren Impulse des Synchronsignals nach Bild 11b. Lediglich
die Nullstellen der jeweiligen Hüllkurven haben nach Bild 11c unterschiedliche Abstände, bedingt durch die unterschiedlichen Tastverhält-
nisse der Impulsreihen. Das resultierende Frequenzspektrum weist nach
<u>Bild 11d</u> aber wiederum nur Vielfache der Zeilenfrequenz auf, wenn rein
horizontale Bildstrukturen (Bild 11a) vorliegen. Die in Bild 11d zusätzlich eingezeichneten Seitenlinien im Bildfrequenzabstand treten erst
auf, wenn eine zusätzliche vertikale Bildstruktur auftritt, wie sie z.B.
in <u>Bild 12a</u> dargestellt ist.

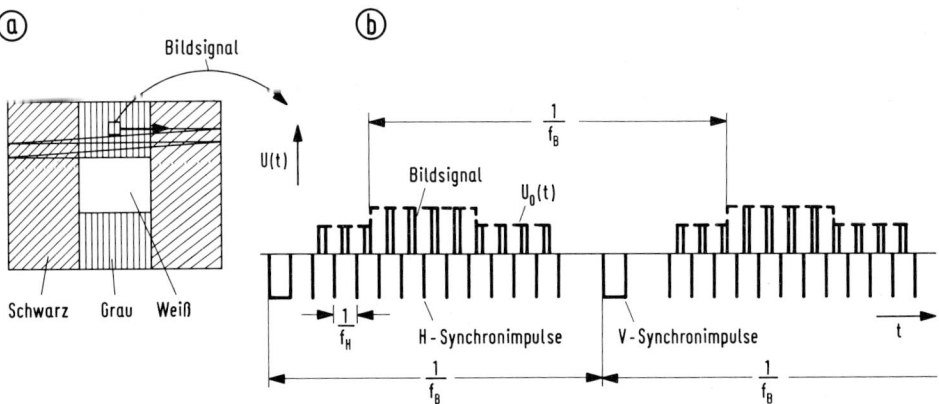

<u>Bild 12</u> Zeitverlauf des Fernsehsignals bei horizontalen und vertikalen
        Bildstrukturen

Der Zeitverlauf des Bildsignals enthält in dem gewählten Beispiel - aber
auch ganz allgemein bei jeder zusätzlichen Vertikalstruktur - eine Amplitudenmodulation der Rechteckwechsel mit Bildperiode, wie dies Bild 12b
zeigt. Die zunächst konstant angenommene Bildsignalamplitude U_o läßt
sich nun durch folgende Fourierreihe darstellen, die nur Grund- und
Oberwellen der Bildfrequenz enthält:

$$U_O(t) = \sum_{m=-\infty}^{+\infty} U_m \cdot a(m) \cdot e^{jm\omega_B t}.$$

(23b)

Dies in Gl. (23a) eingesetzt, ergibt sich der komplette Ausdruck für die
Fourierreihe des Gesamtsignals, das horizontale und vertikale Leucht-
dichteänderungen enthält:

$$U(t) = \bar{\bar{U}} + \sum_{m=-\infty}^{+\infty} \sum_{n=-\infty}^{+\infty} U_{m,n} \cdot a(m,n) \cdot e^{j(n\omega_H + m\omega_B)t}.$$

(24)

Darin sind $U_{m,n}$ die zu den jeweiligen Oberwellen und Kombinationsfrequen-
zen gehörenden Fourierkoeffizienten und $a_{(m,n)}$ die nun zweidimensionale
Aperturfehler-Funktion.

Das Spektrum des Fernsehsignals wurde mit den Beispielen nach Bild 11
und Bild 12 für eine ganz bestimmte - zur anschaulichen Erklärung sehr
vereinfachte - Bildvorlage dargestellt. Es soll nun noch eine allgemeine Ableitung für jeden beliebigen Bildinhalt folgen, wobei auch der Fall
der zeitabhängigen Änderung eines bewegten Fernsehbildes berücksichtigt
werden kann. In diesem allgemeinen Fall geht die Fourierreihe von Gl.(24)
über in ein zweidimensionales Fourierintegral. Dabei wird zunächst eine
Darstellung gewählt, wie sie in der Optik für die allgemein mathemati-
sche Beschreibung des Bildinhaltes - also ohne den fernsehtechnischen
Abtastvorgang - üblich ist:

$$g_2(x,y) = \int_{-\infty}^{+\infty} \int_{-\infty}^{+\infty} G(u,v) \cdot e^{j2\pi(ux+vy)} du\ dv$$

(25)

$$\text{mit: } G(u,v) = S(u,v) \cdot H(u,v)$$

(25a)

$$S(u,v) = \int_{-\infty}^{+\infty} \int_{-\infty}^{+\infty} g_1(x,y) \cdot e^{-j2\pi(ux+vy)} dx\ dy.$$

(26)

$H(u,v)$ in Gl. (25a) stellt den zweidimensionalen optischen Übertragungsfaktor (z.B. Aperturfehler eines Objektives) dar. Multipliziert mit der
Spektralfunktion $S(u,v)$ läßt sich über die zweidimensionale inverse Fou-

riertransformation nach Gl. (25) der - entsprechend dem Einfluß von
H(u,v) - veränderte Bildinhalt ermitteln. Hier interessiert jetzt nur
das Frequenzspektrum G(u,v), das über Gl. (25a) und (26) für jeden beliebigen Übertragungsfaktor und jede beliebige Bildvorlage ermittelt
werden kann. Es sei dies ein beliebiges Spektrum, dessen Veränderung
jetzt im Hinblick auf die zeilenweise Zerlegung in der Vertikalen des
Bildes studiert werden soll. Für den bei Bildaufnahmeröhren vorliegenden Fall, daß nur in der Vertikalen eine Quantisierung mit dem Zeilenabstand Y_Z nach <u>Bild 13</u> erfolgt, während die Horizontale des Bildes unver-

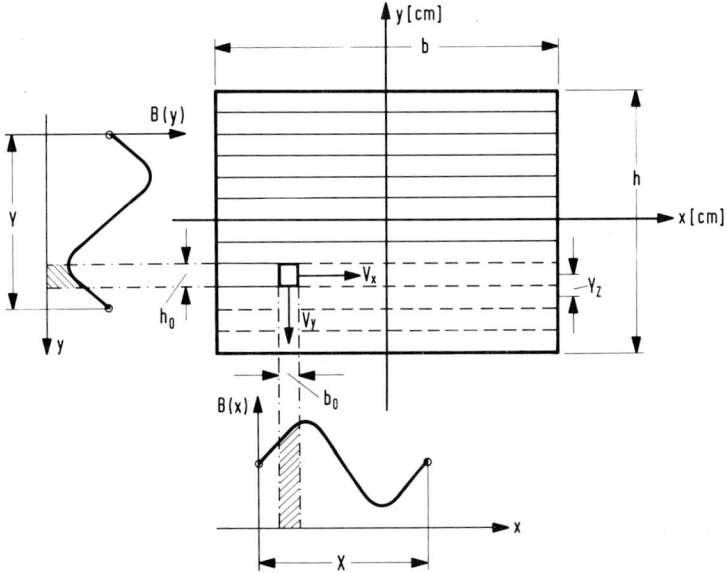

<u>Bild 13</u> Bildvorlage mit sinusförmiger Leuchtdichteverteilung in x- und
y-Richtung sowie zeilenweiser Abtastung

ändert bleibt, ergibt sich nach [9,Kap3.3] folgende Änderung des Spektrums:

$$G(u,v)_q = \frac{1}{Y_Z} \cdot \text{rep}_{\frac{1}{Y_Z}} \, [G(u,v)]. \qquad (27)$$

Dieser Ausdruck läßt sich nach [9,Kap1.6] auch folgendermaßen separiert
schreiben:

$$G(u,v)_q = G(u) \cdot \frac{1}{Y_Z} \cdot \text{rep}_{\frac{1}{Y_Z}} \, [G(v)]. \qquad (28)$$

Für die vollständige Fernsehabtastung muß nach Bild 13 auch noch die Quantisierung in Bildperioden T_B berücksichtigt werden. Dann erweitert sich Gl. (28) wie folgt:

$$G(u,v,f_T)_q = G(u) \cdot \frac{1}{Y_Z} \; \text{rep}_{\frac{1}{Y_Z}} [G(v)] \cdot \frac{1}{T_B} \; \text{rep}_{\frac{1}{T_B}} [G(f_T)]. \tag{29}$$

Die Repetierfunktion "rep" tritt bei jedem Samplingvorgang auf. Nach [9, Kap1.6] wird aus Gl. (29) in ausführlicher Schreibweise:

$$G(u,v,f_T)_q = G(u) \cdot \frac{1}{Y_Z} \sum_{n=-\infty}^{+\infty} G(v-\frac{n}{Y_Z}) \cdot \frac{1}{T_B} \sum_{m=-\infty}^{+\infty} G(f_T-\frac{m}{T_B}). \tag{30}$$

Dieses Ergebnis präsentiert sich bisher noch in der von der Optik her bekannten ortsabhängigen Schreibweise, wobei die Spektralkoordinate u zur Ortskoordinate x und die Spektralkoordinate v zur Ortskoordinate y gehört. Der fernsehmäßige Abtastvorgang transformiert nun aber alle Ortskoordinaten in Zeitkoordinaten und alle Spektralkoordinaten ("Ortsfrequenzen") in Frequenzkoordinaten. Unter Beachtung der in Bild 13 eingezeichneten Orts-Dimensionen ergibt sich für die Blendengeschwindigkeit in x- und y-Richtung:

$$V_x = \frac{x}{t} = \frac{X}{T_x} = X \cdot f_x; \quad V_y = \frac{y}{t} = \frac{Y}{T_y} = Y \cdot f_y. \tag{31a}$$

Daraus folgt für die Koordinatenumrechnungen:

$$x = V_x \cdot t, \quad u = \frac{1}{X} = \frac{1}{V_x} f_x; \quad y = V_y \cdot t, \quad v = \frac{1}{Y} = \frac{1}{V_y} f_y. \tag{31b}$$

Weiterhin wird:

$$\frac{V_x}{V_y} = \frac{X \cdot f_x}{Y \cdot f_y} = \frac{X}{Y} \cdot \frac{\frac{b}{X} \cdot f_H}{\frac{h}{Y} \cdot f_B} = (\frac{b}{h}) \cdot Z = c. \tag{31c}$$

Daraus folgt für den Zusammenhang der Frequenzvariablen:

$$f_y = \frac{1}{c} \cdot \frac{X}{Y} \cdot f_x. \tag{31d}$$

Es besteht also jetzt ein fester Zusammenhang zwischen f_y und $f_x = f$ einerseits sowie zwischen f_T und f andererseits, so daß sich das bisher dreidimensionale Spektrum mit den Variablen u, v, f_T bzw. f_x, f_y, f_T in ein eindimensionales Spektrum mit der Variablen f transformiert. Mit

$$V_y = \frac{Y_Z}{T_H} = Y_Z \cdot f_H \tag{32}$$

sowie den Transformationen nach Gl. (31b) ergibt sich dann aus Gl. (30) für das eindimensionale Spektrum des durch den Abtastvorgang jetzt ebenfalls eindimensionalen Fernsehsignals der folgende Ausdruck:

$$G(f)_q = G(f) \cdot \frac{1}{Y_Z} \sum_{n=-\infty}^{+\infty} G(f_y - nf_H) \cdot \frac{1}{T_B} \sum_{m=-\infty}^{+\infty} G(f_T - mf_B). \tag{33}$$

Hierbei setzen sich die einzelnen Spektralcharakteristiken G nach Gl. (25a) jeweils aus dem Produkt der betreffenden Spektralfunktionen S und der Aperturfunktionen a zusammen:

$$G(f) = a_x(f) \cdot S(f) \tag{34a}$$

$$G(f_y - nf_H) = a_y(f_y) \cdot S(f_y - nf_H) \tag{34b}$$

$$G(f_T - mf_B) = a_T(f_T) \cdot S(f_T - mf_B). \tag{34c}$$

Zusätzlich zu dem für die meisten Bildvorlagen vorhandenen Frequenzgangabfall der Spektralfunktion S kommt dann noch der in Bild 14 dargestellte Abfall der Apertur-Frequenzkurve hinzu. Dies ist einmal auf die

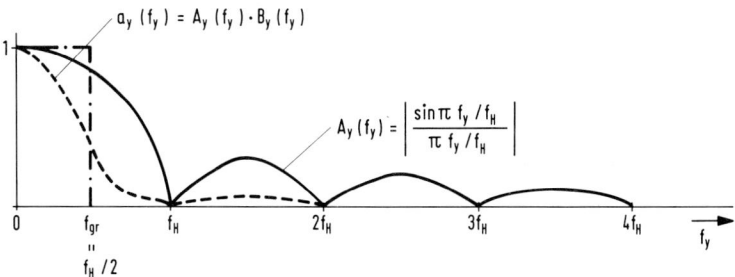

Bild 14 Frequenzgang des Aperturfehlers der Abtastblende in y-Richtung (Zeilenrasterung)

Spaltfunktion (si-Funktion) $A_y(f_y)$ der Abtastblende zurückzuführen, was
im Kap. 1.3.7 noch näher beschrieben wird. Zum anderen tragen aber auch
Unschärfen des optischen Strahlenganges sowie Ladungsverkopplungen auf
der Signalplatte des optisch-elektrischen Wandlers zum Frequenzgangabfall bei. Sie sind in dem Faktor $B_y(f_y)$ zusammengefaßt und ergeben zusammen mit $A_y(f_y)$ den in Bild 14 gestrichelt eingezeichneten stärkeren
Frequenzgangabfall.

Analog zu dem in Bild 14 für die Vertikale des Bildes ermittelten Auflösungsverlust durch den Frequenzgang $a_y(f_y)$ lassen sich für die Horizontale der Aperturfrequenzgang $a_x(f_x)$ und für die Änderung des Bildinhaltes die Aperturfunktion $a_T(f_T)$ angeben. Alle drei Größen sind in den
drei Faktoren von Gl. (33) enthalten. Sie gibt das resultierende Spektrum eines Fernsehsignals mit einem allgemeinen zeitlich sich ändernden
Bildinhalt an. Dieses ist in <u>Bild 15</u> aufgetragen. Man erkennt die be-

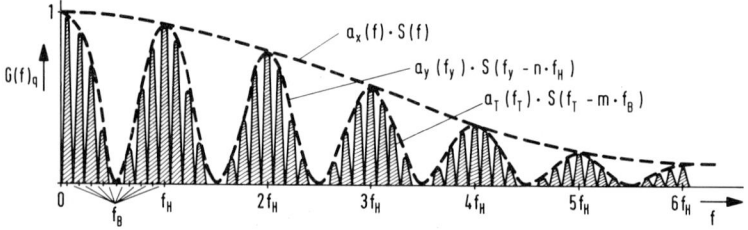

<u>Bild 15</u> Amplituden-Frequenzspektrum des Fernsehsignals bei sich zeitlich
ändernder Bildvorlage mit dreidimensionalem Aperturfehler
$(a_x,\ a_y,\ a_T)$

reits in Bild 11d für den Fall der ruhenden Bildvorlage dargestellten
Vielfachen der Zeilenfrequenz f_H mit den Seitenlinien im Abstand der
Bildfrequenz f_B. Die Änderung des Bildinhaltes ruft dann noch zusätzlich
die in Bild 15 schraffiert angedeuteten Seitenbänder zu jeder Frequenz-
linie hervor. Je stärker die übertragene Bewegung ist, umso mehr füllen
sich die Lücken zwischen diesen Frequenzlinien auf.

1.3.7 Aperturfehler und ihre Korrektur

Bei allen bisherigen Betrachtungen des Fernseh-Abtastvorganges war stets
zunächst die unendlich feine Abtastblende zugrunde gelegt worden. Für
den anschließenden Übergang auf die in der Praxis auftretenden endlichen
Blendenabmessungen tritt ein Frequenzgangabfall nach einer si-Funktion

auf, wie bereits mehrfach angedeutet wurde (z.B. Bild 2b oder Bild 14).
Dies soll anhand von <u>Bild 16a</u> nachgewiesen werden. Hier ist für die Bild-

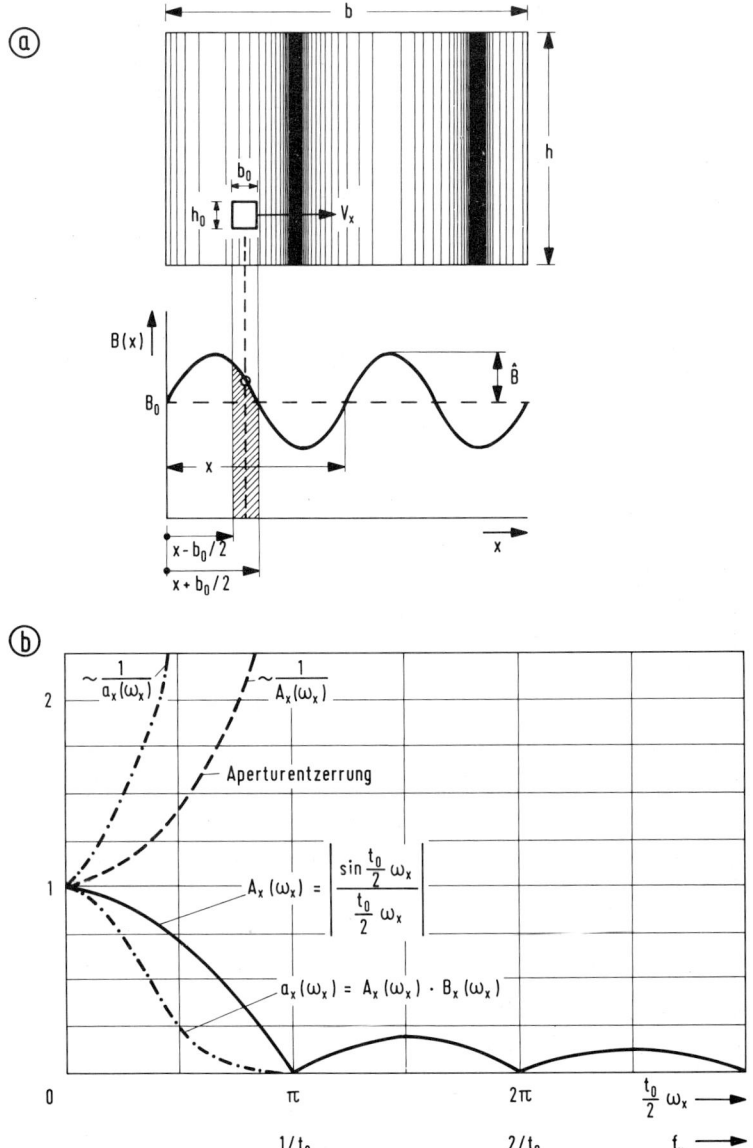

<u>Bild 16</u> Entstehung des Aperturfehlers durch endliche Blendenabmessungen
   a) Bildvorlage mit sinusförmiger Leuchtdichteverteilung in
      x-Richtung (Abtastrichtung)
   b) Amplituden-Frequenzgang des Blenden-Aperturfehlers in
      x-Richtung (Abtastrichtung)

vorlage eine sinusförmige Leuchtdichteverteilung in der x-Richtung mit
der Ortsfrequenz 1/X angenommen worden:

$$B(x) = B_O + \hat{B} \sin(2\pi \frac{x}{X}).$$
(35)

Durch die Abtastblende mit der endlichen Breite b_O tritt ein Lichtstrom:

$$\Phi(x) = h_O \int_{s-b_O/2}^{s+b_O/2} B(x)\,dx.$$
(36)

Dabei ist berücksichtigt, daß der an die Abtastblende angeschlossene
elektrooptische Wandler das gesamte durch die Blende hindurchtretende
Licht integriert. Die jeweils innerhalb der Blendenbreite auftretende
Leuchtdichteänderung wird durch die Gl. (35) vorgegeben. Gl. (35) in
(36) eingesetzt erhält man nach Lösung des Integralausdruckes:

$$\Phi(x) = \Phi_O + \hat{\Phi} \frac{\sin \pi b_O/X}{\pi b_O/X} \sin(2\pi \frac{x}{X})$$
(37)

$$\text{mit: } \Phi_O = B_O \cdot h_O \cdot b_O$$
$$\hat{\Phi} = \hat{B} \cdot h_O \cdot b_O.$$

Bei einer Blendenbewegung über die Vorlage in der Richtung x tritt damit
die gleiche sinusförmige Lichtstromänderung auf, wie sie auf der Vorlage
als Leuchtdichteänderung (Bild 16a, Gl. (35)) angenommen worden war. Die
Amplitude ist allerdings um einen Faktor reduziert, der durch die si-
Funktion sin x/x beschrieben wird. Man nennt sie auch "Spaltfunktion",
weil diese Lösung bei allen Abtastvorgängen mit einer spaltförmigen
Blende auftritt.

Handelt es sich nun um einen fernsehmäßigen Abtastvorgang, dann wird die
Blende nach Bild 16a mit der Geschwindigkeit $V_x = b \cdot f_H$ über die Vorlage
bewegt. Für die beiden Argumente in Gl. (37) ergeben sich dann folgende
Umrechnungen auf äquivalente zeitabhängige Größen:

$$\pi \frac{b_O}{X} = \frac{b}{X} \cdot \pi \cdot \frac{b_O/V_x}{b/V_x} = \frac{t_O}{2} \omega_x,$$
(38a)

$$2\pi\frac{x}{X} = \frac{b}{X}2\pi f_H t = \omega_x t \tag{38b}$$

$$\text{mit } t_o = \frac{b_o}{V_x} = \text{Durchlaufzeit der Blende}$$

$$f_x = \frac{b}{X}\cdot f_H = \text{Abtastfrequenz}$$
$$(\text{"Strichrasterfrequenz"}).$$

Damit wird die Ausgangsspannung des Fernsehabtasters:

$$U_{(t)} \sim \Phi_{(t)} = \Phi_o + \hat{\Phi}\cdot A_x(\omega_x)\cdot\sin\omega_x t. \tag{39}$$

Der Vorlage mit sinusförmiger Helligkeitsverteilung entsprechend ergibt sich eine Sinusschwingung mit der Frequenz $f_x = (b/X)\cdot f_H$, die jedoch um den Faktor der Spaltfunktion in ihrer Amplitude reduziert ist:

$$A_x(\omega_x) = \left|\frac{\sin\frac{t_o}{2}\omega_x}{\frac{t_o}{2}\omega_x}\right|. \tag{40}$$

Die Wirkung der endlichen Blendenbreite bei der fernsehmäßigen Abtastung kann also durch den "Spaltfrequenzgang" nach Bild 16b interpretiert werden. Dieser Amplitudenfrequenzgang erreicht jeweils dann den Wert Null, wenn die Abtastfrequenz so hoch - bzw. die sinusförmige Strichrastervorlage so fein - geworden ist, daß eine bzw. mehrere Perioden genau der Blendenbreite entsprechen.

Der durch eine unvollkommene elektrooptische Umwandlung entstandene Aperturfehler-Frequenzgang $A_x(\omega_x)$ nach Bild 16b kann durch eine rein elektrische Entzerrerschaltung kompensiert werden. Das wurde bereits im Bild 1 dargestellt, wo dem dreidimensionalen Tiefpaß TP des Aufnahmesensors, der den Aperturfehler bei der Aufnahme symbolisiert, eine dreidimensionale Aperturkorrekturschaltung im Verstärkerzug folgt.

Für die x-Richtung (Abtastrichtung) müßte diese Entzerrerschaltung den inversen Frequenzgang $1/A_x(\omega_x)$ nach Bild 16b (gestrichelte Kurve) aufweisen. Im allgemeinen interessiert nur eine Entzerrung bis zur ersten Nullstelle. Meist wird sogar diese Nullstelle des Blendeneinflusses gar nicht erst erreicht, da der Frequenzgangabfall durch weitere Aperturfehler

$B_x(\omega_x)$ über das Objektiv und die meist vorhandene kapazitive Verkopplung
zwischen den Bildpunkten auf der Signalplatte des elektrooptischen Wandlers ("Nachbarschaftseffekte") erheblich vergrößert wird. Es ergibt sich
dann der resultierende Frequenzgangabfall $a_x(\omega_x)$ in Bild 16b, der durch
die noch wesentlich stärkere Aperturentzerrung $1/a_x(\omega_x)$ kompensiert werden muß (strichpunktierte Kurve).

Dem Aperturfehler haftet die Besonderheit an, daß es sich um einen reinen
Amplitudenfehler handelt. Die Entzerrerschaltung muß daher phasenlinear
arbeiten, um die Sprungfunktion nicht noch zusätzlich durch Gruppenlauf-
zeitfehler zu verfälschen. Bild 17a zeigt einen solchen speziellen Aperturentzerrer für die in x-Richtung (Abtastrichtung) auftretenden Aperturfehler. Parallel zum Hauptweg ist eine Differenzierschaltung angeordnet,

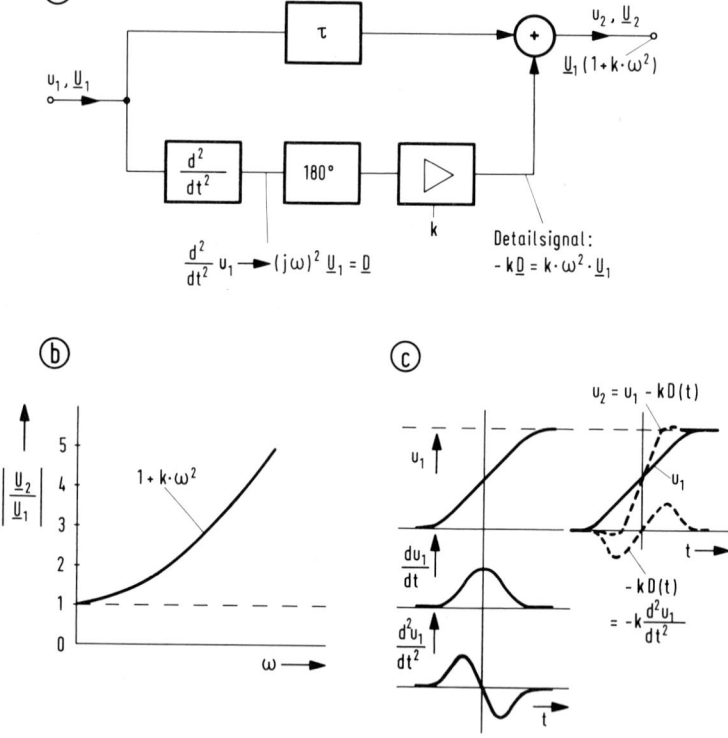

Bild 17 Aperturentzerrung für die x-Richtung (Abtastrichtung)
   a) Blockschema eines Differenzierentzerrers
   b) Amplitudenfrequenzgang über die Entzerrerschaltung
   c) Interpretation des Entzerrungsvorganges in zeitabhängiger
      Darstellungsweise

die den zweiten Differentialquotienten bildet. Hierzu gehört der in
Bild 17b dargestellte quadratische Frequenzganganstieg, dem ein näherungsweise linearer Phasenanstieg zugeordnet werden kann, wie das von
einem Aperturentzerrer gefordert wird. Der Entzerrungsvorgang besteht in
der nach Bild 16b gewünschten komplementären Frequenzganganhebung, wobei
das Maß dieser Anhebung mit dem einstellbaren Verstärker über den Faktor k gewählt werden kann.

Bild 17c enthält die zeitabhängige Deutung des Entzerrungsvorganges. Man
erkennt, wie durch Subtraktion der zweiten Ableitung des über den Aperturfehler verschliffenen Eingangs-Sprungsignals u_1 die Anstiegszeit des Aus-
gangssignals u_2 wesentlich reduziert wird (gestrichelter Verlauf). Der
steilere Schwarzweiß-Übergang bedeutet aber eine Verbesserung der Bildschärfe (siehe Kap. 1.3.8). Man kann diesen Vorgang auch als Dekorrelation deuten, indem man - einer moderneren Interpretation des Aperturent-
zerrungsproblems folgend - von einer Aufhebung der durch den Aperturfehler hervorgerufenen statistischen Bindungen benachbarter Bildpunkte
spricht.

Wesentlich aufwendiger ist eine Aperturentzerrung in y-Richtung (quer zur
Abtastrichtung). Infolge des zeilenweisen Abtastvorganges nach Bild 13
ergibt sich ja ein Amplituden-Frequenzspektrum, das nach Bild 15 aus
Energiemaxima bei den Vielfachen der Zeilenfrequenz f_H besteht. Gleichzeitig unterliegen die jeweiligen Seitenlinien einem Frequenzgangabfall,
der durch die Aperturcharakteristik nach Bild 14 beschrieben wird. Demgemäß kann die Entzerrungsschaltung nur in der Form eines Transversalfilters nach Bild 18a realisiert werden [10]. Aus Aufwandsgründen wird dieses Filter jedoch auf zwei Verzögerungsketten von Zeilendauer (τ = 64 μs)
begrenzt. Damit entsteht das folgende Ausgangssignal:

$$\underline{U}_2 = \underline{U}_1^* + k\underline{V}(\omega)\underline{D}$$

$$= \underline{U}_1^* + k\underline{U}_1^* \cdot \underline{V}(\omega)[2 - e^{j\omega\tau} - e^{-j\omega\tau}] \tag{41}$$

$$\frac{\underline{U}_2}{\underline{U}_1^*} = 1 + 2k \cdot \underline{V}(\omega)(1 - \cos\omega\tau). \tag{42}$$

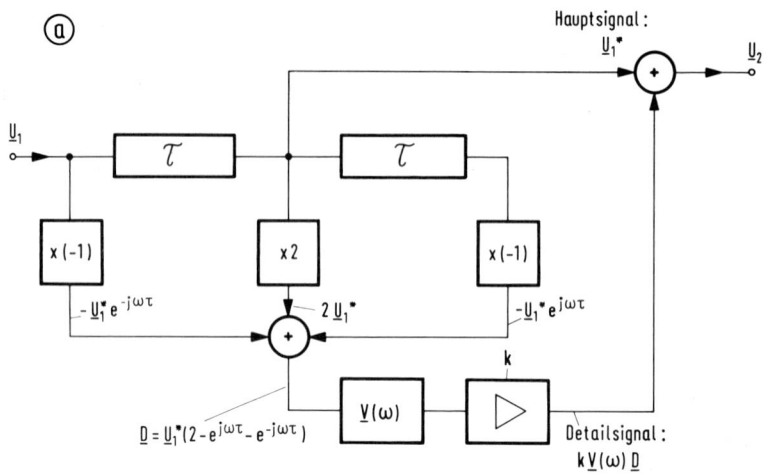

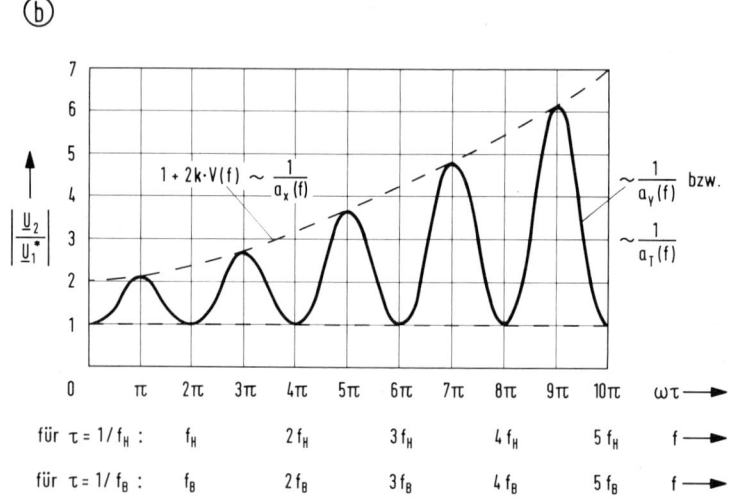

Bild 18 Aperturentzerrer für die y-Richtung (quer zur Abtastrichtung)
bzw. von Bild zu Bild
a) Blockschema eines Transversalfilter-Entzerrers
b) Amplitudenfrequenzgang über die Entzerrerschaltung

Die Auftragung dieses Ausdruckes in Bild 18b ergibt die zu erwartende
Kurve mit periodischen Einsattelungen bei den Vielfachen der Zeilenfrequenz f_H und entsprechenden Anhebungen zwischen den Vielfachen der Zeilenfrequenz. Dies entspricht genau der gewünschten Frequenzcharakteristik nach Bild 15 (komplementärer Verlauf zum Spektrum). Die gesamte
Frequenzcharakteristik kann noch durch den Frequenzgang V(ω) beeinflußt

und damit gleichzeitig auch die Aperturkorrektur in x-Richtung bewirkt werden (gestrichelte Frequenzganganhebung in Bild 18b).

Für eine umfassende, dreidimensionale Aperturentzerrung wäre auch an eine Kompensation der infolge von Trägheitseffekten der elektrooptischen Wandler auftretenden zeitlichen Integrationseffekte (Nachziehen, Bewegungsunschärfe) zu denken. Sinngemäß wäre für eine derartige "Bild-zu-Bild-Aperturentzerrung" die gleiche Anordnung eines Transversalfilters nach Bild 18a zu wählen, wobei für die beiden Laufzeitglieder jedoch jeweils ein Bildspeicher eingesetzt werden müßte. Die Abstände der Minima haben dann nach Bild 18b den Wert der Bildfrequenz, so daß eine kammartige Entzerrung des bei Bewegung zu erwartenden Spektrums durchgeführt werden kann.

Ein derartiger Aufwand ist jedoch untragbar hoch, so daß man in solchen Fällen auf die exakte symmetrische Korrektur des Fehlers verzichtet und nur einen Bildspeicher einsetzt. Dabei ist es dann auch zweckmäßig, gleichzeitig auf eine rekursive Anordnung wie in Bild 19 überzugehen [11]. Sie hat den Vorteil, daß die Form der Frequenzganganhebung zwischen den Vielfachen der Bildfrequenz durch die Wahl des Faktors k noch wesentlich beeinflußt werden kann. Das ist von der Schnelligkeit der Bewegung abhängig und muß deshalb von einem Bewegungsdetektor gesteuert werden. Es ist dann sogar möglich, durch Vorzeichenumkehr von k eine entgegengesetzte Wirkung der Schaltung zu realisieren. Der Frequenzgang wird in diesem Fall zwischen Vielfachen der Bildfrequenz abgesenkt und dadurch der Störabstand verbessert [11]. Eine solche Rauschbefreiung durch Bild-zu-Bild-Integration darf jedoch nur bei ruhendem Bildinhalt durchgeführt werden, was durch eine Steuerung über den Bewegungsdetektor in Bild 19 entschieden werden kann. Bei ruhendem Bildinhalt arbeitet die Schaltung demnach als Integrator von Bild zu Bild, bei bewegtem Bildinhalt als Entzerrer für die Bewegungsunschärfe.

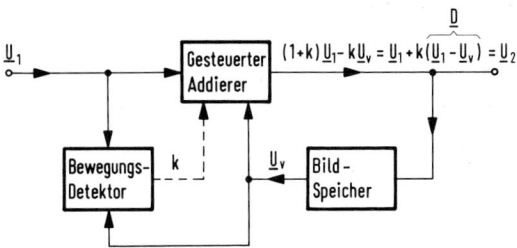

Bild 19 Adaptiver Bild-zu-Bild-Aperturentzerrer

Zum Abschluß dieses Kapitels soll die Wirkung der Aperturkorrektur an dem Beispiel von Bild 20 demonstriert werden. Dabei wurde ein Lichtpunktabtaster (Kap. 2.5) verwendet, der über eine dem Fernsehsystem überlegene Auflösung verfügt. Nach Bild 20a treten daher erhebliche Schwebungseffekte zwischen den horizontalen Strichrasterlinien und der Zeilenstruktur auf. Im Prinzip handelt es sich hierbei um die Aliasing-Fehler, wie sie sich bei einer Verletzung des Abtasttheorems ergeben. Es zeigen sich hier deutlich die in der Nähe der Abtastfrequenz ($\hat{=}$ halbe Zeilenfrequenz für die Quantisierung durch das Fernsehraster $\hat{=}$ 625 Strichrasterzeilen) entstehenden Interferenzstrukturen sowie die in der Nähe der Nyquistgrenze ($\hat{=}$ halbe Abtastfrequenz $\hat{=}$ 313 Strichrasterzeilen) auftretenden Schwebungsstrukturen (vergl. Bild 2c). Um diese Schwebungen fotografieren zu können, mußte auf ein 313-Zeilenraster ohne Zwischenzeilenverfahren übergegangen werden. Beim normalen Fernsehraster mit 625 Zeilen und Zwischenzeilenverfahren (Kap. 1.3.5.2) ändern sich die in Bild 20a dargestellten Interferenz- und Schwebungsmuster infolge des Zeilensprungs von Teilbild zu Teilbild, so daß ein 25-Hz-Flackern dieser Störstrukturen auftritt, das ihre Störwirkung noch erhöht.

Vermeiden lassen sich diese Störeffekte dadurch, daß der Quantisierung des fernsehmäßigen Abtastvorganges nach Bild 1 die bei Abtastsystemen vorgeschriebene Bandbegrenzung in der Form eines dreidimensionalen Tiefpaßfilters TP vorgeschaltet sowie eine entsprechende Bandbegrenzung nachgeschaltet werden. Bei ruhenden Bildvorlagen - aber auch für das normale Bewegtbildsystem - genügt eine zweidimensionale Bandbegrenzung. Sie läßt sich am einfachsten durch eine Unscharfeinstellung des Objektivs am Lichtpunktabtaster realisieren. Damit erhält man die gewünschte optische Tiefpaßwirkung vor dem Abtastvorgang, wie dies in der Frequenzcharakteristik (3) von Bild 2d dargestellt ist. Bild 20b zeigt die hierzu gehörende Schärfereduktion in der Schirmbildaufnahme des Testbildes. Man erkennt, daß die Interferenz- und Schwebungsstrukturen nun stark reduziert sind, da das Abtasttheorem besser erfüllt ist. Die entstandene Unschärfe muß nun aber durch eine dem Abtastvorgang nachgeschaltete Aperturkorrektur (Bild 1) wieder aufgehoben werden. Die gewählte Schaltung entspricht Bild 18a, womit eine zweidimensionale Aperturkorrektur ermöglicht wird. Der Effekt dieser Entzerrung ist in Bild 20c zu sehen. Die alte Bildschärfe (vergl. Bild 20a) wird in etwa wieder hergestellt. Alle Interferenzen bei der Abtastfrequenz ($\hat{=}$ 625 Strichrasterzeilen) entfallen jedoch. Die mit Bild 20 demonstrierte Methode entspricht näherungsweise dem in Kapitel 1.2 (Erfüllung des Abtasttheorems nach Bild 2d) dargestellten Verfahren.

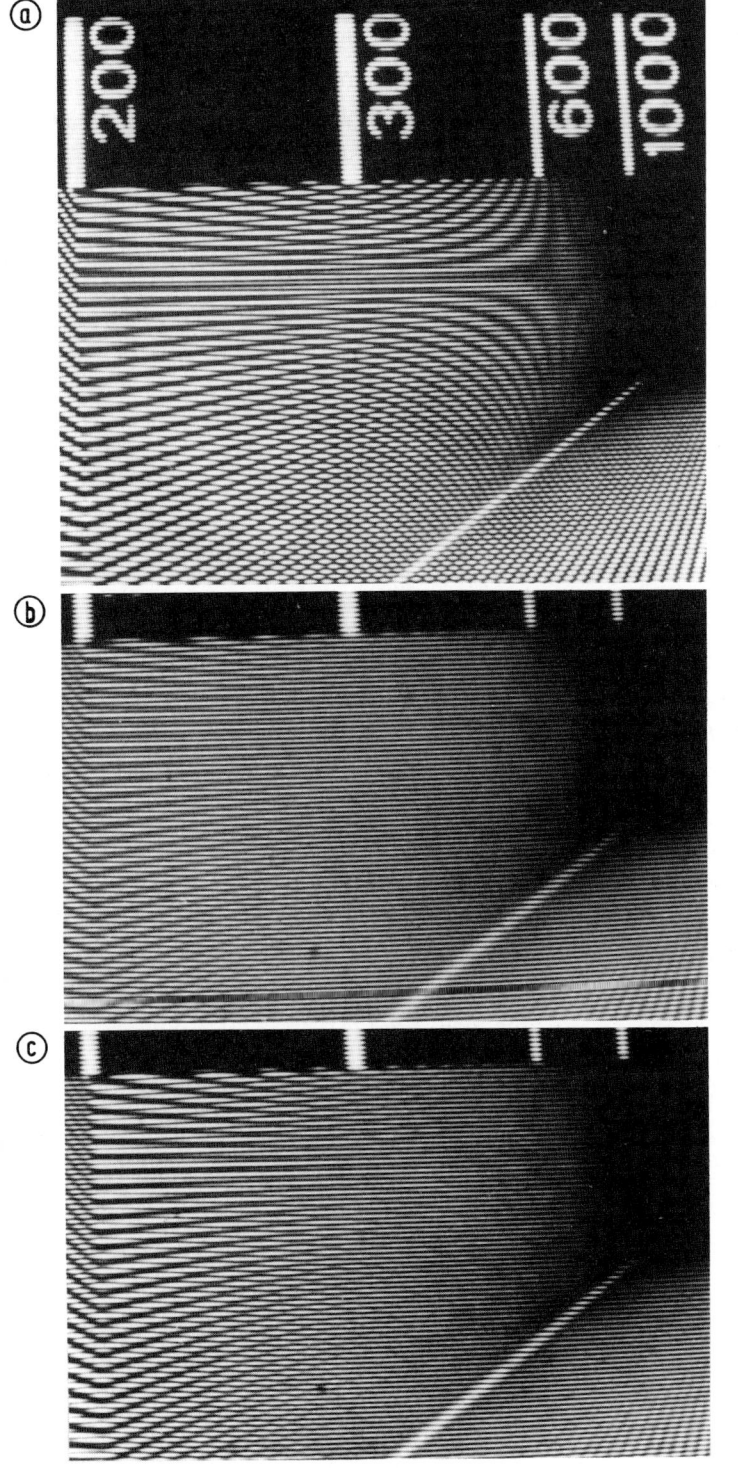

Bild 20
Schirmbildaufnahmen zur
Demonstration der Aper-
turkorrektur sowie der
Aliasingfehler durch
die Zeilenabtastung
a) Interferenzen und
   Schwebungen zwischen
   Strichraster und
   Zeilenstruktur
   (Aliasingfehler)
   durch zu große Auf-
   lösung des elektro-
   optischen Wandlers
b) Unterdrückung der
   Interferenzen
   und Schwebungen
   durch eine zwei-
   dimensionale Schärfe-
   reduktion (Defokus-
   sierung des Objektivs)
c) Wiederherstellung der
   Bildschärfe durch
   eine zweidimensio-
   nale Aperturkorrektur
(313 Zeilen ohne Zeilen-
sprung bzw. 1 Teilbild)

Restliche Schwebungsstrukturen bei der halben Abtastfrequenz ($\hat{=}$ 313
Strichrasterzeilen in Bild 20c) lassen sich allerdings nicht vermeiden,
da die nach Bild 2d zusätzlich zur Aperturentzerrung geforderte steile
Bandbegrenzung an der Nyquistgrenze (1) durch ein Nachfilter in vertikaler Richtung nicht realisierbar ist. Dadurch sind der vertikalen Aperturentzerrung Grenzen gesetzt. Es kommt die Störabstandsverschlechterung
infolge Rauschanhebung bei hohen Frequenzen hinzu. Man wird daher in der
Praxis stets auf eine künstliche Verschlechterung der elektrooptischen
Auflösung verzichten und nur die natürliche Unschärfe der Bildaufnahme-
anordnung durch eine Aperturentzerrung kompensieren.

1.3.8 Definition der Bildschärfe

Die Schärfe eines Bildes wird zunächst sehr wesentlich von der Auflösungsgrenze bestimmt. Darunter versteht man das feinste Detail, das man
gerade noch darstellen kann. Wie bereits in Kap. 1.1 gezeigt, weist jedes Bild-Reproduktionssystem eine Quantisierung seiner Parameter auf,
die aus Aufwandsgründen so gut wie möglich an die Leistungsfähigkeit
des Auges angepaßt werden (Irrelevanzreduktion nach Kap. 1.3.1). Oft ist
auch die Auflösungsgrenze durch die Leistungsfähigkeit des Speichermate-
rials vorgegeben. Dieser Fall liegt bei allen Bild-Reproduktionssystemen
vor, bei denen der Betrachter selbst den Betrachtungswinkel und den
Bildausschnitt (evtl. sogar unter Zuhilfenahme einer Lupe) bestimmen
kann. Dazu gehören also alle fotografischen Verfahren. Deren Auflösungsgrenze gibt man daher in Linien pro Längeneinheit an (meist in Linien/
mm), wobei mit dem Mikroskop alle Linienpaare eines aufbelichteten
Strichrastertests (also z.B. nur die schwarzen Linien) ausgezählt werden. Der praktisch auftretende Grenzwert von etwa 20 Linienpaaren/mm,
die ein Farbfilm (Negativ/Positiv-Verfahren) gerade noch auflösen kann,
ist durch die Korngröße des Materials vorgegeben.

Die Angabe des relativen Schärfemaßes einer "Liniendichte" in Linien/mm
hat den Vorteil, daß es vom Bild- bzw. Filmformat unabhängig ist. Je
größer aber die Bildbreite ist, umso mehr vertikale Linien können aufgelöst werden, umso größer ist die absolute Bildschärfe, wie das von einem
größeren Filmformat auch zu erwarten ist. Nach Bild 22 ist die Zahl der
vertikalen Strichrasterlinien bei einer Bildbreite b und einer Streifenbreite l:

$$\text{Absolute Bildschärfe} = \frac{b}{l} = b[\text{mm}] \times \frac{1}{l} \text{ [Linien/mm]}. \qquad (43)$$

Nach Gl. (38b) und mit Bild 22 läßt sich damit - unter Berücksichtigung der horizontalen Austastlücke von 18% - folgende Angabe über die äquivalente Abtastfrequenz ("Strichrasterfrequenz") machen (X = 21):

$$f_X = \frac{b/X}{T_H \cdot 0,82} = 1,22 \cdot f_H \cdot b \cdot \left(\frac{1}{21}\right). \tag{44}$$

Für die Breite eines 35-mm-Filmbildes b = 21,3 mm, eine relative Bildschärfe des Farbfilmes von 1/21 = 20 Linienpaare/mm sowie die Zeilenfrequenz f_H = 15,625 kHz ergibt sich eine äquivalente Fernseh-Grenzauflösung des 35-mm-Farbfilmes von:

$$f_{gr}' = f_X = 1,22 \cdot 0,015625 \cdot 21,3 \cdot 20 = 8,1 \text{ MHz}. \tag{45}$$

In Bild 21a ist diese Grenzauflösung f_{gr}' in den Amplitudenfrequenzgang des Fernsehsystemes eingetragen. Es läge nahe, auch für die Fernsehtech-

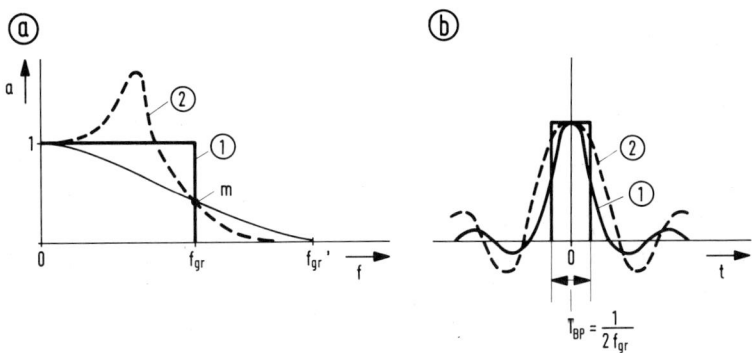

Bild 21 Beeinflussung der Impulsfunktion durch unterschiedliche Frequenzgänge des Fernseh-Übertragungskanals
   a) Verschiedene Frequenzgänge mit gleicher Modulationstiefe m
   b) Zugehörige Impulsfunktionen

nik allgemein eine derartige Grenzfrequenz anzugeben, die nur die Grenzauflösung des Systemes beschreibt. Für eine grobe Schärfeprüfung ist das auch üblich, wobei man Strichrasterfiguren in Testvorlagen verwendet, wie sie in den Schirmbildfotografien von Bild 23 und Bild 31 dargestellt sind. Die angegebenen Abtastfrequenzen berechnen sich jeweils aus Gl.(44). Zwei wichtige Gesichtspunkte sprechen jedoch gegen die allgemeine Verwendung dieser Bildschärfedefinition bei einem Fernsehsystem:

1. Selbst beim idealen Fernseh-Übertragungssystem wird das Übertragungs-
   band immer auf f_{gr} = 5 MHz begrenzt (Bild 21a, Kurve (1)).

2. Beim nicht idealen Fernseh-Übertragungssystem kann der Frequenzgang
   einen stark abweichenden Verlauf haben (z.B. Kurve (2) in Bild 21a).

Die Tatsache nach Punkt 1 führte in der Fernsehtechnik zu einer Schärfedefinition "Modulationstiefe". Nach Bild 21a wird prozentual der Frequenzgangabfall m nur bei der Grenzfrequenz f_{gr} angegeben [1,Kap2.5].

Die Tatsache nach Punkt 2 verbietet jedoch bei einem allgemeinen Fernsehsystem die Anwendung einer solchen Meßgröße, denn zum gleichen Meß-
wert m können nach Bild 21a die verschiedenartigsten Amplitudenfrequenz-
gänge gehören. Bild 21b zeigt die zugehörigen sehr unterschiedlichen Impulsfunktionen [2,Kap5.2.2.2], die einen ganz unterschiedlichen Schärfeeindruck des Bildes hervorrufen können. Man hat deshalb die Schärfedefinition "Modulationstiefe" für das Gesamtsystem wieder aufgegeben.

Die Bildschärfe läßt sich bei einem Fernsehsystem am präzisesten durch
die Angabe der Impulsbreite (Halbwertsbreite) T_{BP} sowie der Überschwing-
amplituden der Impulsfunktion nach Bild 21b beschreiben bzw. lassen
sich diese Werte auch aus der Sprungfunktion entnehmen. Bei diesen Angaben wird auch der Einfluß von Phasengangfehlern erfaßt.

Bei allgemeinen Bildübertragungssystemen - aber auch bei Fernsehsyste-
men - ist es weiterhin üblich, die aufgrund der gewählten Zeilenzahl
und Übertragungsbandbreite erreichbare Grenzauflösung durch die Bildpunktzahl in vertikaler und horizontaler Richtung des Bildes anzugeben.
Im Gegensatz zur Fotografie hat man sich in der Bildübertragungstechnik
bemüht, die Auflösung über die Wahl der Zeilenzahl und damit den übertragungstechnischen Aufwand an die Leistungsfähigkeit des Auges anzupassen. Dabei bezieht man sich nach Kapitel 1.3.1.2 (Bild 4) auf einen definierten Betrachtungsabstand bzw. Betrachtungswinkel, der die in Tabelle 1 angegebenen Mindest-Zeilenzahlen Z für Fernsehen und Telebild liefert. Nach Bild 22 reduziert sich die damit in der Vertikalen auflösbare
Bildpunktzahl um den Faktor der vertikalen Austastlücke 0,94 (Kap. 1.3.4.1)
und den Kellfaktor k = 0,67 (Kap. 1.3.4.2). Beim Fernsehrundfunk nach
dem europäischen CCIR-System werden damit aufgelöst:

$$Z_v = Z \cdot 0,94 \cdot k = 625 \cdot 0,94 \cdot 0,67 = 394 \text{ Bildpunkte in} \qquad (46a)$$
$$\text{der Vertikalen,}$$

$$Z_h = 394 \cdot \frac{4}{3} = 525 \text{ Bildpunkte in der Horizontalen.} \qquad (46b)$$

Damit weist die aktive Bildfläche beim europäischen CCIR-System $394 \cdot 525$ = 206.850 auflösbare Bildpunkte auf. Die Bildpunktdauer bei einer fernsehmäßigen Abtastung ergibt sich nach Bild 22 zu

$$T_{BP} = \frac{64\mu s \cdot 0,82}{525} = 0,1\mu s. \qquad (47)$$

Dieser Wert ist identisch mit der durch die Bandgrenze f_{gr} = 5 MHz nach Bild 21 hervorgerufenen Verbreiterung der Stoßfunktion $T_{BP} = 1/2f_{gr}$ = 0,1 µs. Das muß so sein, da sich ja die Grenzfrequenz f_{gr} nach Gl.(18) aus dem gleichen Ansatz für die Berücksichtigung der Austastlücken und des Kellfaktors zusammensetzt.

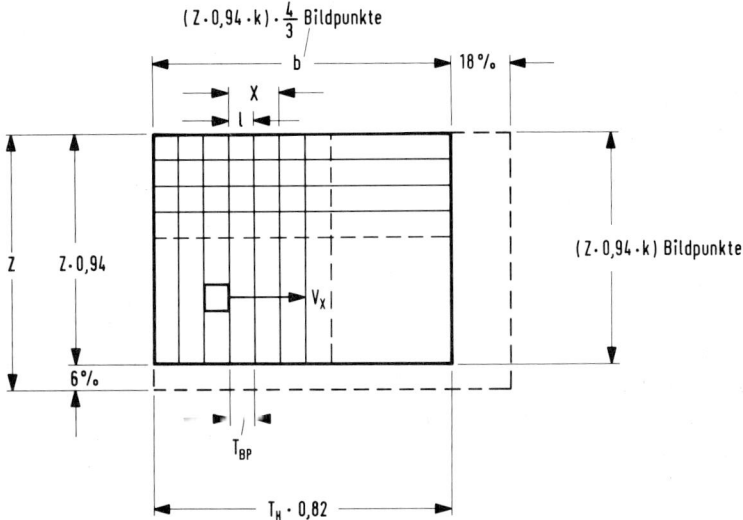

Bild 22 Ermittlung der aktiven Bildpunkte in der Vertikalen und der Horizontalen des Bildes

Aus der Bildpunktzahl pro Bildhöhe leiten sich einige allgemein gebräuchliche Schärfedefinitionen ab. So verwendet man oft in der Fernsehtechnik den Begriff "Zeilen" für die Anzahl der Bildpunkte, die in der vertikalen Richtung des Bildes gerade noch aufgelöst werden können. Beim europäischen CCIR-System wären das die Z_v = 394 Bildpunkte nach Gl. (46a), die man auf 400 "Zeilen" aufrundet. Präziser müßte es eigentlich heißen

"Strichrasterzeilen", wobei die abwechselnd schwarzen und weißen Zeilen
(mit Bildpunktbreite) eines Strichrastertestbildes gemeint sind. Wegen
der stets quadratisch angenommenen Bildpunkte gehört zu den 400 "Zeilen"
bzw. auflösbaren Bildpunkten in vertikaler Richtung eine Bildpunktdauer
in der horizontalen Abtastrichtung von 0,1 µs nach Gl. (47). Das entspricht nach Bild 21b einer Übertragungsbandbreite von $f_{gr} = 1/2T_{BP} =$
5 MHz (was ja auch aus Gl. (18) auszurechnen ist!). Damit besteht ein
linearer Zusammenhang zwischen den Z_v "Zeilen" und der Grenzfrequenz des
Übertragungssystems (Bild 21a), der sich sehr einfach in der folgenden
Formel ausdrücken läßt:

$$Z_s = 400 \cdot \frac{f_{gr}[\text{MHz}]}{5[\text{MHz}]} = 80 \cdot f_{gr}[\text{MHz}] . \qquad (48)$$

Die Strichrasterfiguren in einigen Testbildern sind daher nicht nur mit
der Abtastfrequenz, sondern auch mit der Anzahl "Zeilen" gekennzeichnet,
wie dies z.B. im RMA-Testbild von Bild 23a zu erkennen ist. Speziell im
unteren vertikalen "Testbesen" ist links die Abtastfrequenz in MHz angegeben, wie sie sich nach Gl. (44) aus der jeweils vorliegenden relativen
Strichstärke 1/b berechnet, und rechts die aus Gl. (48) zu ermittelnde
Anzahl "Zeilen" Z_s.

Bild 23b zeigt als experimentelles Beispiel die Übertragung des Fernsehsignals über einen bei etwa 4 MHz bandbegrenzten Übertragungskanal. Die
nach unten sich verjüngenden Linien ergeben eine von Zeile zu Zeile wach-
sende Abtastfrequenz, die am rechten Rand des "Testbesens" markiert ist.
Entsprechend der vorliegenden Bandbegrenzung wird ab etwa 4 MHz der Li-
nienkontrast reduziert. Die hierzu gehörende Auflösungsgrenze würde nach
Gl. (48) bei 320 Zeilen liegen.

Im Gegensatz dazu ist es in der Bildtelegrafie üblich, an Stelle der absoluten Schärfeangabe "Zeilen" die relative Angabe "Zeilen pro Bildhöhe"
bzw. Zeilen/mm zu verwenden. Die Austastlücken entfallen hierbei allerdings, und man berücksichtigt auch üblicherweise den Kellfaktor nicht
(k = 1), so daß sich die folgende Schärfedefinition ergibt [12,KapIV,2.2]:

Bild 23 Ermittlung der Bildschärfe in "Zeilen"   ▶
        a) Testbild nach RMA (Radio Manufacturer's Association, USA)
        b) Ermittlung der Auflösungsgrenze mit dem RMA-Testbild
          (Schirmbildaufnahme)

a

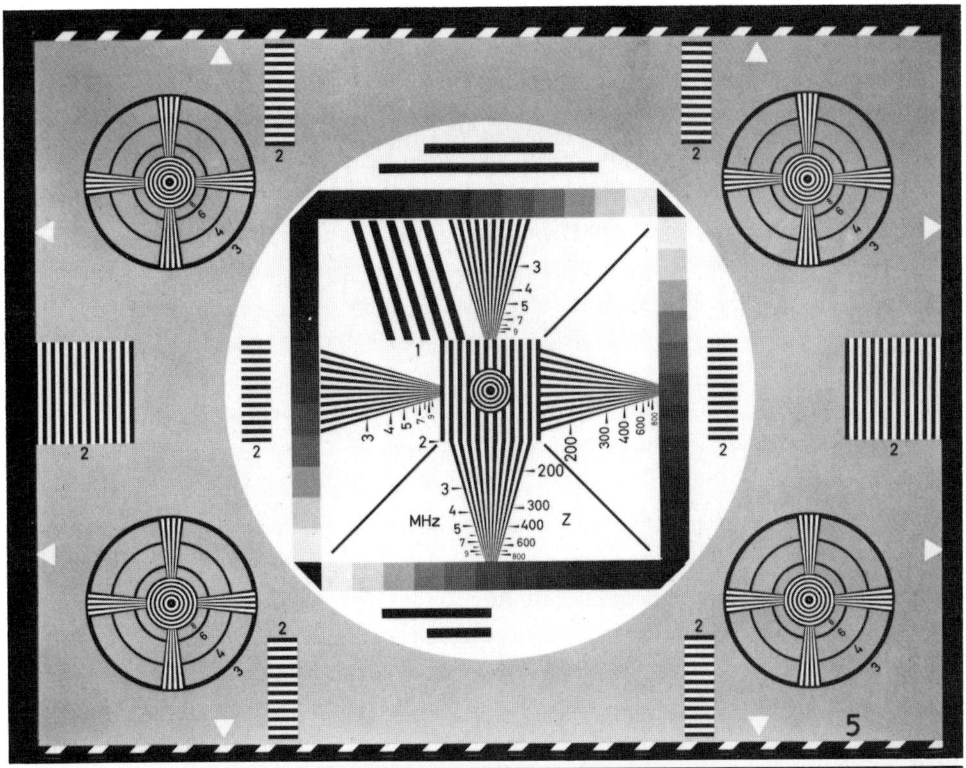
2
2
2
2
2
2
2
2
2
2
3
4
5
7
9
1
3
4
5
7
9
2
200
300
400
600
800
200
300
400
600
800
3
4
5
7
9
MHz
Z
5

b

3
4
5
1

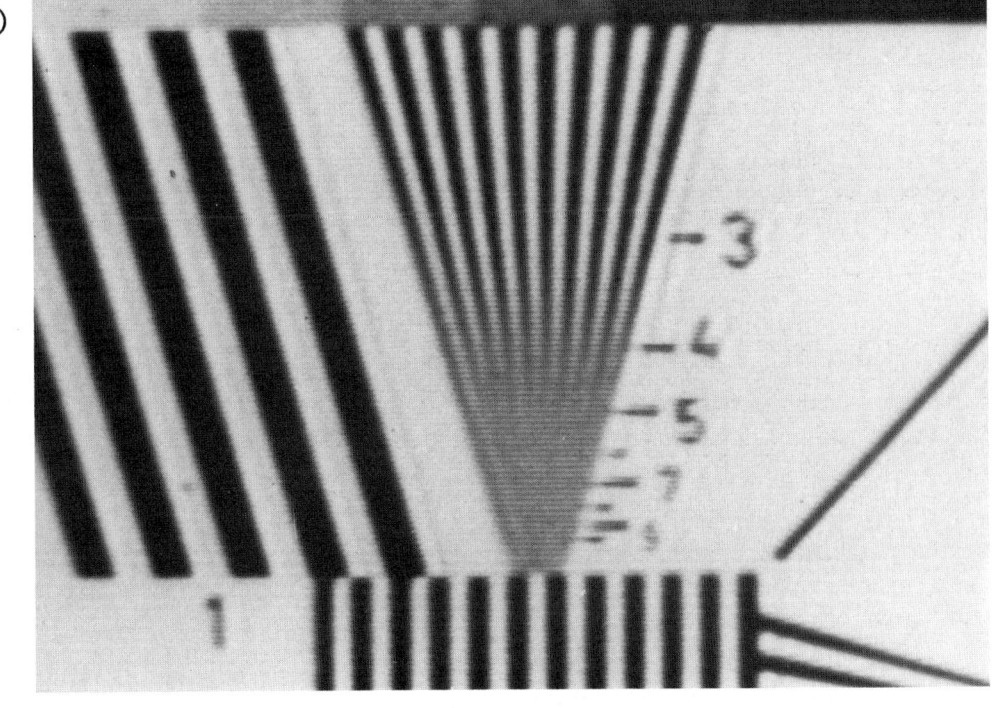

$$\text{Zeilendichte,} \atop \text{Aufzeichnungsfeinheit} = \frac{Z}{h} = \frac{1}{Y_z} \left[\frac{\text{Zeilen}}{\text{mm}}\right]. \tag{49}$$

Der Grund für die Wahl einer relativen Schärfeangabe in der Bildtelegrafie liegt darin, daß man hierbei eigentlich nicht mit einem festen Betrachtungswinkel ($\alpha \approx 15^{\circ}$ beim Fernsehen, Tabelle 1) rechnen kann, sondern sogar mit der Möglichkeit gerechnet werden muß, daß das übertragene Bild später auch ausschnittsweise weiterverarbeitet wird (z.B. Pressebilder). Es kommt also auf die Zeilendichte an, d.h. die Zahl der Zeilen/mm. Dieses Maß ist dann aber auch weitgehend identisch mit der Auflösungsdefinition der Fotografie 1/21 (Linienpaare/mm). Dies kann als weiterer Grund gelten, weshalb man in der Bildtelegrafie die Zeilendichte als Schärfedefinition eingeführt hat.

Es sei aber deutlich darauf hingewiesen, daß alle zuletzt genannten Schärfedefinitionen ("Zeilen" und "Zeilen/mm") im Prinzip nur die durch eine Bandbegrenzung festgelegte Auflösungsgrenze des Bildübertragungsverfahrens beschreiben. Der Gesamt-Schärfeeindruck kann aber noch sehr wesentlich durch den Frequenzgangverlauf beeinflußt werden (Bild 21a), weshalb bei einem Bildübertragungssystem die Angabe der Auflösungsgrenze in "Zeilen" unbedingt durch eine zusätzliche Information über die Bildpunktdauer bzw. Anstiegszeit eines Scharzweiß-Sprunges T_{BP} (Bild 21b) ergänzt werden muß.

Wenn es bei einer Bildübertragung darauf ankommt, bestimmte Details mit ausreichender Schärfe wiederzugeben, dann muß darauf geachtet werden, daß eine genügende Anzahl Zeilen bzw. Bildpunkte auf dieses Objekt entfällt. Bei der Aufnahme kann man dies durch Wahl des Bildausschnittes bzw. des Aufnahmewinkels selbstverständlich steuern.

Als Beispiel soll die Übertragung eines Textes in Schreibmaschinenschrift betrachtet werden. Hierbei weiß man ziemlich genau, daß auf ein alphanumerisches Zeichen mindestens 6 Zeilen entfallen müssen ($\Delta Z = 6$ Zeilen/Zeichen), wenn das Zeichen gerade noch aufgelöst werden soll (vergl. Kap. 5.1.2, Bild 99a). Weiterhin ist bekannt, daß der kleine Buchstabe bei normaler Schreibmaschinenschrift 3 mm hoch ist ($\varepsilon = 3$ mm/Zeichen). Mit H = 300 mm als Höhe einer DIN-A4-Seite und gleichzeitig Höhe des zu wählenden Bildausschnittes ergibt sich für die mindestens notwendige Zahl der aktiven Zeilen:

$$Z_a = \Delta Z \cdot \frac{H}{\varepsilon} = 6 \cdot \frac{300}{3} = 600 \text{ Zeilen.} \tag{50}$$

Das entspricht etwa dem 625-Zeilen-System abzüglich der vertikalen Austastlücke von 6% (588 Zeilen).

In <u>Bild 24</u> ist noch das Beispiel eines Bildfernsprechers dargestellt.

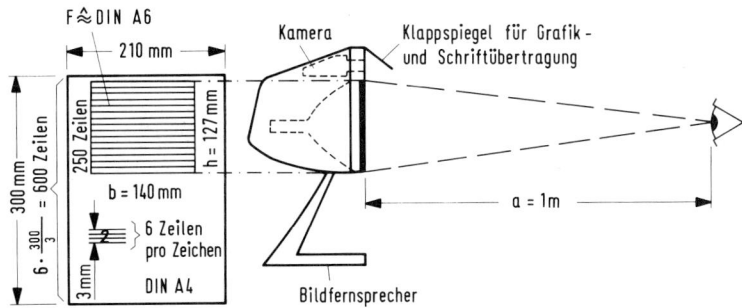

<u>Bild 24</u> Wahl des Bildausschnittes bei der Übertragung einer Schreib-
        maschinenseite mit dem Bildfernsprecher

Hierbei kommt der Übertragung von Schreibmaschinenschrift eine ganz besondere Bedeutung zu. Wie in Kap. 5.2.2 dargelegt wird, arbeitet der
Bildfernsprecher aus Aufwandsgründen nur mit 267 Zeilen (USA-Norm), was
einer aktiven Zeilenzahl Z_a = 267 · 0,94 = 250 entspricht. Aus Gl. (50)
wird jetzt die Höhe des Bildausschnittes wie folgt ermittelt:

$$H = \varepsilon \cdot \frac{Z_a}{\Delta Z} = 3 \cdot \frac{250}{6} = 125 \text{ mm}. \tag{51}$$

Das entspricht etwa dem in Bild 24 dargestellten Ausschnitt aus der DIN-
A4-Seite. Er ist zufällig auch identisch mit der Bildschirmgröße des
Wiedergabebildes (h = 127 mm), so daß hier ein Abbildungsverhältnis von
1 : 1 vorliegt. Die Schreibmaschinenschrift wird damit in Originalgröße
wiedergegeben und ist bei dem Norm-Betrachtungsabstand des Bildfernsprechers von a = 1 m noch gut zu lesen.

1.4 Bildaufnahme-Sensoren

In Bild 6 wurden der Abtastvorgang und die optisch-elektrische Umwandlung in ein Fernsehsignal getrennt dargestellt. Eine solche Anordnung
wird allerdings nur beim Lichtpunkt-Abtaster (Kap. 2.5) bzw. bei der

bildtelegrafischen Abtastung (Kap. 6.1) verwendet. Die Abtastanordnung
ist dann ein elektronischer oder mechanischer Scanner, der optisch-elektrische Wandler eine Fotozelle oder Fotodiode. Meist wird aber die Abtastanordnung in den Bildaufnahme-Sensor integriert. So erfolgt z.B. bei
der nachfolgend behandelten Diodenzeile bzw. CCD-Zeile die Horizontalab-
tastung elektronisch, während die Vertikalabtastung noch mechanisch
durchgeführt werden muß. Der für die Fernsehkamera vorgesehene Flächensensor arbeitet dagegen mit einer zweidimensionalen elektronischen Abtastung, die von einem Auslesetakt gesteuert wird. Besonders einfach wird
die Abtastung bei den Bildaufnahmeröhren gelöst. Hier übernimmt ein ma-
gnetisch oder elektrisch abgelenkter Kathodenstrahl den zeilenweisen Abtastvorgang. Im folgenden sollen sowohl die Prinzipien der Bildaufnahmeröhren als auch der Halbleiter-Flächensensoren bzw. Halbleiter-Zeilen
behandelt werden.

1.4.1 Bildaufnahmeröhre mit Halbleiterfotoschicht

Die größte Verbreitung als Bildaufnahme-Sensoren haben Röhren mit Halbleiterfotoschicht, wie z.B. das Vidikon oder Plumbikon. Sie arbeiten nach
dem Ladungsspeicher-Prinzip, d.h. die Lichteinwirkung auf das Bildelement
erfolgt während der gesamten Dauer einer Bildperiode. Dadurch ergibt sich
eine hohe Empfindlichkeit. Bei den Röhren mit Halbleiterfotoschicht wird
der innere Fotoeffekt verwendet, d.h. die Lichteinwirkung steuert den
Entladevorgang des Speicherelementes.

Bild 25a zeigt eine Prinzipskizze des V i d i k o n s . Man erkennt
die Ablenkspulen, die - ganz analog zu den Vorgängen bei der Bildwiedergaberöhre nach Bild 8a - den Kathodenstrahl zeilenweise über die Halbleiterfotoschicht bewegen, wobei gleichzeitig die darüber liegende Kon-
zentrierspule für die Fokussierung des Kathodenstrahles sorgt. Nach
Bild 25b wirkt dieser Kathodenstrahl wie ein elektronischer Schalter,
der in dem Augenblick, da er über das Bildelement läuft, die sogenannte
Plattenspannung U_p auf das Speicherelement schaltet, wodurch dieses aufgeladen wird. Die Speicherkapazität wird durch die Halbleiterfotoschicht
(Antimontrisulfid) gebildet. Parallel dazu wirkt ein lichtabhängiger Wi-
derstand in der Fotoschicht, über den sich nun während der Zeitdauer
einer Bildperiode (1/25 s) das Speicherelement entlädt. Bild 25c zeigt
diesen Entladevorgang als Spannungsverlauf U_c am Speicherelement. Der
Spannungsanstieg nähert sich exponentiell der Plattenspannung U_p, wird
jedoch in dem Augenblick unterbrochen, da der Kathodenstrahl nach genau
einer Bildperiode 1/25 s wieder auf das Bildelement trifft. Es erfolgt

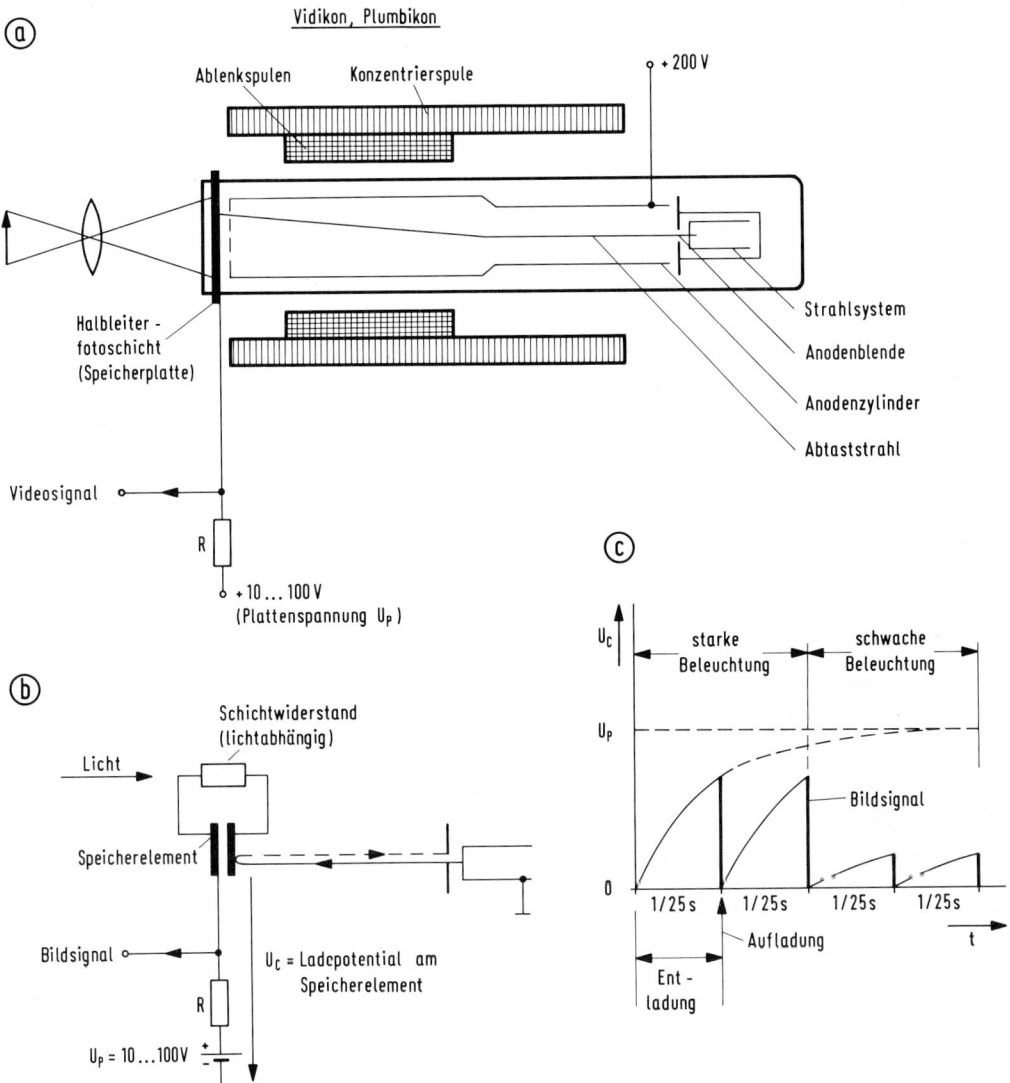

Bild 25 Bildaufnahmeröhre mit amorpher Halbleiterfotoschicht

       a) Aufbau eines Vidikons bzw. Plumbikons mit Ablenkeinheit

       b) Prinzipbild zu den Vorgängen am Speicherelement (Ersatz-
          schaltbild eines Bildpunktes auf der Fotoschicht)

       c) Zeitabhängiger Verlauf der Spannung am Speicherelement

in diesem Augenblick eine Nachladung des Speicherelementes, deren Höhe
von dem Maß der Entladung, d.h. aber von der gerade vorliegenden Zeit-
konstante abhängig ist. Nimmt die Beleuchtung z.B. plötzlich ab, dann
vergrößert sich der lichtabhängige Schichtwiderstand, wodurch die Entladung und damit auch die Nachladung geringer wird. Die in Bild 25c stark
ausgezogenen Nachladespannungen stellen damit das Videosignal dar, das
nach Bild 25b am Arbeitswiderstand R abgenommen werden kann.

Geringen Helligkeitsänderungen von Vollbild zu Vollbild, wie sie bei der
Übertragung von sich langsam bewegenden Bildvorlagen auftreten, kann das
Vidikon-Bildsignal unmittelbar folgen. Probleme treten jedoch bei plötz-
lichen Helligkeitsänderungen auf. Es wirkt sich dann einmal die Trägheit
der Halbleiterfotoschicht selbst aus, zum anderen erfolgt aber auch der
Nachladevorgang nicht so ideal, wie das in Bild 25 dargestellt ist. Da
die Stromdichte mit Rücksicht auf die Bildschärfe begrenzt werden muß,
bleibt am Ende des Nachladevorganges für U_c eine kleine Restspannung üb-
rig, die auch bei völlig dunkler Bildvorlage einen restlichen Grauwert
vortäuscht, der erst nach mehreren Entladevorgängen über viele Bildperioden zum Verschwinden gebracht werden kann. Dies führt bei der Übertragung von bewegten Bilddetails zu einem Nachzieheffekt. Er ist umso stärker, je weniger Beleuchtungsstärke zur Verfügung steht. Für etwa 10 Lux
Beleuchtungsstärke auf der Fotokathode - entsprechend 400 Lux auf der
Szene (Blende 1:2), was bei Live-Betrieb der Kamera durchaus vorkommen
kann - beträgt das Nachziehen 7 Vollbilder entsprechend etwa 1/3 Sekunde
[1,Kap5.2]. Das ist unzulässig. Erst bei mehreren tausend Lux Beleuchtungsstärke sinkt das Nachziehen auf zulässige Werte. Deshalb kann die
Vidikonkamera als Live-Kamera nur in den Sonderfällen verwendet werden,
wo genügend Licht zur Verfügung steht bzw. für die Filmabtastung, da bei
der Durchleuchtung von transparenten Vorlagen mit der Projektionslampe
genügend Licht aufgewendet werden kann.

Alle Unvollkommenheiten des Vidikons konnten mit dem zu Beginn der sechziger Jahre zum Einsatz gekommenen P l u m b i k o n vermieden werden.
Es wird hierbei eine wesentlich stärkere (15 µ) Halbleiterfotoschicht
aus Bleioxyd verwendet, so daß die Speicherkapazität und damit das Nachziehen reduziert sind. Der Ausgangsstrom bei gleichem Licht (Empfindlichkeit) ist größer, so daß die beim Nachladen am Arbeitswiderstand
(Bild 25b) verbleibende Restspannung prozentual reduziert wird. Dies ist
der zweite Grund für ein gegenüber dem Vidikon wesentlich reduziertes
Nachziehen.

Weitere Vorteile des Plumbikons neben seiner größeren Empfindlichkeit
und dem geringeren Nachziehen sind die lineare Gradationskennlinie ($\gamma=1$)
sowie das geringe Störsignal. Das macht diese Bildaufnahmeröhre so besonders geeignet für Farbfernsehkameras (Kap. 2.3). Ein Nachteil ist allerdings die geringere Auflösung, was durch eine stärkere Aperturkorrektur (Kap. 1.3.7) ausgeglichen werden muß, wodurch sich der Störabstand
wieder etwas verschlechtert.

Das in Japan entwickelte C h a l n i c o n weist eine verbesserte Auflösung auf und ist außerdem um den Faktor 1,5...2,5 empfindlicher. Seine
Fotoschicht besteht aus Chalcogenid (Mischung aus Sulfid, Selenid und
Tellurid). Das ebenfalls in Japan entwickelte S a t i c o n enthält
eine Fotoschicht aus Selen, das ebenfalls mit Tellurid sowie mit Arsen
dotiert ist, wodurch sich wie beim Chalnicon eine wesentlich verbesserte
Rotempfindlichkeit gegenüber dem Plumbikon ergibt [13,Kap15.2]. Mit solchen Eigenschaften sind diese beiden Bildaufnahmeröhren besonders gut
geeignet zur Verwendung in Einröhren-Farbfernsehkameras (Kap. 2.4). Hier
kommt es nämlich auf hohe Auflösung und hohe Empfindlichkeit des Bildauf-
nahme-Sensors an.

Eine weitere Neuentwicklung auf dem Gebiet der Bildaufnahmeröhren mit
Halbleiterfotoschicht ist die M u l t i d i o d e n r ö h r e . Hier
tritt nach Bild 26 an die Stelle der amorphen Fotoschicht des Vidikons

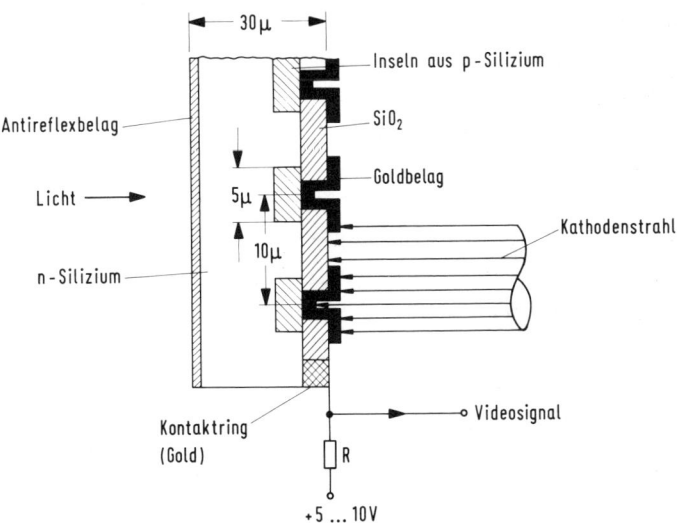

Bild 26 Prinzipschema einer Multidiodenröhre

oder Plumbikons eine Signalplatte mit möglichst so vielen Dioden, wie es
der Zahl der Bildpunkte entspricht. Die Funktion der Röhre ist somit ganz
ähnlich wie die des Vidikons. An die Stelle des lichtabhängigen Schicht-
widerstandes in der Prinzipdarstellung von Bild 25b tritt der lichtabhängige Sperrwiderstand des pn-Überganges einer Fotodiode. Die Silizium-Fo-
todiodentechnik gibt der Röhre jedoch eine höhere Empfindlichkeit als
beim Vidikon. Sie hat außerdem die gleiche lineare Gradationskennlinie
wie das Plumbikon, ist sehr robust und vor allem wenig empfindlich gegen
Überbelichtungen, weshalb dieser Röhrentyp bei den Übertragungen von der
Mondoberfläche eingesetzt wurde [13,Kap15.2.4], [14].

Da es sich als praktisch unmöglich erwiesen hat, die Fotoschicht mit den
etwa 500 000 Dioden fehlerfrei herzustellen, der Ausfall einzelner Fotodioden jedoch als sehr störend empfunden wird, konnte sich die Multidiodenröhre nicht durchsetzen. In einigen Sonderfällen des industriellen
bzw. medizinischen Fernsehens wird sie jedoch verwendet. Hierbei nutzt
man insbesondere die weit in den Ultrarotbereich gehende Spektralcharakteristik aus. Meist wird die Röhre dann auch noch durch einen vorgesetzten Bildwandler ergänzt, so daß sich eine derartige Empfindlichkeits-
steigerung ergibt, daß mit solchen "EIC-Röhren" sogar Aufnahmen bei
Mondlicht möglich sind [13,Kap15.2.5].

1.4.2 Speicherröhre

Aus dem Prinzip des Vidikons läßt sich unmittelbar die Funktion einer
speichernden Bildaufnahmeröhre ableiten. Solche elektro-optische Wandler
haben Bedeutung bei der Slowscan-Übertragungstechnik, wie sie bei Welt-
raumsonden und Wettersatelliten Anwendung findet (Kap. 6.5). Das Bild
der Oberfläche eines Himmelskörpers bzw. das Wolkenbild werden dabei
über einen Kameraverschluß als Momentaufnahme auf die Fotoschicht aufbe-
lichtet, dort gespeichert und anschließend mit einem langsam laufenden
Elektronenstrahl zeilenweise wieder ausgelesen. Der damit verbundene
langsame Übertragungsvorgang des Bildsignals läßt sich mit einer sehr
geringen Bandbreite (z.B. 600 Hz) durchführen, so daß sich bei der geringen Sendeleistung, die man aus Energie- und Gewichtsgründen bei einem
Wettersatelliten bzw. einer Weltraumsonde anstrebt, ein noch akzeptabler
Störabstand ergibt.

Die hierbei zu realisierenden Übertragungs- und damit auch Speicherzei-
ten liegen in der Größenordnung von einigen Minuten. Ein normales Vidi-

kon bedient sich zwar des Speichereffektes, die Speicherwirkung reicht
jedoch höchstens für die Dauer von einigen wenigen Bildern. Für eine Anwendung in der Slowscantechnik muß dagegen die Signalplatte speziell
aufbereitet sein. Bild 27 zeigt das Prinzip eines solchen Speicher-Vidikons. Die Fotoschicht und die Speicherschicht wirken hier wie hinterein-
andergeschaltete Kondensatoren, wobei die Leitfähigkeit der Fotoschicht
von der Beleuchtungsstärke E abhängt. Je größer E ist, umso größer wird

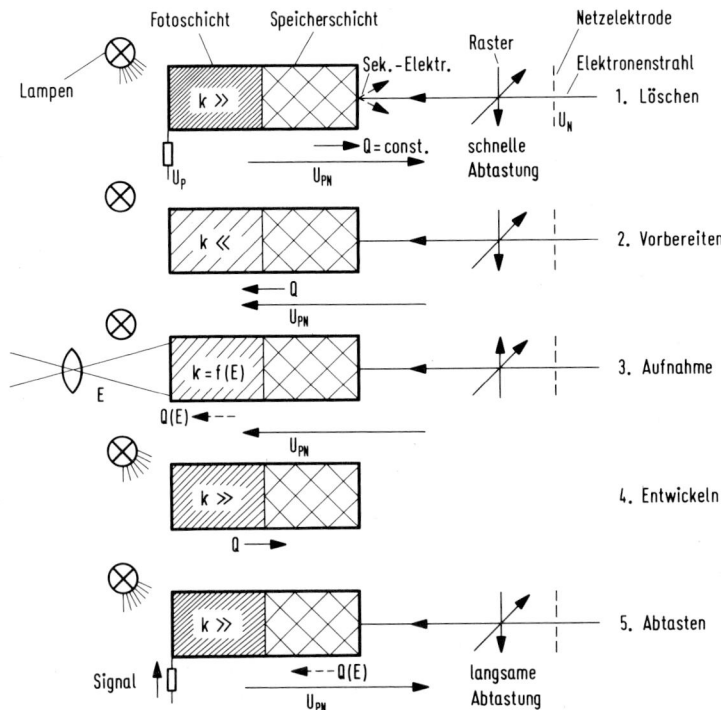

Bild 27 Schema der einzelnen Betriebsphasen eines Speicher-Vidikons

die Leitfähigkeit. Die einzelnen Betriebsphasen lassen sich nach Bild 27
wie folgt beschreiben:

1. Löschen

Zunächst muß die alte Aufnahme gelöscht werden. Das geschieht durch
Beleuchten der Fotoschicht, womit eine extrem hohe Leitfähigkeit der
Fotoschicht erzielt wird. Gleichzeitig schreibt der Elektronenstrahl
auf der Speicherschicht ein schnelles Raster, das diese Schicht auf
eine einheitliche Ladung Q bringt.

2. Vorbereiten

Es wird nun eine Spannung U_{PN} zwischen Frontplatte und Netzelektrode
des Strahlsystems gelegt und gleichzeitig die Lichtquelle abgeschal-
tet. Dadurch erfolgt ein Transport der einheitlichen Ladung Q von der
Speicherschicht in die Fotoschicht.

3. Aufnahme

Mit einem mechanischen Verschluß, wie er z.B. in Fotokameras verwendet wird, erfolgt jetzt die Kurzzeitbelichtung der Fotoschicht, so
daß sich ein der Beleuchtungsstärke E(x , y) proportionales Ladungsge-
birge aufbauen kann, wobei die konstante Spannung U_{PN} eine Voraussetzung hierfür ist.

4. Entwickeln

Durch Einschalten der Lampe und damit gleichmäßige Beleuchtung der
Fotoschicht wird deren Leitfähigkeit extrem vergrößert, so daß eine
Löschung des Ladungsgebirges in der Fotoschicht bewirkt wird. Da man
sich jedoch die Foto- und Speicherschicht als hintereinandergeschal-
tete Kondensatoren vorstellen kann, wird deutlich, daß sich die Ladungsverteilung nunmehr in die Speicherschicht verschiebt. Dieser
Vorgang dauert etwa 8 sec.

5. Abtasten

Das abschließende Auslesen des Signals aus der in der Speicherschicht
enthaltenen Ladungsverteilung erfolgt mit einem einzigen, langsam
laufenden Abtastraster, wobei für die Wolkenbildübertragung eines
Wettersatelliten z.B. 200 sec (3 Min., 20 sec.) Abtast- und Übertragungszeit gewählt werden, was einer Übertragungsbandbreite unter
1 kHz (vergl. Bild 110) entspricht.

1.4.3 Halbleiter-Zeile

Nach Kap. 6.1.2 geht man bei der Bildtelegrafie in zunehmendem Maße auf
rein elektronische Abtastverfahren über. Die Entwicklungstendenzen zeigen, daß man den Zwischenschritt einer Kathodenstrahlabtastung übersprin-
gen wird, da sich der langsame Abtastvorgang mit einer Halbleiter-Zeile
– also mit einem vakuumlosen Sensor – besonders präzise und wartungsfrei
realisieren läßt. Auch in der Bewegtbildtechnik wird man in Zukunft für
die fernsehmäßige Abtastung von Filmen Halbleiter-Zeilen verwenden, da
hierbei die ganzen Ablenkprobleme und bei der Farbfilmabtastung insbesondere auch die Farbdeckungsprobleme entfallen (Kap. 2.3, 2.5).

Man unterscheidet zwischen Fotodiodenzeilen und ladungsgekoppelten Halbleiter-Zeilen. In Bild 28 ist das Prinzip einer selbstabtastenden Fotodiodenzeile dargestellt. Die mit Schaltsymbolen gekennzeichnete Fotodio-

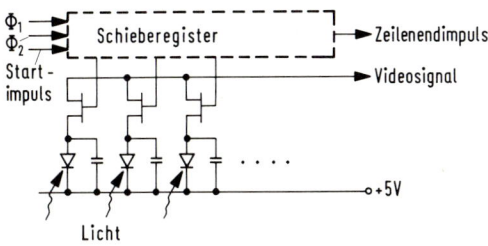

Bild 28 Selbstabtastende Fotodiodenzeile

denanordnung entspricht in ihrem technologischen Aufbau weitgehend dem
Multidioden-Vidikon von Bild 26. Die Funktion des Enladevorganges der
Sperrschichtkapazität über den lichtabhängigen Sperrwiderstand der einzelnen Fotodiode ist analog zu den in Bild 25 b und c für das Vidikon
dargestellten Verhältnissen (Kap. 1.4.1). Allerdings besteht in der Fotodiodenzeile nach Bild 28 ein Zugriff zu jeder Einzeldiode, so daß die
einzelnen Sperrschichtkapazitäten mit einer Taktfrequenz nacheinander
aufgeladen werden können. Natürlich ist es technologisch nicht möglich,
bei den inzwischen bereits realisierten 1000 Dioden in der Zeilenlänge
einen Zugriff zu jeder Diode herzustellen, um damit jeden Bildpunkt zu
takten. Man ist deshalb auf das Prinzip der selbstabtastenden Fotodiodenzeile übergegangen. Nach Bild 28 wurde parallel zu den Fotodioden ein
Schieberegister auf den Chip integriert, das die gleiche Stufenzahl hat
wie die Zahl der Fotodioden sowie die Zahl der MOS-Schalter, welche
ebenfalls mit integriert wurden. Das Gate eines jeden MOS-Schalters ist
mit der entsprechenden Stelle des Schieberegisters verbunden. Der Schalter wird leitend, wenn ein Bit in der zugehörigen Stufe des Registers
eintrifft. Durch den Startimpuls wird ein Bit in die erste Stufe des
Schieberegisters eingespeist und dann mit den Taktimpulsen Φ_1, Φ_2 bis
zum Ende durchgetaktet. Auf diese Weise werden die Signalanteile aller
Fotodioden sequentiell abgefragt.

Mit der fortschreitenden Technologie hochintegrierter Schaltungen setzen
sich auch für die optoelektronische Sensortechnik immer mehr die ladungsgekoppelten Halbleiteranordnungen (Charged Coupled Device = CCD)
durch; denn ihr Aufbau ist im Vergleich zu den Fotodiodenanordnungen re-

lativ einfach, so daß für die Zukunft mit niedrigen Herstellungskosten
gerechnet werden kann. <u>Bild 29a</u> zeigt den Aufbau einer CCD-Zeile. Auf
ein besonderes Schieberegister wie in Bild 28 kann hier verzichtet werden, da der Sensorteil und die für das Durchtakten benutzte Ladungskopp-
lung eine Einheit darstellen. Die ganze Anordnung kann als ein analoges
Schieberegister aufgefaßt werden, das durch optoelektronische Sensoren
ergänzt wurde.

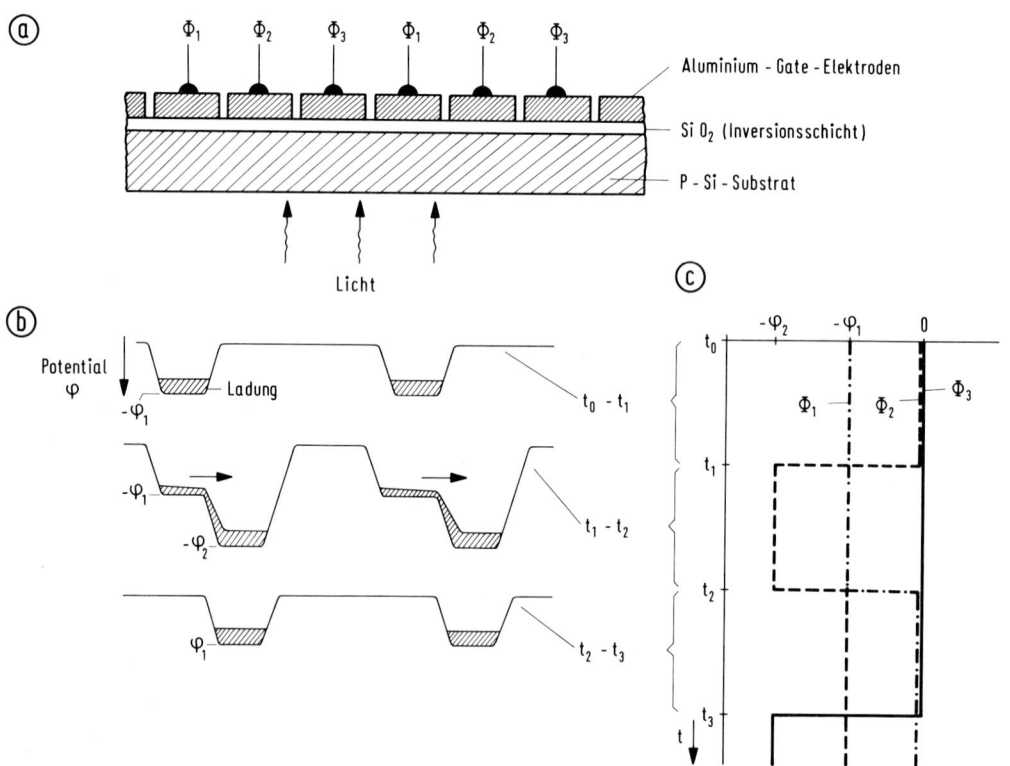

<u>Bild 29</u> Halbleiter-Zeile in ladungsgekoppelter Technik (CCD)
     a) Aufbau einer CCD-Zeile
     b) Potentialverlauf längs der Zeile
     c) Zeitlicher Verlauf der Taktpotentiale

Die Wirkungsweise der CCD-Zeile läßt sich anhand des Potentialverlaufes
längs der Zeile nach <u>Bild 29b</u> erläutern. Die dargestellten Einsattelungen
stellen Verarmungszonen dar, die durch kleine Verstärkungen in der iso-
lierenden SiO_2-Schicht nach Bild 29a hervorgerufen werden. Diese Schicht

befindet sich zwischen dem p-leitenden Silizium-Substrat und den Alumini-
um-Gate-Elektroden, an die die Taktpotentiale angelegt werden. Durch entsprechende Steuerung dieser Taktpotentiale Φ_1, Φ_2, Φ_3 nach Bild 29c kann
man die Potentialeinsattelungen in Bild 29b längs der Zeile verschieben.

Dadurch läßt sich nun eine Ladungsverschiebung bewirken; denn diese Verarmungszonen im Potentialverlauf von Bild 29b kann man sich als "Potentialtöpfe" vorstellen, in denen die durch Belichten von der Substratsei-
te erzeugten Fotoelektronen gesammelt werden. Jede Verarmungszone stellt
somit einen MOS-Kondensator dar, der eine den Fotoelektronen proportio-
nale Ladung speichert. Die Dreiphasenansteuerung der Gate-Elektroden
nach dem Schema von Bild 29c bewirkt dann ein Wandern der Potentialtöpfe
längs der Zeile und damit eine Verschiebung der Oberflächenladung, wie
das in Bild 29b für drei zeitliche Phasen dargestellt ist [15], [16].

Das Durchschieben der Ladung kann natürlich nur in einer Austastlücke
erfolgen. Da deren Zeitdauer gering ist, muß eine hohe Taktfrequenz angewendet werden. Für das anschließende langsame Auslesen, was zeitlich
während der nächstfolgenden Zeile geschieht, ist ein Zwischenspeicher
erforderlich. Man verlängert zu diesem Zweck die CCD-Zeile um das Doppelte, deckt aber die fotoempfindliche Schicht der zweiten Zeilenhälfte
ab, so daß diese als normaler Zeilenspeicher wirkt.

1.4.4 CCD/CID-Flächensensor

Auch in der Fernsehaufnahmetechnik kommt den vakuumlosen Bildsensoren
eine zunehmende Bedeutung zu. Dies gilt insbesondere für die Reportagekameras des Fernsehrundfunks sowie die Fernsehkamera für den Heimgebrauch; denn hier strebt man möglichst kompakte Aufnahmeeinrichtungen an.

Für die Anwendung in einer Fernsehkamera muß die im vorigen Kapitel besprochene CCD-Zeile zu einem CCD-Flächensensor erweitert werden.
Die notwendige Zwischenspeicherung realisiert man in einem zusätzlichen
Speicherteil auf dem CCD-Chip. Nach Bild 30 wird zu diesem Zweck die
Sensorfläche in der Vertikalen verdoppelt und diese zusätzliche fotoempfindliche Schicht gegen Lichteinwirkung abgedeckt, so daß dieser Teil
als rein elektrischer Bildspeicher wirkt. Eine horizontale Bildzeile
setzt sich jeweils aus den Bildpunkten verschiedener vertikaler CCD-Spal-
ten zusammen, die über seitliche Elektroden von den Taktspannungen synchron angesteuert werden. Am Ende einer Bildperiode wird die Oberflächen-

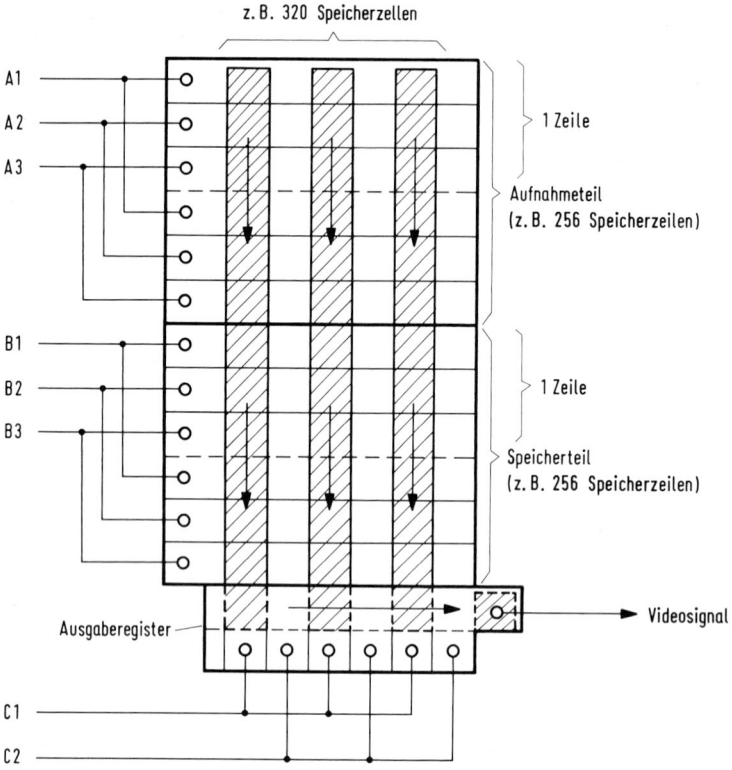

z.B. 320 Speicherzellen

A1
A2
A3

} 1 Zeile

Aufnahmeteil
(z.B. 256 Speicherzeilen)

B1
B2
B3

} 1 Zeile

Speicherteil
(z.B. 256 Speicherzeilen)

Ausgaberegister

Videosignal

C1
C2

Bild 30 Beispiel eines Halbleiter-Flächensensors in CCD-Technik nach [15]

ladung des gesamten Sensors innerhalb der vertikalen Austastlücke von etwa
1 ms simultan in den unteren Speicherteil von Bild 30 verschoben. Zu diesem Zweck werden die Elektroden A1 und B1, A2 und B2 sowie A3 und B3 usw.
gemeinsam getaktet. Es entsteht für den Beispielsfall eines CCD-Chips mit
2 x 256 Bildpunktzeilen (SID 525 01, RCA) demnach eine Taktfrequenz für
das vertikale Verschieben von 256/1 ms = 256 kHz (in der Praxis: 270 kHz).

Die Ausgänge der Speicherspalten sind nach Bild 30 mit einer speziellen
CCD-Zeile verbunden, dem Ausgaberegister. Jede Speicherzelle dieses Registers kann über die Taktimpulse C1 und C2 angesteuert werden, so daß
es möglich ist, die Ladungsverteilung jeweils einer Zeile im normalen
Fernsehtakt von 64 · 0,82 = 52,5 µs auf den Ausgang durchzuschieben und
hier als Fernsehsignal abzunehmen. Die Taktfrequenz beträgt bei 320
Bildpunkten pro Zeile 320/52,5 µs = 6 MHz. Sobald eine komplette Zeile
ausgelesen ist, wird in der horizontalen Austastlücke die jeweils nächst-
folgende Zeile in das Ausgaberegister eingeschoben und anschließend mit

Fernsehtakt zum Ausgang transportiert, so daß ein fortlaufendes Videosignal entsteht.

Für das Zwischenzeilenverfahren müßte man eigentlich die doppelte Anzahl
Speicherzeilen zur Verfügung haben. Das läßt sich aber umgehen, wenn man
den geometrischen Ort des Potentialtopfes, der die Speicherzelle eines
Bildpunktes darstellt, in der Vertikalen mit Zeilenhub halbbildsequenti-
ell hin- und herschiebt, was sich durch eine geeignete zusätzliche Ansteuerung der Elektroden realisieren läßt. Auf diese Weise verdoppelt
sich die Anzahl der vertikalen Abtastpositionen. Die Auflösung eines
Vollbildes ist dadurch bei den in Bild 30 angegebenen 256 Speicherzeilen
2 x 256 = 512 Bildpunkte in vertikaler Richtung und ist damit recht gut
an die 525 x 0,94 = 493 aktiven Zeilen der amerikanischen Fernsehnorm
angepaßt, für die 625 x 0,94 = 587 aktiven Zeilen der europäischen Norm
aber etwas zu gering.

Die horizontale Auflösung muß allerdings bei den bisher auf den Markt
gekommenen CCD-Sensoren in beiden Normen als unzureichend bezeichnet
werden. Zum Beispiel stehen bei einem Standard-Chip der RCA 320 Bildpunkte in der Horizontalen zur Verfügung. Nach Gl. (46) errechnet sich
die effektive horizontale Bildpunktzahl der europäischen Fernsehnorm zu
525, wozu eine horizontale Grenzauflösung von 5 MHz gehört. Stehen dagegen nur 320 Bildpunkte zur Verfügung, dann reduziert sich die Auflösung
auf 5 MHz · 320/525 = 3 MHz.

Beim CCD-Flächensensor liegen nun aber die Bildpunkte in einer quantisierten Form vor. Dadurch tritt der bereits in Kapitel 1.2 angesprochene
Fall auf, daß nun nicht nur in der Vertikalen des Bildes (durch die zeilenweise Quantisierung), sondern auch in der Horizontalen mit Schwebungsstrukturen zu rechnen ist, wenn die Ortsfrequenz der Vorlage (Strichrasterfrequenz) in die Nähe der Nyquistfrequenz (halbe Abtastfrequenz des
Quantisierungsvorganges) kommt.

Dieser Fall wurde - wie bereits in Kapitel 1.2 erwähnt - in [5] für
eine Quantisierung der Horizontalen des Bildes sehr ausführlich untersucht. Es wurde insbesondere die Frage beantwortet, um wieviel niedriger die Strichrasterfrequenz gegenüber der Nyquistfrequenz gewählt
werden muß, damit die entstehende Schwebungsstruktur von den Beobach-
tern gerade noch toleriert wird. Diese zusätzliche Auflösungsreduktion
beschreibt - in Anlehnung an den Kell-Faktor für die Vertikale des Bild-
des nach Kapitel 1.3.4.2 - ein "Horizontaler Kell-Faktor" k'. Nach [5]

wird dieser Faktor wesentlich beeinflußt von der Form der Bandbegrenzung
des Nachfilters (im Verstärkerzug und Übertragungskanal). Für eine ideale Rechteck-Bandbegrenzung bei der Nyquistfrequenz kann sogar k' = 1
werden, für die üblichen Bandbegrenzungen ist dagegen mit etwa
k' = 0,7 ... 0,8 zu rechnen.

Nimmt man wieder das Beispiel des Flächensensors mit 320 Bildpunkten in
der Horizontalen, dann entspricht dies bei der aktiven Zeilendauer von
52,5 µs einer Abtastfrequenz von 320/52,5 µs = 6 MHz und damit einer Nyquistfrequenz von 6 MHz/2 = 3 MHz. Diese ist ohne ein aufwendiges Nachfilter nicht mehr schwebungsfrei zu übertragen. Bild 31 a zeigt das
deutlich. Es handelt sich hier um die Schirmbildfotografie einer Aufnahme des Strichraster-Testbildes mit einer CCD-Kamera. Die zu den einzelnen Strichrasterlinien gehörenden Signalfrequenzen wurden nach Gl. (44)
berechnet und sind im Testbild eingetragen. Man erkennt die Schwebungsstruktur bei der Nyquistfrequenz 3 MHz (entsprechend 320 Bildpunkten).
Tolerierbar wird dieser Fehler erst unterhalb einer Strichrasterfrequenz
von etwa 3 MHz · k' = 3 MHz · 0,75 = 2,25 MHz. Tatsächlich sind in
Bild 31a bei 2 MHz keinerlei Schwebungseffekte mehr zu bemerken.

Es handelt sich hier eindeutig um die in Kapitel 1.2 beschriebenen "Aliasingfehler" durch Verletzung des Abtasttheorems infolge Quantisierung
der Sensorfläche in Zeilenrichtung und unvollkommener Nachfilterung. Da
andererseits im Strahlengang vor dem Flächensensor auch kein optisches
Tiefpaßfilter (Vorfilter) mit einer Bandgrenze bei der Nyquistfrequenz
(3 MHz) vorhanden ist, entstehen nach Bild 2c neben den Schwebungseffek-
ten auch niederfrequente Interferenzstrukturen, wenn sich die Strichrasterfrequenz der Abtastfrequenz (6 MHz) nähert. Das ist in Bild 31a bei
4 und 5 MHz deutlich zu sehen.

Im Vergleich dazu ist in Bild 31b die Schirmbildfotografie für die Aufnahme der gleichen Testbildvorlage mit einer Vidikonkamera dargestellt.
Da im Vidikon eine völlig amorphe Halbleiterfotoschicht verwendet wird,
können keinerlei Interferenzstrukturen auftreten. Die höhere Grenzauflösung führt selbstverständlich auch zu einer wesentlich besseren Bildschärfe.

Durch eine Erhöhung der Bildpunktzahl könnte auch beim CCD-Sensor die
Grenzfrequenz für interferenzfreie Auflösung auf 5 MHz - die Bandgrenze
des Fernseh-Übertragungssystems - angehoben werden. Dazu genügt es allerdings nicht, die bisher 320 Bildpunkte auf den nach Gl. (46b) berech-

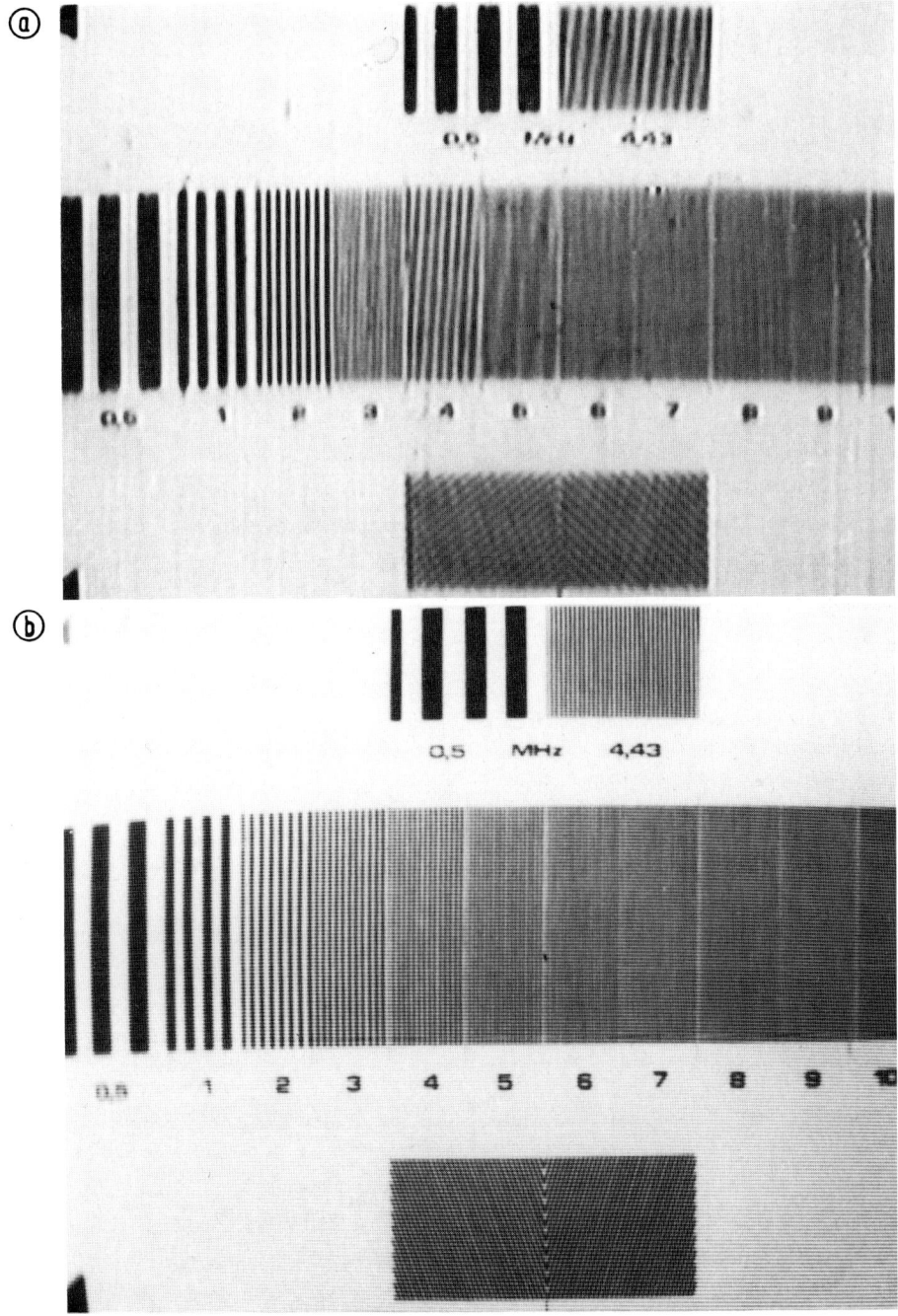

Bild 31 Vergleich zwischen CCD- und Vidikon-Kamera mit Schirmbildfoto-
        grafien
        a) CCD-Kamera (Experimentieranordnung mit RCA-Chip SID 525 01,
                       320 Bildpunkte/Zeile)
        b) Vidikon-Kamera (TXK 91A, BOSCH-FERNSEH mit 1"-Vidikon)
        (in beiden Fällen ohne Aperturentzerrung)

neten Wert von 525 Bildpunkten zu steigern. Dieser Wert gilt für Bildaufnahmeröhren mit amorpher Speicherplatte. Wegen der Bildpunktquanti-
sierung beim CCD-Sensor würde damit nur eine schwebungsfreie Auflösung
von 5 MHz · k' = 5 MHz · 0,75 = 3,75 MHz erreicht. Die horizontale Bildpunktzahl müßte vielmehr um den reziproken Kell-Faktor k' erhöht werden.
Damit wären 525/0,75 = 700 Bildpunkte pro Zeile auf dem CCD-Sensor auf-
zuwenden, wenn bis zur Grenzfrequenz des Fernsehsystems 5 MHz alle
Strichrasterlinien schwebungsfrei wiedergegeben werden sollen, wie das
bei der amorphen Fotoschicht des Vidikons nach Bild 31b selbstverständlich ist. Hieran wird deutlich, wie weit die Halbleitertechnologie noch
von einer vakuumlosen Fernsehkamera mit Studioqualität entfernt ist.

Die CCD-Sensortechnik wurde in den USA von BELL, RCA und FAIRCHILD seit
1970 grundlegend studiert und zur Serienreife weiterentwickelt. 1973
kam die bei der Firma GENERAL ELECTRIC entwickelte CID-Technik hinzu.
Wie Bild 32a zeigt, besteht hier jeder Bildpunkt aus zwei MOS-Kondensa-
toren, die von Zeilen- und Spaltenspannungen jeweils getrennt beeinflußt

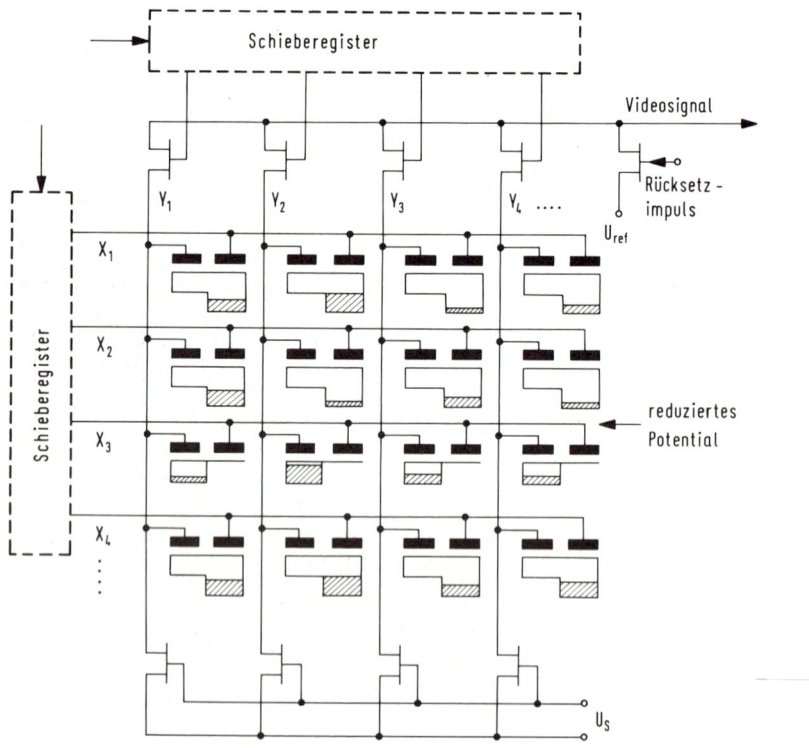

Bild 32a Halbleiter-Bildaufnahmesensor in CID-Technik nach [17]

werden können. Man hat auf diese Weise Zugriff zu jedem Bildpunkt, was
eine Reihe von Vorteilen bietet. Vor allem benötigt man beim CID keine
Bild- und Zeilenspeicher.

Die Bildsignalerzeugung läuft nun folgendermaßen ab [17]. Die Bezeichnung CID (= Charge Injection Device) deutet an, daß die Vorgänge des
Auslesens und des Löschens durch Ladungsinjektion voneinander getrennt
sind. Zunächst liegt an den Zeilenelektroden eine höhere Spannung als an
den Spaltenelektroden. Wie man Bild 32a entnehmen kann, sammeln sich die
Fotoelektronen je nach Helligkeitsverteilung mit unterschiedlicher Ladung in den einzelnen Potentialsenken. Nun wird vom zugehörigen Schieberegister z.B. die Zeile x_3 in Bild 32a ausgewählt und für alle Elemente
dieser 3. Zeile die Spannung soweit verringert, daß die gesamte Ladung
jeweils in die benachbarte Spalten-Potentialsenke fließt. Durch bild-
punktsequentielles Auftasten der einzelnen Spaltenleitungen über das zugehörige Schieberegister und die MOS-Schalttransistoren kann nun die Ladung jedes einzelnen Bildpunktes dieser 3. Zeile in entsprechende Signal-
impulse umgewandelt und zu dem Videosignal dieser Zeile aneinanderge-
reiht werden. Durch Umschaltung auf x_4 kann dann anschließend das Video-

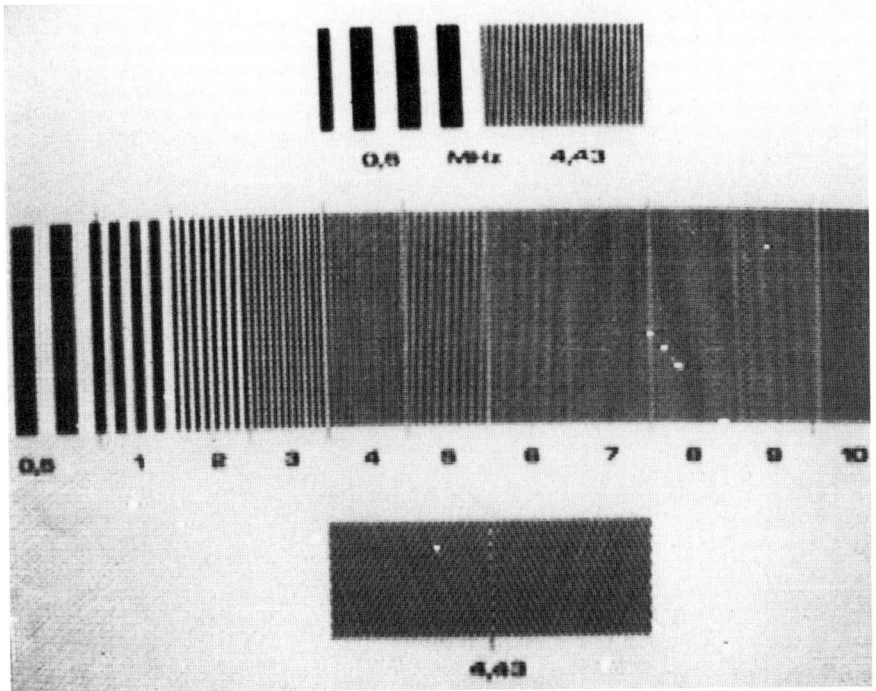

Bild 32b Schirmbildaufnahme von einer Kamera mit CID-Chip (GE, 400-Bild-
punkte/Zeile)

signal der 4. Zeile abgefragt werden usw., so daß ein komplettes Videosignal des gesamten Bildes entsteht. Das Löschen der Speicherelemente
einer gelesenen Zeile erfolgt durch parallele Ladungsinjektion, indem
gleichzeitig das Potential der betreffenden Zeile sowie das Potential
aller Spaltenleitungen stark reduziert werden. Wenn man hierauf verzichtet, kann man die gespeicherte Information durch wiederholte Ladungsverschiebung auch mehrfach auslesen. Dieses zerstörungsfreie Auslesen stellt
einen ganz erheblichen Vorteil der CID-Technik dar.

Abschließend soll noch einmal betont werden, daß man bei der CID-Technik
keine zusätzlichen Bild- und Zeilenspeicherelemente benötigt wie beim
CCD. Als weiterer Vorteil der xy-Adressierung sowie des zerstörungsfrei-
en Auslesens lassen sich Möglichkeiten einer Bildverarbeitung (Nachrichtenreduktion durch Dekorrelation, Aperturkorrektur usw.) angeben, die
also unmittelbar im elektro-optischen Sensor vorgenommen werden können.
Schließlich sind die geringeren Nachwirkungseffekte (z.B. Nachziehen und
"Blooming") sowie die bessere Blauempfindlichkeit als weitere Vorteile
der CID- gegenüber der CCD-Technik zu nennen [17].

Einen Eindruck von der besseren Wiedergabequalität einer Kamera mit CID-
Sensor vermittelt Bild 32b. Allerdings liegt hier auch die höhere Bildpunktzahl 400 (gegenüber 320 beim CCD-Sensor nach Bild 31a) vor. Dadurch
ergibt sich nun eine höhere Abtastfrequenz von 400/52,5 µs = 7,6 MHz.
Auch die Nyquistfrequenz hat sich damit auf 7,6 MHz/2 = 3,8 MHz erhöht,
so daß alle Schwebungs- und Interferenzstrukturen sich gegenüber Bild 31a
um rund 1 MHz nach höheren Strichrasterfrequenzen verschoben haben.

2. Farbfernseh-Aufnahme und -Wiedergabe

Entsprechend der Übersicht in Bild 1 war bisher nur die Ableitung des
Luminanzanteiles einer farbigen Vorlage sowie deren elektronische Übermittlung und Wiedergabe auf einem sogenannten "Schwarzweiß-Empfänger"
besprochen worden. Nach Gl. (1) konnte zu diesem Zweck die Luminanzkomponente der Vorlage Y(x, y, t) durch Integration über die Hellempfindungskurve $\bar{y}(\lambda)$, die nach Bild 1 durch ein optisches Filter nachgebildet
wird, gewonnen werden. Die Integration über die Wellenlänge λ besorgt
dabei der optisch-elektrische Wandler bei der Erzeugung des Videosignals
U_y. Nur diese eine Komponente muß beim Schwarzweiß-Fernsehen übertragen
werden.

Welche Komponenten für die Wiedergabe eines farbigen Fernsehbildes benötigt werden, zeigt Bild 33. In der Originalszene (Vorlage) multipliziert
sich die spektrale Strahlungsverteilungsfunktion $\varepsilon(\lambda)$ mit dem spektralen
Remissionsfaktor $\rho(\lambda)$ der Aufsichtsfarbe zur sogenannten Farbreizfunktion $\varphi(\lambda)$ nach Bild 34a. Durch Auswertung dieser Farbreizfunktion gelingt

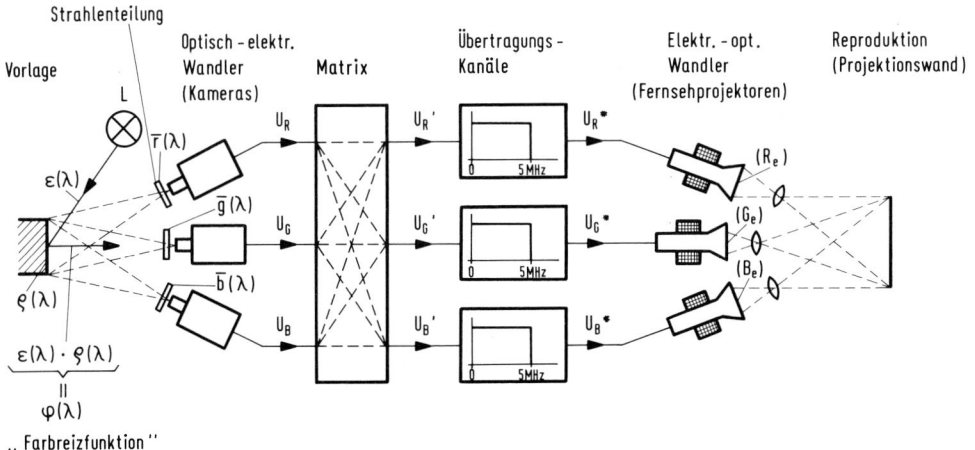

Bild 33 Grundprinzip einer Farbfernsehübertragung

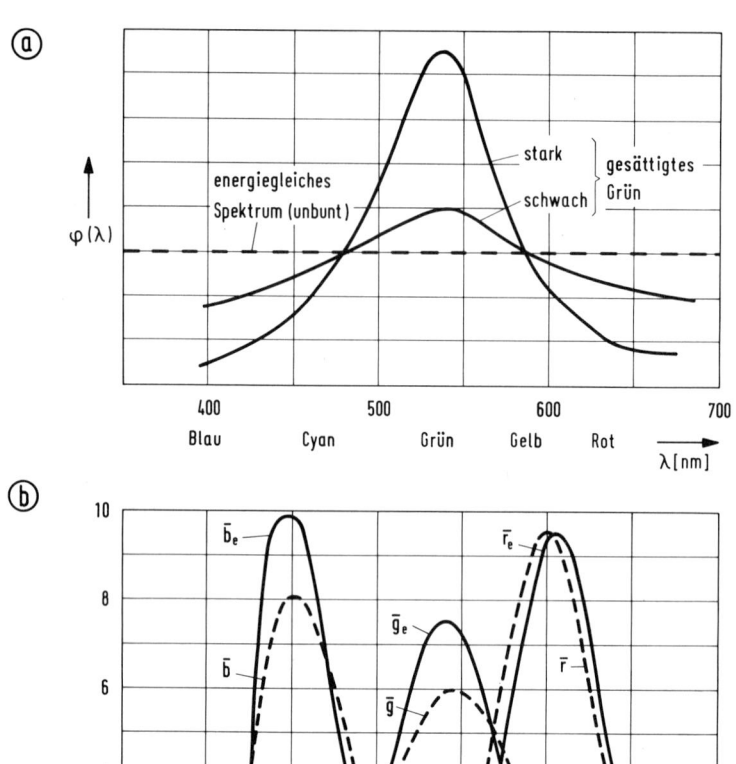

Bild 34 Farbmetrische Bedingungen einer Farbfernsehübertragung

    a) Spektrale Beschreibung der Farbart auf der Vorlage durch die
       Farbreizfunktion

    b) Zerlegung der Farbreizfunktion durch Farbmischkurven
       ---- "Primärreizkurven" bezogen auf die Primärvalenzen (ein-
       welliges Licht) (R) = 700 nm, (G) = 546 nm, (B) = 436 nm

       ——— Spektralwertkurven bezogen auf die Bildschirmvalenzen
       (R_e), (G_e), (B_e) des Farbfernsehempfängers (von der EBU ge-
       normte Leuchtstoffe)

es dem menschlichen Gesichtssinn, die Farbart zu erkennen, wobei das Maximum dieser resultierenden Spektralcharakteristik den Farbton und das Maß der Abweichung vom energiegleichen Spektrum die Farbsättigung bestimmt [1,Kap3.4]. Um diese Funktion aber auf die Wiedergabeseite zu transponieren, würde man eine Vielzahl von parallel geführten Übertragungskanälen benötigen, die entsprechend vielen Spektralbereichen zuzuordnen wären. Diese Lösung wäre folglich mit einem untragbar hohen Aufwand verbunden.

2.1 Farbmischkurven

Technisch akzeptable Lösungen für eine Farbbildübertragung ergeben sich nun durch die bereits seit dem vorigen Jahrhundert bekannte Tatsache ("Dreifarbentheorie" von H e l m h o l t z), daß der Gesichtssinn in der Lage ist, jede in der Natur vorkommende Farbe durch additive Mischung einer roten, grünen und blauen Lichtquelle nachzubilden. Der vom Auge empfundene Farbreiz ist damit:

$$C = R(R_e) + G(G_e) + B(B_e).\tag{52}$$

Von den Empfängerlichtquellen (R_e), (G_e), (B_e) müssen also entsprechende Anteile R, G, B miteinander gemischt werden. Das Mischungsverhältnis ist dabei durch die sogenannten "Farbmischkurven" nach Bild 34b zu steuern, wenn die Bedingung gleichen Farbreizes für die Aufnahme- und Wiedergabeseite erfüllt sein soll. Ermittelt wurden diese Kurven zunächst für drei Lichtquellen mit monochromatischem Licht (reine Spektralfarben Rot (R), Grün (G), Blau (B) = "Primärvalenzen") durch Farbvergleich mit einer Vielzahl von definierten Spektralfarben der Wellenlänge λ. Die Umrechnung dieser "Primärreizkurven" $\bar{r}$, $\bar{g}$, $\bar{b}$ (gestrichelt in Bild 34b) in die für die Praxis wichtigen "Farbmischkurven" $\bar{r}_e$, $\bar{g}_e$, $\bar{b}_e$ (ausgezogen in Bild 34b) ist ein Problem der Farbmetrik, das in [1,Kap3.5], [18,Kap4] und insbesondere in [19,Kap9] ausführlich behandelt wird. Bedingungen für die Ableitung der Farbmischkurven aus den Primärreizkurven sind dabei:

1. Gleicher Farbreiz C für den Gesichtssinn auf der Aufnahme- und Wiedergabeseite;

2. Verwendung von Empfänger-Leuchtstoffen, wie sie von der EBU (European Broadcasting Union) bezüglich der Spektralcharakteristik genormt sind;

3. Betrieb des Empfängers mit der Normlichtart C (6 774 K) [1,Kap3.4].

Für eine komplette Farbbildreproduktion benötigt man also nur drei Lichtquellen, die in der Prinzipdarstellung nach Bild 33 den drei Fernsehpro-
jektoren entsprechen. Diese enthalten die Leuchtstoffvalenzen (Re), (Ge),
(Be), wie sie durch die EBU genormt wurden. Damit sind für die Übertragung der drei Farbwerte R, G, B bzw. U_R, U_G, U_B, die den jeweiligen Farbanteil R(Re), G(Ge), B(Be) steuern, anstelle einer Vielzahl von Kanälen
jetzt nur noch drei Fernsehkanäle erforderlich (Bild 33). Dazu gehören
auf der Aufnahmeseite drei Kameraanordnungen mit vorgesetzten optischen
Filtern, mit denen die nach Bild 34b vorgeschriebene Strahlenteilung
durchgeführt werden kann.

Für eine farbmetrisch exakte Farbbildreproduktion muß nun also dafür gesorgt werden, daß die spektralen Transmissionskurven der Strahlentei-
lungsfilter nach Bild 33 möglichst präzise an den Verlauf der Farbmischkurven nach Bild 34b angepaßt werden. Wie dabei die negativen Anteile
berücksichtigt werden können, zeigt das nachfolgende Kapitel 2.2. Eine
mögliche Eigen-Spektralwertcharakteristik der Kamera muß in die Filter-
charakteristika selbstverständlich mit eingerechnet werden. Unter diesen
idealisierenden Voraussetzungen werden die Ausgangssignale der drei Kameraanordnungen - die sogenannten Farbwertsignale:

$$U_R \sim R = \int \varphi(\lambda) \cdot \bar{r}_e(\lambda) \, d\lambda$$
$$U_G \sim G = \int \varphi(\lambda) \cdot \bar{g}_e(\lambda) \, d\lambda \qquad\qquad (53)$$
$$U_B \sim B = \int \varphi(\lambda) \cdot \bar{b}_e(\lambda) \, d\lambda \, .$$

Die Farbreizfunktion, deren Verlauf nach Bild 34a die Farbart der Vorlage
bestimmt, wird also mittels der Strahlenteilungsoptik zerlegt und entsprechend den Farbmischkurven nach Bild 34b multiplikativ bewertet. Die
anschließende Integration bzw. Aufsummierung über alle Spektrallinien des
betreffenden Kurvenbereiches besorgt der zugehörige optisch-elektrische
Wandler (Kamera). Übertragen werden also die "Steueranteile" für die drei
Bildschirmvalenzen R, G, B bzw. die drei "Farbmengen" Rot, Grün, Blau
bzw. die drei Farbwertsignale U_R, U_G, U_B.

Die Farbmischkurven von Bild 34b wurden in ihrem Amplitudenwert so gewählt, daß bei energiegleichem Spektrum auf der Vorlage - also Übertragung eines Grauwertes ($\varphi(\lambda)$ = const. nach Bild 34a) - sich drei gleiche

Farbwertsignale ergeben. Die Flächen unter den Kurven sind also gleich.
Auch der Empfänger muß dann selbstverständlich so abgeglichen sein, daß
bei gleichen Farbwertsignalen die Energieanteile der drei Bildschirmvalenzen gleich sind, also eine Graufläche wiedergegeben wird.

Um den vom Auge empfundenen Farbreiz - insbesondere auch Farbartabweichungen über das Reproduktionssystem - anschaulich darstellen zu können,
ist es üblich, anstelle der Spektralwertkurven (also auch der Farbreiz-
kurve) die nach der Zerlegung auftretenden Farbwertanteile in einem gemeinsamen Diagramm wiederzugeben. Man verwendet heute überwiegend das
1960 von der CIE (Commission International de l'Eclairage) in Paris international festgelegte CIE-UCS-Diagramm. Die Bezeichnung UCS (Uniform
Chromaticity Scale) weist darauf hin, daß durch eine spezielle Transformation der Farbwerte dafür gesorgt wurde, gleichen Strecken in diesem
Diagramm auch gleiche Empfindung der Farbartänderung zuordnen zu können.
Das gilt näherungsweise auch für die verschiedenen Richtungen der Abwei-
chungen.

In <u>Bild 35</u> ist dieses Diagramm dargestellt. Jede Farbe, die durch ihre
Farbreizfunktion (Bild 34a) beschrieben wird, kann nach Bildung der Farbwerte R, G, B über Gl. (53) unter Verwendung der Farbmischkurven $\bar{r}e$, $\bar{g}e$,
$\bar{b}e$ in diesem Diagramm als Punkt aufgetragen werden. Dazu bedarf es zu-

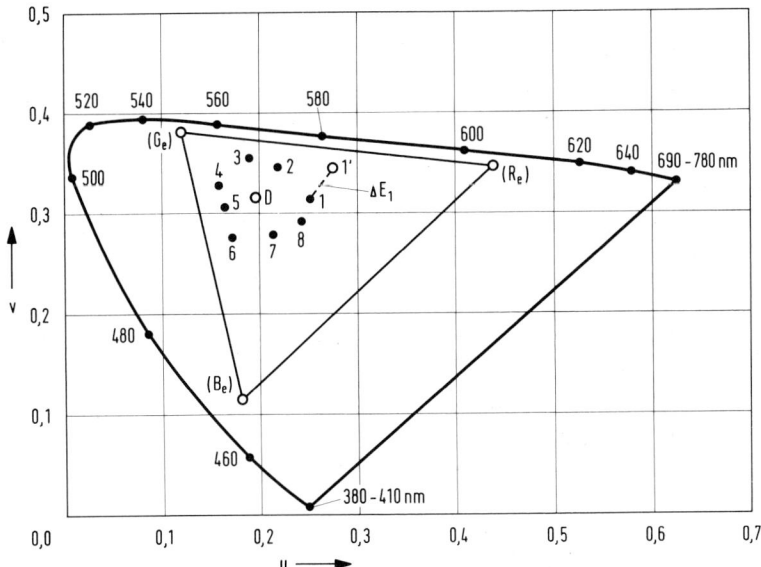

<u>Bild 35</u> CIE-UCS-Farbdiagramm mit 8 vom CIE empfohlenen Testfarben

nächst einer Umrechnung auf andere, von der CIE genormte Primärvalenzen, die das Auftreten von negativen Größen im CIE-Diagramm verhindern sollen [19,Kap11]:

$$\begin{pmatrix} X \\ Y \\ Z \end{pmatrix} = \begin{pmatrix} 0,4303 & 0,3416 & 0,1782 \\ 0,2219 & 0,7068 & 0,0713 \\ 0,0202 & 0,1296 & 0,9387 \end{pmatrix} \begin{pmatrix} R \\ G \\ B \end{pmatrix}. \tag{54}$$

Durch Normierung wird erreicht, daß nur zwei relative Farbwerte aufgetragen werden müssen, so daß sich statt eines räumlichen Diagrammes ein Flächendiagramm ergibt:

$$x = \frac{X}{X+Y+Z} \; ; \quad y = \frac{Y}{X+Y+Z} \; ; \tag{55}$$

$$z = 1 - x - y.$$

Schließlich folgt die Transformation in die Koordinaten des empfindungsgemäßen CIE-UCS-Diagrammes [19,Kap14]:

$$u = \frac{4x}{-2x+12y+3} \; ; \quad v = \frac{6y}{-2x+12y+3}. \tag{56}$$

Es ist aber auch möglich, diese Transformationsgleichungen in das Gleichungssystem (54) mit einzubeziehen, dann erhält man nach [9,Kap7.1] ein neues Gleichungssystem, mit dem man die über den Farbfernsehabtaster nach Gl. (53) gewonnenen Farbwertanteile R, G, B direkt in die Koordinaten des CIE-UCS-Diagrammes umrechnen kann:

$$\begin{pmatrix} U \\ V \\ W \end{pmatrix} = \begin{pmatrix} 0,287 & 0,228 & 0,119 \\ 0,222 & 0,707 & 0,071 \\ 0,128 & 0,954 & 0,487 \end{pmatrix} \begin{pmatrix} R \\ G \\ B \end{pmatrix}. \tag{57}$$

Die für die Auftragung im CIE-UCS-Diagramm nach Bild 35 erforderliche Normierung lautet dann:

$$u = \frac{U}{U+V+W} \; ; \quad v = \frac{V}{U+V+W}. \tag{58}$$

Es bleibt noch anzumerken, daß diese Umrechnung auf den Betrieb des Empfängers mit der Normlichtart D 65 (6500 K, Tageslicht in der Mittagszeit
bei bedecktem Himmel) bezogen ist. Der Fernsehempfänger wird so abgeglichen, daß für drei gleiche Farbwertsignale an den Steuereingängen ein
Grauwert der Normlichtart D 65 entsteht. Hierzu gehört der in Bild 35
mit D bezeichnete "Weißpunkt". Seine Koordinaten berechnen sich aus den
Gl. (57) und (58) für R = G = B zu u = 0,198 und v = 0,312.

Im Weißpunkt D 65 ist die Farbsättigung null. Je weiter man sich im
Farbdiagramm nach Bild 35 von diesem Weißpunkt entfernt, umso höher ist
die Sättigung der betreffenden Farbe. Läuft man 360° um den Weißpunkt
herum, dann werden alle Farben des Newton'schen Farbkreises durchlaufen.
Die mit dem Fernsehempfänger maximal erzielbaren Farbsättigungswerte
sind durch ein Dreieck gekennzeichnet, das sich zwischen den Farbörtern
(Re), (Ge), (Be) aufspannt, die zu den drei Luminophoren des Farbfernsehempfängers (Bild 33) gehören. Nur Farben, die innerhalb dieses sogenannten "Farbdreieckes" liegen, lassen sich mit dem Empfänger realisieren. Farben, deren Farborte außerhalb dieses Dreieckes liegen, würden
wellenlängengleich mit reduzierter Farbsättigung wiedergegeben, wobei
der neue Farbort auf einer der Verbindungsgeraden liegt. Aber diese Fäl-
le sind sehr selten. Fast alle in der Natur vorkommenden Farben liegen
im Farbdreieck. Die Primärvalenzen der drei Empfänger-Luminophore wurden
entsprechend gewählt.

Für die Prüfung der Farbwiedergabe eines Reproduktionssystems werden vom
CIE 14 Testfarben vorgeschlagen. Die Farbörter von 8 solchen Testfarben
sind in Bild 35 eingetragen. Sie liegen näherungsweise im gleichen relativ geringen Abstand vom Weißpunkt, was einer geringen Farbsättigung
entspricht. Sie verteilen sich weiterhin mit näherungsweise gleichen
Winkelunterschieden um den Weißpunkt, was im CIE-UCS-Diagramm etwa gleichen Farbtonunterschieden entspricht. Die u/v-Koordinaten dieser Testfarben sind genormt. Man kann den Farbort des Originals aber auch mit einem
sogenannten Colorimeter [1,Kap3.5] ausmessen, das im Prinzip die Primärreizkurven $\bar{r}$, $\bar{g}$, $\bar{b}$ des Normalbeobachters (gestrichelte Kurven in Bild 34b)
nachbildet, so daß aus dieser "idealen Kamera" die R-, G-, B-Koordinaten
für den Farbort des Originals abgelesen werden können.

Die Prüfung der Farbartgenauigkeit bei einer Farbfernsehübertragung erfolgt nun dadurch, daß man das Colorimeter auf den Bildschirm richtet
und die Koordinaten für den Farbort ausmißt. Falls sich der Einfluß des Farb-
empfängers definiert berücksichtigen läßt, istes auch möglich, für die Auftra-

gung des Farbortes direkt die Farbwertsignale R, G, B der Kamera zu verwenden. Erhält man dann z.B. nach Bild 35 einen Wiedergabefarbort 1',
dann repräsentiert der Farbabstand ΔE_1 den Farbartfehler. Nach [19,Kap14]
läßt sich hierzu ein s p e z i e l l e r F a r b w i e d e r g a b e -
i n d e x angeben (i = 1 ... 8):

$$R_i = 100 - 4,6 \cdot \Delta E_i. \tag{59}$$

Für eine Beschreibung der Gesamt-Farbbildqualität müssen selbstverständlich alle 8 Testfarben, die näherungsweise auf dem Newton'schen Farbkreis
liegen, herangezogen werden. Man kommt so zum a l l g e m e i n e n
F a r b w i e d e r g a b e i n d e x :

$$R_a = \frac{1}{8} \cdot \sum_{i=1}^{8} R_i. \tag{60}$$

ΔE_i kann allerdings nicht einfach aus der quadratischen Addition der u-
und v-Differenzen ermittelt werden. Vielmehr ist dabei nun noch die emp-
findungsgemäße Helligkeitsskala zu beachten. Ihre Berücksichtigung führt
zu folgender Formel für den Farbartfehler [19,Kap14]:

$$\Delta E_i = \sqrt{(U_i^* - U_i^{*'})^2 + (V_i^* - V_i^{*'})^2 + (W_i^* - W_i^{*'})^2} \tag{61}$$

$$\text{mit: } U^* = 13 \cdot W^* (u - u_o)$$
$$V^* = 13 \cdot W^* (v - v_o)$$
$$W^* = 25 \cdot \sqrt[3]{y'} - 17.$$

Dabei sind u_o, v_o die Koordinaten des Weißpunktes D. Damit läßt sich
jetzt der allgemeine Farbwiedergabeindex nach Gl. (59), (60) und (61)
errechnen, wenn im Farbdiagramm nach Bild 35 die für das Fernsehsystem
gemessenen Farbortabweichungen bei den 8 Testfarben eingetragen wurden.
In der Praxis liegen die für Farbfernseh-Studiokameras gemessenen Werte
bei R_a = 70 ... 80, während man mit semiprofessionellen Kameras nur etwa
40 ... 60 erreicht. Man hat hier also eine Maßzahl zur Verfügung, mit der
sich die Farbqualität recht gut beschreiben läßt.

2.2 Matrix-Korrekturen

Wenn die Wiedergabefarborte mit den Farborten der 8 Testfarben im Diagramm von Bild 35 übereinstimmen, dann sind alle ΔE_i = 0 und die Farbwie-
dergabeindizes R_i = R_a = 100. Dieser Idealfall kann nur auftreten, wenn
die Filtercharakteristiken der Strahlenteilungsoptik nach Bild 33 den
Verlauf der Farbmischkurven nach Bild 34b (ausgezogene Kurven) exakt
nachbilden. Die negativen Anteile in diesen Kurven lassen sich jedoch im
optischen Bereich nicht realisieren. Die Unterdrückung dieser negativen
Anteile führt zu ganz erheblichen Farbartabweichungen [1,Kap3.5].

Durch eine elektronische Matrizierung ist es nun aber prinzipiell möglich,
die negativen Anteile der Farbmischkurven zu rekonstruieren. Das wird
verständlich, wenn man sich die in Bild 36 schraffiert dargestellten negativen (in einem Fall auch positiven) Seitenbereiche der Farbmischkurven
ansieht. Diese liegen nämlich näherungsweise spiegelbildlich zu den positiven Anteilen der Nachbarkurven. Geben die drei optisch-elektrischen
Wandler der Kamera (Bild 33) daher näherungsweise nur Farbwertsignale

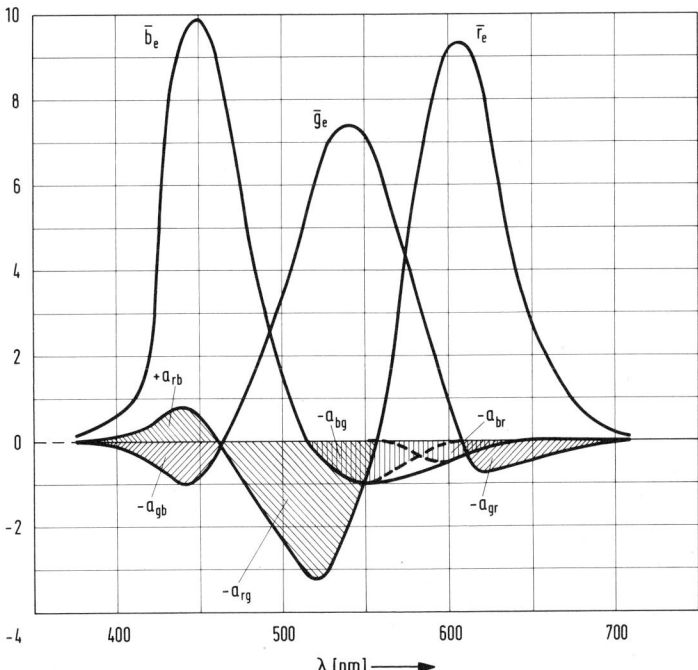

Bild 36 Negative Anteile der Farbmischkurven (Kennzeichnung durch die
         Matrix-Koeffizienten)

über die positiven Kurvenäste ab, dann kann man die negativen Äste durch
additives Zumischen von negativen (in einem Fall positiven) Signalanteilen aus den Nachbarkanälen nachbilden. Das geschieht in einer elektronischen Matrix, wie sie in Bild 33 bereits schematisch dargestellt wurde.
Bild 37 zeigt die Blockschaltung einer solchen Matrixanordnung im Kameraverstärker. Die angegebenen Matrixkoeffizienten beschreiben Polarität

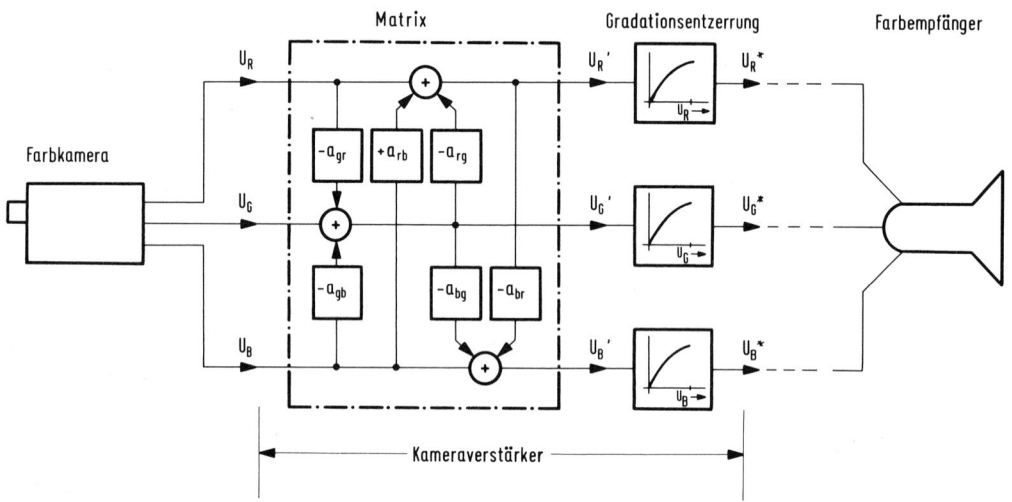

Bild 37 Elektronische Matrix im Kameraverstärker

und Amplitudenanteil der in Bild 36 schraffiert gekennzeichneten Kurven-
bereiche, die jeweils dem zugehörigen Nachbarkanal zugemischt werden
müssen. Diesen Vorgang kann man in einem Gleichungssystem folgendermaßen
darstellen:

$$U_R' = a_{rr}U_R - a_{rg}U_G + a_{rb}U_B$$

$$U_G' = -a_{gr}U_R + a_{gg}U_G - a_{gb}U_B \qquad\qquad (62)$$

$$U_B' = -a_{br}U_R - a_{bg}U_G + a_{bb}U_B.$$

Mit den in der Praxis verwendeten Zahlenwerten für die Matrixkoeffizienten [19,Kap8]:

$$U_R' = 1{,}45U_R - 0{,}45U_G + 0 \cdot U_B$$

$$U_G' = -0{,}10U_R + 1{,}20U_G - 0{,}10U_B \qquad\qquad (63)$$

$$U_B' = -0{,}05U_R - 0{,}10U_G + 1{,}15U_B.$$

Bei der Wahl dieser Koeffizienten wurde beachtet, daß die Summe für die drei addierten Anteile jeweils 1 wird. Dadurch ist gewährleistet, daß für $U_R = U_G = U_B$, wenn also ein unbuntes Detail übertragen wird, dieses mit $U_R' = U_G' = U_B'$ erhalten bleibt.

Eine weitere wichtige Bedingung ist die Anwendung der Matrizierung auf lineare Signale; denn die Fehler der Strahlenteilungsoptik sind rein lineare Übertragungsfehler. Die optisch-elektrischen Wandler in der Farbfernsehkamera müssen daher unbedingt eine lineare Amplitudencharakteristik bzw. Gradationskennlinie haben (z.B. Plumbikon-Bildaufnahmeröhre nach Kap. 1.4.1), oder es müssen vor der Matrix entsprechende Linearisierungen vorgesehen werden. Weiterhin ist zu beachten, daß die Gradationsentzerrungsstufen im Kameraverstärker hinter der Matrix angeordnet werden (Bild 37). Diese haben ja die Aufgabe, die nichtlinearen Charakteristiken der drei Kathodenstrahlsysteme der Farbbildröhre im Fernsehempfänger zu kompensieren. Aus Aufwandsgründen und wegen des besseren Kanal-Störabstandes (Kompandierungstechnik!) realisiert man das in der Kamera.

2.3 Dreiröhren-Farbkamera

Das in Bild 33 dargestellte Prinzip einer Farbfernsehkamera mit drei Einzelkameras für die drei Farbauszüge ist in der Praxis nicht realisierbar, da durch den Richtungsunterschied erhebliche Parallaxenfehler auftreten können. Nach Bild 38 läßt sich das Problem der Verwendung eines einzigen Objektives (meist ein Zoom-Objektiv) mit anschließender parallaxenfreier Strahlenteilung lösen durch Anwendung eines Prismas mit dichroitischen Flächen. Diese Flächen enthalten aufgedampfte dünne Schichten, die infolge eines optischen Interferenzeffektes einen Teil des Spektrums (z.B. Grün an der ersten Schicht) reflektieren und den komplementären Anteil (z.B. Rot und Blau) durchlassen.

Das in Bild 38 dargestellte Prisma mit steil gestellten Prismenflächen wurde speziell für kompakte Farbfernsehkameras entwickelt und ist heute allgemein gebräuchlich. Die sehr kurzen optischen Weglängen ergeben sich

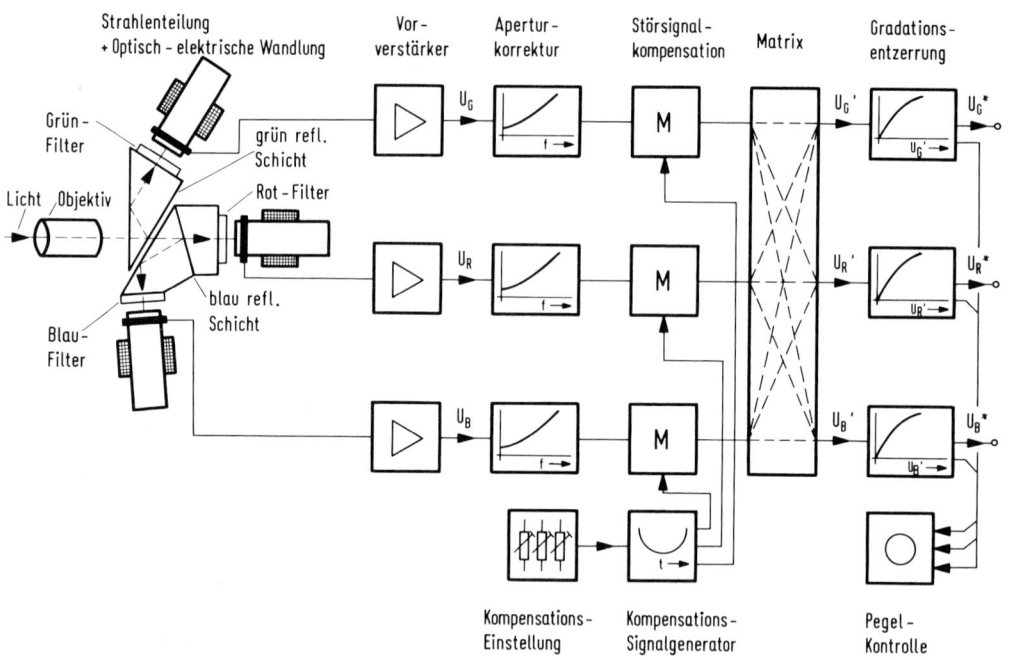

<u>Bild 38</u> Kamerakopf und Verstärkerzug einer Dreiröhren-Farbkamera

durch Nutzung der Totalreflexion an den diversen Glas-Luft-Flächen. So
wird z.B. Grün an der vorderen Fläche auf kürzestem Weg ausgespiegelt.
Blau wird nach Bild 38 an der blau reflektierenden Schicht gespiegelt.
Da sich zwischen den beiden Prismenblöcken ein Luftspalt befindet, kann
auch dieser Farbanteil unter Einsatz der Totalreflexion auf kürzestem
Weg ausgespiegelt werden. Für die vollständige Strahlenteilung, die ja
eine möglichst gute Annäherung an die in Bild 34b dargestellten Farbmischkurven erforderlich macht, sind noch je ein Korrekturfilter an den
drei optischen Ausgängen anzuordnen, da mit den dichroitischen Schichten
alleine eine viel zu steile Spektralcharakteristik erzeugt wird.

Auf den Vorverstärker, der nach [1,Kap5.4] die Aufgabe hat, eine rauscharme Auskoppelung des Signals aus der Bildaufnahmeröhre zu bewirken,
folgt nach Bild 38 in jedem Kanal eine Aperturkorrekturschaltung, wie
sie in Kap. 1.3.7 besprochen wurde. In den mit M gekennzeichneten Stufen
werden horizontal- und vertikalfrequente Parabelspannungen dem Signal
multiplikativ (gegebenenfalls auch additiv) zugesetzt, um damit über die
Bildfläche verteilt auftretende Ungleichmäßigkeiten der Signalerzeugung
(Fehler der Bildaufnahmeröhren) auszugleichen. Es folgen dann im Kameraverstärker die bereits im vorigen Kapitel besprochene Matrix sowie die

drei Gradationsentzerrungsstufen, mit denen die nichtlinearen Verzerrungen der drei Strahlsysteme der Farbbildröhre im Empfänger kompensiert werden.

2.4 Einröhren- und Zweiröhrenkameras

Das Prinzip der Dreiröhren-Farbkamera führt infolge der notwendigen Aufteilung in drei Lichtwege sowie des dreifachen Aufwandes für die Ablenktechnik - einschließlich des Platzbedarfes für die drei Bildaufnahmeröhren mit Ablenkspulen - zu meist großen und schweren Kameraanordnungen. Hinzu kommt der teilweise erhebliche Aufwand für die Konvergenzkorrektur zur Einhaltung der geforderten Farbdeckungsgenauigkeit in der Kamera. Zeitweise hatte man diesen Aufwand durch den Einbau einer vierten Röhre für die Ableitung eines separaten Luminanzanteiles (optimaler Bildschärfe) zu verringern versucht, was schließlich zu einem noch größeren und schwereren Kamerakopf führte [1,Kap7.2].

Bild 39 läßt die erheblichen Abmessungen einer Studio-Farbfernsehkamera erkennen. Für Reportagezwecke ist man aber an einer wesentlich kleineren, leichteren und handlicheren Farbfernsehkamera interessiert. In noch stärkerem Maße gilt das für Kameras, die im semiprofessionellen Bereich des industriellen, des medizinischen und des Bildungs-Fernsehens eingesetzt werden sollen. Eine fast notwendige Voraussetzung ist die Forderung nach einer kleinen und vor allem preisgünstigen Farbfernsehkamera jedoch für den Heimgebrauch, z.B. als wichtige Ergänzung zum Video-Kassettenrecorder. Eine Kamera dieses Typs zeigt Bild 39 im Größenvergleich zu der Studiokamera.

2.4.1 Lösungswege für eine Kompaktkamera

Zunächst bietet sich eine Größenreduzierung der Bildaufnahmesensoren an. Von den Abmessungen und dem Elektronikaufwand gesehen, scheinen zunächst die in Kap. 1.4.4 beschriebenen Halbleiter-Bildaufnehmer besonders geeignet zu sein. Anstelle der drei Bildaufnahmeröhren in Bild 38 könnten dann für die RGB-Bildsignalerzeugung drei CCD-Flächensensoren eingesetzt werden. Die zu geringe Blauempfindlichkeit könnte man durch den Übergang auf die CID-Technologie (Kap. 1.4.4) vermeiden. Es bleibt jedoch als schwerwiegender Nachteil die im Augenblick noch zu geringe Auflösung solcher Flächensensoren, was zu einer mangelhaften Bildschärfe

<u>Bild 39</u> Größenvergleich zwischen einer Studio-Farbfernsehkamera (KCK,
        BOSCH-FERNSEH) und einer Amateurkamera (1-Chip-Version VK-C1000,
        HITACHI) (Werkfoto: BOSCH-FERNSEH)

führt. Weiterhin gibt es Probleme mit Ungleichmäßigkeiten der Halblei-
terschicht, die für alle drei Sensoren verschieden sind und daher als
unterschiedliche "Störsignale" ortsabhängige Farbstiche hervorrufen.
Auch bezüglich der Farbdeckung gibt es Probleme. Zwar entfallen bei einer
Farbkamera mit drei Halbleitersensoren die elektronischen Rasterunter-
schiede, da das Durchschieben der Ladungen vom gleichen Taktgeber gesteuert wird und daher völlig synchron verläuft. Das Problem verlagert
sich aber auf die optische Seite, da man nun gezwungen ist, die drei
Strahlengänge umso präziser aneinander anzupassen, damit keinerlei optische Deckungsfehler auftreten.

Auch bei Kompaktkameras spielen daher die Bildaufnahmeröhren nach wie
vor eine große Rolle. Eine Reduktion der Kameraabmessungen gelang inzwischen durch den Übergang auf die kleineren 2/3"-Plumbikons anstelle der
1"-Röhren. Es ergeben sich dabei die folgenden Vorteile:

1. kürzere optische Weglänge, kleinere Abbildung, einfachere Objektive;

2. weniger Ablenkleistung, da geringerer Röhrenhals-Durchmesser, damit
   kleinere Ablenkspulen und einfachere Ablenkgeräte.

Solche Kameras werden wegen der sehr guten farbmetrischen Bedingungen
des Dreiröhrenprinzipes und der damit verbundenen guten Farbqualität des
Bildes vorzugsweise im Reportageeinsatz der Fernsehanstalten verwendet.

Für die semiprofessionelle Anwendung und den Heimgebrauch muß die Farbkamera aber noch kompakter und vor allem auch einfacher und damit preis-
günstiger werden. Dies gelingt durch eine Reduktion von drei auf zwei
Bildaufnahmeröhren oder sogar nur noch eine Bildaufnahmeröhre. Gleichzeitig werden dabei die Farbdeckungsprobleme geringer und entfallen
schließlich bei einer Bildaufnahmeröhre ganz.

2.4.2 RGB-Ableitung in Zeitmultiplextechnik

Das Problem der gleichzeitigen Ableitung der drei Farbwertsignale Rot,
Grün und Blau (R, G, B) aus einer einzigen Bildaufnahmeröhre läßt sich
mit einer Zeitmultiplextechnik lösen. Dabei werden nach Bild 40 die RGB-
Signale entweder teilbildsequentiell, zeilensequentiell oder punktsequentiell - also zeitlich nacheinander - der Aufnahmeröhre entnommen und
mit anschließenden Speicherelementen simultan gemacht, d.h. in ein zeit-
liches Nebeneinander transformiert [20].

Teilbildsequentielle Signale erhält man nach Bild 40a durch eine vor der
Aufnahmeröhre synchron mit der Vertikalfrequenz rotierende Filterscheibe
mit roten, grünen und blauen Filtersegmenten. Dadurch entstehen am Kameraausgang im Teilbildrhythmus nacheinander die RGB-Farbwertsignale, und
zwar in zyklischer Reihenfolge (...RGBRGB...). Durch Verwendung zweier
Bildspeicher und dreier zyklisch arbeitender elektronischer Schalter lassen sich die sequentiellen Signale in simultane Signale umwandeln.

Dieses klassische Verfahren der Einröhren-Farbkameratechnik wurde bereits
1940 von G o l d m a r k im Forschungslabor der CBS (Columbia Broadcasting
Systems, USA) entwickelt. Es konnte sich allerdings 1950 wegen des damals
noch fehlenden Bildspeichers und des damit im Wiedergabebild auftretenden
Bildflimmerns nicht gegen das NTSC-Verfahren behaupten, erlebte jedoch
bei den Apollo-Mondlandeunternehmen einen späten Triumph. Hierbei verwendete man als Bildspeicher einen großen 6-Spur-Magnetplattenrecorder, um

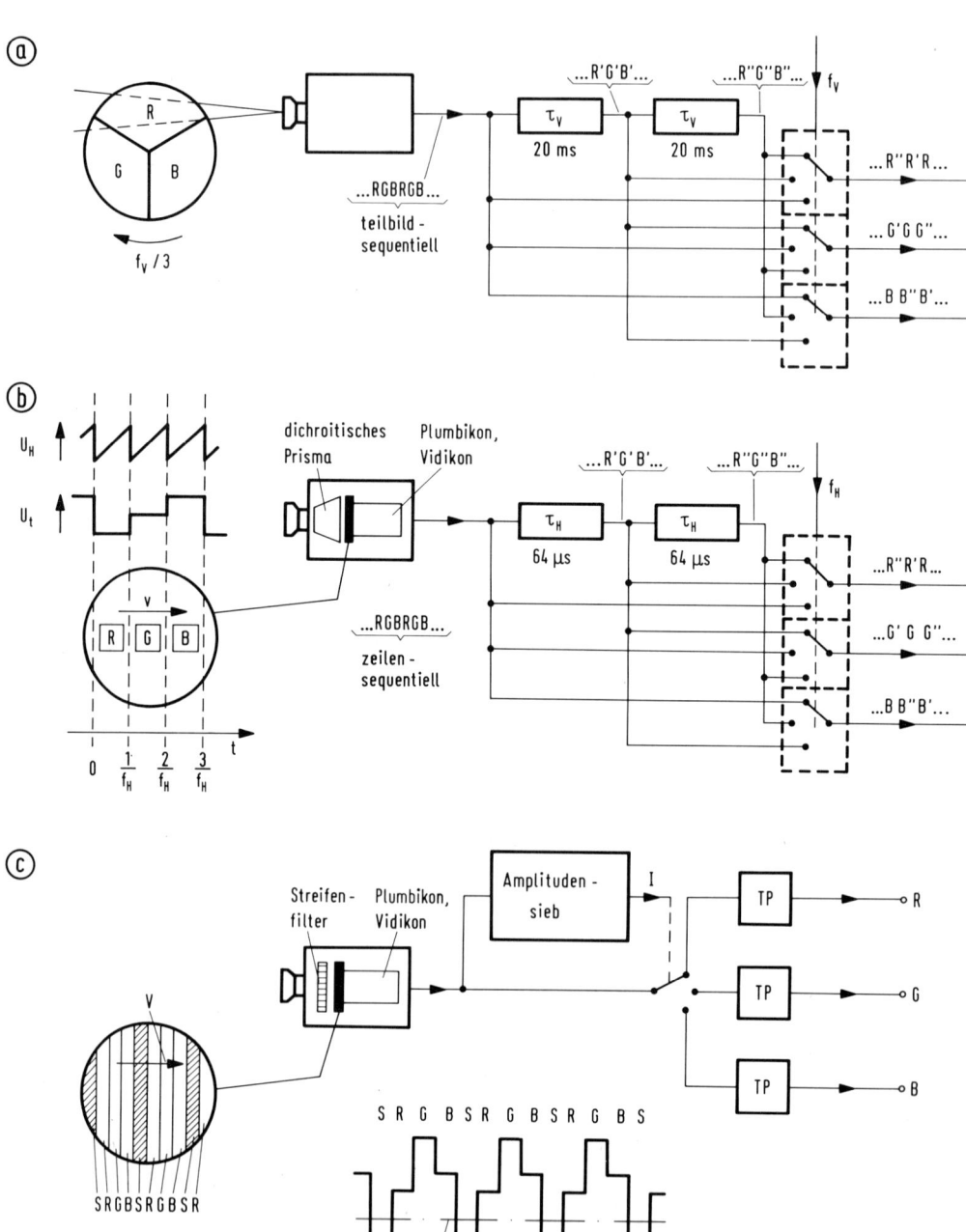

<u>Bild 40</u> Zeitmultiplex-Verfahren zur gleichzeitigen Ableitung der Farb-
wertsignale R,G,B aus einer Bildaufnahmeröhre
a) teilbildsequentiell
b) zeilensequentiell
c) punktsequentiell

die "Normwandlung" des von der Mondoberfläche empfangenen teilbildsequen-
tiellen Signals in das für die terrestrische Übertragung benötigte simultane Farbfernsehsignal (NTSC, PAL, SECAM) durchführen zu können [21]. Auf
diese Weise war es möglich, im Weltraum eine kleine handliche Einröhren-
Farbfernsehkamera zu verwenden, während auf der Erde der große Aufwand
für die Bildspeichertechnik in der Bodenstation konzentriert werden konnte. Bei Kameras für semiprofessionelle Zwecke oder gar für den Heimgebrauch ist jedoch diese Bildspeichertechnik zu aufwendig.

Eine hierfür günstigere Lösung bietet die zeilensequentielle Ableitung
der RGB-Signale. Nach Bild 40b kommt man hierbei für die Transformation
der zeilensequentiellen in simultane Signale mit zwei Zeilenspeicheran-
ordnungen aus, wie sie heute in der Fernsehtechnik mit verhältnismäßig
geringem Aufwand realisiert werden können. Allerdings ist bei diesem
Verfahren die Erzeugung des zeilensequentiellen RGB-Signals etwas komplizierter. Mit einem dichroitischen Prisma müssen die drei Farbauszug-
bilder Rot, Grün und Blau nebeneinander auf die Signalplatte des Vidikons projiziert werden (Bild 40b). Die zeilensequentielle Abtastung kann
mit einem normalen horizontalfrequenten Ablenksägezahn (U_H) erfolgen,
wenn man im Ablenksystem gleichzeitig ein Treppensignal (U_t) addiert,
das die Lageumschaltung der Abtastzeile im Zeilenrhythmus bewirkt. Der
Nachteil dieses Verfahrens, das z.B. sehr intensiv von der Firma BELL
(USA) im Hinblick auf das Farb-Bildtelefon studiert wurde, ist jedoch,
daß Ungleichmäßigkeiten der Signalplatte (Störsignal) und des Ablenksy-
stems (Geometriefehler) die Farbbildqualität durch mangelnde Weißbalance
und Farbsäume außerordentlich kritisch beeinflussen können.

Von den sequentiellen Verfahren bleibt dann noch die punktsequentielle
Lösung nach Bild 40c, die den großen Vorteil hat, daß sich die Speicher-
anordnungen hierbei auf die üblichen, dem elektronischen Schalter nachfolgenden Tiefpässe (TP) reduzieren. Auch die Erzeugung des sequentiellen Signals ist hier sehr einfach zu realisieren. Vor der Signalplatte
des Vidikons wird ein optisches Streifenfilter aus vertikalen roten,
grünen und blauen Streifen angebracht. Durchläuft der abtastende Kathodenstrahl diese Streifenstruktur, dann wirkt die Abtastbewegung wie ein
elektronischer Schalter, der bildpunktsequentiell zwischen R, G und B
umschaltet.

Bei dieser punktsequentiellen Lösung bleibt allerdings noch das etwas
schwierigere Problem der Synchronisierung des elektronischen Schalters zu
lösen. Nach Bild 40c wurde zu diesem Zweck auf dem Streifenfilter nach

jeweils einem Tripel RGB ein schwarzer Streifen (S) eingefügt, der - evtl.
in Verbindung mit etwas Vorlicht zur Vergrößerung der Schwarzabhebung -
einen aus der Modulation deutlich herausgehobenen Synchronisierimpuls ergibt. Dieser kennzeichnet das jeweilige Ende eines RGB-Tripels und ist
damit als Indexsignal gut geeignet zur Schaltersynchronisierung. Die Abtrennung dieses Indexsignals I kann dann nach Bild 40c mit einem einfachen Amplitudensieb erfolgen.

Die Einfügung eines zusätzlichen Schwarzstreifens nach jedem Farbtripel
auf dem Streifenfilter bedeutet effektiv eine Reduzierung der Auflösung
bzw. Bildschärfe, da man aus technologischen Gründen die Streifen nicht
beliebig schmal wählen kann. Außerdem tritt durch diese Schwarzstreifen
ein Lichtverlust von 25% auf. Man suchte deshalb nach einer anderen Methode der Indexsignalerzeugung. Die Trinicon-Röhre von SONY arbeitet
z.B. mit einem phasenmodulierten Indexsignal, das aus dieser speziellen
Bildaufnahmeröhre direkt abgeleitet wird. Man benötigt auf dem Streifenfilter also keine Schwarzstreifen und kann deshalb mit besserer Auflösung und höherer Empfindlichkeit rechnen.

In Bild 41 ist das Prinzip der Einröhren-Farbfernsehkamera DXC-1200P von
SONY mit der Trinicon-Bildaufnahmeröhre dargestellt [22]. Die Signalplatte hinter dem Streifenfilter ist unterteilt. Jeweils ein Farbstrei-
fentripel ist zwei Streifen der Signalplatte zugeordnet. Gegenüber der
normalen Signalplattenspannung haben diese Streifen abwechselnd etwas

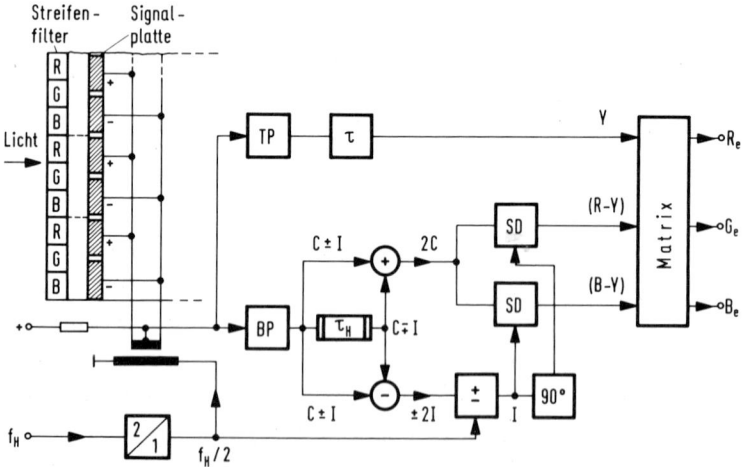

Bild 41 Punktsequentieller Betrieb einer Farbstreifenröhre mit phasen-
moduliertem Indexsignal (Trinicon von SONY)

positivere und etwas negativere Potentiale, so daß dem punktsequentiellen Signal beim Abtasten eine Schwingung synchron zur Streifenfilterfrequenz additiv überlagert ist. Sie enthält in ihrer Phasenlage eine Kennung über den jeweiligen Beginn des Farbstreifentripels, stellt also das Indexsignal I dar.

Um das Indexsignal I vom punktsequentiellen Nutzsignal C abtrennen zu können, wird im Zeilenrhythmus ($f_H/2$) die Streifenpolarität umgeschaltet, so daß die Phasenlage des Indexsignals von Zeile zu Zeile um 180° springt. Damit liegen ähnliche Verhältnisse wie beim PAL-Verfahren vor, bei dem man ja ebenfalls die eine Komponente mit konstanter Phase von der anderen - im Zeilenrhythmus um 180° geschalteten - Komponente durch eine Zeilenverzögerung trennen kann (Kap. 3.3.4.3). In Bild 41 wird daher die gleiche Signalaufspaltungsschaltung wie beim PAL-Verfahren verwendet, um eine Zerlegung in das punktsequentielle Nutzsignal C und das Indexsignal I zu erreichen. Ein elektronischer Schalter hebt die zeilenweise um 180° wechselnde Phasenlage des Indexsignals auf, so daß nun ein phasenstarres Synchronisiersignal für die Festlegung der Schaltphase des elektronischen Schalters (Bild 40c) zur Verfügung steht.

Allerdings kann die Aufspaltung des punktsequentiellen Chrominanzsignals in zwei Farbsignalkomponenten auch in der vom Farbfernsehempfänger her (Kap. 3.3.4) bekannten Weise mittels zweier Synchrondemodulatoren SD erfolgen, wobei man Chrominanzsignal C und Indexsignal I (Referenzsignal) multiplikativ miteinander mischt, so daß sich direkt die Farbdifferenzsignale ergeben (Bild 41). Diese können zusammen mit dem Luminanzsignal Y in einer Matrix in die drei Farbwertsignale R_e, G_e und B_e umgewandelt werden, die dann noch den Gradationsentzerrungsstufen und dem Farbcoder zuzuführen sind.

2.4.3 RGB-Ableitung in Frequenzmultiplextechnik

Die schwierigen Synchronisierprobleme entfallen, wenn man von der bisher beschriebenen sequentiellen Ableitung der RGB-Signale auf eine Frequenzmultiplextechnik übergeht. Prinzipiell werden zu diesem Zweck für die zu den einzelnen Grundfarben gehörenden Filterstreifen unterschiedliche Streifenabstände gewählt, so daß sich über den Abtastvorgang verschiedene Trägerfrequenzen für die einzelnen Grundfarben ergeben, die man dann durch Bandpässe voneinander trennen kann. Dieses Verfahren wird als Frequenzmultiplextechnik bezeichnet. Da die Erzeugung der verschiedenen

Trägerfrequenzen durch ein optisches Filter in Verbindung mit dem fernsehmäßigen Abtastvorgang erfolgt, spricht man in diesem Zusammenhang
auch von einer "optischen Codierung".

Das Streifenfilter für eine derartige optische Codierung läßt sich aus
technologischen Gründen nur dann mit einem vernünftigen Aufwand realisieren, wenn die zu den Grundfarben Rot und Blau komplementären Farben Cyan
und Gelb gewählt werden. Da diese die Grundfarben unterdrücken, nennt
man sie auch "Rot-Stop" (Cyan) und "Blau-Stop" (Gelb). Es ergibt sich
dann der Vorteil, daß man die Filterstreifen mit verschiedenen Streifen-
abständen auf dem Substrat (Glasplatte) hintereinander aufdampfen kann.
Dabei liegen die Rot-Stop- und Blau-Stop-Streifen übereinander; sie können sich aber gegenseitig nicht beeinflussen, weil ihre Absorptionen in
ganz verschiedenen Spektralbereichen liegen (Bild 42).

Eine weitere Vereinfachung in der Streifenfiltertechnik ergibt sich,wenn
man das Spektraplex genannte Verfahren der RCA [23] anwendet. Hierbei
werden für die beiden Streifengruppen gleiche Streifenabstände b gewählt
(Bild 42a). Die Rot-Stop-Streifen sind jedoch mit einer Schräglage von
45° gegenüber den vertikalen Blau-Stop-Streifen aufgebracht, so daß sich
beim Abtasten eine um den Faktor $\cos 45^{\circ} \approx 0,7$ unterschiedliche Trägerfrequenz für die abgetasteten Farbkomponenten ergibt, obwohl beim Aufdampfen von einer Maske gleicher Streifenbreite ausgegangen werden kann.

Den Modulationsvorgang mit einem Blau-Stop-Filter (Gelbfilter) kann man
sich anschaulich folgendermaßen vorstellen: Der gestrichelte Kurventeil
der Blau-Stop-Charakteristik in Bild 42b wird durch den Abtastvorgang
mit der Trägerfrequenz f_B periodisch geschaltet, so daß abwechselnd eine
ebene Durchlaßkurve und die Einsattelung der Blau-Stop-Charakteristik im
Rhythmus der Abtastfrequenz f_B auftritt. Am Kameraausgang entsteht dann
eine Trägerschwingung f_B, die mit einem Farbanteil moduliert ist, dessen
Spektralcharakteristik genau dem komplementären Verlauf der Blau-Stop-
Charakteristik entspricht. Entsprechend erhält man für die Modulation des
zweiten Trägers f_R eine Spektralcharakteristik, die komplementär zur Rot-
Stop-Charakteristik liegt. Die beiden Trägerschwingungen am Kameraausgang
sind also mit dem Blau- und Rotanteil, wie er durch die komplementäre
Blau- und Rot-Stop-Charakteristik vorgegeben ist, moduliert.

Durch Wahl einer geeigneten Streifenbreite (z.B. ≈ 25 µm für 9,6 mm x
12,8 mm Bildgröße) kann eine Trägerfrequenz $f_B = 5$ MHz gewählt werden.
Die 45°-Schräglage der Rot-Stop-Streifen erniedrigt die zweite Träger-

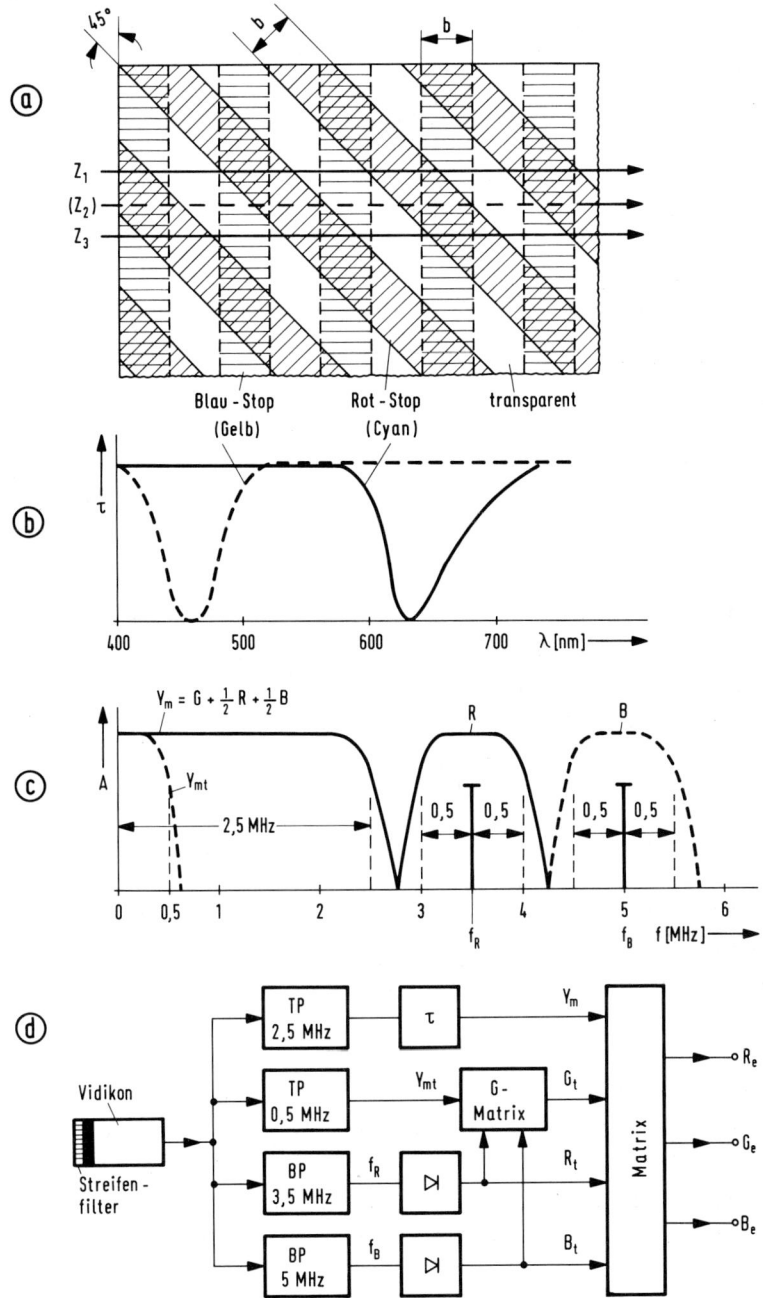

Bild 42 Frequenzmultiplex-Betrieb mit einer Farbstreifenröhre nach der
        Spektraplex-Methode
        a) Anordnung der Filterstreifen
        b) Spektralcharakteristiken der Filterstreifen
        c) Frequenzspektrum am Ausgang einer Spektraplex-Farbstreifenröhre
        d) Blockschema der Demodulationsanordnung

frequenz dann auf $f_R = f_B \cdot \cos 45° \approx 3,5$ MHz. Die beiden Farbanteile Blau
und Rot lassen sich voneinander trennen, indem man mit zwei Bandpässen
mit den Mittenfrequenzen 3,5 MHz und 5 MHz den jeweiligen Frequenzbereich heraussiebt und mit einer Spitzenwertgleichrichtung demoduliert
(Bild 42d).

Die dritte Komponente ergibt sich im Basisband des Frequenzspektrums und
wird durch ein Tiefpaßfilter TP mit der Grenzfrequenz 2,5 MHz abgetrennt.
Es handelt sich hierbei um ein modifiziertes Luminanzsignal Y_m; denn es
wird einerseits beeinflußt durch die transparenten Stellen zwischen den
Farbstreifen (Bild 42a) und andererseits durch die beim Abtastvorgang
auftretenden periodischen Unterbrechungen mit der Blau-Stop- und der
Rot-Stop-Charakteristik. Diese wirken sich entsprechend der Fourierana-
lyse des modulierten Rot- und Blausignals mit R/2 + B/2 im Basisband aus
[24]. Zum Grünsignal G, dessen Spektralcharakteristik durch die resultierende Durchlaßkurve in Bild 42 b gegeben ist, kommen also jeweils
noch der halbe Rot- und Blauanteil hinzu. Daher ergibt sich ein modifiziertes Luminanzsignal

$$Y_m = G + \frac{1}{2}R + \frac{1}{2}B, \qquad\qquad\qquad (64)$$

das sich von dem für das Farbfernsehen genormten Luminanzsignal (Kap. 3.3.3)
etwas unterscheidet. Dieser Fehler ist jedoch von geringerer Bedeutung.

Kritischer ist die meist unzureichende Spektralcharakteristik des Grün-
signals. Wenn in der G-Matrix in Umkehrung von Gl. (64)

$$G = Y_m - \frac{1}{2}R - \frac{1}{2}B, \qquad\qquad\qquad (65)$$

gebildet wird, dann erhält man wieder die in Bild 42b dargestellte resultierende Spaktralcharakteristik aus den sich überlagernden Blau-Stop- und
Rot-Stop-Kurven. Dabei ergibt sich eine zu breite Grüncharakteristik,
wenn die Flanken für den Rot- und Blauverlauf nach den theoretisch richtigen Kurven gewählt werden. Der damit verbundene farbmetrische Fehler
ist eine unmittelbare Folge der spektralen Verkoppelung von Grün mit der
Rot- und Blaucharakteristik, die wiederum auf das verwendete Prinzip der
übereinandergelegten Rot-Stop- und Blau-Stop-Filterstreifen zurückzuführen ist. Nach [20] kann der damit verbundene Rückgang in der Farbqualität
vermieden werden, wenn man ein zusätzliches Grünfilter einsetzt, was al-

lerdings wiederum einen Empfindlichkeitsverlust der Kamera zur Folge hat.

2.4.4 Zweiröhren-Farbkamera

Einröhrenkameras, die in Frequenzmultiplextechnik zwei Farbkomponenten
durch optische Codierung trägerfrequent ableiten, haben den prinzipiellen Nachteil, daß elektro-optisch bedingte Randunschärfen zu einer Trä-
gerdämpfung an diesen Bildstellen führen. Infolge der hierdurch ausgelö-
sten Reduktion des Rot- und Blausignals überwiegt dann am Bildrand das
Grünsignal, was zu den störenden "Grünen Ecken" führt. Weiterhin ergibt
sich für den Rot- und Blauanteil ein sehr schlechter Störabstand, da die
trägerfrequente Ableitung beider Komponenten in einem höheren Frequenzbereich mit schlechtem Störabstand (wegen des mit der Frequenz ansteigenden Rauschspektrums bei Vidikon/Plumbikon-Kameras [1, Kap5.4]) vorgenommen wird.

Schließlich ist bei den Einröhrenkameras die mangelnde Bildschärfe ein
Problem. Die Auflösung ist bei den Bildaufnahmeröhren auf etwa 6 MHz begrenzt. Nach Bild 42c führt dann die Aufteilung dieses Frequenzbandes in
einen Luminanz- und zwei Chrominanzbereiche nach dem Spektraplexverfah-
ren zu einer Luminanzbandbreite von nur 2,5 MHz. Nach [20] kann diese
Bandbreite durch den Übergang auf ein Einträgerverfahren in Quadraturmo-
dulationstechnik zwar auf etwa 3 MHz gesteigert werden, aber es treten
hierbei Luminanz/Chrominanz-Interferenzprobleme auf [25]. Insbesondere
die Luminanzauflösung bleibt allgemein bei einer Einröhrenkamera durch-
weg mangelhaft. Das gilt auch für den Fall der RGB-Ableitung in Zeitmultiplextechnik (Kap. 2.4.2).

Hier hilft nun der Übergang auf eine Zweiröhren-Farbkamera. Dazu wird
nach Bild 43c das vom Objektiv kommende Licht mit einem dichroitischen
Spiegel in zwei parallele Wege aufgeteilt, so daß der ausgespiegelte
Grünanteil in ein optimal scharfes Bildsignal von 5 MHz Bandbreite umgewandelt werden kann. Dieses bestimmt auch bei einer anschließenden Lumi-
nanzerzeugung praktisch die Gesamtschärfe des Bildes, die damit gegenüber der Einröhrenkamera wesentlich verbessert ist.

Auf die Streifenfilterröhre gelangt durch den dichroitischen Spiegel der
zum ausgespiegelten Grün komplementäre Purpuranteil. Es muß jetzt nur
noch ein einziger trägerfrequenter Anteil abgeleitet werden. Nach Bild 43a
handelt es sich um ein vertikales Gelb-Streifenfilter, das den Blauanteil

trägert und den Anteil R + B/2 im Basisband durchläßt. Durch eine einfache R-Matrix kann dann nach Bild 43c der Rotanteil abgetrennt werden.

Entscheidend ist, daß infolge der Verlegung der breitbandigen Grünsi-
gnalerzeugung in einen Parallelkanal die RB-Signalerzeugung sehr schmal-
bandig vorgenommen werden kann. Mit einem optischen Tiefpaß, der im einfachsten Fall durch eine optische Unschärfe in diesem zweiten Kameraka-

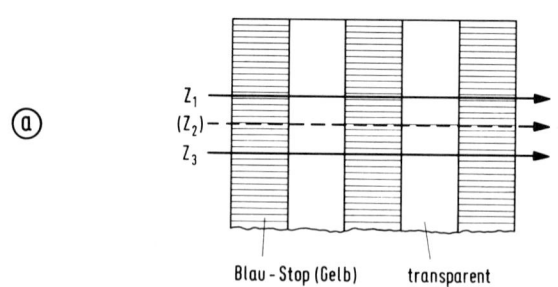

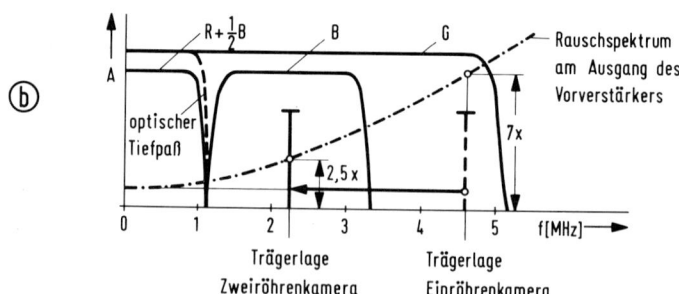

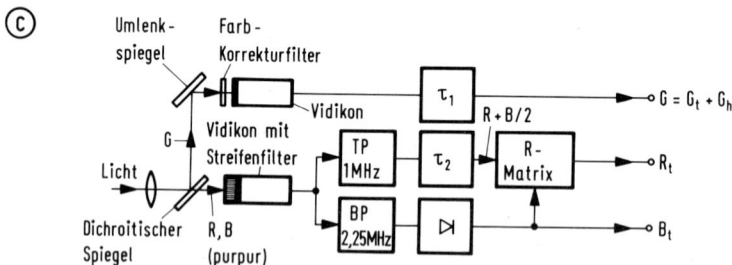

Bild 43 Zweiröhren-Farbfernsehkamera mit RB-Ableitung aus der Streifen-
        filterröhre in Frequenzmultiplextechnik
        a) Streifenfilteranordnung
        b) Spektrum am Ausgang der beiden Bildaufnahmeröhren
        c) Blockschema der G(RB)-Kamera

nal realisiert wird, kann das Basisband nach <u>Bild 43b</u> auf etwa 1 MHz begrenzt werden, so daß nun die wesentlich niederfrequentere Streifenfilterfrequenz 2,2 MHz ermöglicht wird. Bild 43b läßt den besseren Störabstand erkennen, der mit dieser niedrigeren Trägerlage verbunden ist.
Auch die Trägerdämpfungen am Bildrand wirken sich bei dieser niedrigen
Trägerlage nur unbedeutend aus, so daß die "Grünen Ecken" nun vernach-
lässigt werden können.

Tatsächlich kommt der sogenannten "Weißbalance" - also der Einhaltung
eines konstanten Grauwertes ohne jeglichen Farbstich über die gesamte
Bildfläche - bei den Ein- und Zweiröhrenkameras eine ganz erhebliche Bedeutung zu. Diesbezüglich gute Eigenschaften haben naturgemäß alle Kame-
rasysteme mit RGB-Streifenfilteranordnungen, wie z.B. die in Bild 41
prinzipiell dargestellte Sony-Kamera mit dem Trinicon. Die drei Farbstreifen (im Gegensatz zu den sonst nur zwei Farbstreifen) sind in der
Lage, ein komplettes Chrominanzsignal zu erzeugen, das bei Unbuntüber-
tragung verschwindet, so daß eine gute Weißbalance ermöglicht wird.

Ein ähnlich gutes Ergebnis ist mit dem Tricolor-Vidikon zu erzielen, das
nach <u>Bild 44</u> eine streifenförmig unterteilte Signalplatte mit einem davor
angeordneten optischen RGB-Streifenfilter enthält [26]. Dadurch ist eine
simultane Signalerzeugung der drei Farbwertanteile R, G, B möglich, eine
Zeit- oder Frequenzmultiplextechnik kann entfallen. Die japanische Firma
HITACHI hat eine Einröhrenkamera mit einer derartigen Spezialröhre auf
den Markt gebracht.

Ein dreistreifiges optisches Filter müßte feinere Streifen enthalten als
die bei der Frequenzmultiplextechnik üblichen zweistreifigen Filter. Hier

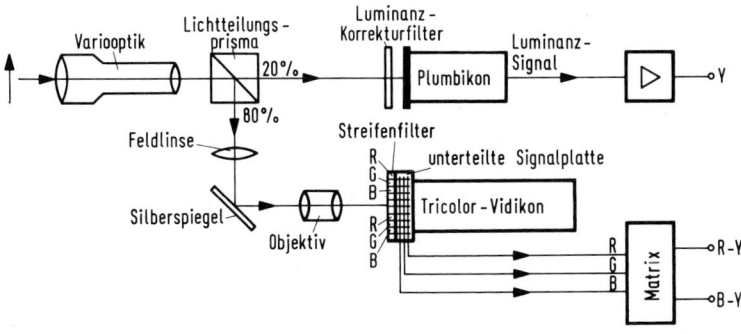

<u>Bild 44</u> Zweiröhren-Farbfernsehkamera mit simultaner RGB-Ableitung aus
         spezieller Chrominanzröhre (z.B. Tricolor-Vidicon)

gibt es jedoch technologische Grenzen. Es läßt sich daher bei Einröhrenkameras mit RGB-Streifenfiltern nicht vermeiden, daß die Streifenfrequenz
(= Chrominanz-Trägerfrequenz beim Abtastvorgang) zum Teil im oberen Frequenzbereich des Luminanzbandes liegt. Das führt zu Interferenzstrukturen
- insbesondere bei feinen Strichrasterfiguren -, die man nur mit einem
optischen Tiefpaß mit 2,5 - 3 MHz Bandbegrenzung vermeiden könnte, was
natürlich wieder einen Schärfeverlust zur Folge hätte. Hier hilft nun
eine Zweiröhrenanordnung, wie sie in Bild 44 dargestellt ist [1,Kap7.4].
Da das Luminanzsignal jetzt in einer separaten Bildaufnahmeröhre mit voller Bandbreite und damit optimaler Bildschärfe erzeugt wird, kann in den
Strahlengang der Streifenfilterröhre ein optischer Tiefpaß mit der niedrigen Chrominanzbandbreite eingefügt werden, der in der Praxis allerdings
meist realisiert wird durch eine Unscharfeinstellung des Objektivs in
diesem Strahlengang. Die Streifenfrequenz kann dann entsprechend reduziert werden (vgl. Bild 43b). Die streifenförmige Unterteilung und das
zugehörige RGB-Streifenfilter lassen sich nun mit weniger technologi-
schem Aufwand herstellen. Ein Kamerasystem entsprechend Bild 44 hätte
wegen seiner optimalen Bildschärfe und der durch die RGB-Streifenfilter-
technik bedingten guten Farbqualität Chancen, sich in der Zukunft auch
bei den Reportagekameras des Fernsehrundfunks einzuführen.

2.5 Filmabtastung

Wenn transparente Vorlagen - also Dias oder Filme - für eine Farbfern-
sehwiedergabe abgetastet werden sollen, dann kann man nach Bild 45a
prinzipiell mit einem Dia- oder Filmprojektor in die Farbfernsehkamera
hineinprojizieren. Die Kamera entspricht bei Farbabtastung ganz dem
Blockschema nach Bild 38. Die Raster der drei Bildaufnahmeröhren müssen
genauso präzise zur Deckung gebracht werden wie bei der Aufnahme einer
Live-Szene. Dazu ist der übliche Abgleichaufwand notwendig.

Gerade diese Farbdeckungsprobleme entfallen völlig beim sogenanten Lichtpunktabtaster (Flying-spot-Abtaster) nach Bild 45b, dessen Prinzip in
Bild 46 dargestellt ist. Unter "Flying spot" versteht man den wandernden
Lichtpunkt des Kathodenstrahles, der auf dem Schirm der Abtaströhre ein
Fernsehraster konstanter Helligkeit schreibt. Dieses wird über das Objektiv auf den Film bzw. das Diapositiv projiziert. Hinter der Bildbühne
ist der wandernde Lichtpunkt dann mit der Helligkeits- und Farbartänderung des transparenten Bildes moduliert. Es folgt nach Bild 46 die Zerlegung in die drei Grundfarben Rot, Grün und Blau mittels zweier dichro-

Bild 45

Filmabtaster-Systeme
(Werkfotos: BOSCH-FERNSEH)
a) Kameraabtaster
b) Lichtpunktabtaster

itischer Spiegel, deren Spektralcharakteristik - zusammen mit derjenigen
der drei Korrekturfilter - an die Norm-Farbmischkurven von Bild 34b angepaßt sein müssen. Die drei Fotozellen in Bild 46 wandeln schließlich die
Helligkeitsschwankungen der drei farbigen Lichtpunkte in die drei Fern-
sehsignale Rot, Grün und Blau (= "Farbwertsignale") um.

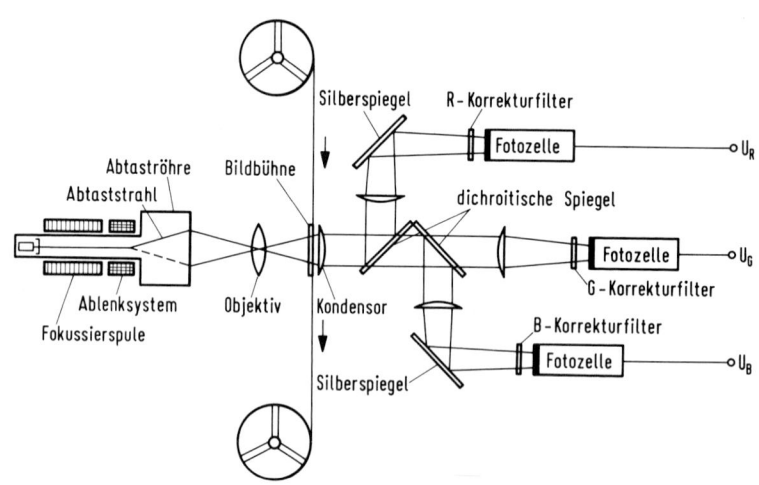

Bild 46 Lichtpunkt-Farbfilmabtaster

Der große Vorteil dieses Prinzips ist es nun, daß die drei Farbwertsignale zeitlich exakt miteinander korreliert sind, da ein gemeinsames Abtastraster für diese drei Signale verwendet wird, so daß vom Farbabtaster
keinerlei Farbdeckungsfehler im Bild zu erwarten sind. Allerdings ist die
Lichtausbeute der Abtaströhre relativ gering, so daß bei Filmen mit etwas
größerer Dichte schlechtere Störabstände zu erwarten sind. Diesbezüglich
ist der Kameraabtaster nach Bild 45a im Vorteil, da die Lichtstärke der
Projektionslampe entsprechend erhöht werden kann.

Beim Kamera-Filmabtaster benötigt man auch keinen genauen Synchronlauf
des Filmprojektors mit der Fernsehnorm. Nach [1,Kap8.3] integriert das
Speichervermögen der Vidikon- bzw. Plumbikon-Bildaufnahmeröhren die
durch geringfügig asynchronen Lauf entstehenden Signalschwankungen aus.
Das Prinzip des Lichtpunktabtasters verlangt dagegen eine exakte Syn-
chronität zwischen der Filmbewegung im Projektor und dem Fernsehraster.
Das zeigt die Darstellung in Bild 47a. Der Filmlauf ist hierbei prinzipiell kontinuierlich, wodurch sich bereits eine Abtastbewegung in vertikaler Richtung ergibt. Der Kathodenstrahl müßte dann nur noch die hori-

zontale Abtastbewegung übernehmen. Da es aber wegen zu hoher Schirmbela-
stung nicht möglich ist, den Kathodenstrahl immer in der gleichen Zeile
laufen zu lassen, wird ein Raster mit halber Höhe (Format 1,5 : 4 statt
3 : 4) geschrieben. Der Lichtpunkt läuft dabei in seiner Vertikalbewe-
gung dem Film entgegen, so daß die eine Hälfte der Abtastbewegung vom
Film und die andere Hälfte vom Raster übernommen wird.

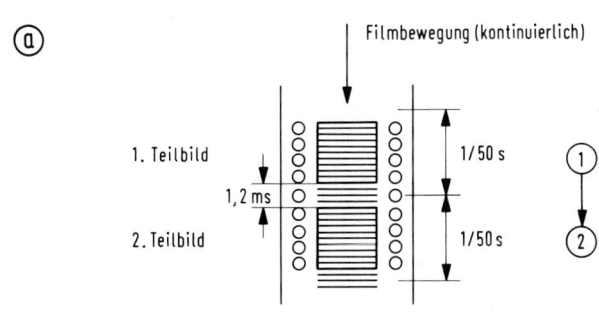

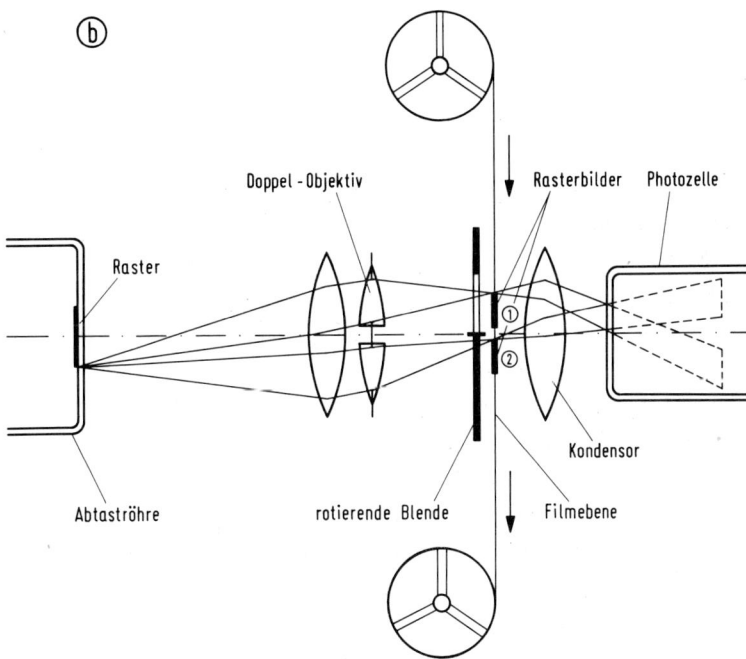

Bild 47 Teilbildabtastung beim Lichtpunktabtaster
        a) Lage der beiden Teilbildraster auf dem Film
        b) Zweifachprojektion des Rasters mit Rasterumschaltung durch
           rotierende Blende

Etwas komplizierter wird das Lichtpunktabtastverfahren allerdings noch
durch das Zwischenzeilenverfahren. Es dient nach Kap. 1.3.5.2 der Vermeidung des Bildflimmerns und macht eine zweimalige Abtastung jedes Filmbildes mit jeweils der halben Zeilenzahl (2 x 312 1/2 = 625) erforderlich. Nach Bild 47b hat man dieses Problem gelöst, indem das gleiche Raster über ein spezielles Doppel-Objektiv in zwei übereinanderliegenden
Positionen zweifach projiziert wird. Wie auch in Bild 47a dargestellt,
kann dann in der oberen Position (1) während der ersten 1/50 s das erste
Teilbild abgetastet werden. Ist das Filmbild dann nach Ablauf dieser ersten 1/50 s in die Position (2) gewandert, dann schaltet die rotierende
Blende in Bild 47b vom oberen auf das untere Raster um und tastet dieses
gleiche Filmbild in der zweiten 1/50 s noch einmal - jetzt aber mit den
312 1/2 Zeilen des zweiten Teilbildes - ab [1,Kap8.2].

Neuere Entwicklungen auf dem Gebiet der Filmabtastung verwenden als optisch-elektrische Wandler Halbleitersensoren. Da die Vertikalabtastung
aber bereits durch die kontinuierliche Filmbewegung gewährleistet ist,
benötigt man keine Flächensensoren, die nach Kap. 1.4.4 eine noch zu
geringe Bildauflösung besitzen, sondern setzt die in Kap. 1.4.3 beschriebenen Halbleiter-Zeilen ein, mit denen man bereits Auflösungswerte von
über 1000 Bildpunkte erzielen kann.

Nach Bild 48 entspricht der Aufbau eines Farbfilmabtasters mit drei Halbleiterzeilen zunächst dem Prinzip des Kamera-Filmabtasters. Mit einem

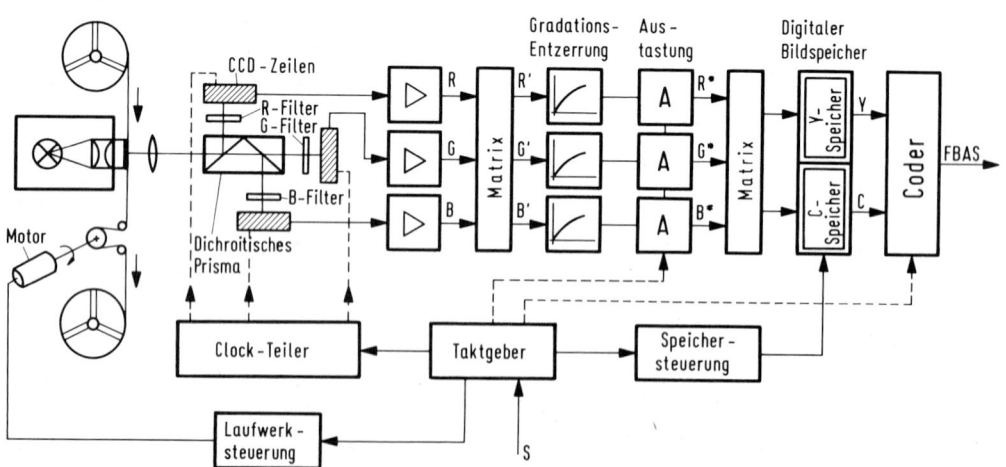

Bild 48 Farbfilmabtaster mit Halbleiter-Zeilen

Filmprojektor und einem dichroitischen Prisma werden die drei Farbauszüge
des Filmbildes auf die drei optisch-elektrischen Wandler scharf abgebildet. Da alle drei Halbleiterzeilen vom Clock-Teiler völlig gleichartig
getaktet werden, können im Gegensatz zum Kameraabtaster keinerlei Farbdeckungsfehler auftreten. Jede Halbleiter-Zeile in CCD-Technik kann jedoch - wie es auch ihre Funktionsbezeichnung ausdrückt - nur eine Fernsehzeile abtasten. Der Filmprojektor muß deshalb wie beim Lichtpunktabtaster kontinuierlich laufen, damit auch ein vertikaler Abtastvorgang
entsteht.

Eine besondere Schwierigkeit ist hierbei allerdings die Realisierung des
Zwischenzeilenverfahrens. Eine zweifache Abbildung des Filmbildes wäre
hier nur mit rein mechanischen Mitteln möglich, z.B. durch Anwendung
eines Schwingspiegels [27]. Mechanische Anordnungen möchte man jedoch
wegen ihrer Abnutzungserscheinungen möglichst vermeiden. So wird die
CCD-Zeile bei einem Filmbild-Durchlauf in 1/25 s mit 625 Zeilen als Vollbild ausgelesen. Die Umwandlung in ein normgerechtes Fernsehsignal mit
zwei in 1/50 s-Abstand aufeinander folgenden Teilbildern halber Zeilenzahl wird dann unter Anwendung eines digitalen Bildspeichers durchgeführt. Dabei werden nach Bild 48 die drei Vollbild-Farbwertsignale in
Luminanz- und Chrominanzsignale matriziert, dann den beiden Bildspeichern zugeführt und anschließend normgerecht im Zwischenzeilenverfahren
ausgelesen [28].

2.6 Dreistrahl-Farbbildröhre

Nachdem in den vorausgegangenen Abschnitten die Farbfernseh-Aufnahmeein-
richtungen beschrieben wurden, soll jetzt noch kurz auf den elektrooptischen Wandler der Wiedergabeseite eingegangen werden. Der Aufbau eines
Farbfernsehempfängers in akzeptablen Abmessungen wurde erst realisierbar,
als Anfang der fünfziger Jahre die amerikanische Firma RCA ihre Lochmas-
kenröhre herausbrachte. Damit war es nämlich erstmals möglich, auf einem
gemeinsamen Bildschirm die drei Farbwertbilder Rot, Grün und Blau gleichzeitig wiederzugeben.

Nach Bild 49a werden bei dieser konventionellen Dreistrahlröhre die drei
Elektronenstrahlsysteme für Rot (R), Grün (G) und Blau (B) auf einem
Kreis bzw. in den Endpunkten eines gleichseitigen Dreiecks in Deltaform
angebracht. Zur Mittelachse im Röhrenhals sind sie in Richtung auf den
Schirm um etwa 2° geneigt, so daß für jeden Strahl durch eine 20 mm

hinter dem Bildschirm angebrachte Lochmaske die unerwünschten Leuchtstoffpunkte ausgeblendet werden. Man spricht daher auch von der "Schatten-
maskenröhre". Bei richtiger Justierung des Strahlsystems trifft ein Kathodenstrahl nur die roten, der zweite Strahl nur die grünen und der
dritte Strahl nur die blauen Leuchtstoffpunkte. Nach Bild 49b müssen diese Leuchtstoffpunkte R, G, B daher in einzelnen Tripeln dreieckförmig
- also in Deltaform - angeordnet werden, daher auch der Name "Delta-Röhre".

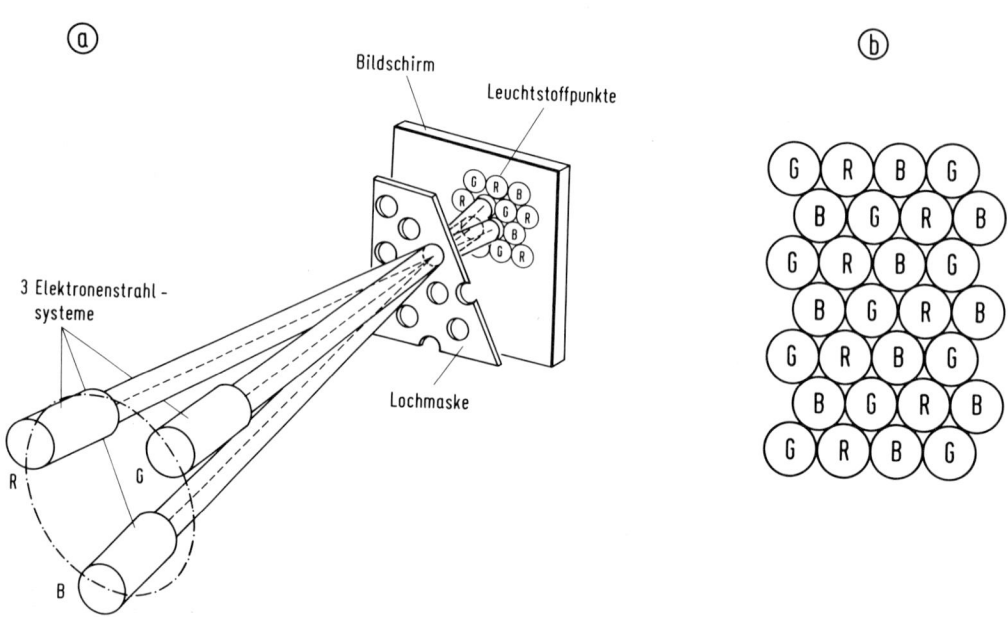

Bild 49 Farbbildröhre mit deltaförmiger Anordnung der Leuchtstoffe
        (Delta-Röhre)
        a) Prinzip der Zuordnung Strahlrichtung - Leuchtstoffpunkte
        b) Anordnung der Farbtripel auf dem Bildschirm

Bei dieser älteren Farbbildröhre treten jedoch erhebliche Farbdeckungsprobleme auf. Da die drei Strahlsysteme im Röhrenhals gegenüber der Mittelachse versetzt angeordnet werden müssen, entstehen nach [8,Kap11.5]
infolge der "Schrägprojektion" auf den Bildschirm kombinierte Kissen- und
Trapezverzerrungen, die sich für die drei Raster speziell an den Bildrän-
dern erheblich unterscheiden. Durch ein tonnenförmiges Horizontal-Ablenk-
feld versucht man, diese Geometriefehler etwas zu symmetrieren. Bild 51
läßt jedoch erkennen, daß astigmatische Ablenkfelder (kissenförmig nach a

und tonnenförmig nach b) für einige Strahlen, die schräg zur Mittelachse
austreten, aus elektronenoptischen Gründen eine Konvergenz in einem gemeinsamen Punkt verhindern. Es entstehen vielmehr horizontale und vertikale Brennlinien, die zu Konvergenzfehlern (Farbdeckungsfehlern) führen.
Nach [8,Kap11.5] sind deshalb bei der konventionellen Dreistrahl-Farb-
bildröhre umfangreiche Konvergenz-Korrekturschaltungen mit insgesamt 16
Einstellern erforderlich, die beim Abgleich z.T. wechselseitig bedient
werden müssen.

Es ist daher verständlich, daß die Röhrenhersteller nach Wegen suchten,
den Aufwand für die Konvergenzkorrektur bei der Dreistrahlröhre drastisch
zu senken. Das gelingt, wenn man nach Bild 50a nicht mehr alle drei
Strahlsysteme exzentrisch anordnet, sondern wenigstens ein System (Grün)
konzentrisch und die beiden anderen in einer Linie. Diese sogenannte In-
Line-Röhre konnte inzwischen die Delta-Röhre ganz verdrängen, da sie nur
noch etwa ein Drittel an Schaltungsaufwand für die Konvergenztechnik benötigt. Konvergenzkorrekturen sind jetzt nur noch für Blau und Rot erforderlich. Da die Anordnung der drei Strahlsysteme in einer Reihe nur eine

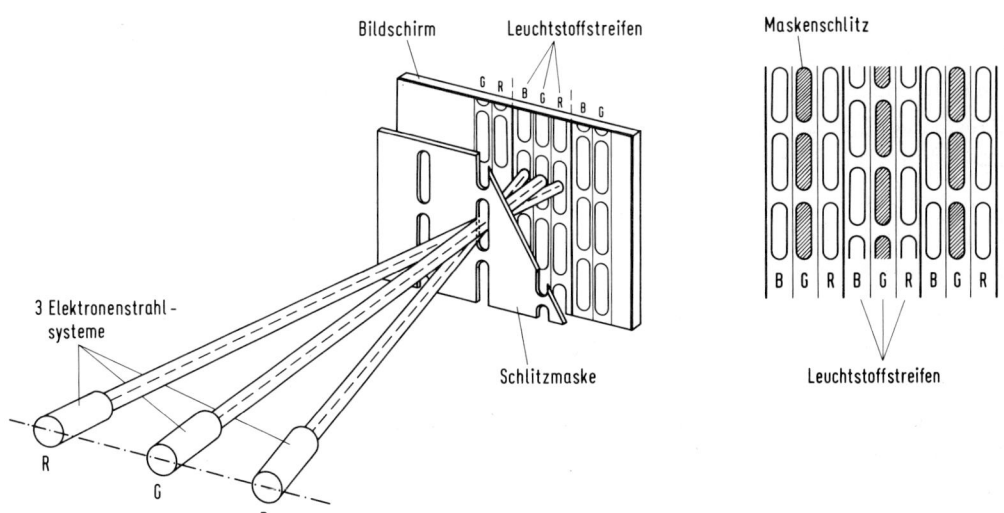

Bild 50 Farbbildröhre mit In-Line-Anordnung der Leuchtstoffe
        a) Prinzip der Zuordnung Strahlrichtung - Leuchtstoffstreifen
        b) Anordnung der Farbtripel auf dem Bildschirm

Farbtrennung in der horizontalen Richtung erforderlich macht, gibt es in
der vertikalen Richtung keine Farbreinheitsprobleme, und die Leuchtstoffe
können nach Bild 50b in vertikalen Streifen angeordnet werden. Nach
Bild 50a wird die Farbtrennung nun durch eine Schlitzmaske bewirkt. Allerdings wird durch die parallele, streifenförmige Anordnung der Leuchtstoffe die Ausintegration des Quantisierungsmusters sehr erschwert. Das
Offset-Muster der ineinander verschachtelten Leuchtstoffpunkte bei der
Delta-Röhre (Bild 49b) kommt der geometrischen Integration durch das Auge
sehr entgegen. Um die Streifenstruktur bei der In-Line-Röhre etwas zu reduzieren, hat man die benachbarten Schlitze im Offset zueinander angeordnet (Bild 50a).

Als eigentlicher Grund für den drastisch reduzierten Aufwand an Konvergenzkorrektur bei der In-Line-Röhre kann die hierbei sich anbietende Möglichkeit der Anwendung einer Selbstkonvergenz über den gesamten Bildschirm
angesehen werden. Dazu ist nach [29] eine bestimmte Formgebung des horizontalen und vertikalen Ablenkfeldes notwendig. Diese sogenannte parastigmati-
sche Ablenkung war erst möglich, nachdem man die Strangwickeltechnik der
Toroidspulen zu verfeinern gelernt hatte. Durch eine entsprechende Dichte-
verteilung der einzelnen Wickelstränge kann bei der rechnergesteuerten
Herstellung der Ablenkspulen eine genau festgelegte Feldverteilung erzielt
werden.

Nach Bild 51a wird für die Horizontalablenkung eine kissenförmige und
nach Bild 51b für die Vertikalablenkung eine tonnenförmige Feldlinien-
verteilung - also ein definierter Astigmatismus - gewählt [30,Kap4.6.2].
Elektronenoptisch lassen sich in beiden Fällen die von den in einer Linie liegenden Strahlsystemen kommenden drei Elektronenstrahlen in einem
Konvergenzpunkt vereinigen. Bild 51 läßt aber auch erkennen, daß bei
einer räumlichen Ausdehnung oder Abweichung des Strahlenbündels senkrecht zur In-Line-Anordnung der drei Systeme stets eine Fokussierung
auf der vertikalen Brennlinie V_h bzw. V_v erfolgt. In dieser Tatsache
drückt sich die Selbstkonvergenz der Röhre aus, denn eine vertikale Ausdehnung der Strahllandung auf dem Schirm ist hier ja zulässig, da die
Leuchtstoffe nach Bild 50 in Form vertikaler Streifen aufgebracht sind.
Voraussetzung ist allerdings, daß sowohl bei horizontaler als auch bei
vertikaler Ablenkung die vertikale Brennlinie auf dem Bildschirm liegt.

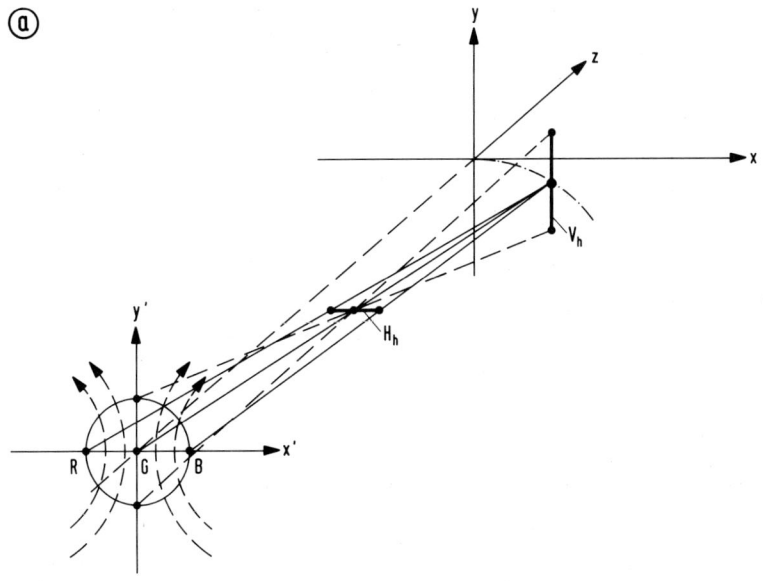

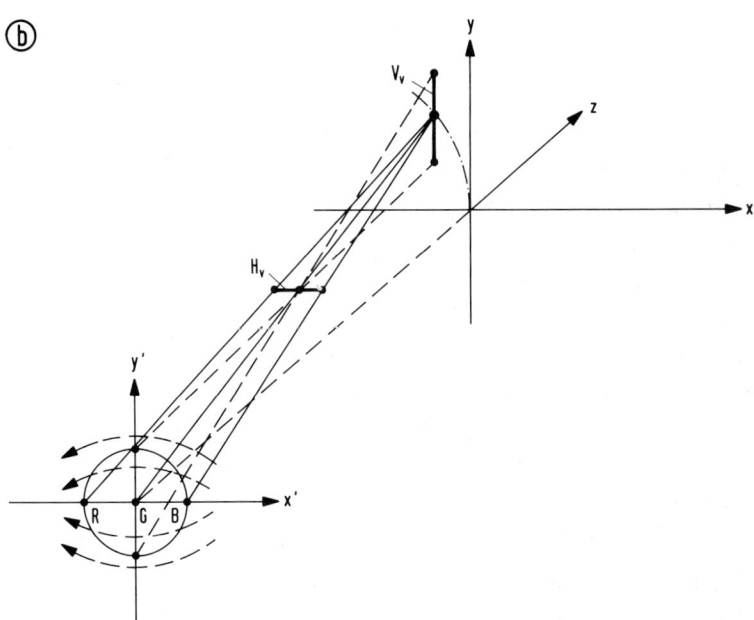

Bild 51 Selbstkonvergenz bei der In-Line-Röhre
       a) Horizontalablenkung mit kissenförmigem Ablenkfeld
       b) Vertikalablenkung mit tonnenförmigem Ablenkfeld

3. Analoge Bewegtbildübertragung

Die besondere Problematik der nachrichtentechnischen Übertragung eines Bildsignals ergibt sich aus der relativ großen Frequenzbandbreite. Insbesondere bei Bewegtbildern führt der Zwang zur Übermittlung aller Bildpunktinformationen eines Vollbildes in 1/25 Sekunde zu einer sehr hohen maximalen Modulationsfrequenz. So errechnet sich nach Kapitel 1.3.4 für das Rundfunk-Fernsehen der europäischen 625-Zeilennorm eine Bandbreite von 5 MHz, was dem etwa 330-fachen eines Tonrundfunksignals entspricht.

Die Übertragungstechniken für Bewegtbild-Signale sind daher gekennzeichnet durch Maßnahmen, die auf eine möglichst gute Bandnutzung des Übertragungskanals zielen. Das soll zunächst am Rundfunk-Fernsehsystem studiert werden.

3.1 Fernseh-Rundfunkübertragung

Der Aufbau eines Fernsehsenders ist im Blockschema von Bild 52a dargestellt. Bild und Ton werden mit zwei getrennten Sendern erzeugt und die beiden Sendespannungen über eine Bild-Ton-Frequenzweiche vor der Sendeantenne additiv kombiniert.

Das Bildsignal wird in AM und in sogenannter "Negativ-Modulation" dem Bildträger aufmoduliert, d.h. daß die Polarität des Videosignals umgekehrt wird. Folgende Vorteile sind damit verbunden:

- Für den Synchronimpuls ergibt sich die maximale Amplitude; das gewährleistet einen guten Störabstand für die Synchronisierung.

- Störimpulse rufen auf dem Bildschirm Schwärzungen hervor, die weitgehend unkritisch sind.

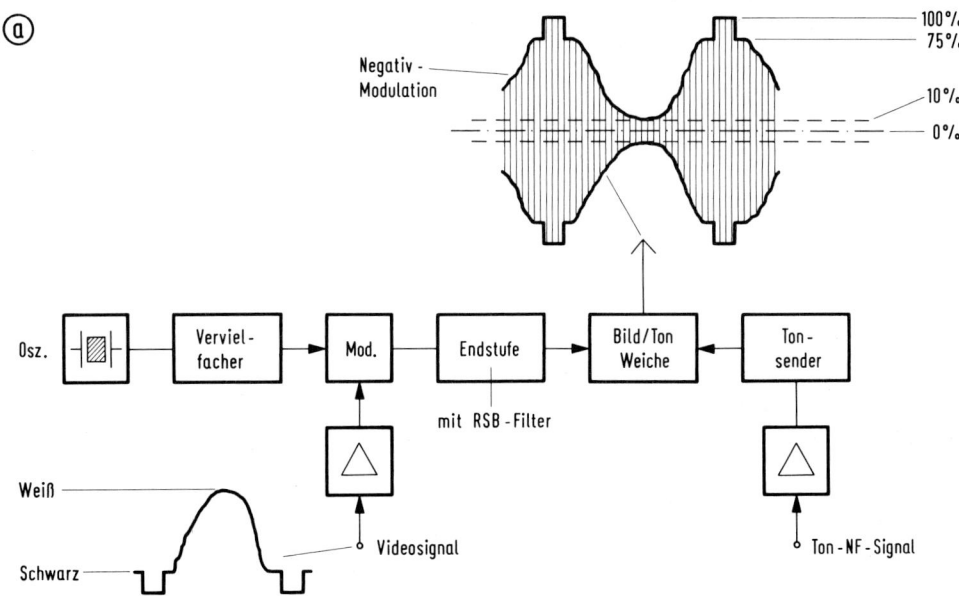

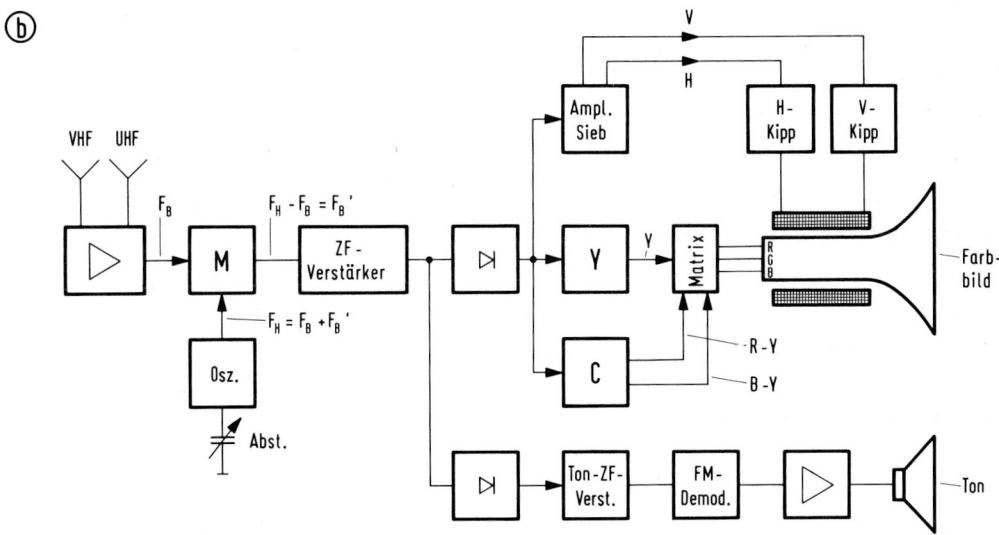

Bild 52 Blockschema einer Fernsehübertragung

    a) Fernsehsender

    b) Farbfernsehempfänger

Im Fernsehempfänger nach <u>Bild 52b</u> wird – wie bei jedem modernen Rundfunk-empfänger – das Superheterodynverfahren (Überlagerungsprinzip) angewen-det. Dabei werden die verschiedenen Antennen-Eingangsfrequenzen F_B mit einem abstimmbaren Oszillator (Osz.) der Frequenz F_H über die Mischstu-fe (M) immer auf die gleiche Zwischenfrequenz $F_B' = F_H - F_B$ umgesetzt. Der Vorteil dieser Umsetztechnik ist die Verwendung einer stets gleich-bleibenden Filtercharakteristik, die vom Zwischenfrequenz-Verstärker (ZF-Verstärker) gebildet wird.

Am Ausgang dieses ZF-Verstärkers erfolgt nach Bild 52b die Spitzenwert-gleichrichtung des amplitudenmodulierten Signals. Moderne Fernsehemp-fänger verwenden an dieser Stelle einen Synchrondemodulator, der nicht-lineare Verzerrungen vermeidet (Kapitel 3.2, Bild 54e). Beim Farbfern-sehempfänger erfolgt dann durch Frequenzbandtrennung eine Aufteilung in den Luminanzkanal (Y) und den Chrominanzkanal (C). Wie im folgenden Ka-pitel 3.3.4 beschrieben, werden im Chrominanzkanal die beiden Farbdif-ferenzsignale R-Y und B-Y durch Farbträgerdemodulation zurückgewonnen. Eine Matrix wandelt die Luminanzkomponente Y und die beiden Farbdiffe-renzkomponenten R-Y, B-Y in die drei Ansteuersignale Rot, Grün, Blau (R, G, B) der Farbbildröhre um.

Um Interferenzstörungen zwischen dem Farbträger und dem Tonträger zu vermeiden wird nach [8,Kap13] für die Ableitung der Ton-Zwischenfrequenz von 5,5 MHz die zweite Diode nach Bild 52b verwendet. An deren nichtli-nearer Kennlinie bildet sich als Differenz zwischen Bildträger- und Ton-trägerfrequenz die 5,5 MHz-Schwingung, die – genau wie der Tonträger – frequenzmoduliert ist und deshalb nach Siebung im Ton-ZF-Verstärker über einen FM-Demodulator in das niederfrequente Fernseh-Begleitton-Signal umgesetzt wird (Intercarrier-Verfahren).

An den ersten Video-Gleichrichter ist schließlich nach Bild 52b noch das Amplitudensieb für die Abtrennung des Synchronsignalgemisches und die Zerlegung in ein H- und V-Synchronsignal angeschlossen. H- und V-Impulse steuern den Ablenkvorgang für die Rastererzeugung (vgl. Bild 8, Kapitel 1.3.5). Bei einem Farbfernsehempfänger sind an dieser Stelle noch Kon-vergenzkorrektur-Schaltungen vorgesehen, die für eine übereinstimmende Ablenkung der drei Kathodenstrahlen nach Kapitel 2.6 sorgen sollen.

3.2 Restseitenbandübertragung

Eine Methode zur Einsparung von Bandbreite bei der Bewegtbildübertragung ist die Restseitenbandübertragung (RSB), von der beim Rundfunk-Fernsehen Gebrauch gemacht wird. Dabei wird mit einem RSB-Filter (siehe Sender-Endstufe in Bild 52a) das untere Seitenband bis auf einen geringen Rest von etwa 1 MHz unterdrückt. Der Frequenzgang dieses Filters in Bild 53a läßt erkennen, daß auf diese Weise der Bildträger F_B (bzw. der im Empfänger auf den Zwischenfrequenzbereich umgesetzte Bildträger F_B') mit voller Amplitude übertragen wird. Die Beschränkung auf eine reine Einseitenbandübertragung (ESB) - wie sie bei der Trägerfrequenztelefonie üblich ist [12,KapVII, 4.3.1] - muß bei einer Bildübertragung entfallen, da hierbei der Träger mit seinem Amplitudenwert den jeweiligen Graupegel bestimmt, weshalb er nicht unterdrückt werden darf. Daraus ergibt sich die Notwendigkeit zur Restseitenbandübertragung nach Bild 53a.

Nach Bild 54a,c würde sich jedoch im Zweiseitenbandbereich (Modulationsfrequenz f_m unterhalb 1 MHz), wo ja beide Seitenlinien vorhanden sind, eine doppelt so große Modulationstiefe wie im Einseitenbandbereich (Modulationsfrequenz f_m oberhalb 1 MHz) ergeben. Das läßt sich vermeiden durch die sogenannte "Nyquistflanke", ein Frequenzgangabfall, der im Zweiseitenbandbereich komplementär zum Bildträger verläuft. Nach Bild 53b wird diese Nyquistflanke mit dem Frequenzgang des Zwischenfrequenz-Verstärkers im Fernsehempfänger realisiert. Ein flacher Flankenverlauf ist im Heimempfänger willkommen, da er den Siebaufwand in diesem mit hoher Stückzahl hergestellten Serienfabrikat reduziert.

Für das Beispiel einer Modulationsfrequenz f_m = 0,5 MHz ist anhand der Seitenlinien $F_B' \pm 0,5$ MHz in Bild 53b zu erkennen, daß deren arithmetische Summe der Amplitude des einen Seitenlinienzeigers im Einseitenbandbereich entspricht. Das gilt nun wegen des zum Bildträger komplementären Verlaufes der Nyquistflanke auch für jede andere Modulationsfrequenz im Zweiseitenbandbereich (f_m < 1 MHz), so daß die Modulationstiefe für den gesamten Videofrequenzbereich konstant bleibt, wie das auch die Kurve (N) des nach der Demodulation vorliegenden Frequenzganges nach Bild 53c ausweist

Das Zeigerdiagramm in Bild 54b für das Beispiel einer Modulationsfrequenz f_m = 0,5 MHz mit Seitenlinien im Zweiseitenbandbereich, die durch die Nyquistflanke ungleich gedämpft werden, läßt das Entstehen einer sogenannten Modulationsellipse erkennen. Der für die Spitzenwertgleich-

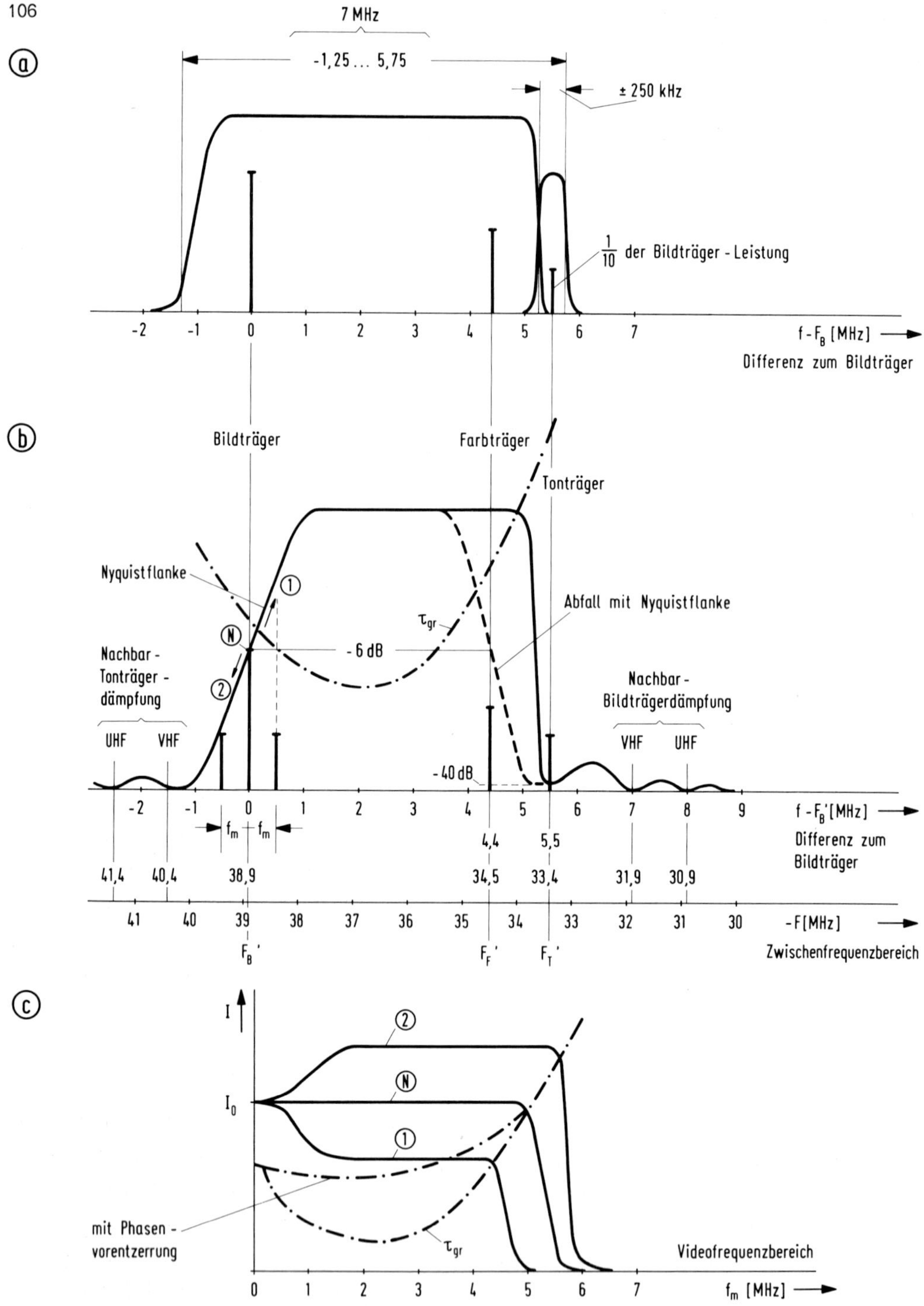

106

Bild 53 Restseitenbandübertragung beim Rundfunk-Fernsehen
a) Frequenzgang des Restseitenbandfilters im Fernsehsender
b) Frequenzgang des Zwischenfrequenz-Verstärkers im Farbfernsehempfänger
c) Äquivalenter Videofrequenzgang über Sender und Empfänger
für drei Empfängerabstimmungen nach b)

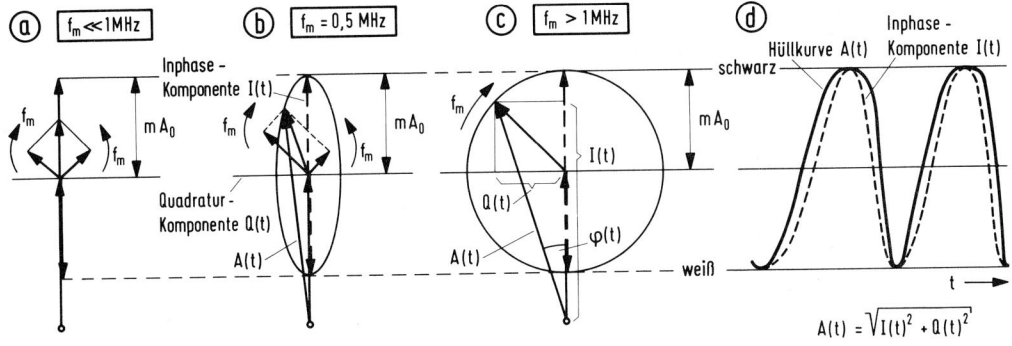

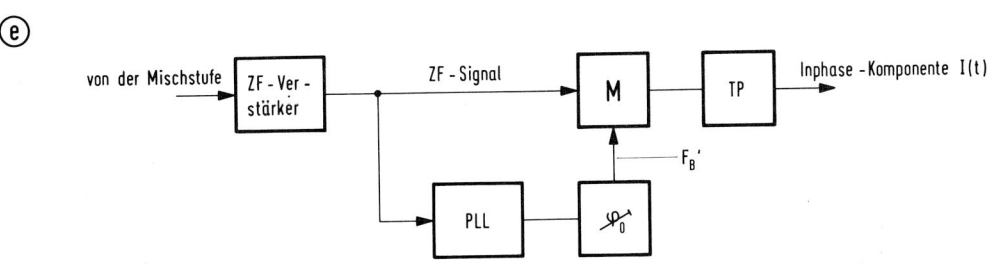

<u>Bild 54</u> Quadraturkomponente bei der Restseitenbandübertragung mit
        Nyquistflanke
        a) Modulationsfrequenz sehr niedrig (f_m << 1 MHz)
        b) Seitenlinien im Bereich der Nyquistflanke (f_m = 0,5 MHz)
        c) Seitenlinien außerhalb der Nyquistflanke (f_m > 1 MHz)
        d) Zeitabhängiger Verlauf von Inphasekomponente I(t) und
           Hüllkurve A(t) = $\sqrt{I(t)^2 + Q(t)^2}$
        e) Synchrondemodulation zur Vermeidung der Quadraturkompo-
           nente Q(t)

richtung, wie sie nach Bild 52b in älteren Empfängern ausschließlich angewendet wird, maßgebende Hüllkurvenverlauf wird durch die Länge des resultierenden Zeigers A(t) beschrieben. Dessen Spitze bewegt sich im
Zweiseitenbandbereich nach Bild 54b auf dieser Modulationsellipse, im
Einseitenbandbereich nach Bild 54c dagegen auf einem Kreis. Man sieht
jedoch deutlich, daß der Amplitudenwert des zeitabhängigen Hüllkurven-
verlaufes nach <u>Bild 54d</u> für alle Modulationsfrequenzen (Bild 54a - c)
konstant bleibt, was auf die Nyquistflanke zurückzuführen ist.

Allerdings treten im Hüllkurvenverlauf auch erhebliche nichtlineare Verzerrungen auf. Diese sind auf eine mit der AM synchron auftretende Phasenmodulation $\varphi(t)$ (Bild 54b,c) zurückzuführen und eine unmittelbare
Folge der ungleichen Dämpfung der beiden Seitenlinien. Dadurch entsteht
eine "Quadraturkomponente" $Q(t)$ (90°-Phasenverschiebung zum Träger). In
modernen Fernsehempfängern wird daher stets ein Synchrondemodulator
nach Bild 54e - meistens als integrierter Schaltkreis - eingesetzt. Über
einen Phase-Locked-Loop (PLL-Schaltung) wird der unmodulierte Bildträger F_B' durch Nachlaufsynchronisierung aus dem Frequenzspektrum des
Fernsehsignals extrahiert und dann in der Mischstufe M mit dem ZF-Signal
multipliziert. Über den Phasenschieber φ_o muß die Phasenlage des Referenzträgers gleich der Bildträgerphase eingestellt werden. Es multipli-
zieren sich dann die beiden Schwingungen:

$$A(t) \cdot \sin[2\pi F_B' t + \varphi(t)] \cdot \sin(2\pi F_B' t)$$

$$= \underbrace{\frac{1}{2} A(t) \cdot \cos\varphi(t)}_{I(t)} - \underbrace{\frac{1}{2} A(t) \cdot \cos[4\pi F_B' t + \varphi(t)]}_{\substack{\text{durch Tiefpaß TP unter-} \\ \text{drückt}}}. \tag{66}$$

Dabei entsteht also die "Inphasekomponente" $I(t)$, so genannt, weil sie
nach Bild 54c genau in der Phasenlage des Bildträgers liegt. Es handelt
sich somit bei der Schaltung nach Bild 54e um einen phasenselektiven De-
modulator, der - bei richtiger Einstellung der Referenzphase φ_o - stets
die Projektion des Hüllkurvenzeigers $A(t)$ auf die Inphaserichtung liefert. Diese enthält aber die Modulationsschwingung ohne jegliche nichtlinearen Verzerrungen, wie dem gestrichelten Verlauf der Komponente $I(t)$
in Bild 54 d zu entnehmen ist.

Der Frequenzgang dieser Inphasekomponente ist in Bild 53c dargestellt.
Es handelt sich hier um den "Äquivalenten Videofrequenzgang", wie er
sich bei einer Messung zwischen dem Modulatoreingang des Senders und dem
Demodulatorausgang des Empfängers ergibt. Es ist also der Frequenzgang
eines äquivalenten Tiefpaßsystems, das die Gesamtcharakteristik von Modulator - Übertragungsstrecke - Empfänger beschreibt. Mit diesen äquivalenten Videofrequenzgängen lassen sich daher auch die Sprungfunktionen
"über alles" nach Bild 55 erklären, da sie ebenfalls zwischen Modulatoreingang und Demodulatorausgang ermittelt wurden.

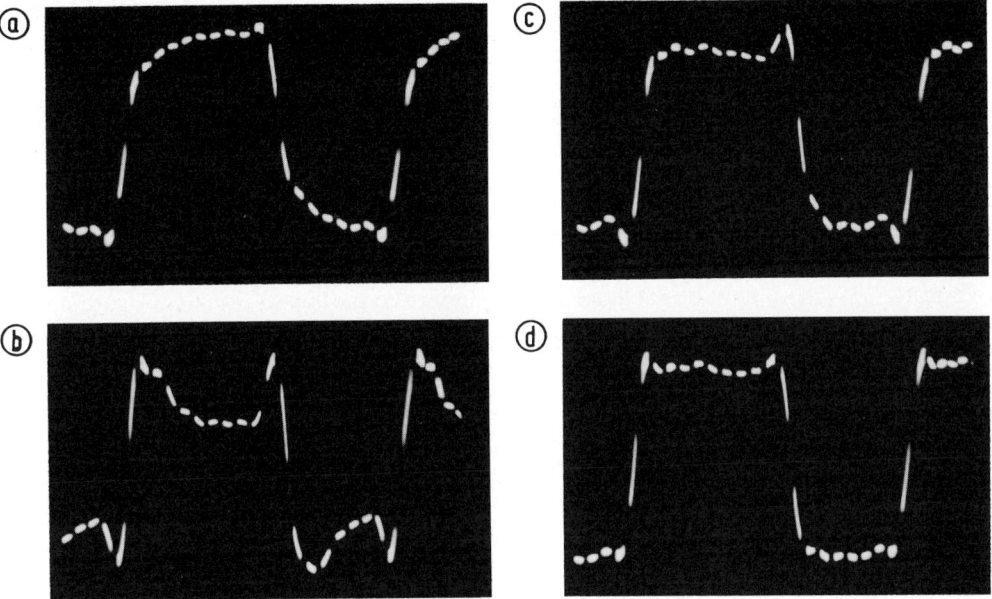

Bild 55 Sprungfunktionen bei Restseitenbandübertragung (m = 30%) für
verschiedene Abstimmungen des Empfängers
a) oberhalb des Nyquistpunktes, (1) in Bild 53b,c
b) unterhalb des Nyquistpunktes, (2) in Bild 53b,c
c) Nyquistpunkt (N) in Bild 53b,c
d) wie c) aber mit Phasenvorentzerrung
(Zeitmarkenabstand: 0,1 µs)

Der äquivalente Videofrequenzgang nach Bild 53c und damit auch das
Sprungverhalten nach Bild 55 hängen nun stark ab von der Empfängerabstimmung. Der glatte Frequenzgang (N) in Bild 53c ergibt sich nur, wenn
der Bildträger genau auf dem "Nyquistpunkt" (N) nach Bild 53b - also auf
der Hälfte der Nyquistflanke - liegt, denn nur dann werden die Seitenlinien über den gesamten Bereich der Nyquistflanke komplementär gedämpft.
Das ändert sich, wenn man z.B. nach (1) in Bild 53b oberhalb des Nyquistpunktes abstimmt, dann fällt der Videofrequenzgang (1) in Bild 53c
stufenweise ab, wozu die vergrößerte Anstiegszeit (≈ 300 ns) in Bild 55a
gehört. Liegt die Abstimmung dagegen nach (2) in Bild 53b unterhalb des
Nyquistpunktes, dann steigt der Videofrequenzgang (2) in Bild 53c stu-
fenförmig an, wozu die reduzierte Anstiegszeit (≈ 100 ns) in Bild 55b
gehört. Gleichzeitig tritt aber in diesem Rechteckwechsel auch ein star-
kes niederfrequentes Überschwingen auf, das zu einer störenden plasti-

schen Wiedergabe aller Bildkonturen führt ("Plastik") [31]. Trotz der
durch die Nyquistflanke hervorgerufenen Amplitudenänderungen des Bildträgers (Bild 53b) bleibt der Anfangswert I_o der äquivalenten Videocha-
rakteristik konstant (Bild 53c), was durch die in jedem Heimempfänger
enthaltene Amplitudenautomatik bewirkt wird.

Für die richtige Empfängerabstimmung muß der Bildträger auf den Nyquistpunkt (N) gelegt werden. Nur dann erhält man den glatten Frequenzgang
nach Bild 53c und den besten Kompromiß zwischen Überschwingen und Anstiegszeit nach Bild 55c. Allerdings ist die Steigzeit mit etwa 150 ns
noch größer als aufgrund der Bandbreite 5 MHz zu erwarten ist
[1/(2 · 5 MHz) = 100 ns]. Das ist nun noch auf den Gruppenlaufzeit-Fre-
quenzgang zurückzuführen. Im ZF-Bereich liegt nach Bild 53b ein nach den
beiden Bandgrenzen ansteigender Frequenzgang der Gruppenlaufzeit τ_{gr}
vor. Durch die Restseitenbandtechnik überträgt sich die im Bildträgerbe-
reich mit zunehmender Frequenz fallende Gruppenlaufzeit auf den äquivalenten Videofrequenzgang nach Bild 53c. Dadurch fällt bei niedrigen Vi-
deofrequenzen der Gruppenlaufzeitgang ab, was zu den hierfür typischen
Vorläufern (Unterschwingen vor dem Sprung) sowie zu einer Vergrößerung
der Steigzeit führt [32,Kap25], wie in Bild 55c zu sehen. Vor dem Modulatoreingang des Senders wird daher eine Phasenvorentzerrung durchgeführt, die zu der in Bild 53c dargestellten Ebnung des Gruppenlaufzeit-
ganges führt. Damit nähert man sich dem idealisierten phasenlinearen
5 MHz-Tiefpaß (N) als Übertragungsvierpol. Dazu gehört der jetzt weitgehend optimale Rechteckwechsel in Bild 55d. Er ist an die theoretischen
Werte des idealen 5-MHz-Tiefpasses - 100 ns Anstiegszeit und 9% symmetri-
sches Überschwingen nach [32,Kap12] - gut angepaßt.

Das Überschwingen in der Sprungfunktion nach Bild 55d wird auch wesentlich beeinflußt vom Gruppenlaufzeitanstieg nach der oberen Bandgrenze
und hängt damit zusätzlich von der Steilheit der oberen Flanke des ZF-
Frequenzganges in Bild 53b ab. Einerseits soll das Frequenzband bis 5 MHz
übertragen werden, andererseits erfordert die Tonträgerdämpfung von
-40 dB bei 5,5 MHz Bild/Tonträger-Abstand eine sehr steile Flanke, die
nur durch eine Saugkreisschaltung hoher Güte (Tonträgerfalle) realisiert
werden kann. Ähnliche Fallen mit entsprechenden Einsattelungen im Frequenzgang benutzt man im ZF-Verstärker für die Nachbar-Bildträgerdämpfun-
gen sowie die Nachbar-Tonträgerdämpfungen nach Bild 53b. Diese Dämpfun-
gen sind notwendig, um Interferenzstörungen mit dem Bild- und Tonträger
des Nutzsignals zu vermeiden. Insbesondere ist die Dämpfung des eigenen
Tonträgers mit -40 dB bei einem Farbfernsehempfänger wichtig, um die

kritischen niederfrequenten Interferenzstörungen mit dem in unmittelba-
rer Nähe übertragenen Farbträger ($F_T^{\prime}$ - $F_F^{\prime}$ = 5,5 - 4,4 = 1,1 MHz) zu vermeiden.

Um nun einerseits die hohen Anforderungen an die Tonträgerfalle zu vermindern sowie andererseits den Gruppenlaufzeitanstieg zu reduzieren,
verwenden die heutigen Farbfernsehempfänger fast ausschließlich den in
Bild 53b gestrichelt eingetragenen flachen Frequenzgangabfall, der
- analog zur Nyquistflanke des Bildträgers - symmetrisch zum Farbträger
verläuft ($F_F^{\prime}$ auf dem 6 dB-Punkt). Diese Nyquistflanke vermeidet einerseits zwar Frequenzgangfehler, erzeugt andererseits aber auch eine kräftige Quadraturkomponente (vergl. Bild 54b), die beim Farbträger zu einem
"Übersprechen" zwischen den beiden Farbsignalkomponenten R-Y, B-Y führt.
Wie dem nachfolgenden Kapitel 3.3.4.3 zu entnehmen ist, kompensiert jedoch das PAL-Verfahren derartige Fehler, während beim NTSC-Verfahren
hierdurch Farbkanteneffekte hervorgerufen werden. Amerikanische Farbfernsehempfänger kompensieren daher den flachen Frequenzgangabfall an
der oberen Bandgrenze des ZF-Frequenzganges durch einen komplementären
Frequenzganganstieg im Decoder, die sogenannte "Peaking-Technik"
[8,Kap13].

3.3 Farbcodierung

Die vom Farbfernsehabtaster simultan abgegebenen drei Komponenten Rot,
Grün, Blau (Farbwertsignale R, G, B) müssen nach Bild 56a mit einer
geeigneten Multiplextechnik in ein einziges Signal umgewandelt werden,
um es über den Fernsehkanal übertragen zu können. Diese Aufgabe besorgt
der Farbcoder im Farbfernsehstudio, während der Decoder Bestandteil des
Farbfernsehempfängers ist. In dem nach Bild 56a zwischen Coder und Decoder liegenden Übertragungskanal sind somit alle Hauptkanalgeräte des
Studios, die Zubringerstrecke, der Sender sowie Vorstufe und ZF-Teil des
Heimempfängers zusammengefaßt.

3.3.1 Kompatibilität

Es haben sich in den Fernsehnormen der Welt drei unterschiedliche Farbcodierverfahren NTSC, SECAM und PAL eingeführt. Das Blockschema in
Bild 56a gilt für alle drei Verfahren. Gemeinsam ist diesen Verfahren da-

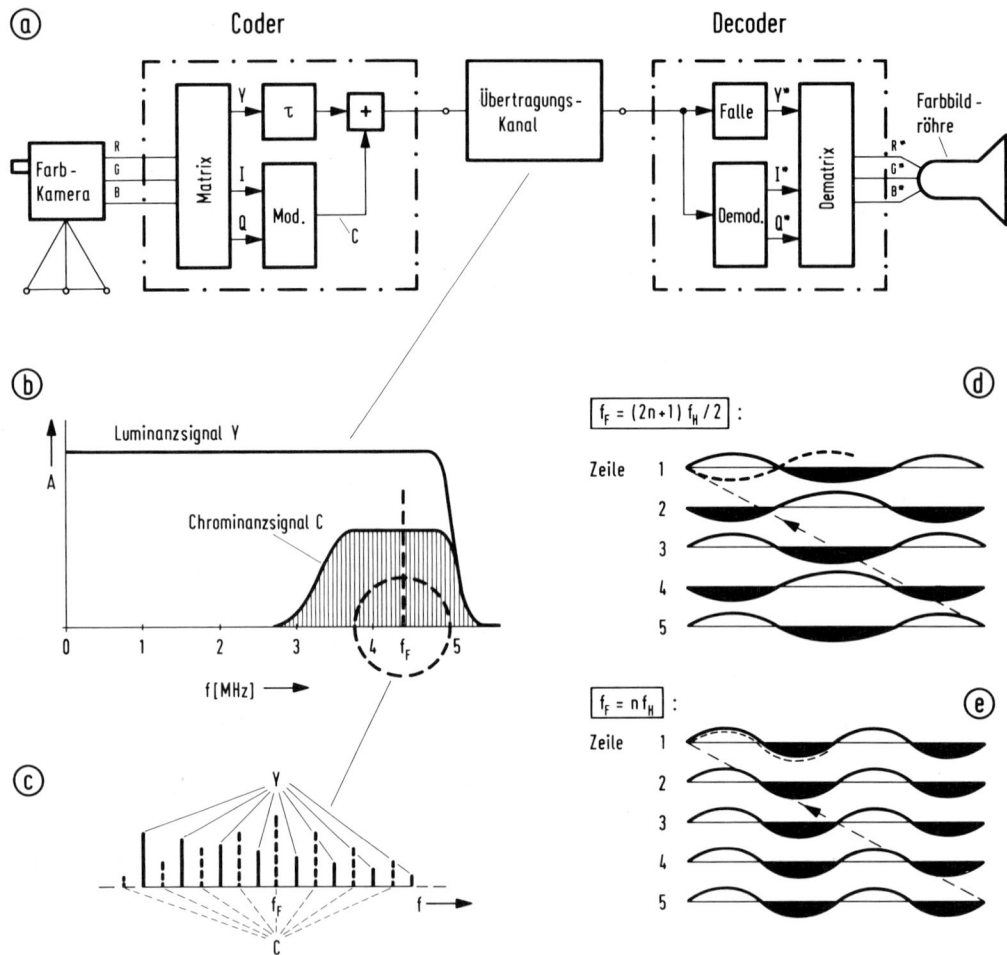

mit, daß die drei Farbwertsignale R, G, B über eine Matrix in drei neue
Komponenten Y, Q, I bzw. Y, U, V umgewandelt werden, die für eine gemeinsame Übertragung im Fernsehkanal besser geeignet sind. So stellt Y
das Luminanzsignal dar, das von allen drei Farbcodierungen als Haupt-
komponente übermittelt wird, damit die e m p f ä n g e r s e i t i g e
K o m p a t i b i l i t ä t (Verträglichkeit) mit den Schwarzweißemp-
fängern gewährleistet ist. Die beiden anderen Komponenten Q, I bzw.
U, V beschreiben die Färbung des Bildes und werden bei allen drei Verfahren einem Farbträger f_F aufmoduliert, der nach <u>Bild 56b</u> in der Nähe
der oberen Bandgrenze des Luminanzsignals liegt. Die drei Codierverfahren NTSC, SECAM, PAL unterscheiden sich lediglich in der Art der Farbträgermodulation.

Die Gesamtbandbreite des Farbfernsehsignals nach Bild 56b beträgt mit
f_{gr} = 5 MHz nicht mehr als diejenige beim Schwarzweiß-Fernsehen. Damit
können die gleichen Übertragungsstrecken und Sendeeinrichtungen verwendet werden. Die drei Verfahren sind also s e n d e r s e i t i g
k o m p a t i b e l . Das wird durch die Übertragung des mit dem Chrominanzsignal modulierten Farbträgers innerhalb des Luminanz-Frequenz-
bandes erreicht. Wie Bild 56a erkennen läßt, wird das modulierte Chrominanzsignal C dem Luminanzsignal Y im Coder einfach additiv überlagert.
Der Farbfernseh-Decoder kann diesen Träger wieder demodulieren und so
die beiden Farbsignalkomponenten Q, I bzw. U, V zurückgewinnen. Eine Dematrix wandelt die drei simultan übertragenen Komponenten wieder in die
für das Ansteuern der Farbbildröhre benötigten RGB-Signale um.

Ein Schwarzweißgerät, das ein solches Farbfernsehsignal nach Bild 56b
empfängt, wertet nur den Luminanzanteil Y als Grauwertinformation aus.
Die trägerfrequent überlagerte Chrominanzinformation C muß dagegen als
Störung in Kauf genommen werden. Das ist der Preis, den man für die sen-
derseitige Kompatibilität - Übertragung der Chrominanz mitten im Luminanzband - bezahlen muß. Die gleichzeitig zu fordernde empfängerseitige
Kompatibilität ist jedoch nur dann zufriedenstellend erfüllt, wenn dieses "Übersprechen" der Chrominanz in die Luminanzinformation - das sogenannte " c r o s s - l u m i n a n c e " - in erträglichen Grenzen
bleibt. Das wird durch die folgenden Maßnahmen gewährleistet:

1. Die Chrominanzinformation wird trägerfrequent übermittelt; damit ergibt sich auf dem Bildschirm lediglich eine der Bildinformation überlagerte Perlschnurstörung.

2. Die trägerfrequente Farbinformation wird in der Nähe der oberen Bandgrenze übertragen, so daß die relativ hohe Farbträgerfrequenz zu
   einem sehr feinen und damit weniger störenden Perlschnurmuster auf
   dem Schirm führt.

3. Man wählt eine geeignete Verkopplung zwischen Farbträger und Zeilenfrequenz. Z.B. wählt man beim NTSC-Verfahren

$$f_F = (2n + 1)\frac{f_H}{2}, \qquad (67)$$

   was einem ungeradzahligen Vielfachen der halben Zeilenfrequenz f_H
   entspricht ("Halbzeilenoffset") und nach Bild 56c zu einem Chromi-
   nanzspektrum führt, das exakt in den Lücken des Luminanzspektrums
   liegt (vergl. Kapitel 1.3.6, Bild 11d). Benachbarte Zeilen haben dadurch ein gegenphasiges Muster (Bild 56d), das wegen seiner Offset-
   Charakteristik zu einer besseren geometrischen Ausintegration führt.
   Die Schirmbildaufnahme über genau ein Vollbild (Bild 57a) bestätigt
   das, während eine fernsehsynchrone Belichtung über genau zwei Vollbilder das Muster sogar zum Verschwinden bringt (Bild 57b). Dies erklärt sich aus dem gegenphasigen Verlauf der Farbträgerschwingung
   nach genau einem Vollbild für ungerade Zeilenzahl (gestrichelter
   Verlauf in Bild 56d). Für das Auge tritt allerdings keine zeitliche
   Ausintegration auf wegen der mit 25/2 = 12,5 Hz zu geringen Wechsel-
   frequenz des Störmusters. In Verbindung mit einem stroboskopischen
   Effekt sieht man ein von unten nach oben langsam wanderndes Störmu-
   ster.

4. Es wird ein Modulationsverfahren mit Trägerunterdrückung für ver-
   schwindenden Chrominanzanteil gewählt (bei SECAM mit Restträger). Nach
   Bild 57a wird dadurch für Grauwerte (z.B. weißer Birkenstamm) eine
   Farbträgerstörung ganz vermieden. Die Farbträgerstörung ist auch immer nur so groß, wie es der betreffenden Farbsättigung entspricht.

Eine weitere Störung, die auf das Konto der geforderten Kompatibilität
- d.h. die Übertragung des Chrominanzbandes im Luminanzband - geht, ist
das sogenannte " c r o s s - c o l o u r " . Nach Bild 56b,c gelan-
gen nämlich die höherfrequenten Luminanzlinien Y in den Chrominanzkanal
und verursachen hier eine "Übersprechstörung". Sie äußert sich in einem
Farbflackern an allen steilen Schwarzweiß-Übergängen sowie an feinen Details des Bildes (entspricht höherfrequenten Luminanzanteilen).

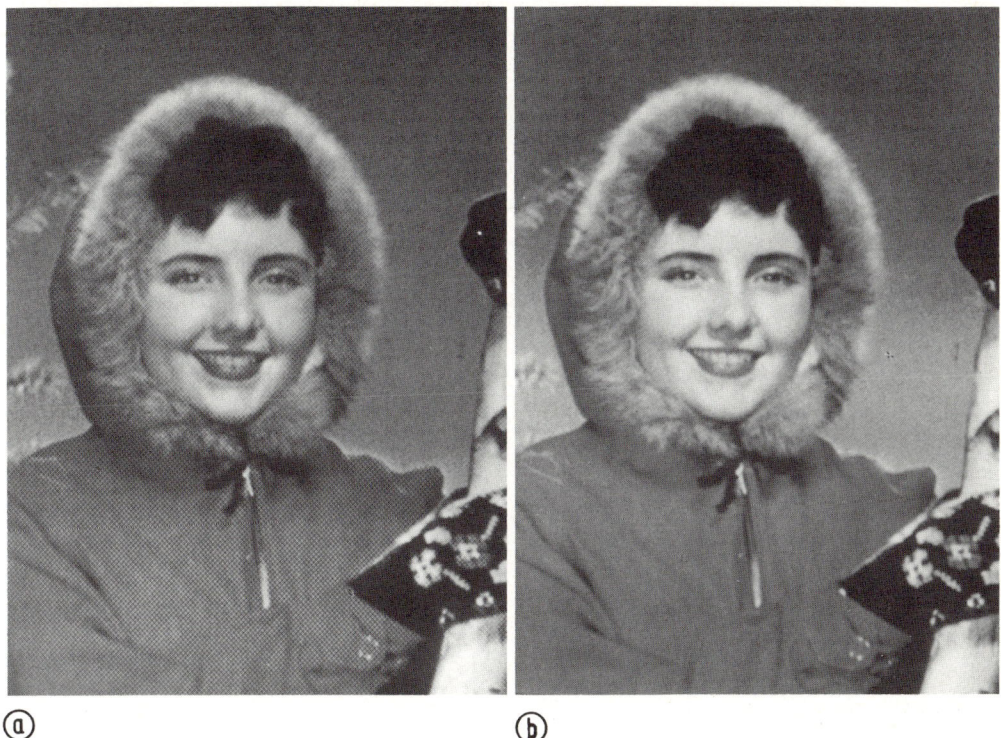

ⓐ   ⓑ

Bild 57 Farbträgerstörung auf dem Bildschirm (NTSC-Verfahren)
         a) Belichtung synchron mit einem Vollbild
         b) Belichtung synchron mit zwei aufeinanderfolgenden Vollbildern

Im Farbfernsehempfänger lassen sich beide Effekte - cross-luminance und
cross-colour - durch Anwendung eines Kammfilters reduzieren [8,Kap12.3].
Bei diagonalen Strukturen versagt dieses Filter allerdings [33]. Auch
stellt es für den Farbfernseh-Heimempfänger einen zu großen Aufwand dar.
Man beschränkt sich daher üblicherweise auf die Anwendung einer Farbträgerfalle im Luminanzkanal. Diese bewirkt eine Einsattelung im Lumi-
nanz-Frequenzgang bei der Farbträgerfrequenz und damit eine Reduzierung
der Farbträgerstörung. Der hiermit verbundene Schärfeverlust wird durch
eine Frequenzganganhebung vor der Einsattelung kompensiert [8,Kap12.3].

3.3.2 Anpassung an die visuelle Chrominanzauflösung (Irrelevanzreduktion)

Die mit Bild 56b beschriebene Chrominanzübertragung durch Modulation
eines in der Nähe der oberen Bandgrenze liegenden Farbträgers macht eine
erhebliche Bandbreitereduktion der beiden Farbsignalkomponenten erfor-

lich. Diese geht auf Untersuchungen von H. H a r t r i d g e zurück,
der in einer 1947 veröffentlichten Studie darauf hinwies, daß das
menschliche Auge bei feineren Details des Bildes nicht in der Lage ist,
noch Farbartunterschiede zu empfinden [34]. Demgemäß hatten alle Beobachter in den Versuchen von Hartridge nach Bild 58 feine Details des
Bildes, die in Form von Sättigungsunterschieden auftraten, in den Weißpunkt C verschoben. Daraus folgt, daß das Auge für feinere Farbdetails
sozusagen farbenblind ist.

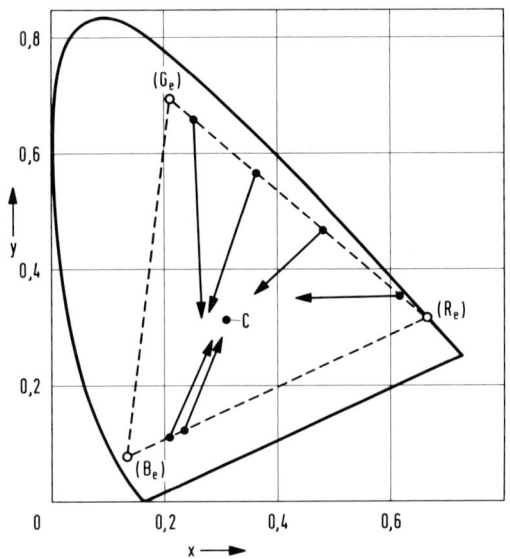

Bild 58 Versuch zur visuellen Erkennbarkeit feiner Farbdetails (nach
        Hartridge [34]), aufgetragen im CIE-Farbdiagramm

Es kommt daher einer Irrelevanzreduktion gleich, wenn man die Farbcodierung so auslegt, daß für die hohen Frequenzen (feinere Bilddetails) der
Chrominanzanteil gesperrt wird. Die hier gewählte Ummatrizierung der
RGB-Signale des Abtasters in ein Luminanzsignal Y und zwei Chrominanzkomponenten Q, I (Bild 56a) ist hierfür direkt prädestiniert. In die Zu-
leitung der beiden Signale Q, I zu den Modulatoren müssen lediglich
Tiefpaßfilter (TP) eingeschaltet werden, wie das z.B. im Chrominanzkanal
des NTSC-Coders in Bild 59a zu erkennen ist. Unter Beachtung der augen-
physiologischen Tatsache, daß die Gesamtschärfe eines Farbbildes im wesentlichen durch den Luminanzanteil bestimmt wird, konnte damit für das
Farbfernsehsignal eine wesentliche Bandbreiteeinsparung erzielt werden.

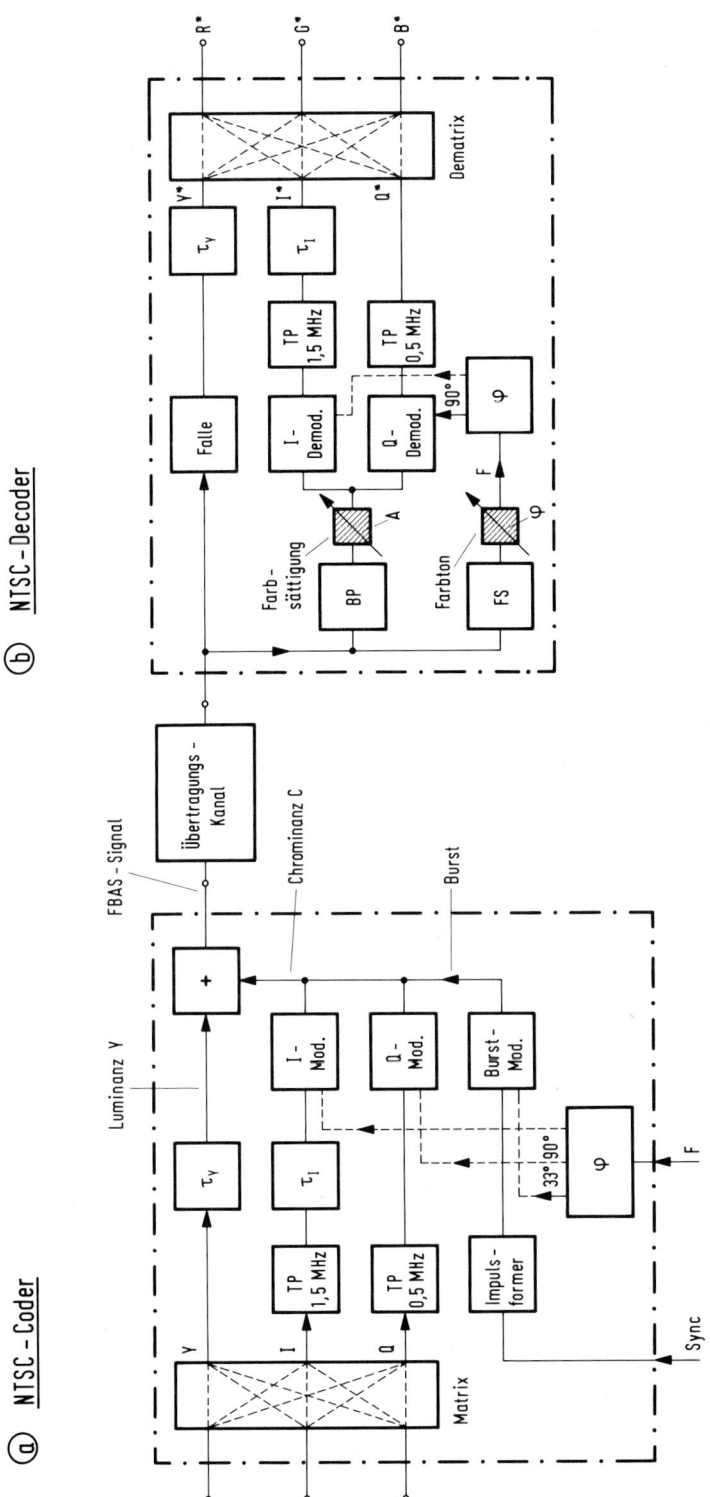

Bild 59 Blockschema des NTSC-Codecs, a) Coder b) Decoder

3.3.3 Matrizierung

In allen drei Codierverfahren, wie sie nachfolgend besprochen werden,
ist das Luminanzsignal identisch. Es leitet sich aus den farbmetrischen
Bedingungen in Abschnitt 2.1 ab. Der Matrixgleichung (54), mit der die
Umrechnung von RGB-Werten des Farbabtasters in das CIE-Farbdiagramm
durchgeführt werden kann, läßt sich für die Komponente Y, die vereinba-
rungsgemäß mit dem Luminanzanteil identisch ist, der Ausdruck entnehmen:

$$Y = 0{,}2219R + 0{,}7068G + 0{,}0713B. \tag{68}$$

Die Koeffizienten in dieser Gleichung ändern sich, wenn man nicht die
von der EBU genormten, sondern die älteren - von der amerikanischen Bun-
desbehörde für den Fernmeldedienst FCC festgelegten - Empfängerphospho-
re zugrunde legt [19,Kap11]:

$$Y = 0{,}2990R + 0{,}5864G + 0{,}1146B. \tag{69}$$

Danach wurde die Gleichung für die Luminanzmatrix im Farbcoder genormt,
wobei die Koeffizienten etwas aufgerundet und die farbmetrischen Unterschiede der neuen gegenüber den alten Empfängerphosphoren bewußt in Kauf
genommen werden:

$$Y = 0{,}30R + 0{,}59G + 0{,}11B. \tag{70}$$

Die Teilerfaktoren in dieser Gleichung berücksichtigen die Helligkeits-
bewertung des Auges für die betreffende Grundfarbe und sind näherungsweise der Hellempfindungskurve $\bar{y}(\lambda)$ des Auges - wie sie bei der Schwarz-
weißübertragung nach Bild 1 eine Rolle spielt - zu entnehmen. Dadurch
ist gewährleistet, daß das Helligkeitssignal von einem Schwarzweißemp-
fänger gradationsrichtig wiedergegeben wird.

Die beiden Chrominanzkomponenten gehen von den Farbdifferenzsignalen B-Y
und R-Y aus. Diese beschreiben ausschließlich den Farbanteil des Bildes.
Liegt nämlich ein Grauwert vor, dann ist R = G = B = Y nach Gl. (70),
somit sind in diesem Fall auch die beiden Farbdifferenzsignale B-Y = R-Y
= 0. Um bei maximalen Farbwertsignalen R, G, B einen Überpegel von 33%
nicht zu überschreiten, werden die Farbdifferenzsignale noch mit je

einem Faktor reduziert [8,Kap12.3], so daß sich nun mit Gl. (70) die bei
NTSC und PAL verwendeten Farbsignalkomponenten U und V ergeben:

$$U = 0,493(B-Y) = -0,15R - 0,29G + 0,44B$$
$$V = 0,877(R-Y) = 0,61R - 0,52G - 0,097B. \tag{71}$$

Das NTSC-Verfahren - als die älteste der drei Codiermethoden - benutzt
hiervon etwas abweichende Komponenten Q, I, die sich nach <u>Bild 60a</u> von
U, V durch eine Drehung um 33° im Polarkoordinatendiagramm unterscheiden,
so daß sich folgende Koordinatentransformation ergibt:

$$Q = V \cdot \sin 33^O + U \cdot \cos 33^O$$
$$I = V \cdot \cos 33^O - U \cdot \sin 33^O. \tag{72}$$

Damit ergeben sich die für NTSC gültigen Matrixgleichungen zu:

$$Q = 0,21R - 0,52G + 0,31B$$
$$I = 0,60R - 0,28G - 0,32B. \tag{73}$$

Die nach der Transformation entstandene Farbart dieser beiden Komponenten gestattet es, eine noch stärkere Bandbegrenzung für das Q-Signal zu
wählen.

Die Koeffizienten in den Gleichungen (71) und (73) - einschließlich der
Luminanzgleichung (70) - stellen die Teilerfaktoren dar, die vom Wider-
standsnetzwerk der jeweiligen Coder-Matrix in den Bildern 59, 61, 63
realisiert werden müssen, um die Farbwertsignale RGB in YQI bzw. YUV
umzuwandeln.

3.3.4 Verfahren der Chrominanzübertragung

Wie bereits in Kapitel 3.3.1 dargestellt, unterscheiden sich die drei in
den verschiedenen Farbfernsehnormen eingeführten Codierverfahren NTSC,
SECAM und PAL lediglich in der Art der Chrominanzübermittlung. Das

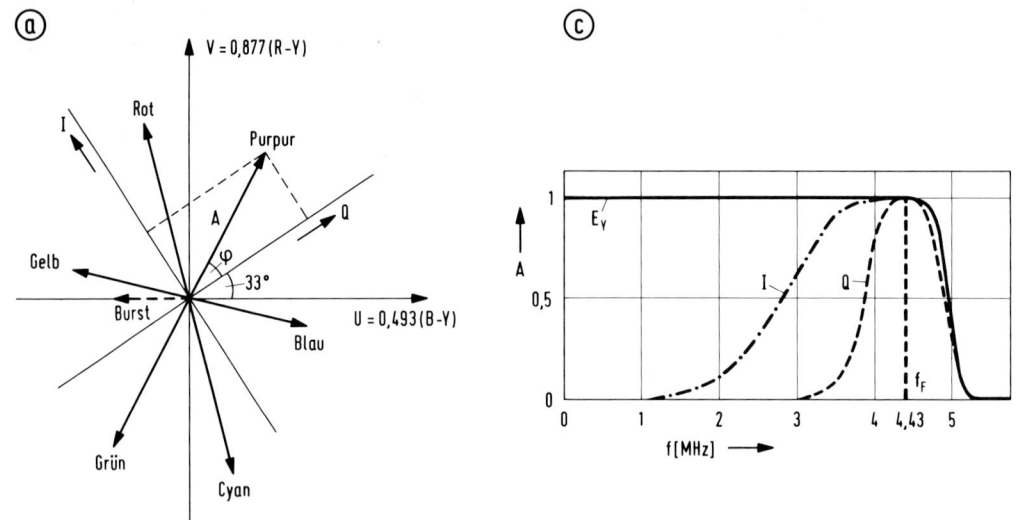

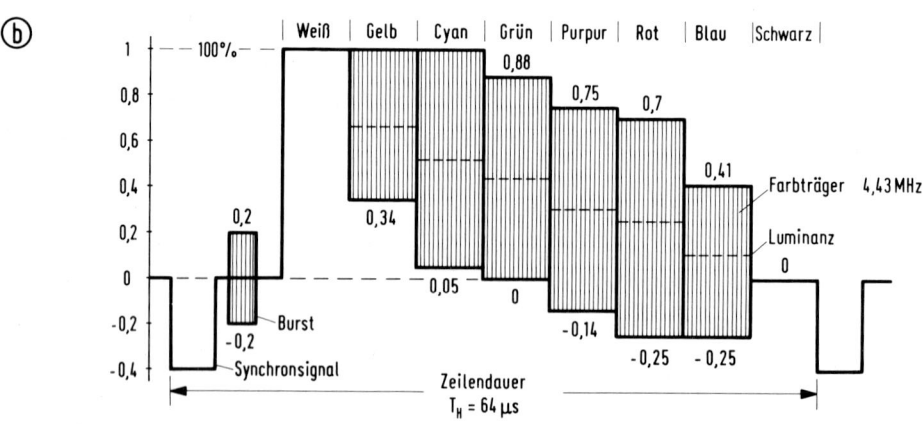

Bild 60 Darstellungsformen des NTSC-Signals FBAS (= Bildsignal mit
        Farbträger)
        a) Komplexe Ebene des modulierten Farbträgers
        b) Zeilenoszillogramm eines NTSC- (oder PAL-) Signals beim
           EBU-Farbbalkentest (nach Helligkeitswerten geordnet)
        c) Frequenzcharakteristik des NTSC-Signals

Blockschema von Bild 56a galt deshalb zunächst universell für alle drei
Verfahren. In den folgenden Kapiteln sollen nun die Unterschiede in der
Modulationstechnik der drei Farbcodierverfahren aufgezeigt werden. Dargestellt wird aber stets das komplette Blockschaltbild des jeweiligen
Codecs, wobei die Luminanzkanäle identisch sind. Das heißt dann auch,
daß bei gleicher Fernsehnorm für das Chrominanzsignal unterschiedliche
Farbcodierungen angewendet werden können. Dieser Fall liegt z.B. in Europa vor, wo die beiden Verfahren SECAM und PAL bei gleicher CCIR-Fernseh-
norm in verschiedenen Ländern eingesetzt werden. Für den Übergang zwischen diesen verschiedenen Farbfernsehnormen benötigt man dann keinen
Normwandler, da ja die Luminanznorm (Zeilenzahl, Vertikalfrequenz) identisch ist, sondern lediglich einen Transcoder, der nur den Chrominanzanteil in die andere Übertragungsart umsetzt [8,Kap15.4].

3.3.4.1 NTSC-System

Das vollständige Blockschema eines NTSC-Coders mit Übertragungskanal und
NTSC-Decoder ist in Bild 59 dargestellt. Zunächst werden in der Matrix
des Coders (Bild 59a) die Farbwertsignale R, G, B in das Luminanzsignal
Y und in die beiden Farbsignalkomponenten Q und I transformiert, wie in
Kap.3.3.3 Gl.(73) näher beschrieben. Anschließend durchlaufen die Farbsignalkomponenten jeweils ein Tiefpaßfilter (TP), mit dem das Band auf 0,5 MHz
bzw. 1,5 MHz begrenzt wird, modulieren dann in den Stufen "Q-Mod" und
"I-Mod" den Farbträger F und werden schließlich als trägerfrequente Signale in einer Addierstufe am Coderausgang dem Luminanzsignal zuaddiert.
Das Ausgangssignal des Coders hat dann die in Bild 60c dargestellte Frequenzcharakteristik. Um die Farbcodierverfahren besser miteinander ver-
gleichen zu können, wurde das in Amerika eingeführte NTSC-Verfahren an
die Fernsehkanal-Bandbreite 5 MHz und die Farbträgerfrequenz 4,43 MHz
der europäischen CCIR-Norm angepaßt. Man erkennt jetzt auch, warum das
NTSC-Verfahren mit zwei speziellen Farbsignalkomponenten Q, I arbeitet,
von denen eine Komponente nach Kapitel 3.3.3 einer noch stärkeren Bandbegrenzung unterworfen werden kann. Reduziert man die Bandbreite für das
Q-Signal auf 0,5 MHz, dann wird nach Bild 60c diese Komponente gerade
noch im Zweiseitenbandbetrieb übermittelt. Eine Quadraturkomponente und
damit ein Übersprechen in den I-Kanal entfällt somit. Auch kann umgekehrt das im Restseitenbandbetrieb übermittelte I-Signal nicht in den
Q-Kanal übersprechen, da die hierfür in Frage kommenden Einseitenband-
komponenten durch das 0,5-MHz-Tiefpaßfilter (TP) am Q-Demodulatorausgang
(Bild 59b) abgeschnitten werden.

Beim nachfolgend besprochenen SECAM- und PAL-Verfahren können diese
Übersprechstörungen unberücksichtigt bleiben, da sie prinzipiell nicht
verarbeitet bzw. kompensiert werden. Deshalb verwendet man bei diesen
beiden Verfahren die einfacheren Farbdifferenzsignale U, V nach Gleichung (71) und überträgt sie beide im Restseitenbandbetrieb mit der
gleichen Bandbreite, die dem I-Signal nach Bild 60c entspricht.

Nach Bild 60c müssen die beiden Farbsignalkomponenten Q, I über den gemeinsamen Farbträger f_F = 4,43 MHz simultan übertragen werden. Das geschieht durch eine Doppelmodulation des Farbträgers in zwei um 90° ge-
geneinander verschobene Richtungen. Die beiden Modulatoren für das Q-
und I-Signal erhalten deshalb nach Bild 59a den Farbträger mit 90° Phasenverschiebung zugeführt. Werden diese beiden Modulationskomponenten in
der komplexen Ebene entsprechend Bild 60a dargestellt, dann erkennt man,
daß es sich um eine Quadraturmodulation (mit 90° Phasenverschiebung) in
der Q- und I-Richtung handelt, wobei die Amplitudenwerte den Chrominanzkomponenten Q und I entsprechen. Nach der Addition der trägerfrequenten
Q- und I-Signale ergibt sich eine resultierende Farbträgerschwingung
(z.B. für die Farbe Purpur), deren Phasenlage nach Bild 60a vom Verhältnis I zu Q abhängig ist. Mit den drei Grundfarben (Rot, Grün, Blau) und
den drei Komplementärfarben (Cyan, Purpur, Gelb) ergeben sich für den
Farbträger die in Bild 60a dargestellten Phasenlagen. Der Amplitudenwert
des Farbträgers ist jeweils proportional der Sättigung der betreffenden
Farbe. Wird ein graues ("unbuntes") Bilddetail übertragen, dann sind Farbsättigung und Farbträger Null. Der Nullpunkt der komplexen Ebene entspricht deshalb dem Weißpunkt. Es liegt also eine weitgehende Analogie
zwischen der komplexen Ebene des Farbträgers nach Bild 60a und dem Farbdreieck nach Bild 35 vor. Wird z.B. die Farbträgerphase um 360° gedreht,
dann durchläuft man den gesamten Newton'schen Farbkreis. Damit wird
deutlich, daß der wichtige Parameter Farbton durch den Phasenwinkel des
Farbträgers übermittelt wird, während die Farbträgeramplitude die Farbsättigung kennzeichnet.

Der doppelmodulierte Farbträger muß im Decoder des Farbfernsehempfängers wieder in die beiden Komponenten Q und I zerlegt werden. Dazu bedient man sich nach Bild 59b zweier Synchrondemodulatoren, die analog zu
der in Bild 54e dargestellten Schaltung arbeiten. Danach kann man durch
eine multiplikative Mischung des phasen- und amplitudenmodulierten Trägers mit einem phasenstarren Referenzträger eine demodulierte Komponente
gewinnen, die nach Gleichung (66) exakt der Projektion des Trägers auf
diese Komponente entspricht. Mit der Q-Phasenlage des Referenzträgers

wird also in einem ersten Produktdemodulator das Q-Signal und mit einem 90° phasenverschobenen Referenzträger das I-Signal zurückgewonnen. Das geschieht im NTSC-Decoder nach Bild 59b im Q- und I-Demodulator.

Der phasenstarre Referenzträger für die Synchrondemodulation wird nach Bild 59b im Decoder über eine sogenannte Farbsynchronisierschaltung (FS) gewonnen. Allerdings kann man keine Trägerregenerierung aus dem Gesamtsignal entsprechend Bild 54e durchführen, da der modulierte Farbträger bei der Übertragung von Grauwerten (unbunt ≙ Farbsättigung null) verschwindet bzw. bei geringer Farbsättigung eine sehr niedrige Trägeramplitude aufweisen kann. Deshalb wird für diese Farbträgerregenerierung ein farbträgerfrequenter Synchronisierimpuls "Burst" direkt hinter dem Zeilensynchronimpuls (auf der "hinteren Schwarzschulter") übertragen, wie das in Bild 60b dargestellt ist. Im Coder nach Bild 59a wird dieses Synchronisiersignal im Burst-Modulator erzeugt und dem Gesamtsignal additiv überlagert. Im Decoder trennt die Farbsynchronisierschaltung (FS) mit einem zeilenfrequenten Tastimpuls den Burst vom Signal und integriert ihn mit einer PLL-Schaltung zu einem kontinuierlichen, phasenstarren Farbträger, wie er für die beiden Synchrondemodulatoren benötigt wird [35].

Das Bild 60b zeigt im übrigen das Pegeloszillogramm des Coder-Ausgangssignals für den Fall der Übertragung des von der EBU (European Broadcasting Union) genormten Farbbalken-Testsignals. Auf dem Bildschirm erscheinen dabei sechs nach fallenden Helligkeitswerten geordnete vertikale Farbstreifen in den drei Grund- und drei Komplementärfarben, zusätzlich beginnend mit einem 100%-Weißwert und endend mit einem Schwarzwert. Da es sich um ein Zeilenoszillogramm handelt, werden die insgesamt acht Teststreifen nebeneinander mit ihren Pegelwerten dargestellt. Das in Form einer fallenden Treppe auftretende Luminanzsignal ist in Bild 60b gestrichelt eingetragen. Die zu den sechs vertikalen Farbbalken gehörenden Farbartwerte sind in den additiv überlagerten Trägerpaketen mit Farbträgerfrequenz enthalten. Der Farbton wird dabei durch die in der komplexen Ebene von Bild 60a für die sechs Grund- und Komplementärfarben dargestellten Phasenlagen der Zeiger beschrieben. Zur meßtechnischen Kontrolle der Phasen- und Amplitudenbeziehungen des modulierten Farbträgers wird ein sogenanntes "Vektorskop" verwendet, das die komplexe Ebene der Farbträgerschwingung als Polarkoordinatenoszillogramm darzustellen gestattet und damit eine ähnliche Anzeige liefert wie in Bild 60a wiedergegeben [36].

3.3.4.2 SECAM-System

Ein Nachteil des NTSC-Verfahrens ist seine erhebliche Phasenempfindlichkeit. Da der Farbton des Bildes durch den Phasenwinkel des Farbträgers
gesteuert wird, kann jede Phasenbeeinflussung des Trägers zu einer Farb-
tonverfälschung führen. Spezielle Phasenabweichungen des Referenzträgers
"Burst" in Bild 60a gegenüber der Farbträgermodulation rufen Farbtonab-
weichungen im gesamten Bild hervor. Doch lassen sich diese Fehler mit dem
Regler "Farbton" (Bild 59b) am Empfänger ausgleichen. Dies ist allerdings
nicht möglich, wenn es sich um sogenannte differentielle (pegelabhängige)
Phasenfehler handelt, da sich der Farbton dann mit dem Helligkeitswert
verändert [37]. Phasenabweichungen, die zwischen dem Schwarzwert und
Weißwert des Bildes 15° überschreiten, rufen bereits erhebliche Farbtonfehler hervor.

Um diese Phasenempfindlichkeit des Systems auszuschalten, wurde von H.
d e F r a n c e 1957 ein Verfahren angegeben [38], das zwar die Codierung nach Luminanz und Chrominanz des NTSC-Verfahrens beibehält, die beiden Farbsignalkomponenten aber nicht mehr gleichzeitig, sondern hintereinander überträgt, und zwar jeweils eine Zeile das (B-Y)- und eine Zeile
das (R-Y)-Signal. Die Auflösung des Farbanteiles wird allerdings dabei in
der Vertikalen des Bildes auf die Hälfte reduziert. Das ist jedoch ohne
Bedeutung, da ja für den Farbanteil augenphysiologisch eine geringere
Schärfe zulässig ist, was bereits durch die Reduzierung der Bandbreite
des Chrominanzsignals für die Horizontale des Bildes berücksichtigt wurde. Tatsächlich ist beim NTSC-Verfahren in der Vertikalauflösung noch
eine gewisse Reserve enthalten, die von dem Verfahren nach H. d e
F r a n c e ausgenutzt wird.

In Bild 61 ist dieses SECAM-System, wie es heute genannt wird, in einem
Blockschema - analog zur Darstellungsweise des NTSC-Systems (Bild 59) -
wiedergegeben. Bei einer Codierung nach dem SECAM-Verfahren wird mit dem
elektronischen Schalter (ES) in Bild 61a von Zeile zu Zeile zwischen den
beiden Farbsignalkomponenten umgeschaltet. Hier können nun anstelle von
Q und I direkt die beiden Farbdifferenzsignale B-Y, R-Y bzw. die Komponenten U und V nach Gl. (71) verwendet werden. Es folgt ein Frequenzmo-
dulator und anschließend die Addition des modulierten Farbträgers zum
Luminanzsignal.

Die zeilensequentielle Übertragung der beiden Farbsignalkomponenten würde zu einer Zeilenstruktur führen, wenn man nicht im Decoder ein Zeilen-

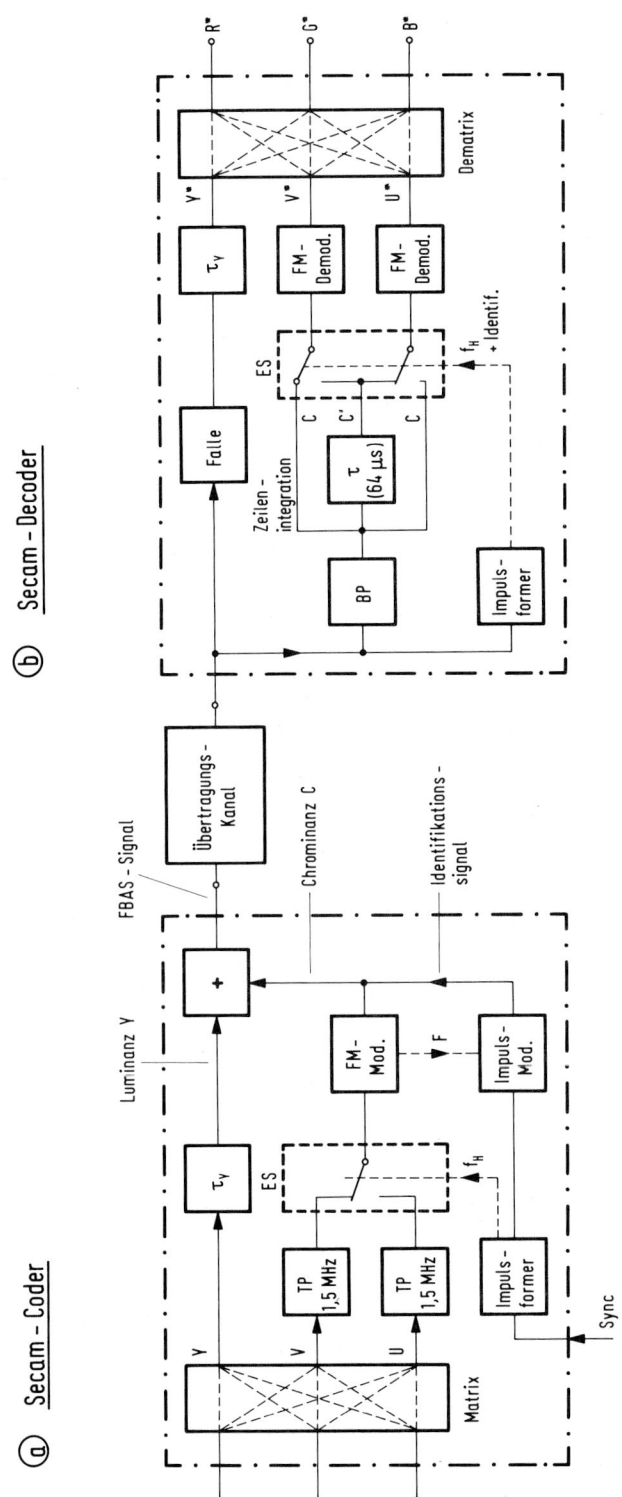

Bild 61 Blockschema des SECAM-Codecs, a) Coder b) Decoder

integrationsverfahren anwenden würde. Nach <u>Bild 61b</u> wird zu diesem Zweck
in einer Ultraschalleitung das gesamte Farbsignal um eine ganze Zeile
($\tau = 64\,\mu s$) verzögert. An den Eingängen des elektronischen Schalters (ES)
stehen dann, wie in <u>Bild 62b</u> dargestellt, einmal das direkte (C) und zum
anderen das um eine Zeile verzögerte sequentielle Chrominanzsignal (C')
zur Verfügung. Der zeilensynchron laufende elektronische Doppelumschal-

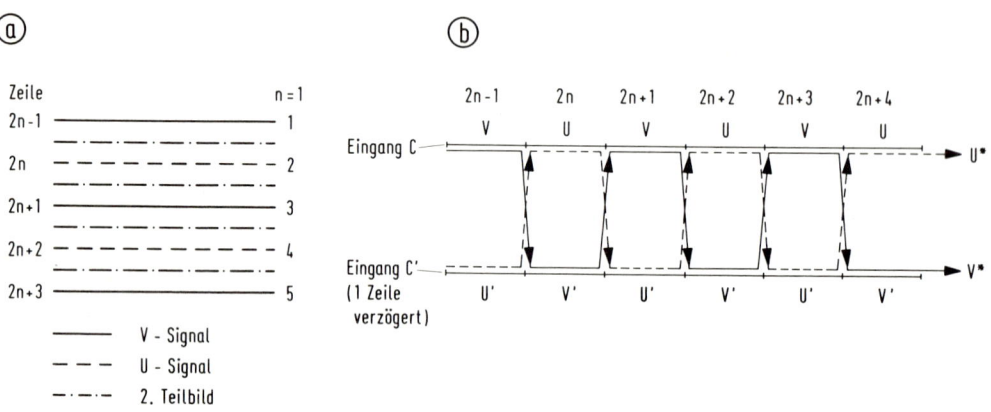

<u>Bild 62</u> Funktionsdiagramme zum SECAM-Verfahren

      a) Fernsehraster mit zeilensequentieller Chrominanzinformation

      b) Zeilenintegration im SECAM-Decoder

ter wählt nun die Ausgangssignale U^*, V^* jeweils so aus, daß nach
Bild 62b in der Zeile 2n das verzögerte V'-Signal und das direkte U-Signal, in der Zeile 2n + 1 das direkte V-Signal und das verzögerte U'-Si-
gnal usw. jeweils gleichzeitig zur Verfügung stehen. Die Gleichzeitig-
keit der in Wirklichkeit nacheinander übertragenen Farbsignalkomponenten
wird auf diese Weise simuliert [39]. Daraus leitet sich die Bezeichnung
SECAM-System (von "séquentiel à mémoire") ab.

3.3.4.3 PAL-System

Die frequenzmodulierte Übertragung der Chrominanzinformation führt beim
SECAM-Verfahren zwar zu einer weitgehenden Unempfindlichkeit gegenüber
Phasen- und Amplitudenfehlern des Übertragungskanals, gleichzeitig verursacht der frequenzmodulierte Farbträger aber auch ein stärker störendes Muster beim kompatiblen Schwarzweißempfang. Dem mußte mit einer Reduktion der Farbträgeramplitude begegnet werden, wodurch jedoch die

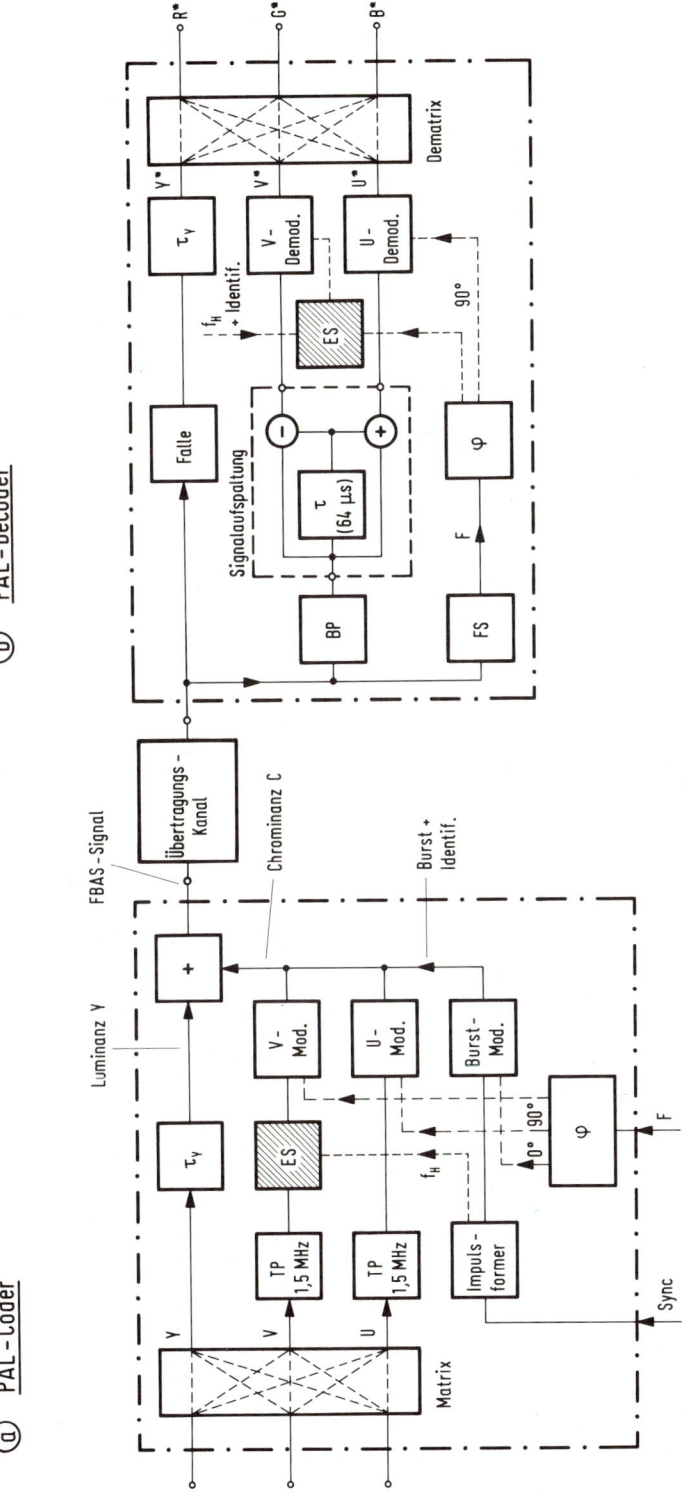

ⓐ __PAL-Coder__

ⓑ __PAL-Decoder__

Bild 63 Blockschema des PAL-Codecs, a) Coder b) Decoder

Störempfindlichkeit des frequenzmodulierten Systems anstieg. Bis zum
heutigen Stand des SECAM-Verfahrens war daher die Einführung einer ganzen Reihe von Vorentzerrungsmaßnahmen sowie der Übergang auf einen speziellen Farbträgeroffset - um trotz der FM die Störwirkung des Farbträgers zu reduzieren - erforderlich, was das Verfahren erheblich komplizierter werden ließ [8,Kap12.5], [18,KapV,6f].

Das 1963 von W. B r u c h vorgeschlagene PAL-Verfahren [40] besitzt
ebenfalls eine wesentlich geringere Chrominanzbeeinflussung durch Phasenfehler, hat aber den Vorteil, daß nicht nur die Codierung nach Luminanz und Chrominanz vom NTSC-Verfahren übernommen, sondern auch die Modulationstechnik dieses Verfahrens im Prinzip beibehalten wird. Dadurch
ergibt sich eine recht gute Kompatibilität (geringe Sichtbarkeit der
Farbträgerstörung) und der Vorteil einer einfacheren Schaltungstechnik.
Das Blockschaltbild des PAL-Coders in Bild 63a läßt die weitgehende
Übereinstimmung mit der NTSC-Codierung (Bild 59a) erkennen. Die geringfügige apparative Ergänzung besteht in einem elektronischen Schalter
(ES), der auf der Geberseite die Phasenlage des V-Signals von Zeile zu
Zeile um 180° schaltet (PAL = "phase alternating line").

Im PAL-Decoder sind nach Bild 63b zu den Bauteilen eines NTSC-Decoders
noch der elektronische Schalter (ES) und der gestrichelt eingerahmte
Schaltungsteil mit Laufzeitleitung erforderlich. In dieser sogenannten
"Signalaufspaltung" wird der Grundgedanke des PAL-Übertragungsverfah-
rens verwirklicht. Durch Verzögerung des Chrominanzsignals um eine ganze Zeile (64 µs) steht der modulierte Farbträger in den beiden Schalt-
zuständen (positives und negatives V-Signal) gleichzeitig zur Verfügung.
Die Addition beider Anteile ergibt deshalb nach Bild 64a direkt wieder
das trägerfrequente U-Signal. Weiterhin läßt sich durch eine Subtraktion
des direkten Signals vom verzögerten Signal nach Bild 64b direkt das
trägerfrequente V-Signal zurückgewinnen. Zusätzliche Phasenverschiebun-
gen zwischen dem modulierten Farbträger und dem Bezugsträger können sich
nun nicht mehr als Farbtonfehler auswirken, da ja die ursprünglich im
Coder aufmodulierten Farbsignalkomponenten U und V durch die Signalaufspaltung im Decoder wiedergewonnen werden. Nach Bild 64c ist das U-Signal (und in gleicher Weise das V-Signal) lediglich um den Phasenfehlwinkel β verschoben. Dadurch ergibt sich bei der nachfolgenden Demodulation des U-Signals und V-Signals eine gleichartige Reduzierung der Amplituden und damit ein Rückgang der Farbsättigung. Bei Phasenänderungen
zwischen Chrominanzsignal und Bezugsträger werden also die kritischen
Farbtonfehler des NTSC-Verfahrens beim PAL-Verfahren in weniger kritische Sättigungsänerungen umgewandelt.

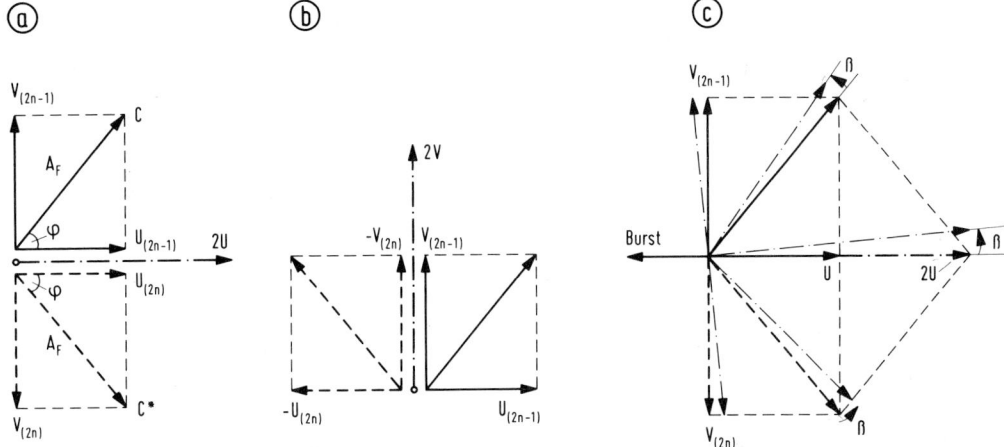

Bild 64 Zeigerdiagramme zum PAL-Verfahren
      a) PAL-Farbträger in aufeinanderfolgenden Zeilen, U-Signal-
         gewinnung durch Addition in der Signalaufspaltung
      b) V-Signalgewinnung durch Subtraktion in der Signalaufspaltung
      c) Einfluß eines Phasenfehlwinkels β auf die Demodulation der
         U/V-Komponenten

Das läßt sich auch analytisch zeigen. Nach dem Zeigerdiagramm des PAL-
Farbträgers in Bild 64a führt der zeilensequentielle Polaritätswechsel
der V-Komponente durch den Schalter ES im PAL-Coder (Bild 63a) zu zwei
konjugiert komplexen Schwingungen in aufeinanderfolgenden Zeilen:

$$
\begin{aligned}
&\text{Zeilen}\\
&n = 1,3,5,\ldots : \quad C_1 = A_F \cdot e^{j\varphi},\\
&\text{Zeilen}\\
&n = 2,4,6,\ldots : \quad C_1^x = A_F \cdot e^{-j\varphi}.
\end{aligned}
$$
(74)

Am Ausgang des Übertragungsvierpoles mit dem Phasenfehlwinkel β zwischen
Chrominanz und Burst haben sich die beiden Farbträgerschwingungen in
folgender Weise verändert:

$$
\begin{aligned}
C_2 &= A_F \cdot e^{(j\varphi + j\beta)},\\
C_2^* &= A_F \cdot e^{(-j\varphi + j\beta)}.
\end{aligned}
$$
(75)

Unter Beachtung der zeilensequentiellen Rückschaltung im V-Demodulator
durch den Schalter ES in Bild 63b ergeben sich für die Chrominanzebene
des demodulierten Signals die Komponenten:

$$C_3 = A_F \cdot e^{(j\varphi + j\beta)},$$

$$C_3^* = A_F \cdot e^{(j\varphi - j\beta)}. \tag{76}$$

Durch Verzögerung um eine Zeile lassen sich diese beiden sequentiellen
Komponenten in simultane Größen umwandeln und additiv zusammenfassen:

$$C_3 + C_3^* = A_F \cdot (e^{j\beta} + e^{-j\beta}) \cdot e^{j\varphi}$$

$$= 2A_F \cdot \cos\beta \cdot e^{j\varphi}. \tag{77}$$

Man sieht, daß durch die PAL-Chrominanzverarbeitung der Einfluß des Pha-
senfehlwinkels β auf den Farbton vermieden wird. Es tritt lediglich ein
Amplitudenfaktor $\cos\beta$ auf, der zu einer Reduktion der Farbsättigung
führt. Diese stört aber subjektiv wesentlich weniger. Vor allem wird
durch die cos-Funktion der Phaseneinfluß auf die Amplitudenänderung
stark gemildert. Bei einer Erkennbarkeitsgrenze von etwa 15% für Farb-
sättigungsänderungen kann ein Phasenfehlwinkel bis 30° zugelassen werden, ein Wert der als differentieller Phasenfehler in der Praxis kaum
vorkommen dürfte.

Diese sehr gute Fehlersicherung des PAL-Verfahrens gegenüber Phasenänderungen des Farbträgers müßte prinzipiell zunächst - ähnlich wie beim
SECAM-Verfahren - durch eine stärkere Sichtbarkeit des Farbträgermusters
erkauft werden, da durch die zeilensequentielle 180°-Phasenumschaltung
für die Farbsignalkomponente V der Halbzeilenoffset aufgehoben wird, so
daß eine Störstruktur wie in Bild 56e entstehen würde. Durch eine geringe Verschiebung der Farbträgerverkopplung um 1/4 der Zeilenfrequenz
("Viertelzeilenoffset") - in Verbindung mit einem bildsynchronen Versatz
von 25 Hz - läßt sich jedoch die Sichtbarkeit des Farbträgermusters bei
PAL auf einen ähnlich geringen Wert wie beim NTSC-Verfahren bringen. Die
empfängerseitige Kompatibilität (Schwarzweißempfang des Farbsignals)
kann dann - trotz eines gegenüber SECAM vergleichsweise geringen Zusatz-
aufwandes, der zudem nur das Studio betrifft - als sehr befriedigend bezeichnet werden [8,Kap12.6], [41].

3.3.5 Zeitmultiplex-Codierung (Timeplex-Verfahren)

Die in den vorigen Kapiteln besprochenen Farbfernsehsysteme des Rundfunks - NTSC, SECAM, PAL - bedienen sich einer simultanen Übertragungstechnik der drei Signalkomponenten. Die geforderte Kompatibilität mit dem
Schwarzweiß-Fernsehen wird bei diesen drei Farbcodiersystemen durch die
geschilderte Frequenzmultiplex-Methode der Chrominanzübermittlung erreicht. Als Preis für eine derartige Kompatibilität sind die in Kapitel
3.3.1 erwähnten Nachteile zu nennen, die hier noch einmal zusammengestellt und ergänzt werden sollen:

1. Interferenzstörungen zwischen Chrominanz und Luminanz, da der modulierte Farbträger im Frequenzband der Luminanz übermittelt wird. Das
   verursacht "cross-colour" (= Farbflackern an feinen Details) und
   "cross-luminance" (= Farbträgerstörungen).

2. Reduzierte Bildschärfe des Luminanzanteiles, da der obere Teil des
   Frequenzbandes für die Chrominanzübermittlung verwendet wird.

3. Erhöhte Empfindlichkeit des Chrominanzanteiles gegenüber Fehlern und
   Störeinflüssen des Übertragungskanals, da diese im höherfrequenten
   Farbträgerbereich bevorzugt zu erwarten sind.

Alle diese Nachteile könnten nun vermieden werden, wenn man die Frequenzmultiplextechnik der simultanen Übertragung des Farbanteiles über einen
Farbträger im Luminanzband vermeiden und zu einer seriellen Übermittlung
der Luminanz-Chrominanz-Komponenten übergehen würde.

Wie in Kapitel 2.4.2 dargestellt und in Bild 10a,b für das Beispiel der
RGB-Ableitung aus einer Einröhren-Farbfernsehkamera gezeigt, sind für
eine Zeitmultiplextechnik der Farbkomponenten-Übermittlung stets entsprechende Zeilen- oder sogar Bildspeicher erforderlich, um die Seriell/
Simultan-Rückwandlung durchführen zu können. Zeilenstruktur-Störungen
oder Bildflimmern wird damit zwar vermieden, ein Rückgang der Zeilen-
bzw. Bewegungsauflösung ist jedoch prinzipiell nicht zu umgehen, da Zeilenzahl und Bildfrequenz nicht erhöht werden dürfen (Beibehaltung der
Fernsehnorm!).

Anders liegen die Verhältnisse, wenn man die drei Farbsignalkomponenten
nicht zeilensequentiell, sondern innerhalb einer Zeile überträgt, was
selbstverständlich nur mit einer gleichzeitigen Signalkompression zu re-

alisieren ist. Sinnvoll verwirklichen läßt sich das mit einer Luminanz/
Chrominanz-Codierung, wie sie ja wegen der optimalen Anpassung an die
visuelle Chrominanzauflösung nach Kapitel 3.3.2 beim Farbfernsehrundfunk
sowieso üblich ist. Wie bereits 1970 von W. B r u c h vorgeschlagen
[42], kann dann das trägerfrequente Chrominanzsignal zeitlich erheblich
komprimiert werden, ohne daß ein Qualitätsverlust auftritt. 1971 kam von
W. v a n d e n B u s s c h e der Gedanke hinzu [43], die beiden komprimierten Farbsignalkomponenten $(R-Y)_k$, $(B-Y)_k$ zeilensequentiell in den
horizontalen Austastlücken zu übermitteln.

Bild 65c zeigt den Zeitverlauf eines solchen Zeitmultiplex-Signals für
den Übertragungsfall eines nach Helligkeitswerten geordneten Farbbalken-
Testbildes. Das zugehörige Frequenzspektrum läßt erkennen, daß keinerlei
Bandbreiteverlust auftritt, da der Kompressionsfaktor 5 genau dem Faktor
der Bandbreitereduktion entspricht, wie er etwa nach Kapitel 3.3.2 aus
Gründen der Irrelevanzreduktion für Farbfernsehrundfunk-Systeme gewählt
wurde. Erweitert sich dann nach dem Zeitgesetz der elektrischen Nachrichtenübertragung das Spektrum für die komprimierten Farbdifferenzsignale um den Kompressionsfaktor 5, dann wird die Kanalbandbreite f_{gr}
nicht überschritten. Die Chrominanzschärfe bleibt also voll erhalten.
Dem Bild 65 lassen sich auch alle Vorteile einer solchen Zeitmultiplex-
Codierung für Farbsignale im Vergleich zu einer NTSC- (oder PAL-) Codierung entnehmen:

1. Die Übertragung von Luminanz und Chrominanz in verschiedenen Zeitab-
   schnitten vermeidet beim Zeitmultiplex-Verfahren nach Bild 65c jegliche Interferenz zwischen diesen beiden Komponenten. Das beim NTSC/
   PAL-Verfahren zum Teil sehr störende "cross-colour" und "cross-luminance" entfällt hier.

2. Das Luminanzsignal kann nach Bild 65c mit der vollen Bandbreite übertragen werden. Demgegenüber führt die Mitübertragung des trägerfrequenten Chrominanzsignals im Luminanzband bei NTSC/PAL nach Bild 65b
   durch die notwendige Bandaufspaltung innerhalb des Luminanz-Frequenz-
   bereiches zu einem Schärfeverlust für den Luminanzanteil.

3. Da die beiden Farbsignalkomponenten beim Zeitmultiplex-Verfahren nach
   Bild 65c in der Basisbandlage verbleiben, können sie durch einen
   starken Frequenzgangabfall oder gar eine Bandbreitereduktion, wie in
   Bild 65a dargestellt, nur sehr wenig beeinflußt werden, während beim
   NTSC/PAL-System nach Bild 65b der trägerfrequente Chrominanzanteil
   erheblich gedämpft oder sogar unterdrückt werden kann.

Gerade der letzte Punkt ist von großer Bedeutung für Schmalband-Übertra-
gungssysteme, wie sie z.B. beim Farb-Bildfernsprecher vorliegen. Die
hierfür vorgesehene Fernsprech-Ortsleitung - auf eine Maximal-Bandbreite
von 1 MHz umgestellt - kann an der oberen Bandgrenze mit großer Wahrscheinlichkeit Frequenzgangabfälle wie in Bild 65a aufweisen. Damit wäre
eine Zeitmultiplex-Codierung nach Bild 65c für den Farb-Bildfernsprecher
besonders gut geeignet. Frequenzgangabfall oder sogar eine stärkere Bandbreitereduktion verringern dann lediglich die Gesamt-Bildschärfe, eine

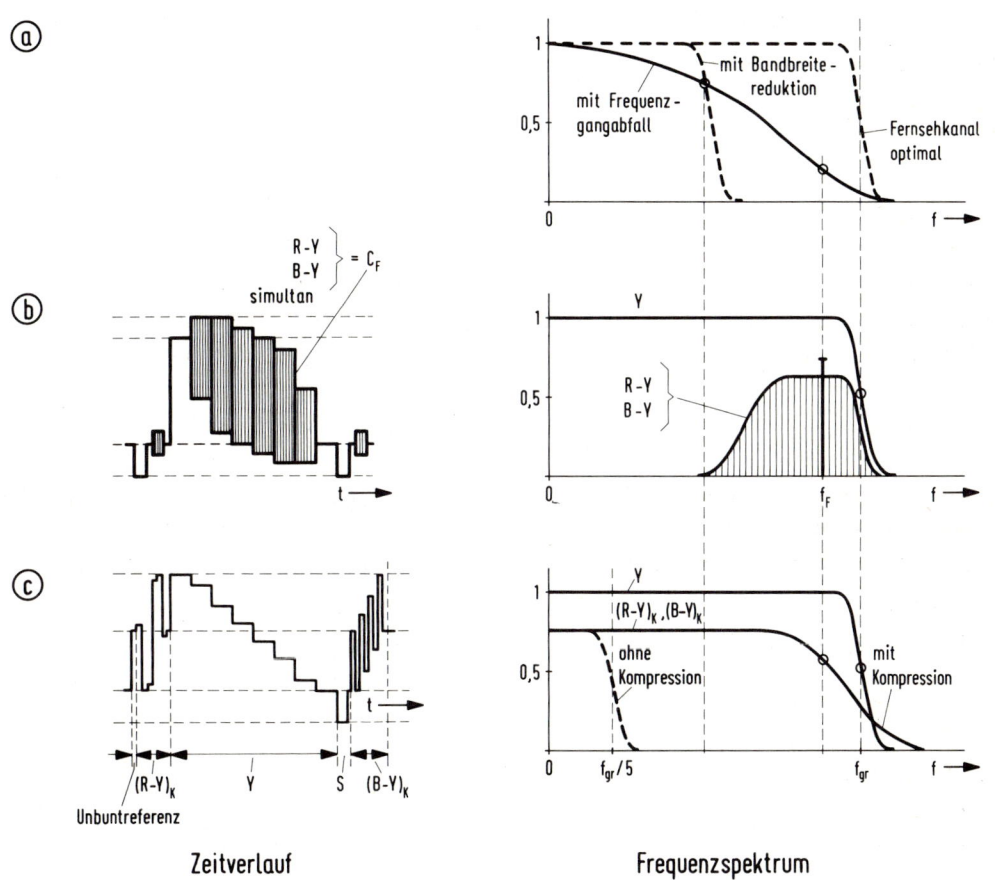

Zeitverlauf   Frequenzspektrum

Bild 65 Vergleich einer Frequenzmultiplex- und Zeitmultiplex-Codierung
       a) Übertragungs- oder Aufzeichnungskanal mit Frequenzgangabfall
          und Bandbreitereduktion
       b) NTSC/PAL-Signal (frequenzmultiplex)
       c) Timeplex-Signal (zeitmultiplex)

starke Dämpfung oder sogar Unterdrückung des Farbanteiles - wie das der
Vergleich von Bild 65a mit Bild 65b ausweist - ist aber prinzipiell nicht
möglich [44].

Die sehr guten Ergebnisse bei der Anwendung des Zeitmultiplex-Verfahrens
für den Farb-Bildfernsprecher in 313-Zeilennorm [45] führten schließlich
auch zum Einsatz des Verfahrens für die Farbfernsehaufzeichnung in 625-
Zeilennorm auf Video-Heimrecordern, wofür die Bezeichnung "Timeplex"
eingeführt wurde [46]. Auch hier liegt ja ein Schmalbandkanal für den
Aufzeichnungsvorgang vor, da bei den einfachen Geräten mit einer Bandbreite von höchstens 3 MHz gerechnet werden kann. Ein Vergleich mit dem
derzeit in den Video-Heimrecordern gebräuchlichen LIR-Verfahren (Umsetzung des Farbträgers auf eine niedrige Trägerlage) läßt in einigen Punk-
ten die Überlegenheit des Timeplex- Verfahrens erkennen [47]. Weitere
Anwendungsmöglichkeiten, die sich für das Timeplex-Verfahren - im Ausland auch MAC (= Multiplexed Analogue Component Signal) genannt - zukünftig ergeben könnten, wären die drahtlose Übertragung des Farbsignals
von einer Reportagekamera zum Fernsehstudio sowie die Farbfernsehübertragung über Fernsehsatelliten (z.B. für hochauflösendes Fernsehen)[48].

In Bild 66 ist das Blockschema eines Timeplex-Codecs in Analog-Schal-
tungstechnik dargestellt [46]. Äquivalent zum SECAM-Codec nach Bild 61
enthält der Timeplex-Coder (Bild 66a) einen elektronischen Schalter (ES),
der die beiden Farbdifferenzsignale zeilensequentiell ableitet, während
im Decoder (Bild 66b) eine Zeilenintegrationsschaltung die beiden Komponenten wieder simultan werden läßt (vergl. Bild 62). Die weitere Verarbeitung des Chrominanzanteiles unterscheidet sich aber ganz wesentlich
vom SECAM-Verfahren; denn beim Timeplex-Verfahren muß das zeilensequentielle Chrominanzsignal um den Faktor 5 zeitlich komprimiert werden, was
in dem analogen Schieberegister (CCD-Eimerkette [16]) durch Auslesen mit
der fünffachen Taktfrequenz geschieht. Dadurch ergibt sich der in
Bild 66a an der Stelle C_k dargestellte komprimierte, zeilensequentielle
Verlauf der beiden Farbdifferenzsignale. Die Phasenlage der schnellen
Taktfolge wurde dabei so gewählt, daß die beiden komprimierten Farbdifferenzsignale in der horizontalen Austastlücke positioniert werden, so
daß sich nach der Vereinigung mit dem Luminanzsignal im Multiplexer (MUX)
das Timeplex-Signal ergibt.

Im Timeplex-Decoder nach Bild 66b erfolgt dann zunächst die zeitliche
Zerlegung des Timeplex-Signals in die Luminanzkomponente Y und den komprimierten Chrominanzanteil C_k, was durch Torschaltungen im Demultiplexer

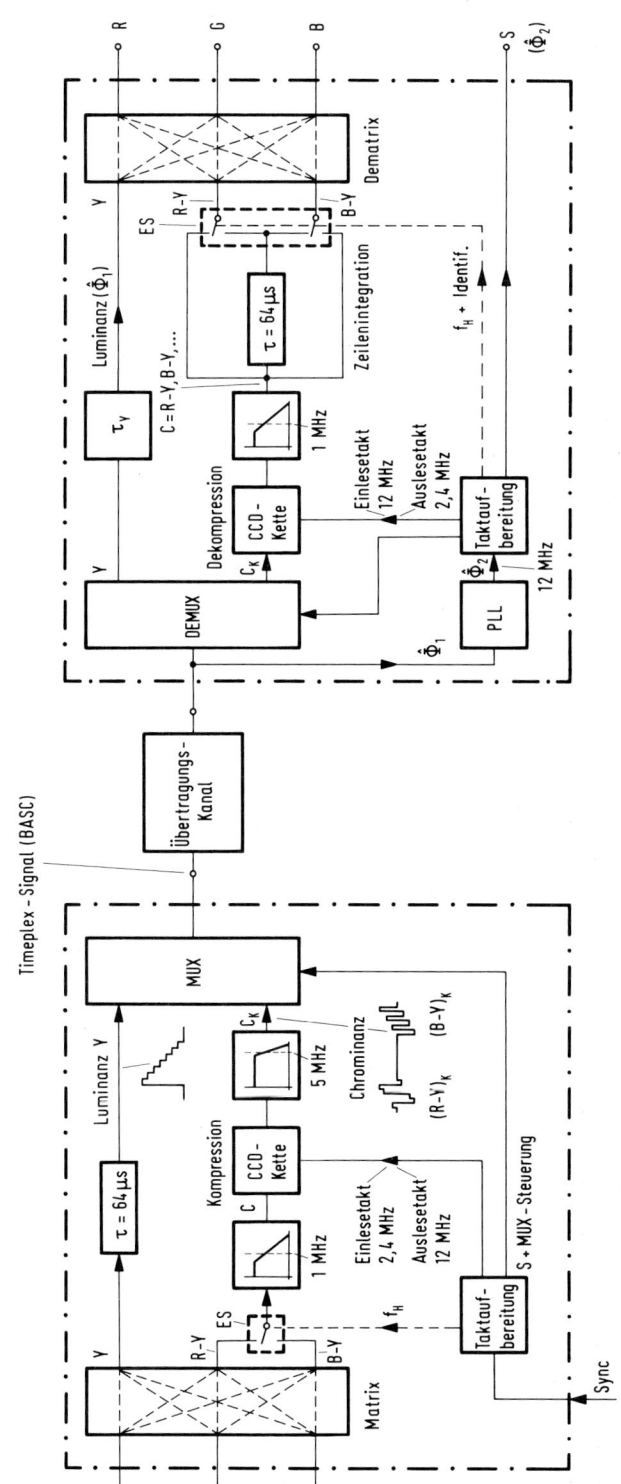

Bild 66 Timeplex-Codec in analoger Schaltungstechnik, a) Coder b) Decoder

(DEMUX) bewirkt wird. Nach der Dekompression um den Faktor 5 in einer
CCD-Kette müssen die jetzt noch zeilensequentiellen Farbdifferenzsignale
in der bereits erwähnten Zeilenintegrationsschaltung in simultane Farbsignalkomponenten umgewandelt werden. Je nach Weiterverarbeitung werden
die Signale Y, R-Y, B-Y entweder einem Farbcoder (NTSC, PAL, SECAM) zugeführt oder über eine Dematrix in die Farbwertsignale R, G. B umgewandelt zur direkten Ansteuerung der Farbbildröhre.

Den zahlreichen Vorteilen, die mit der Anwendung des Timeplex-Verfahrens
verbunden sind, stehen nun allerdings zwei Besonderheiten gegenüber, die
bei der Auslegung des Codecs zu beachten sind. So ist zunächst zu erwarten, daß die Übertragung der Farbdifferenzsignale in Basisbandlage zu
einer größeren Empfindlichkeit des Chrominanzanteiles gegenüber nichtlinearen Fehlern des Übertragungskanals führt. Beim NTSC-Verfahren werden
durch eine nichtlineare Kennlinie die Amplitudenwerte des Farbträgers
und damit nur die weniger kritische Farbsättigung verändert, während
beim Timeplex-Verfahren die einzelnen Pegelstufen der beiden Farbdifferenzsignale verschoben werden und damit auch der Farbton geändert werden
kann. Es zeigt sich jedoch, daß durch Einführung einer Klemmung auf den
Unbuntpunkt (Farbdifferenzsignale null) die Empfindlichkeit der Chrominanz gegenüber nichtlinearen Übertragungsfehlern bei Timeplex auf einen
geringeren Wert als bei NTSC gebracht werden kann [45]. Nach Bild 65c
muß für diese Unbuntreferenz ein kleiner Teil der horizontalen Austastlücke als Klemmpegel verwendet werden, so daß z.B. zeilenweise abwechselnd diese Unbuntreferenz und das Synchronsignal S übertragen werden
[47].

Eine weitere Besonderheit des Timeplex-Signals ist seine größere Empfindlichkeit gegenüber Zeitbasisschwankungen, wie sie z.B. von einem Videorecorder hervorgerufen werden. Die Ableitung des Decodertaktes in der
PLL ("phase-locked-loop" des Decoders) nach Bild 66b verursacht bei
Zeitbasisschwankungen (= Laufzeitmodulation des Eingangssignals) prinzi-
piell eine Phasenhubdifferenz $\Delta\hat{\phi} = \hat{\phi}_2 - \hat{\phi}_1$, die mit der Störmodulations-
frequenz zunimmt. Infolge der notwendigen Expansion (Dekrompession) des
Chrominanzsignals in der CCD-Kette des Decoders (Bild 66b) wird diese
Phasenhubdifferenz um den Expansionsfaktor 5 vergrößert, so daß eine
entsprechende Differenzschwankung zwischen Chrominanz und Luminanz auf
dem Farbfernsehempfänger die Folge ist.

Nur durch eine Vergrößerung der Rauschbandbreite der PLL-Schaltung läßt
sich dieser Fehler reduzieren. In [46, 47] wird gezeigt, daß durch den

Übergang auf einen digitalen Timeplex-Codec die Verarbeitungsbedingungen
so günstig werden, daß die größere Empfindlichkeit des Timeplex-Verfahrens gegenüber Zeitbasisänderungen praktisch zu vernachlässigen sind.
Hauptgrund für die günstigere Betriebsweise der PLL ist die nun in jeder
Zeile übertragbare Synchroninformation. Dem Timeplex-Signalformat einer
digitalen Codec-Schaltung nach Bild 67 läßt sich entnehmen, daß die Zeilendauer des Luminanzsignals von ursprünglich 52,5 µs (aktive Zeilendauer) auf 50 µs geringfügig komprimiert werden konnte. Der damit verbunde-

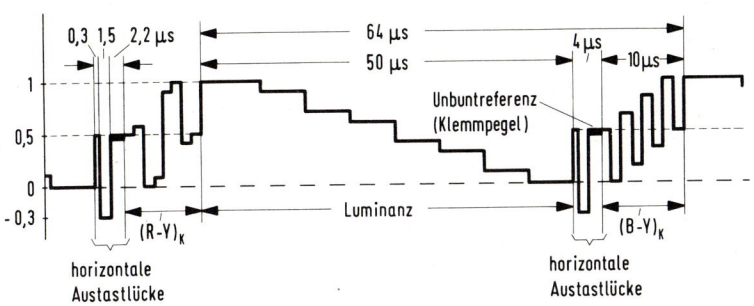

Bild 67 Timeplex-Signalformat (Zeilenperiode)

ne Auflösungsverlust ist unerheblich. Im Zeitbereich erhält man jedoch
mit den für die Austastlücke gewonnenen 2,5 µs die Möglichkeit, in jeder
Zeile einen Synchronimpuls von 1,5 µs Dauer sowie eine anschließende
Klemmlücke auf dem halben Pegelwert (Unbuntreferenz) mit 2,2 µs Dauer
vorzusehen.

Der Übergang auf eine digitale Timeplex-Signalverarbeitung hat noch die
weiteren Vorteile, daß alle Speicheraufgaben wesentlich effektiver und
präziser realisiert werden können. So entfallen die bei der Analogtechnik in den CCD-Eimerketten auftretenden Störsignale [16] vollkommen. Des
weiteren läßt sich in den Decoderspeicherketten neben der Expansion der
Signale auch ein digitaler Zeitfehlerausgleich durchführen, ähnlich dem
digitalen Timebase-Corrector (TBC) bei Videorecordern [46, 47]. Schließlich läßt sich ein digitaler Codec in VLSI-Technologie leichter inte-
grieren und wird damit für Kompaktgeräte des Heimgebrauches (Consumerge-
räte) - aber auch für Reportageanlagen des Fernsehrundfunks - zu einem
sehr zweckmäßigen Baustein.

3.4 Zusatzübertragung im Fernsehkanal

Das Fernseh-Rundfunksystem - in der bisher im Kapitel 3 beschriebenen
Form - hat sich zu einem weltweit eingeführten Nachrichtenmedium entwik-
kelt. Es ist zwar nur eine einseitig gerichtete Bildkommunikation möglich (Verteilsystem, siehe Bild 101a), einfache Empfängertechnik und
hohe Stückzahlen der Empfängerindustrie führen jedoch zu so preiswerten
Heimempfängern, daß der Fernseh-Rundfunk eine enorme Verbreitung finden
konnte. Das macht nun dieses Medium so überaus interessant für die Übertragung von Zusatzinformationen über die zu den meisten Privathaushalten
bestehende Fernsehverbindung.

Dieses Bestreben wird unterstützt durch die Tatsache, daß von der Fernsehnorm - aus prinzipiellen Gründen - Signallücken vorgesehen werden
mußten, die man mit den heute zur Verfügung stehenden technologischen
Möglichkeiten für die Übermittlung von zusätzlichen Informationen nutzen
möchte, wie dies für eine Bild- und Textübertragung in den nachfolgenden
Kapiteln 3.4.6 und 3.4.7 beschrieben wird.

Primär ist aber auch die Fernsehtechnik daran interessiert, Eigeninfor-
mationen zur Erweiterung des Fernsehdienstes oder zur Verbesserung des
Betriebsablaufes zusätzlich zu übermitteln. Die in den späteren Kapiteln
3.4.4 und 3.4.5 beschriebene Prüfzeilentechnik und Datenübertragung in
der V-Lücke gehören dazu. Bezüglich der Erweiterung des Fernsehdienstes
war ja im vorhergehenden Kapitel 3.3 das interessante Beipiel der Farbcodierung behandelt worden, wo man entweder durch die Nutzung von Frequenzlücken im Spektrum (NTSC, PAL, SECAM nach Kap. 3.3.4) oder durch
Nutzung der horizontalen Austastlücken (Timeplex nach Kap. 3.3.5) den
Chrominanzanteil für einen Farbfernsehdienst zusätzlich übermittelt.
Wenn man nun an die Übertragung eines zweiten Begleittonsignals denkt,
dann bietet sich in ähnlicher Weise eine Frequenz- oder Zeitmultiplexlö-
sung an. Beide Verfahren sollen in den nachfolgenden Kapiteln behandelt
werden.

3.4.1 Begleitton in Frequenzmultiplextechnik

Die in der Fernseh-Rundfunktechnik übliche frequenzmodulierte Übertragung des Begleittones in einem separaten Frequenzband mit der Mittenfre-
quenz 5,5 MHz - also in Frequenzmultiplextechnik - ist bereits im Kapitel 3.1 bzw. 3.2 (Bilder 52, 53a) beschrieben worden. Für eine Stereo-

Tonübertragung bzw. die Parallelübertragung eines fremdsprachlichen Begleittones wird nun aber noch ein zweiter Tonkanal erforderlich. Soll für die Übertragung beider Tonsignale an der Frequenzmultiplextechnik festgehalten werden, dann bietet sich zunächst die Einführung eines Unterträgers (z.B. auf der doppelten Zeilenfrequenz) im NF-Spektrum an. Nach [49] scheidet jedoch das von der UKW-Stereofonie bekannte AM-Zweiseitenbandverfahren wegen seiner für einen separaten Tonkanal zu geringen Übersprechdämpfung aus. Eine daraufhin eingeführte Frequenzmodulation des Unterträgers - wie in dem sogenannten FM/FM-System - erwies sich bei Vergleichsuntersuchungen nach [50] als wesentlich störempfindlicher als die Übertragung der beiden Tonsignale über zwei getrennte FM-Kanäle. Für dieses Zweitonträger-Verfahren entschied man sich daher.

Wie Bild 68a erkennen läßt, mußte man bei der Wahl des zweiten Tonträgers auf den geringsten Bildträgerabstand von 7 MHz zwischen zwei benachbarten Fernsehkanälen in Band I/III Rücksicht nehmen. Die Frequenz dieses zweiten Tonträgers wurde mit 5,75 MHz in die Mitte zwischen erstem Tonträger und dem Beginn des ersten Nachbarkanals gelegt, um ein Minimum an Störbeeinflussung bei Nachbarkanalstörungen zu erhalten. Da es durch Nichtlinearitäten im Übertragungskanal oder in der Demodulationsschaltung - insbesondere beim Intercarrier-Verfahren nach Bild 52b - zu Interferenzstörungen mit der Differenzfrequenz zwischen beiden Tonträgern kommen kann, wird diese auf ein ungerades Vielfaches der halben Zeilenfrequenz - ähnlich dem Halbzeilenoffset der Farbträgerverkopplung nach Gl. (67) in Kap. 3.3.1 - gelegt:

$$\frac{15,625 \text{ kHz}}{2} \cdot 31 = 242,1875 \text{ kHz}.$$

Damit wird für die zweite Tonträgerfrequenz genau 5,7421875 MHz (oberhalb der Bildträgerfrequenz) gewählt.

Wie das Sendespektrum in Bild 68a weiterhin erkennen läßt, mußte der zweite Tonträger zusätzlich auf 1/4 der Leistung des ersten Tonträgers ($\sqrt{4}$ = 6 dB geringere Amplitude) reduziert werden, um die Interferenzstörungen zwischen beiden Trägern in den zulässigen Grenzen zu halten [50]. Seit 1968 wird außerdem im Hinblick auf mögliche Interferenzstörungen mit dem Farbträger [8,Kap13] der erste Tonträger auf 1/10 der Bildsenderleistung reduziert ($\sqrt{10}$ = 10 dB geringere Amplitude), so daß der zweite Tonträger mit einer gegenüber dem Bildträger um 16 dB reduzierten Amplitude vom Sender abgestrahlt wird. Der Frequenzhub beider Tonträger beträgt jeweils 50 kHz, die NF-Bandbreite 15 kHz [52]. Daraus läßt sich folgende

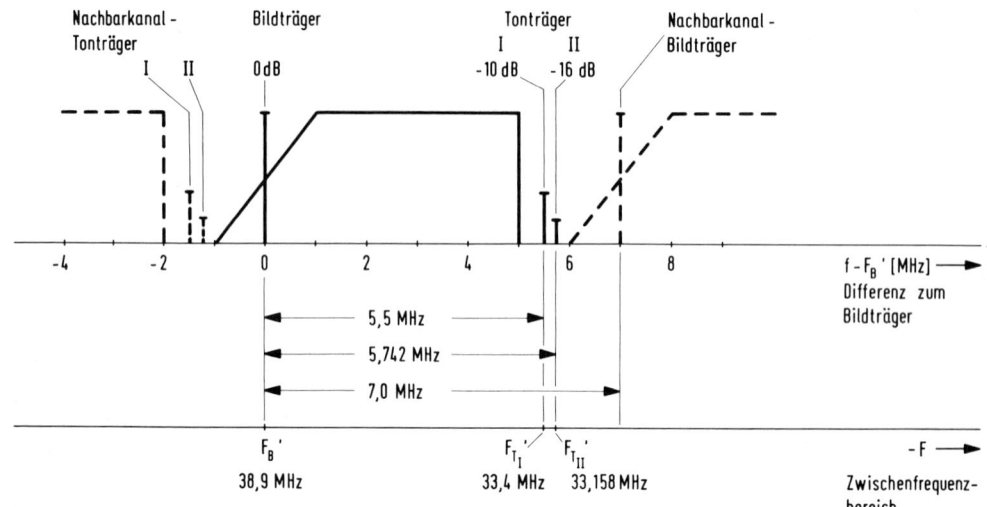

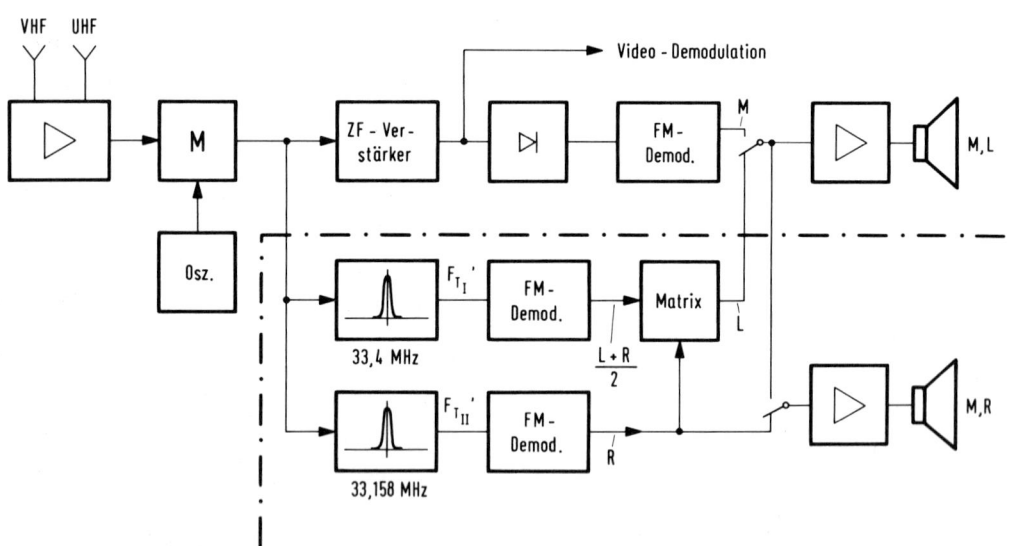

Bild 68 Zweifach-Begleitton nach dem Zweiträger-Verfahren

         a) Frequenzlage der beiden Tonträger im Zwischenfrequenzspektrum des Empfängers (VHF-Standard)

         b) Ergänzung des Fernsehempfängers (nach Bild 52b) durch Stereoton nach dem Parallelton-Verfahren

Bandbreite für einen frequenzmodulierten Kanal abschätzen [12,Kap.VI,2.1.2]:

$$B = 2 \cdot \Delta F + 2 \cdot f_{max} \qquad (78)$$
$$= 2 \cdot 50 \text{ kHz} + 2 \cdot 15 \text{ kHz} = 130 \text{ kHz}.$$

Dies ist gleichzeitig der Mindest-Frequenzabstand zwischen beiden Tonka-
nälen. Mit der vorliegenden Frequenzdifferenz von 242 kHz bleibt damit
noch genügend Frequenzabstand für eine ausreichende Kanaltrennung der
beiden Tonkanäle durch Filterkreise im Heimempfänger.

Die Tondemodulation im Fernsehempfänger kann in der konventionellen Methode des Intercarrier-Verfahrens über eine separate Ton-Diode (Bild 52b)
durchgeführt werden. Dem großen Vorteil der weitgehenden Unabhängigkeit
von Abstimmfehlern und des sehr geringen Aufwandes stehen die Interfe-
renzprobleme beim Zweiträger-Verfahren gegenüber [53]. Es empfiehlt sich
daher, beim Übergang auf den Zweifach-Begleitton das sogenannte Parallel-
ton-Verfahren anzuwenden. Bild 68b zeigt eine Ausführung, wie sie häufig
als Schaltungserweiterung der für den Mono-Tonempfang üblichen Inter-
carrier-Demodulation durch eine Parallelton-Anordnung für den Fall des
Zweifach-Begleittonempfanges verwendet wird. Die Erweiterung ist strich-
punktiert eingerahmt und enthält zwei Schmalbandfilter, die unmittelbar
an den Mischerausgang angeschlossen sind, um die beiden Tonträger im
Zwischenfrequenzbereich (Bild 68a) auszusieben. Über zwei direkt auf
diesen Zwischenfrequenzen arbeitende FM-Demodulatoren können dann die
beiden separaten Begleitton-Informationen (z.B. zwei Texte in verschiedenen Sprachen) gewonnen werden. Die Schwierigkeit, daß bei diesem Pa-
rallelton-Verfahren eine sehr genaue Abstimmung des Tuners gefordert
werden muß, kann man durch den Übergang auf ein Quasi-Parallelton-Verfah-
ren umgehen [53].

Handelt es sich um eine Fernseh-Stereotonübertragung, dann wird nach
Bild 68b aus dem Tonträger I das kompatible Monosignal (L + R)/2 abgeleitet, während man aus dem Tonträger II das Rechts-Signal R erhält. Wie in
[51] gezeigt wird, ergibt eine derartige Komponentenwahl bei dem in beiden Kanälen überwiegend korreliert auftretenden Rauschen den bestmöglichen Störabstand. Die vom Stereo-Rundfunk bekannte Differenzübertragung
(L - R)/2 im zweiten Tonkanal würde dagegen zu stark unterschiedlichen
Störabständen im linken und rechten Kanal führen. Das Links-Signal wird
in der Matrix nach Bild 68b durch eine einfache Subtraktion gewonnen:

$$2\left(\frac{L + R}{2}\right) - R = L. \qquad (79)$$

Für die Begleitton-Übertragung in Stereo wird mit dem Schalter in Bild 68b
auf Parallelton-Empfang umgeschaltet. Durch die Verwendung dieser aufwendigeren Tondemodulation erhält man eine weitgehend interferenzarme Wiedergabe mit gutem Störabstand. Allerdings muß die Abstimmung des Oszillators
bei der Kanalwahl sehr präzise vorgenommen werden.

3.4.2 Begleitton in der V-Lücke (COM-Verfahren)

Die Begleitton-Übertragung nach dem Frequenzmultiplex-Verfahren nutzt
die Frequenzlücken des Fernseh-Sendespektrums, wie das im vorigen Kapitel beschrieben wurde. Im Fernsehsignal mußten jedoch wegen der notwendigen Rücklaufzeiten und für die Übertragung der Synchronisierimpulse
zeitliche Lücken - die horizontalen und vertikalen Austastlücken - vorgesehen werden (Kapitel 1.3.4.1). Diese Signallücken lassen sich für die
Übertragung von Zusatzinformationen nutzen.

Das betrifft vor allem die 25 Zeilen (= 1,6 ms) lange vertikale Austast-
lücke. Sie ist in Bild 69 mit dem detaillierten Impulsschema des 625-
Zeilen-Fernsehsignals der europäischen CCIR-Norm dargestellt. Die in
Bild 8c angenommene vereinfachte Austastlücke muß nämlich durch soge-

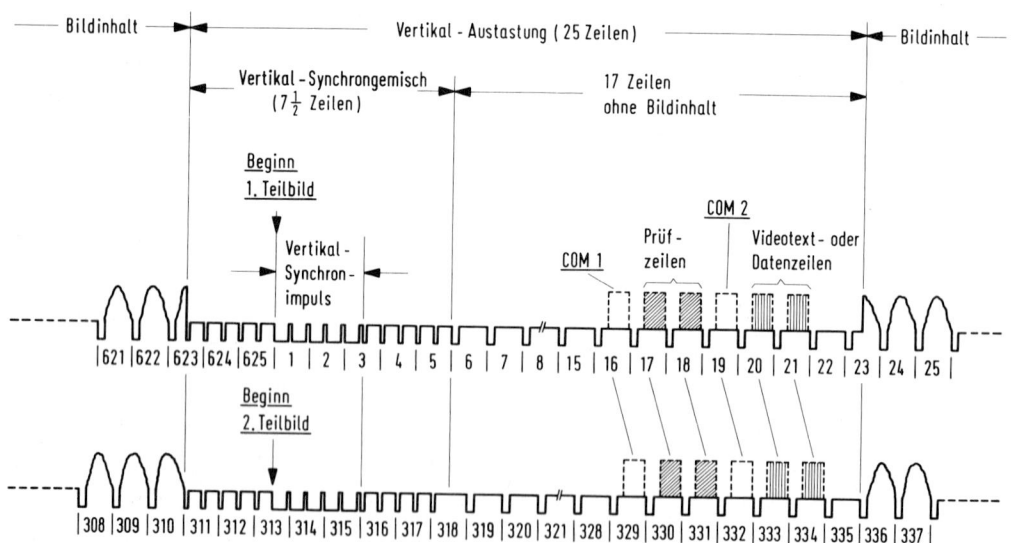

Bild 69 Impulsschema in der vertikalen Austastlücke eines 625-Zeilen-
Fernsehsignals (europäische CCIR-Norm)

nannte "Vor- und Nachtrabanten" beiderseits des Vertikal-Synchronimpulses sowie "Einschnittimpulse" im Synchronisierimpuls selbst ergänzt werden (Bild 69), wenn die V- und H-Impulsabtrennung störungsfrei vorgenommen werden soll [8,Kap10.2].

Wie in Bild 69 zu erkennen ist, sieht die Norm hinter dem Vertikal-Syn-
chrongemisch noch 17 Zeilen Austastlücke vor, um den Ablenkgeräten genügend Zeit für die Steuerung des Strahlrücklaufes zu lassen. In dieser
Zeit ist die Bildwiedergaberöhre noch dunkel getastet, so daß speziell
in diesem Zeitbereich (der auch keine Synchronisierinformation mehr enthält) Zusatzinformationen untergebracht werden können. Für Prüfzeilenin-
formationen (Kap. 3.4.4) wurden laut internationaler Vereinbarung die
Zeilen 17, 18 (1. Teilbild) und 330, 331 (2. Teilbild) - gerechnet von
der Vorderflanke des Vertikal-Synchronimpulses im 1. Teilbild - festgelegt. Dateninformationen (Kap. 3.4.5) werden in den Zeilen 20, 21 und
333, 334 übertragen. Die gleichen Zeilen werden wahlweise für das Videotext-Verfahren (Kap. 3.4.7) benutzt.

Die bisherigen Versuche mit einer Begleitton-Übertragung in der V-Austastlücke [55] benutzen für den ersten Tonkanal die beiden Zeilen 16
und 329 sowie für einen weiteren Kanal die Zeilen 19 und 332. Dabei wird
sofort der große Vorteil einer Tonübertragung in der V-Austastlücke
sichtbar: In den vielen Leerzeilen lassen sich mehrere Tonkanäle gleichzeitig übertragen. Das könnte speziell beim Satellitenfernsehen (Kap. 3.6)
von Bedeutung sein, da man hier für den Empfang in den verschiedenen
Ländern den Begleitton in mehreren Sprachen zur Verfügung haben müßte.
Daraus erklärt sich auch die Bezeichnung COM (= Compressed Multisound) für
dieses Verfahren, das erstmals von G a ß m a n n angegeben wurde [54].

Nach Bild 70 beruht das Verfahren auf einer Zerlegung des NF-Signals in
20 ms lange Abschnitte, die genau dem Teilbildrhythmus entsprechen. Sie
werden in ein analoges Schieberegister (Eimerkette nach [16]) eingespeist und unmittelbar danach mit einer entsprechend erhöhten Taktfolge
wieder ausgelesen, wobei der Signalabschnitt des NF-Signals 20 ms auf
die aktive Zeilendauer 64 μs · 0,82 = 52,48 ≈ 50 μs komprimiert wird. Das
entspricht einem Kompressionsfaktor von 20 ms/50 μs = 400. Nach dem
Zeitgesetz der elektrischen Nachrichtentechnik erhöht sich dabei die
Bandbreite des NF-Signals um den gleichen Faktor. Da aber die Kanalbandbreite 5 MHz des Fernsehsignals nicht überschritten werden kann, ergibt
sich als Frequenzbandbreite für den in dieser Weise übertragenen Begleitton: 5 MHz/400 = 12,5 kHz, ein durchaus akzeptabler Wert [55].

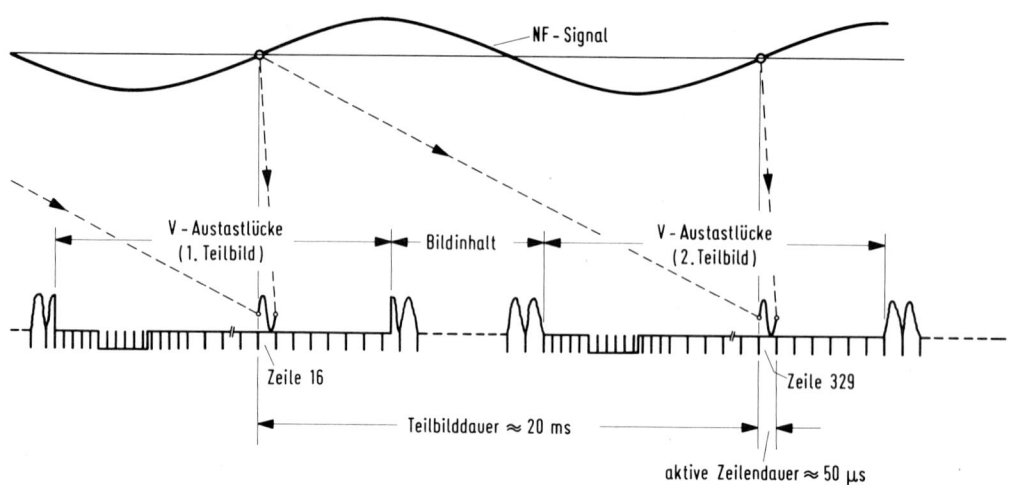

Bild 70 Begleitton-Übertragung in der V-Austastlücke nach dem COM-
         Verfahren

Der eigentliche Nachteil des Verfahrens liegt in dem Auftreten von Stör-
signalen, die durch Einschwingvorgänge an den Nahtstellen der abschnitts-
weisen Übertragung des NF-Signals hervorgerufen werden, so daß sich bereits durch Systemfehler eine Störabstandsverschlechterung ergibt [56].
Hinzu kommt nun noch die relativ geringe Störsicherheit gegenüber Kanal-
fehlern, so daß die an den Begleitton zu stellenden Qualitätsanforderun-
gen nicht erreicht werden. Allenfalls wäre an eine Verwendung für Kom-
mentatorkanäle zu denken [57].

3.4.3 "Sound-in-Sync"-Verfahren

Der Hauptnachteil einer Begleitton-Übertragung nach dem COM-Verfahren,
die zu große Störempfindlichkeit, ließe sich vermeiden, wenn man auf eine
digitale Übertragungsmethode übergeht. Analog zu den Berechnungen für
eine Digitalisierung des Bildsignals, wie sie im nachfolgenden Kapitel
4.1.1 dargestellt werden, ergibt sich für ein Tonsignal der Bandbreite
13 kHz, wobei sinnvollerweise von einer Abtastfrequenz gleich dem Doppelten der Zeilenfrequenz 2B = 2 · 15,625 kHz = 31,25 kHz ausgegangen wird:

$$H' = 2B \cdot m = 2 \cdot 15,625 \cdot 10 \text{ bit} = 312,5 \text{ kbit/s}. \qquad (80)$$

Dabei wurde im Hinblick auf die Erzielung eines sehr guten Störabstandes (70 dB) die Anwendung einer Kompandierung von 14 bit auf 10 bit vorausgesetzt, so daß eine Amplitudenauflösung von m = 10 bit übertragen wird [57].

Der Kompressionsvorgang ist nun der gleiche wie beim COM-Verfahren nach Bild 70. Durch die digitale Übertragung ergeben sich für die Abspeicherung über eine Teilbilddauer von 20 ms sogar wesentlich günstigere Verhältnisse. Die zu speichernde Nachrichtenmenge wird mit Gl. (80):

$$H = H' \cdot T = 312{,}5 \text{ kbit/s} \cdot 20 \text{ ms} = 6{,}25 \text{ kbit}. \qquad (81)$$

Es ist nun zu prüfen, welche Nachrichtenmenge - d.h. wieviel binäre Informationsschritte (Bits) - in einer Fernsehzeile untergebracht werden kann. Nach [58] setzt man dafür Glockenimpulse mit einer Halbwertsbreite von 2T = 200 ns - bzw. bei extremer Nutzung der Austastlücken auch 180 ns - voraus. Das ist für den Fernsehkanal (5 MHz Bandbreite) die kleinstmögliche Impulsdauer, die man nahezu überschwingfrei erzeugen kann (z.B. durch ein cos-Filter nach Bild 73c), was für einen möglichst übersprechfreien Betrieb wichtig ist. Steht nun eine aktive Zeilendauer - d.h. abzüglich der horizontalen Austastung von 18% - von 64 μs · 0,82 = 52 μs zur Verfügung, dann lassen sich pro Zeile 52 μs/0,18 μs = 289 Impulse und damit eine Nachrichtenmenge von H_Z = 289 bit unterbringen. Man wäre deshalb gezwungen, die Nachrichtenmenge 6,25 kbit eines Tonsignalabschnittes von Teilbilddauer nach Gl. (81) auf insgesamt

$$\frac{H}{H_Z} = \frac{6{,}25 \text{ kbit}}{289 \text{ bit}} = 22 \text{ Zeilen}$$

$$\hat{=} 52 \text{ μs} \cdot 22 = 1144 \text{ μs} \qquad (82)$$

zu verteilen. Damit würden aber fast alle Zeilen der vertikalen Austastlücke nach Bild 69 für die Tonübertragung benötigt, und das für nur ein einziges Begleitton-Signal. Das ist natürlich eine untragbare Lösung.

Hier zeigt sich der Nachteil einer digitalen Tonübertragung, die zwar zu einer größeren Störsicherheit führt, jedoch eine wesentlich größere Bandbreite bzw. Übertragungszeit benötigt. Statt einer Fernsehzeile pro Teilbild, wie beim COM-Verfahren, benötigt man jetzt nach Gl. (82) fast alle Zeilen der vertikalen Austastlücke für die Übermittlung eines Begleitton-Signals.

Eine technisch praktikablere Lösung ergibt sich, wenn man die nach Gl.(82)
für eine Digitalübertragung des Tonkanals pro Teilbild benötigte Gesamtzeit von 1144 μs auf die horizontalen Austastlücken verteilt. Man kommt
so zum "Sound-in-Sync"-Verfahren (SIS), wie es von der British Broadcasting Corporation (BBC) entwickelt wurde [55, 57]. Aus Bild 71 erkennt
man, daß hierbei die zum digitalen Tonsignal gehörenden Impulse im Synchronsignal eingetastet werden. Dem dargestellten Zeitschema der gesam-

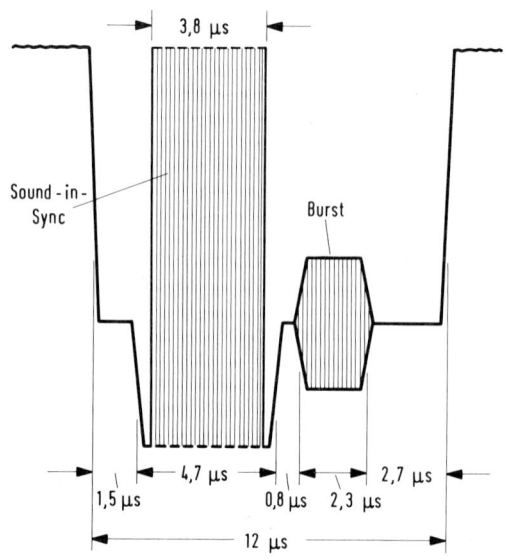

Bild 71 Horizontale Austastlücke mit "Sound-in-Sync"

ten horizontalen Austastlücke kann man entnehmen, daß pro Austastlücke
3,8 μs genutzt werden können. Nimmt man die etwa 7 Zeilen des Vertikal-
Synchrongemisches nach Bild 69 nicht mit dazu, dann stehen im Teilbild
312,5 - 7,5 = 305 Zeilen und somit die gleiche Anzahl horizontale Austastlücken zur Verfügung. Das gibt eine Gesamtzeit für die digitale Tonübertragung im Synchronsignal von 3,8 μs · 305 = 1159 μs. Ein Vergleich mit
der pro Teilbild benötigten Gesamtzeit nach Gl. (82) zeigt, daß die an-
fallende Datenmenge nach dieser Methode gerade übertragen werden kann.
Auf die 3,8 μs jeder H-Lücke entfallen nun 3,8 μs/0,18 μs $\approx$ 20 bit, was
den 10 bit/Abtastwert entspricht; denn es wird nach Gl. (80) mit der
doppelten Zeilenfrequenz ($\hat{=}$ 15 kHz Bandbreite) abgetastet.

Leider führt das "Sound-in-Sync"-Verfahren im Fernseh-Heimempfänger zu
Störungen, die "Sound-in-Sync"-Impulse müssen daher vor der Ausstrahlung
über den Fernsehsender wieder ausgetastet werden. Das Verfahren wird je-

doch im Eurovisionsnetz benutzt und führt hier zu einer Senkung der Be-
triebskosten, da man die separaten Leitungen sowie die parallelen Schalt-
felder für den Begleitton einsparen kann.

Es wurde auch vorgeschlagen, die digitale Begleitton-Übertragung auf der
sogenannten "hinteren Schwarzschulter" durchzuführen. Das ist in der horizontalen Austastlücke der Zeitbereich hinter dem Synchronsignal. Nach
Bild 71 wird hier jedoch der Burst für die Farbträgerregenerierung im
Farbfernsehempfänger übertragen (Kap. 3.3.4). Deshalb muß bei diesem
Verfahren die Synchronimpulsbreite von 4,7 μs auf 1,2 μs verringert werden, so daß vor und hinter dem Burst insgesamt 5,4 μs für die digitale
Tonübertragung zur Verfügung stehen [59]. Darin konnten 48 bit untergebracht werden. Davon werden je 2 bit für Startimpuls und Fehlerschutz
benötigt, so daß 44 = 4 · 11 bit für die Nutzinformation verbleiben.

Wie beim "Sound-in-Sync"-Verfahren wird mit der doppelten Zeilenfrequenz
abgetastet, so daß in einer H-Lücke 2 · 22 bit für zwei Abtastperioden
zur Verfügung stehen und auf je einen Abtastwert 2 · 11 bit entfallen. Mit den
in der H-Lücke übertragenen 44 Nutz-Bits können demnach zwei komplette Tonkanäle der Bandbreite 15 kHz bzw. der Begleitton in Stereo übermittelt
werden. Deshalb wurde dieses Verfahren TV-PCM2 genannt [59]. Es ist allerdings nur für die Begleittonübertragung über Fernsehstrecken - speziell die Satellitenübertragung - geeignet, da für den Heimempfänger die
digitalen Signale in der H-Lücke ausgetastet und das Synchronsignal wieder auf die Normbreite von 4,7 μs gebracht werden muß.

3.4.4 Prüfzeile

Das Verfahren der Prüfzeilenübertragung ist die älteste Methode, die vertikale Austastlücke für die Übermittlung zusätzlicher Informationen zu
verwenden. Man versteht darunter die Übertragung von Prüf- und Meßsigna-
len sowie deren Auswertung während der Fernsehsendung, so daß es möglich
ist, auch während der Sendezeiten die Qualität der Übertragung zu über-
wachen.

Nach Bild 69 stehen für die Übertragung dieser Prüfsignale die Zeilen 17,
18 und 330, 331 zur Verfügung. Die darin übertragenen Signalformen sind
international genormt und in Bild 72 zusammengestellt [57]. Die Normung
der Signale ist auf Zeitschritte von 1/32 der Horizontalperiode H bezogen.

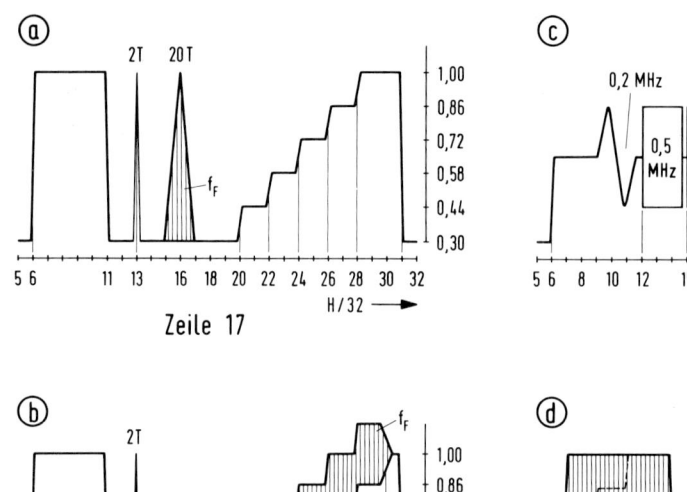

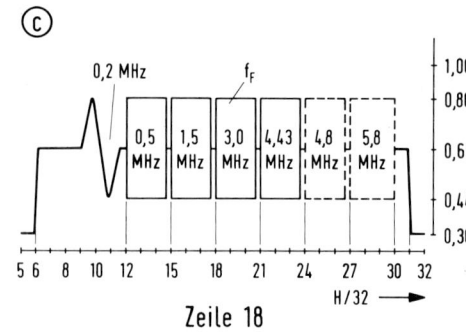

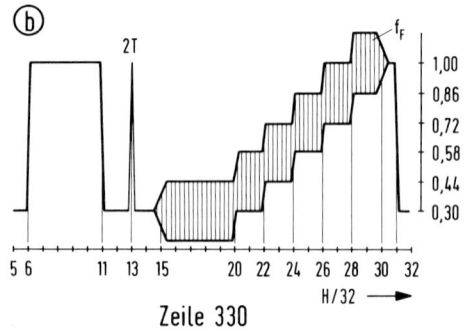

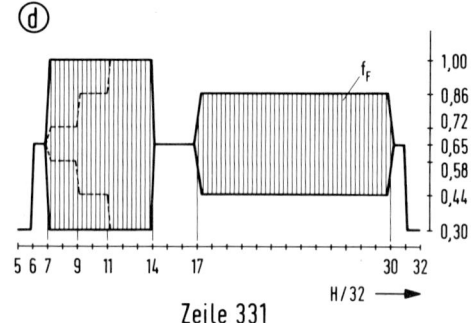

Bild 72 Prüfzeilensignale (nach CCIR)

    a) Zeile 17: 2T-20T-Impuls (Einschwingvorgänge), Grautreppe
       (Nichtlinearität)

    b) Zeile 330: 2T-Impuls (Einschwingvorgang), Grautreppe mit
       Farbträger (differentieller Amplituden- und Phasenfehler)

    c) Zeile 18: Multiburst (Amplituden-Frequenzgang)

    d) Zeile 331: Trägerfrequenter Sprung (Nichtlinearität im
       Farbträgerbereich)

In Zeile 17 sind bereits die beiden wichtigsten Prüfinformationen zur
Kontrolle der linearen und nichtlinearen Übertragungseigenschaften des
Fernsehkanals enthalten (Bild 72a). Die Einschwingvorgänge (lineare
Übertragungsfehler) des Luminanzkanals können mit dem 2T-Impuls geprüft
werden. Wie bereits in Bild 2b dargestellt, führt eine steile Bandbegrenzung W des Kanals zur Impulsbreite T = 1/2W. Einen weitgehend über-
schwingfreien Impuls erhält man bei linearem Frequenzgangabfall (oder
über ein cos-Filter nach Bild 73c) bis zur Bandgrenze W. Nach Bild 2b
verdoppelt sich dann gleichzeitig die Impulsbreite auf 2T = 1/W. Ein
solcher Impuls eignet sich gut für Prüfzwecke, weil er nicht mehr durch

Frequenzlinien belastet ist, die oberhalb der Bandgrenze W liegen. Mit
der zehnfachen Impulsbreite sowie der Trägerung mit Farbträgerfrequenz
hat man den 2OT-Impuls an die Übertragungsverhältnisse des Farbträger-
bereiches angepaßt und kann deshalb mit diesem Impuls die Frequenzgangein-
flüsse in der Nähe der oberen Bandgrenze ermitteln. Die Grautreppe
schließlich dient der groben Linearitätsprüfung.

Eine genauere Messung der nichtlinearen Übertragungsfehler ist mit der
trägerfrequenten Grautreppe in Zeile 330 möglich (Bild 72b). Es lassen
sich hiermit der differentielle Amplituden- und Phasenfehler (differential gain, differential phase) messen [8,Kap12.4].

Die deutschen Rundfunkanstalten beschränken sich auf die Ausstrahlung der
Prüfzeilen 17 und 330. International kommen aber noch die Zeilen 18 und
331 hinzu. Der Multiburst in Zeile 18 (Bild 72c) gestattet so noch eine
grobe Messung des Amplituden-Frequenzganges. Mit der Zeile 331 (Bild 72d)
kann die Auswirkung einer Nichtlinearität des Übertragungskanals auf
größere Farbträgeramplituden getestet werden.

Die moderne Prüfzeilenmeßtechnik ermöglicht auch die automatische Auswertung der Prüfzeilen. Darüber hinaus können die derart abgeleiteten Meßsignale auch für die Steuerung von adaptiven Entzerrern verwendet werden
[59].

3.4.5 Datenübertragung in der V-Lücke

Nach Bild 69 sind die Zeilen 20, 21 sowie 333, 334 in der vertikalen Austastlücke für die Übermittlung von Daten an eine rundfunkinterne Stelle
oder an den Fernsehteilnehmer vorgesehen. So können hier zusätzliche Informationen in Text- oder Graphikdarstellung (Videotext, Kap. 3.4.7) an
den Zuschauer übermittelt werden. Ferner ist die Übertragung von Fernmel-
de- und Fernwirksignalen an den Heimempfänger vorgesehen. So ließe sich
auf dem Bildschirm oder einem Zusatzdisplay der Wochentag, die Senderken-
nung sowie die Sendungsnummer anzeigen bzw. - bei Koinzidenz mit einem
aus der Rundfunkzeitung ausgewählten und per Dateneingabe in einem Speicher festgehaltenen Programm - der angeschlossene Videorecorder starten
sowie nach Programmschluß stoppen. Der oft lästige Zeitversatz zwischen
dem Recorderstart (vom Timer gesteuert) und dem Programmstart der Fern-
sehanstalt würde damit entfallen [60]. Auch die Übertragung von Untertiteln in der Datenzeile zum Verständnis fremdsprachiger Produktionen oder

als Hilfe für Gehörgeschädigte, die sich diese Information über einen
Decoderzusatz wahlweise in das Bild eintasten können, wurde bereits erprobt [61].

Die rundfunkinterne Verwendung der Datenzeile sieht die Übertragung von
Fernmelde-, Fernmeß- und Fernwirksignalen für die Verbesserung des Betriebsablaufes vor. Dabei kann es sich um eine Quellen- und Programmart-
kennung, eine Meßwertübertragung oder Störungsanzeige sowie die Übermittlung von Schalt- und Steuerinformationen für das Leitungs- und Sen-
dernetz handeln [57].

In Bild 73a ist das Signalformat einer solchen Datenzeile dargestellt.
Für den Datenzeilen-Anfang ist ein Einlaufsignal (4 bit) und ein Start-
Code (8 bit) vorgesehen. Anschließend stehen dann 12 Worte von je 8 bit
Länge (= 1 Byte) für die Nutzinformationen zur Verfügung, wobei bereits
festgelegt wurde, die ersten beiden Worte für die Quellenkennung zu verwenden [57]. Insgesamt ergibt sich eine Nutz-Datenmenge von 12 · 8=96 bit,
die bei Übertragung je Teilbilddauer von 1/50 s zu einer effektiven Datenrate (Nachrichtenfluß) 96 · 50 = 4800 bit/s führt, was einer üblichen
Hierarchiestufe für Datenübertragungen entspricht.

Zusammen mit dem Datenzeilen-Anfang müssen allerdings 96 + 8 + 4 = 108
bit je Datenzeile übertragen werden. Dafür stehen die 52 μs der aktiven
Zeile zur Verfügung, so daß man insgesamt eine effektive Datenrate (auf
die Teilbilddauer bezogen) von 108 · 50 = 5,4 kbit/s sowie eine absolute
Datenrate (auf die Dauer der aktiven Zeile bezogen) von 108/52 μs = 2,08
Mbit/s erhält.

Für die Übertragung jedes einzelnen Bits stehen demnach 52μs/108 = 480 ns
zur Verfügung. Es gilt nun zu beachten, daß nach Bild 73b für die Datenzeile ein sogenannter Bi-Phase-Code gewählt wurde. Während beim sonst
häufig verwendeten und besonders einfachen NRZ-Code ("Non-Return-To-Zero")
die O und 1 durch verschiedene Pegel gekennzeichnet werden, repräsentiert
beim Bi-Phase-Code eine positiv gehende Flanke den Wert O und eine nega-
tiv gehende Flanke den Wert 1. Aus dem in Bild 73b gewählten Codewort-
Beispiel erkennt man, daß gerade dann, wenn ständig nur ein Repräsentati-
onswert (z.B. viermal die 1 in Bild 73b) übertragen wird, beim Bi-Phase-
Code eine kräftige zweite Harmonische entsteht, die der aus dem Impuls-
verlauf abzuleitenden Taktfrequenz entspricht. Diese wichtige Frequenz,
mit der die Demodulation durchgeführt wird, wäre beim NRZ-Code viel geringer und könnte in manchen Zeitbereichen (z.B. viermal die 1 in Bild
73b) ganz verschwinden (s. bipolare Übertragung [2,Kap7.1.3]).

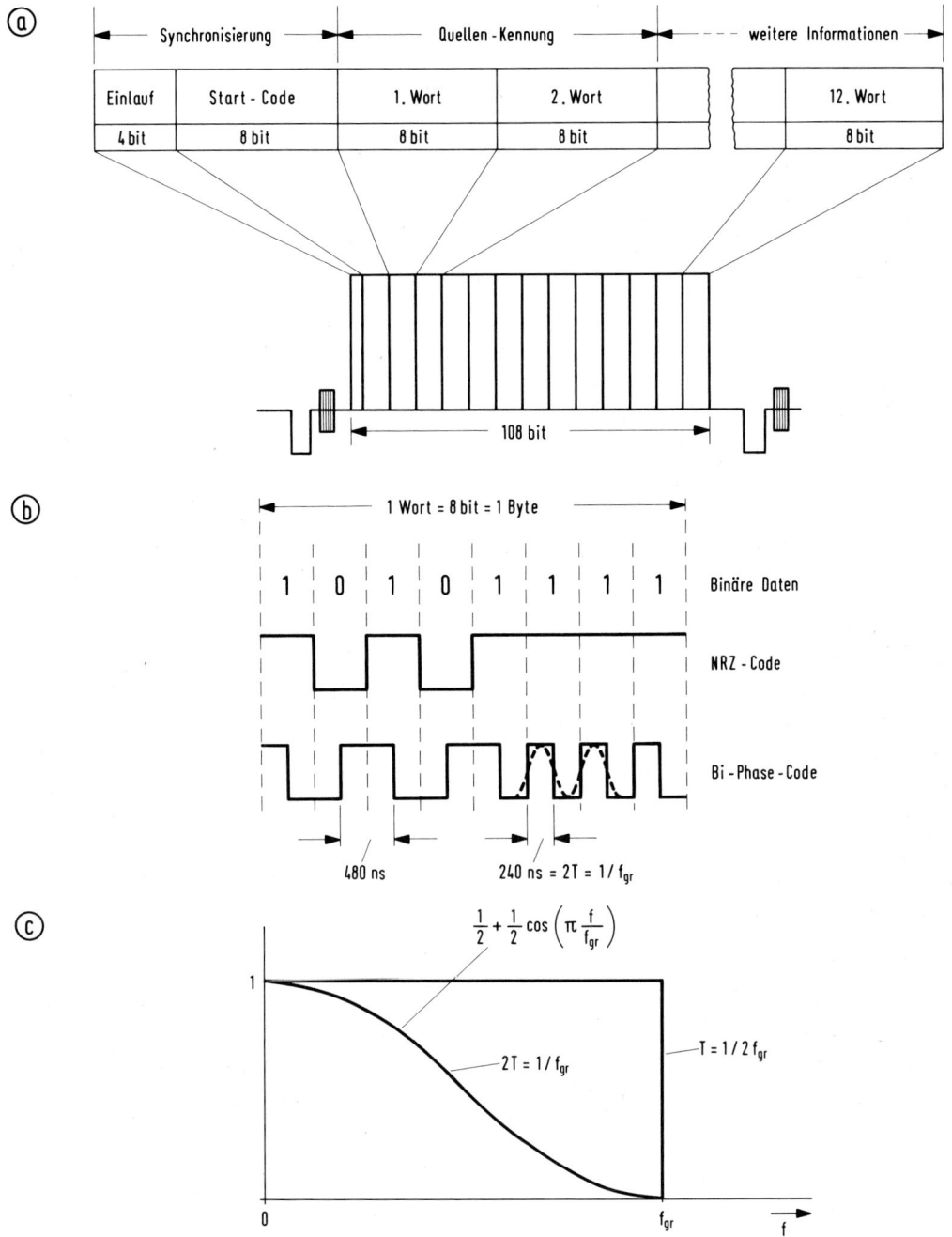

<u>Bild 73</u> Aufbau der Datenzeile

     a) Aufteilung des Signalrahmens

     b) Auswahl des geeigneten Codes am Beispiel eines Datenwortes

     c) Phasenlineares cos-Filter ("Roll-off-Filter") für die
        Impulsformung

Das kräftige Auftreten der Taktfrequenz beim Bi-Phase-Code bedeutet aber
auch, daß sich die Bandbreite des Spektrums verdoppelt, bzw. es halbiert
sich nach Bild 73b die Impulsbreite. Statt der errechneten 480 ns stehen
nun pro Bit nur 240 ns zur Verfügung. Man setzt nun wieder - wie bereits
in Kapitel 3.4.3 nach Gl. (81) - die Erzeugung von Glockenimpulsen voraus, die nach <u>Bild 73c</u> durch ein cos-Filter geformt werden [32,Kap17]
und so das zu Übersprechvorgängen führende Überschwingen vermeiden. Ver-
gleiche hierzu auch die nach Bild 2b für einen linearen Frequenzgangabfall erhaltene Impulsfunktion (3) gegen (1) bei steiler Bandbegrenzung.
Zur halbierten Fläche unter der Frequenzkurve des phasenlinearen Tiefpaßfilters nach Bild 73c gehört eine Impulsbreite $2T = 1/f_{gr}$, woraus
sich eine Bandbreite des Spektrums von $f_{gr} = 1/2T = 1/240$ ns $= 4,17$ MHz
ergibt. Die Impulsfolge der nach Bild 73a konzipierten Datenzeile läßt
sich also gut über einen 5 MHz breiten Fernsehkanal übertragen.

3.4.6 Festbildübertragung in der V-Lücke

Es soll überlegt werden, unter welchen Bedingungen es möglich ist, außer
den bereits besprochenen Nachrichtenformen - Begleitton, Meßsignale und
Daten - auch Bilder in der vertikalen Austastlücke zusätzlich zu übertragen. Nach Bild 69 stehen hierfür in jedem Teilbild zwei Datenzeilen
zur Verfügung. Nach den Ermittlungen im vorigen Kapitel können in einer
Datenzeile effektiv 4800 bit/s übertragen werden. Diese Datenrate verdoppelt sich, da zwei Datenzeilen in jedem Teilbild zur Verfügung stehen, so daß für die Bildübertragung ein Kanal mit dem Nachrichtenfluß
(Kanalkapazität) C = 9600 bit/s benutzt werden kann.

Geht man nun davon aus, daß das über die Austastlücke übertragene Bild
auf dem Fernsehschirm wiedergegeben werden soll, dann wird man für dieses
Bild die gleiche Auflösung wie beim normalen Fernsehbild verlangen. Dies
entspricht nach Gl. (46b) 525 Bildpunkten in der aktiven Zeile. Mit
$625 - (2 \cdot 25) = 575$ aktiven Zeilen in der Vertikalen des Bildes erhält
man dann eine Nachrichtenmenge von $H = 525 \cdot 575 \cdot 8$ bit $= 2,4$ Mbit, wenn
man von einer für Fernsehrundfunk-Qualität notwendigen Amplitudenauflösung 8 bit/Bildpunkt (Kap. 4.1.1) ausgeht. Die Übertragungsdauer für ein
solches in der V-Lücke digital übertragenes Bild errechnet sich dann aus
Nachrichtenmenge durch den im Kanal übertragbaren Nachrichtenfluß (Kanalkapazität):

$$\frac{H}{C} = \frac{2400 \text{ kbit}}{9,6 \text{ kbit/s}} = 250 \text{ s} \approx 4 \text{ min.} \tag{83a}$$

Bei einer solch langen Übertragungszeit entfällt eine Bewegtbildübertragung, wohl aber können ruhende Bilder - oder "Festbilder", wie man im Gegensatz zur Bewegtbildübertragung sagt - übermittelt werden. Allerdings ist "Festbild" nach den Empfehlungen der KtK (Kommission für den Ausbau des technischen Kommunikationssystems [67]) der Oberbegriff für alle Einzelbild-Übertragungsverfahren. Wenn das Festbild über die V-Lücke des Fernsehkanals übertragen wird, dann spricht man vom "Video-Einzelbild", wird es dagegen über den Fernsprechkanal übertragen, dann nennt man das "Fernsprech-Einzelbild" [67,Bd4,Kap2.5].

In Bild 74a sind beide Übertragungsverfahren in einem gemeinsamen Blockschema dargestellt. Man erkennt, daß in beiden Fällen je ein Bildspeicher auf der Senderseite und der Empfängerseite erforderlich ist, um von dem schnellen Abtast- und Schreibvorgang des Fernsehens auf die Langsamübertragung transformieren zu können (Normwandlung). Unabhängig davon, ob nun die Übertragung digital oder analog erfolgt, wird man stets einen digitalen Bildspeicher verwenden - bei Analogübertragung durch Vor- und Nachschalten je eines A/D-Wandlers -, da die digitale Speichertechnik in Ökonomie und Qualität dem Analogspeicher überlegen ist [63]. In Kapitel 6.1.3 werden auch zwei Verfahren beschrieben (Elektronischer Schlupf und Samplingmethode), bei denen auf einen senderseitigen Bildspeicher verzichtet werden kann [62].

Wegen der aus Bild 74a ersichtlichen erheblichen Analogien zwischen einer Festbildübertragung in der V-Lücke des Fernsehsignals und im Fernsprechkanal sollen hier bereits beide Verfahren berücksichtigt werden. Dabei ist ein Vergleich der Übertragungszeiten von Interesse. Setzt man in beiden Fällen eine digitale Übertragung voraus, dann bietet der "Schmalbandkanal" des Fernsehens für die Video-Einzelbildübertragung in der V-Lücke eine Kanalkapazität von C = 9,6 kbit/s, wie bereits ermittelt, während für die Fernsprech-Einzelbildübertragung zunächst nur 1,2 kbit/s über den normalen Fernsprechkanal zur Verfügung stehen [67,Bd4,Kap9.3]. Das führt im Vergleich zu Gl.(83a) zu einer um den Faktor 9,6/1,2 = 8 grösseren Übertragungszeit über die Fernsprechleitung. Die dabei entstehende Übertragungszeit 4 · 8 = 32 min ist untragbar.

Für beide Verfahren in Bild 74a läßt sich die Übertragungszeit erheblich verkürzen, wenn man auf eine analoge Übertragungstechnik übergeht. Dabei bietet sich bei der Video-Einzelbildtechnik ein fernsehsynchrones Verfahren an, indem man in den beiden zur Verfügung stehenden Zeilen der vertikalen Austastlücke jeweils zwei normale Fernsehzeilen des Festbildes

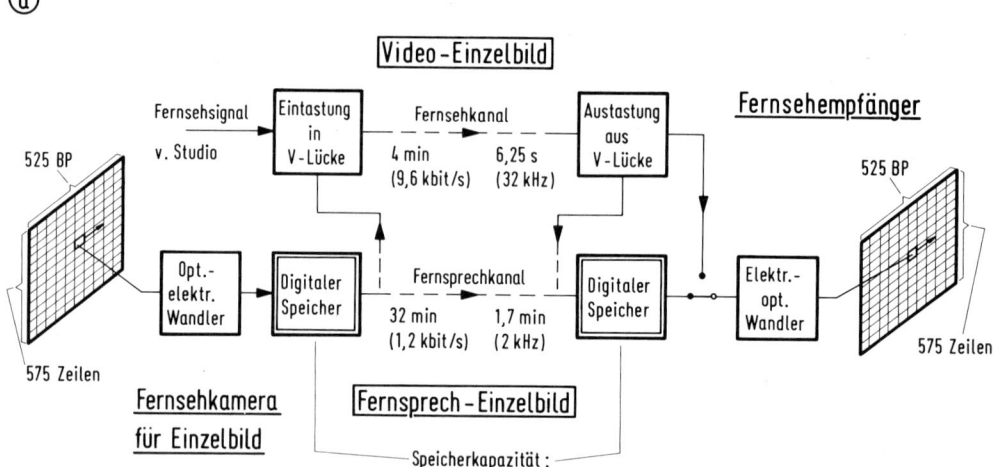

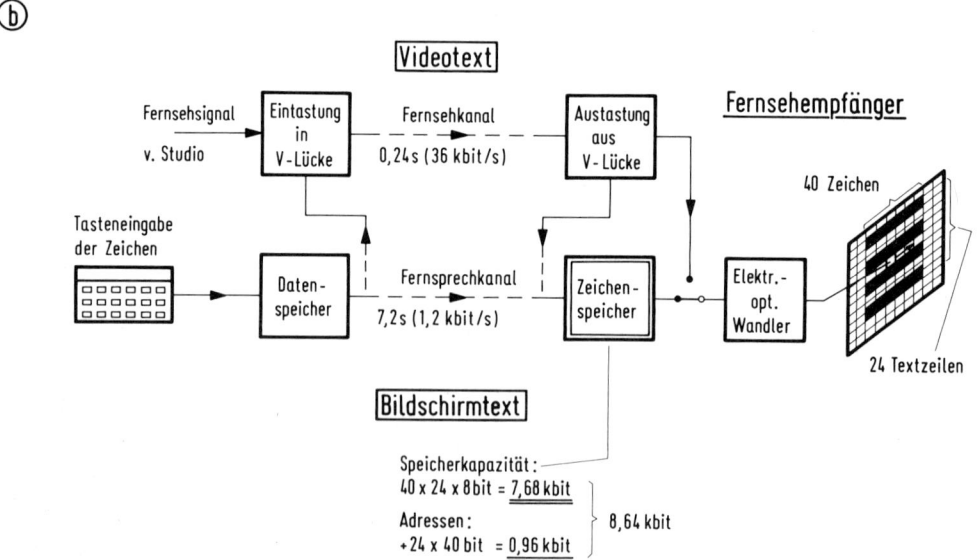

Bild 74 Festbild-Übertragung über Fernseh- und Fernsprechkanal
         a) Einzelbild-Übertragung
         b) Text- und Graphik-Übertragung

überträgt. Das führt bei 2 Zeilen je Teilbilddauer 20 ms zu einer Übertragungszeit:

$$20 \text{ ms} \cdot \frac{625 \text{ Zeilen}}{2 \text{ Zeilen}} = 6,25 \text{ s}. \tag{83b}$$

Das ist im Vergleich zur Digitalübertragung über Datenzeile eine um den
Faktor $4 \cdot 60/6,25 = 38,4$ geringere Übertragungszeit und entspricht nach
dem späteren Bild 110 einer effektiven Bandbreite von 32 kHz.

Ähnlich günstig sind die Verhältnisse beim Fernsprech-Einzelbild; denn
hier kann man dem späteren Bild 110 entnehmen, daß bei einer Analogübertragung in Restseitenbandtechnik etwa 2 kHz Bandbreite zur Verfügung
stehen, so daß unter Beibehaltung des normalen Fernsehformates (Zeilenzahl 625, Seitenverhältnis 4/3) mit einer Übertragungszeit 100 s $\approx$ 1,7
min zu rechnen ist. Im Vergleich zu den 32 min der Digitalübertragung
über die Fernsprechleitung ist das ein recht akzeptabler Wert. Wenn man
jedoch bedenkt, daß für diese Bildübertragungszeit von 1,7 min das Tele-
fongespräch unterbrochen ist, dann muß selbst diese Übertragungsdauer
als problematisch erscheinen.

3.4.7 Videotext und Bildschirmtext

Im vorigen Kapitel wurde deutlich, daß die Übertragung kompletter Halbtonbilder über die vertikale Austastlücke (Video-Einzelbild) sowie über
den Fernsprechkanal (Fernsprech-Einzelbild) zu erheblichen Datenmengen
und Datenraten führt (Bild 74a). Dadurch ergeben sich relativ lange
Übertragungszeiten sowie große und teure Bildspeicher. In Kapitel 6.4
werden einige Anwendungen für die Übertragung solcher Halbtonbilder genannt. Ob ein solcher Dienst eingeführt werden wird, hängt in starkem
Maße von einer erheblichen Preisreduktion der Speicherbausteine ab, wobei nach Bild 74a besonders kritisch ist, daß bei der Festbildübertragung auch im Fernseh-Heimempfänger ein solch teurer Bildspeicher mit der
Speicherkapazität 2,4 Mbit erforderlich ist (vgl. Kapitel 6.1.3.3).

Es zeigt sich nun aber, daß man bei den meisten Bildinformationen mit
einer stark reduzierten Detailauflösung und Amplitudenauflösung auskommen würde. So handelt es sich z.B. bei Textnachrichten, Wetterkarten,
Fahrplanauskünften, Theaterplan, Börsenkurse usw. bevorzugt um zweipegelige Darstellungen (1 bit pro Bildpunkt). Hierfür wäre eine Reduktion
der Zahl der Bits angebracht, was die Übertragungszeit verkürzen und den

Speicherumfang reduzieren würde. Mit 1 bit wäre schließlich eine zweipegelige Faksimiletechnik erreicht und auch ausreichend zur Übermittlung
von Text- und Graphikinformationen (Kapitel 6.2). Man ist nun aber für
diesen speziellen Übertragungsfall gleich einen großen Schritt weiterge-
gangen und hat im Hinblick auf eine drastische Reduktion des Nachrichtenflusses die fernsehmäßige Abtastung ganz verlassen, da sie für den Fall
der Beschränkung auf reine Textinformation ganz erhebliche Redundanz enthält.

Bild 74b läßt erkennen, daß die Übermittlung der einzelnen Textzeichen
jetzt nach einer telegraphischen Methode vorgenommen wird. Die Textein-
gabe erfolgt über ein Tastenfeld mit einer senderseitigen Datenspeiche-
rung. Über den Kanal werden jetzt nur noch Daten übertragen, die aus
einem Zeichen-Speicher (Datenspeicher und Zeichengenerator) im Fernsehempfänger die einzelnen Text- und Graphik-Symbole abfragen und in der
richtigen Weise aneinanderreihen. Dadurch ergibt sich nur ein sehr geringer Nachrichtenfluß, was zu einer erheblichen Verkürzung der Übertragungszeit führt. Je nachdem ob die Datenfolge in der V-Lücke des Fernsehsignals oder über den Fernsprechkanal übertragen wird, nennt man dieses Verfahren "Videotext" (im Ausland "Teletext") oder "Bildschirmtext"
(im Ausland "Viewdata"). Bei der Festlegung der Norm ist man bestrebt,
eine weitgehende Übereinstimmung des Signalformates für beide Text-Über-
tragungsverfahren zu finden, so daß im Fernsehempfänger ein gemeinsamer
Zeichendecoder verwendet werden kann, wie das in Bild 74b angedeutet ist
[67,Bd4,Kap8.3].

Der Nachrichtenfluß konnte bei Videotext und Bildschirmtext auch deshalb
extrem niedrig gehalten werden, da die Text- und Graphik-Darstellung auf
40 Zeichen · 24 Textzeilen = 960 Zeichen begrenzt wurde (Bild 74b). Die
dabei entstehende Zeichengröße ist mit 10 Fernsehzeilen pro Textzeile
mit ausreichender Auflösung und Buchstabenhöhe darstellbar [64]. Verglei-
che hierzu die Ausführungen in Kapitel 1.3.8 (Bild 24) und Kapitel 5.1.2
(Bild 99), wo eine untere Auflösungsgrenze von 6 Zeilen pro Buchstabenhöhe angegeben wurde. Die geringe Elementzahl führt allerdings bei der
Wiedergabe von Graphiken zu einer mehr mosaikartigen Darstellung, wie
das an dem Beispiel der Wetterkarte in Bild 76 zu erkennen ist.

Das Format des Videotext-Signals wurde so gewählt, daß jeweils eine komplette Textzeile von einer Datenzeile gesteuert werden kann. Um die dafür
notwendige Datenmenge unterbringen zu können, mußte anstelle des für die
Datenübertragung sehr geeigneten Bi-Phase-Codes (Kap. 3.4.5, Bild 73b)

ein bandbreitesparender NRZ-Code verwendet werden. Auch die Bedingung eines überschwingarmen Impulses, der nach Bild 73c $2T = 1/f_{gr} = 1/5$ MHz = 200 ns breit sein sollte, wird beim Videotextverfahren mit einer Impulsdauer 144 ns erheblich unterschritten, um die gesamte Datenmenge einer Textzeile in der Datenzeile unterbringen zu können. Somit können $52\,\mu s/0,144\,\mu s = 360$ bit in der aktiven Zeilendauer untergebracht werden. Jedem Zeichen müssen 7 bit zugeordnet werden, so daß sich $2^7 = 128$ verschiedene alphanumerische Zeichen oder Graphikelemente auswählen lassen [67,Bd4,Kap8.2.2]. Nach dem verwendeten ASCII-Code (American Standard Code for Information Interchange) kommt noch 1 bit für die Fehlersicherung (Parity-Prüfung nach [64]) hinzu, so daß pro Zeichen 8 bit = 1 Byte übertragen werden müssen, was nun pro Textzeile eine Datenmenge von $8 \cdot 40 = 320$ bit ergibt.

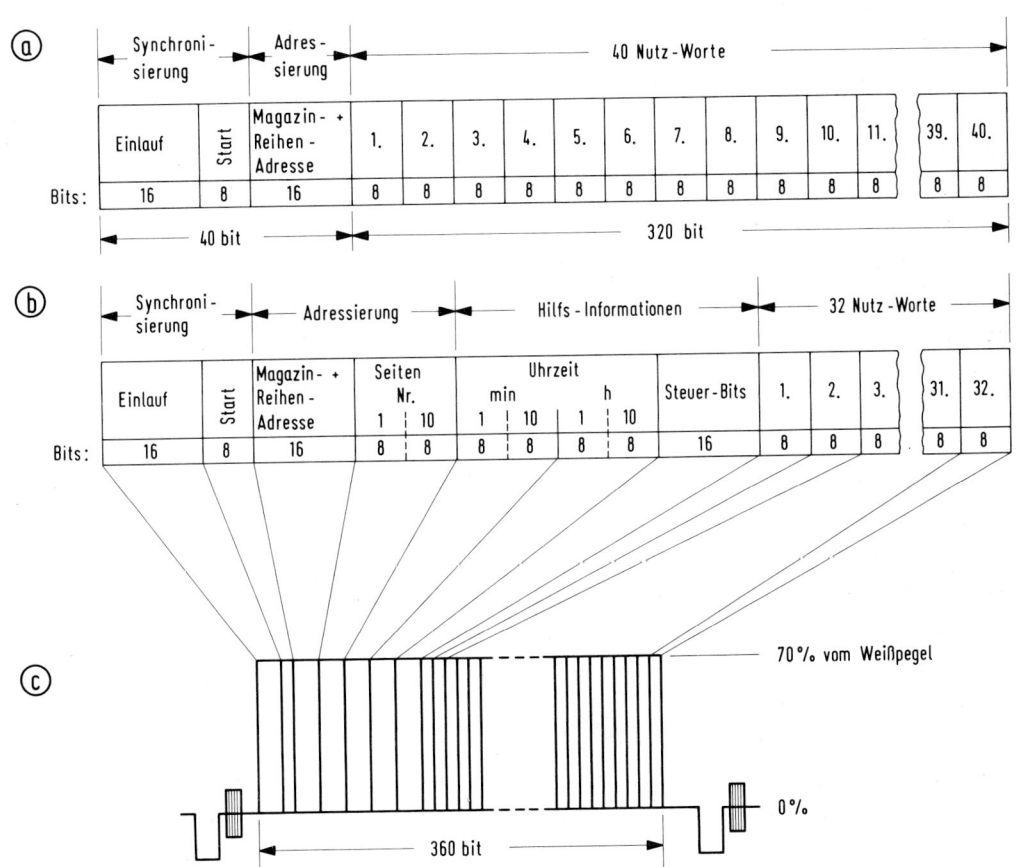

Bild 75 Format der Videotext-Datenzeile

      a) Datenformat einer Videotext-Zeile

      b) Datenformat der Kopfzeile

      c) Signalformat der Datenzeile

158

3. Analoge Bewegtbildübertragung

Es verbleiben also 360 - 320 = 40 bit für Einlauf, Startcode und Adressierung, wie das in Bild 75a für eine normale Videotext-Zeile dargestellt ist. Wegen der hohen Taktfrequenz kommt den Einlaufimpulsen (0-1-Folgen) eine erhebliche Bedeutung zu. Die Taktfrequenz entspricht der absoluten Datenrate von 360 bit/52 µs = 6,923 Mbit/s. Man wendet allerdings eine Verkopplung mit der Zeilenfrequenz an und hat als Taktfrequenz das 444-fache von 15,625 kHz = 6,937 MHz gewählt.

Wegen der kompakten Nutzung der Datenzeile ergibt sich beim Videotext-Verfahren eine relativ große Kanalkapazität und damit geringe Übertragungszeit für eine Textseite. Man muß hierbei die effektive Datenrate (auf das gesamte Teilbild bezogen) als Kanalkapazität zugrunde legen, wobei zu beachten ist, daß in jedem Teilbild zwei Datenzeilen zur Verfügung stehen:

$$C = \frac{2 \cdot 360 \text{ bit}}{20 \text{ ms}} = 36 \text{ kbit/s}. \tag{84}$$

Das ist gegenüber den 9,6 kbit/s für die in Kapitel 3.4.5 beschriebene Datenübertragung in der V-Lücke der 3,75-fache Wert. Die bei Videotext über diesen Kanal zu übertragende Nachrichtenmenge errechnet sich zu H = 320 bit · 24 Textzeilen = 7,68 kbit. Analog zu Gl. (83a) ergibt sich dann die Übertragungszeit (einschließlich 0,96 kbit für Adressen) zu:

$$\frac{H}{C} = \frac{8,64 \text{ kbit}}{36 \text{ kbit/s}} = 0,24 \text{ s}. \tag{85}$$

Natürlich läßt sich dieser Wert auch einfach aus 20 ms · 24/2 = 0,24 s ermitteln.

In einer zyklischen Reihenfolge wird mit ständiger Wiederholung eine Vielzahl solcher Textseiten gesendet. Die sogenannte Kopfzeile, die zu Beginn jeder Textseitenübertragung gesendet wird, enthält nach Bild 75b eine Seitennumerierung, die vom Fernsehteilnehmer über den Videotext-Decoder angewählt werden kann. Die Daten der zugehörigen Textseite werden dann im Zeichenspeicher nach Bild 74b festgehalten, über einen Zeichengenerator in fernsehgerechte Text- oder Graphik-Elemente umgewandelt und als komplette Text- und Graphik-Seite auf dem Bildschirm dargestellt. Bei einem Angebot von 100 aufeinanderfolgenden verschiedenen Textseiten ergibt sich damit eine Wiederholungsperiode für dieselbe Seite von 0,24 · 100 = 24 s. Der Teilnehmer muß also im ungünstigsten Fall genau diese 24 Sekunden warten, bis die von ihm ausgewählte Seite erscheint.

Bei Bedarf kann man dem Teilnehmer auch mehrere Magazine mit je 100 Seiten anbieten, wobei natürlich die mittlere Wartezeit entsprechend ansteigt. Zugehörige Codezeichen für die Magazinauswahl sind nach Bild 74b,
c am Anfang der Kopfzeile sowie in jeder Videotext-Zeile enthalten.

Wegen der Ähnlichkeit des Nachrichtenmediums sowie der angestrebten gemeinsamen Decodierung im Fernsehempfänger soll verabredungsgemäß im Vergleich zum Videotext- auch das Bildschirmtext-Verfahren behandelt werden. Hier erübrigt sich die ständige Wiederholung eines begrenzten Ange-
botes von Textseiten. Da die Codezeichen für die Textdarstellung über
den Fernsprechkanal übertragen werden, steht eine Zweiwegekommunikation
zur Verfügung, die über eine Tastenwahleinrichtung das Anfordern einer
praktisch unbegrenzten Anzahl von Text- und Graphik-Seiten aus den Bild-
schirmtext-Zentralen vorzunehmen gestattet. Wegen der geringeren Kanalkapazität von 1,2 kbit/s des Fernsprechkanals ergibt sich jedoch gegenüber dem Videotext-Verfahren mit 36 kbit/s Kanalkapazität eine um den
Faktor 36/1,2 = 30 größere Übertragungszeit über die Fernsprechleitung,
nämlich 0,24 s · 30 = 7,2 s. Allerdings entfällt beim Bildschirmtext auch
die mögliche Wartezeit für die Auswahl von Textseiten, die ja bei Videotext im ungünstigsten Fall 24 s betragen kann.

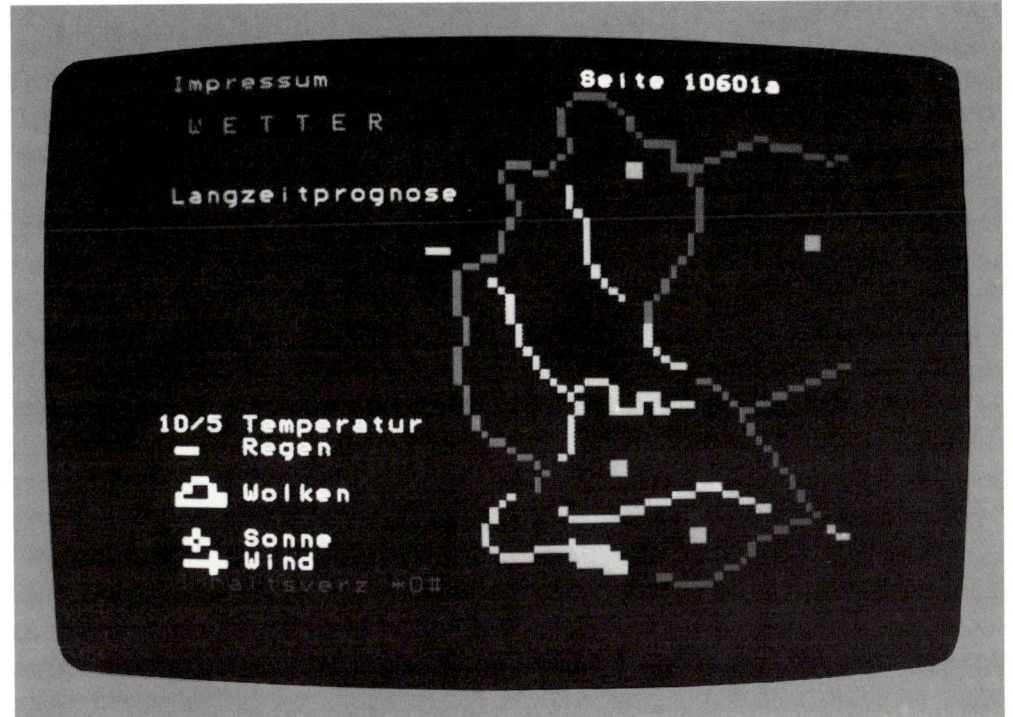

Bild 76 Schirmbildaufnahme einer Videotext-Seite

Die Festbild-Übertragungssysteme nach Bild 74 erfüllen in einer besonders effektiven Weise die von der Kommission für den Ausbau des technischen Kommunikationssystems (KtK) [67] aufgestellte Forderung nach Entwicklung und Einsatz von neuen Kommunikationsmedien, die aus wirtschaftlichen Gründen die bestehenden Übertragungseinrichtungen und - soweit
möglich - auch die Endgeräte mitverwenden sollen. Als Endgerät für die
zusätzliche Bild- oder Textübertragung - sozusagen als "Billig-Terminal"-
fungiert hier jeweils der konventionelle Farbfernseh-Heimempfänger, der
als Massenkonsumgut ein preiswertes Produkt darstellt und außerordentlich verbreitet ist.

Die Einführung von Festbild-Übertragungsverfahren nach Bild 74 hängt jedoch in starkem Maße von den Kosten des im Fernseh-Heimempfänger einzu-
setzenden digitalen Bildspeichers ab. Bei den Einzelbild-Verfahren nach
Bild 74a steht einer preiswerten Ausführung des Bildspeichers die erhebliche Datenmenge von 2,4 Mbit entgegen. Die der Telegraphie verwand-
ten Videotext- und Bildschirmtext-Verfahren nach Bild 74b übertragen dagegen nur eine Datenmenge von 7,68 kbit, so daß man im Text-Decoder des
Heimempfängers mit einem außerordentlich preisgünstigen Speicher auskommt. Deshalb konnten sich diese beiden Festbild-Verfahren - trotz
ihrer begrenzten Darstellungsmöglichkeit, insbesondere bei graphischen
Details (Bild 76) - frühzeitig in die Praxis einführen. Bereits 1980
wurde mit Feldversuchen für die Erprobung dieser neuen Medien begonnen.

3.5 Kabelfernsehen

Bereits in den sechziger Jahren begann eine Entwicklung in der Rundfunk-
und Fernsehversorgung, die die bisher übliche drahtlose Verteiltechnik
durch eine drahtgebundene ergänzen will. Nach dem Vorbild der Antennen-
Gemeinschaftsanlagen in Hochhäusern wird z.B. ein ganzes Dorf in einem
Tal mit bisher schlechtem Fernsehempfang von einer guten Antennenanlage
auf einem nahegelegenen Berg über ein umfangreiches Kabelnetz mit sehr
gutem Fernsehempfang versorgt. Man nennt dies eine Großgemeinschafts-Antennenanlage (GGA) [65].

In den folgenden Jahren wurden solche Kabelfernsehanlagen auch für Groß-
städte immer interessanter, da sich hiermit die das Stadtbild störende

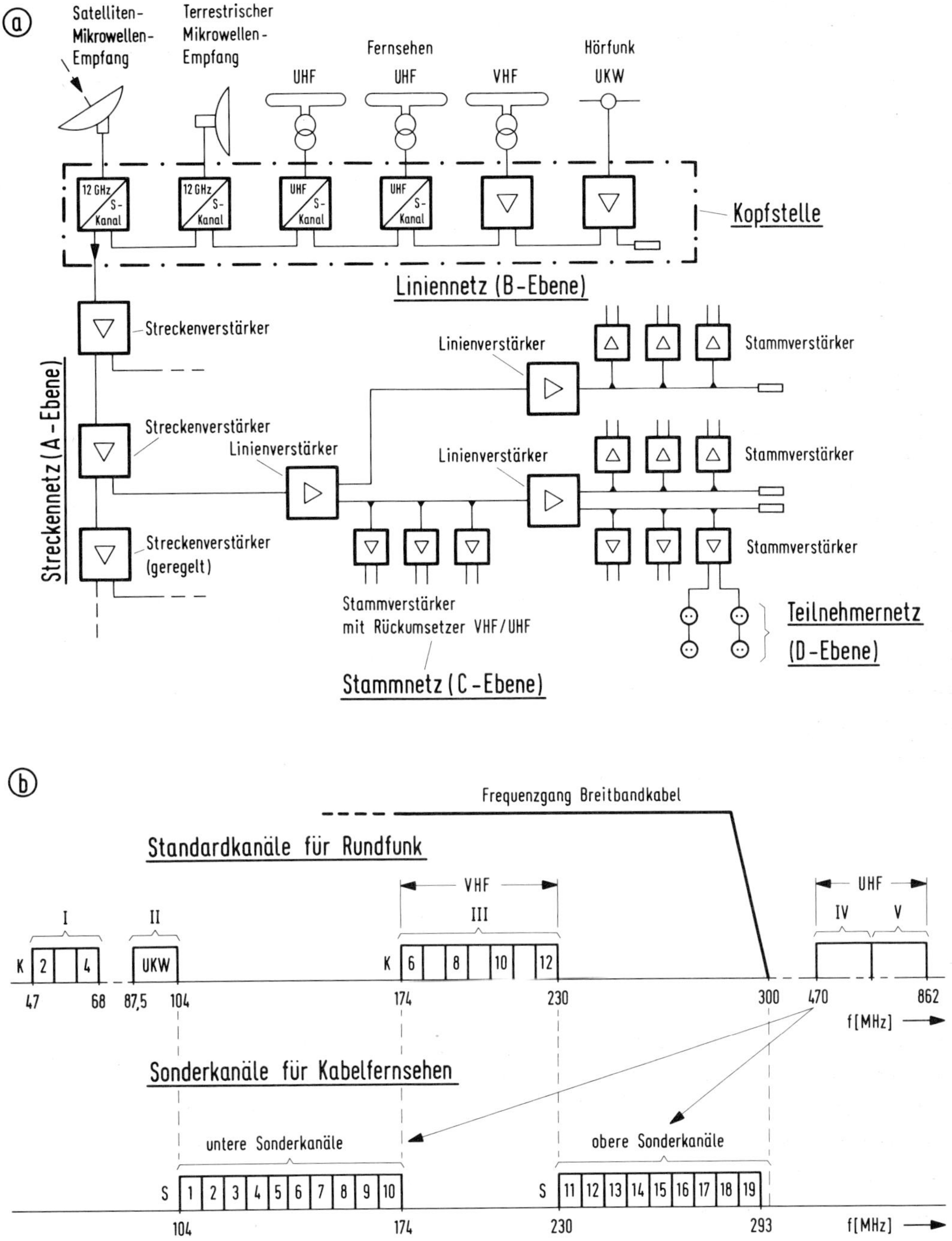

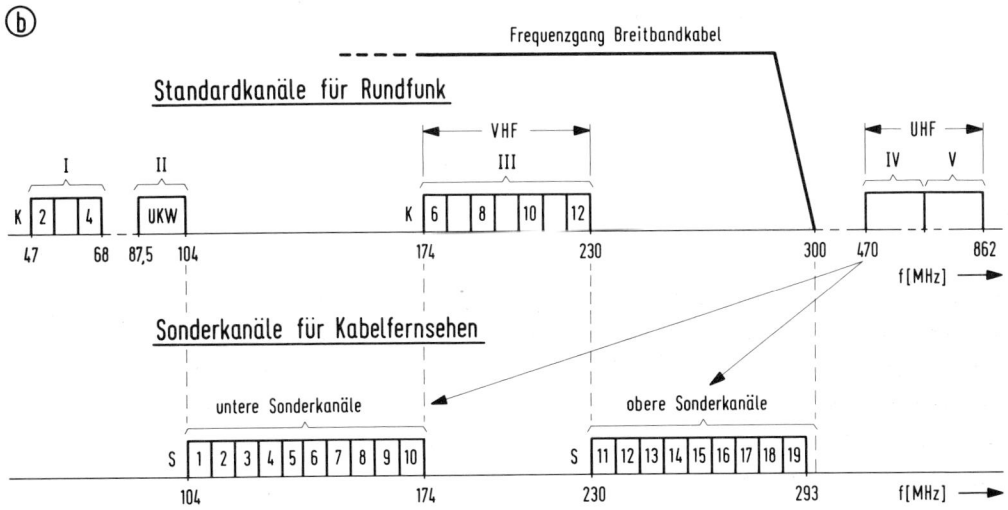

Bild 77 Kabelfernsehanlage als Verteilnetz einer Großgemeinschafts-
Antennenanlage (GGA)
a) Blockschema von Kopfstelle und Verteilnetz
b) Frequenzplan

Vielzahl von Privatantennen ("Antennenwald") reduzieren und die Reflexi-
onen an den zahlreichen Hochhäusern ("Geisterbilder") vermeiden lassen.

Vielmehr lassen sich nun entsprechend leistungsfähige Empfangsantennen
an einer einzigen - empfangsmäßig besonders günstig gelegenen - Stelle
installieren, so daß für die über das Kabelnetz angeschlossenen Teilnehmer eine sehr gute Empfangsqualität gewährleistet werden kann.

In Bild 77a ist das Schema eines Kabelfernsehnetzes dargestellt. Es soll
zunächst nur für Rundfunk-Verteilzwecke zur Verfügung stehen und ist daher im konventionellen Sinne eine Großgemeinschafts-Antennenanlage
[65, 66]. Es handelt sich um eine Baumstruktur, mit der sich eine besonders wirtschaftliche Anpassung von Verstärkern und Kabeln an das Straßen-
netz einer Stadt durchführen läßt [67,Bd5,Kap2.1]. Von einer Streckenleitung
werden über Abzweigverstärker (Streckenverstärker) sogenannte Linienlei-
tungen in den einzelnen Hauptstraßen verlegt, die sich über Linienver-
stärker in die Stammleitungen der Nebenstraßen verzweigen. Von hier aus
erfolgt schließlich die Abzweigung in die einzelnen Häuser (Teilnehmer-
netz).

In den Verstärkern werden gleichzeitig auch die Kabelverluste ausgeglichen einschließlich der notwendigen Frequenzgangkorrektur. Für die A-Ebe-
ne (Streckennetz), wo die größten Entfernungen auftreten, werden besonders verlustarme Koaxialkabel mit großem Durchmesser 3,6/23,7 mm verwendet, die bei 300 MHz eine Dämpfung von etwa 36 dB/km aufweisen. Mit einer
technologisch bedingten maximal möglichen Verstärkungskorrektur von 20 dB
kommt man so auf einen Verstärkerabstand von 20/36 = 550 m. Das muß als
äußerste wirtschaftliche Grenze angesehen werden, so daß die Grenzfrequenz von 300 MHz beim Kabelfernsehen praktisch nicht überschritten werden kann [67,Bd5,Kap2.5].

In der Kopfstelle (Kabelfernsehzentrale) werden nun nach Bild 77a alle in
den verschiedenen Frequenzbereichen mit entsprechend angepaßten Antennen
empfangenen Rundfunksignale an sogenannten Durchschleifausgängen der An-
tennenverstärker addiert, so daß sich das in Bild 77b dargestellte Frequenzspektrum ergibt. Bei dessen Einspeisung in das Kabelfernsehnetz
wird nach dem oben Gesagten trotz verwendeter Breitbandkabel das Band
bei 300 MHz begrenzt, so daß die beiden Frequenzbänder IV und V des UHF-
Bereiches abgeschnitten werden. Man setzt sie daher auf einige der unterhalb und oberhalb des VHF-Bereiches zur Verfügung stehenden Sonderkanäle um, was nach Bild 77a bereits in den mit UHF/S-Kanal gekennzeichne-

ten Eingangsverstärkern geschieht. Alle anderen Frequenzbereiche (I und
III sowie das UKW-Hörfunkband II) werden in der Original-Frequenzlage
über das Kabelnetz den Hörfunk- und Fernsehempfängern zugeführt. Selbstverständlich müssen die in den Sonderkanälen nach Bild 77b übertragenen
UHF-Programme vor der Verteilung auf die Antennenbuchsen - also am
Stammverstärker, vor dem Eingang des Teilnehmernetzes (Bild 77a) - wieder in die Original-Frequenzlage (470 - 862 MHz) rück-umgesetzt werden.
Einige Fernsehempfänger sind allerdings auch für den Empfang von Sonderkanälen eingerichtet.

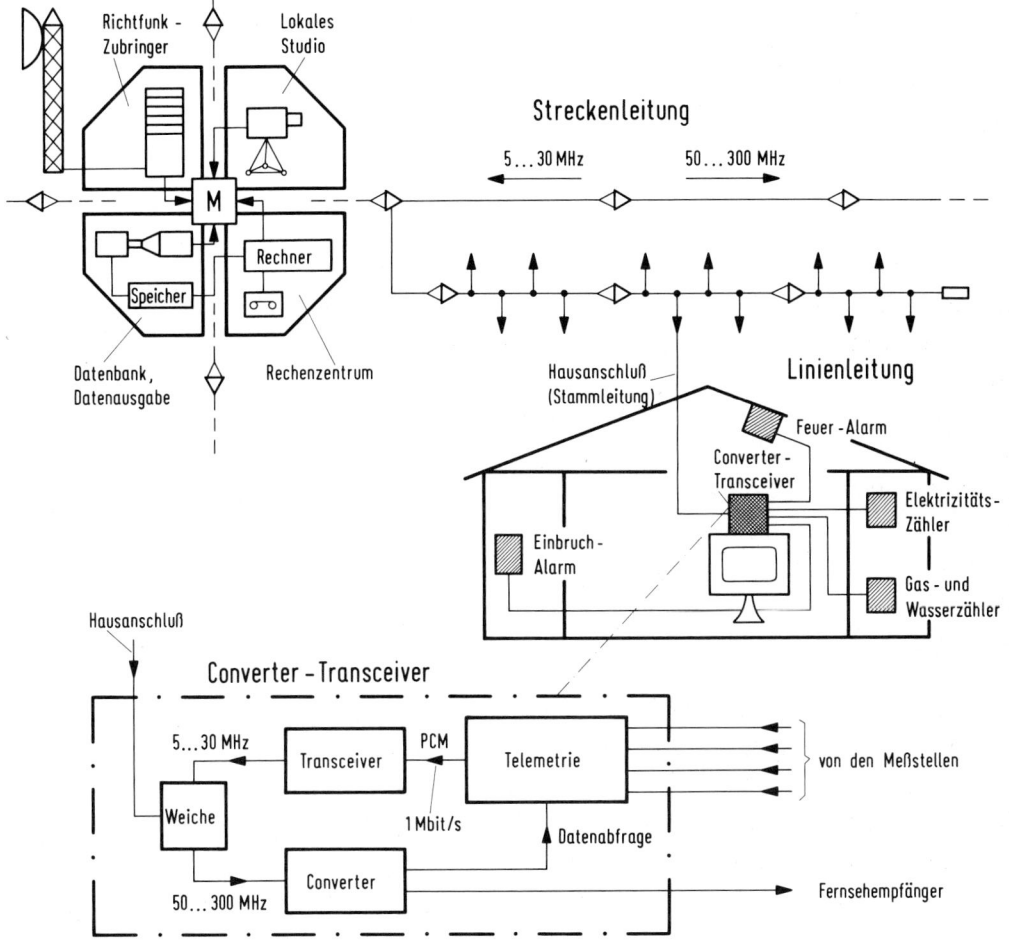

Bild 78 Breitband-Kommunikationssystem mit Koaxialkabelnetz (Kabelfern-
        sehanlage mit Rückkanal in Baumstruktur)

Das bisher beschriebene Kabel-Fernsehsystem überträgt nach den Prinzipi-
en des Rundfunks nur einen einseitig gerichteten Informationsfluß (reines Verteilnetz). Man kann dieses System aber mit einem relativ geringen
Mehraufwand für die Kabelinstallation auf ein Zweiweg-Kabelfernsehsystem
erweitern. Nach Bild 78 wird zu diesem Zweck der gesamte übertragene
Frequenzbereich des Kabels aufgeteilt in ein Frequenzband von 50...300 MHz
für die Übertragung der Rundfunk- und Fernsehkanäle in Richtung zum Teilnehmer und das niedrige Frequenzband von 5...30 MHz für eine Informati-
onsübermittlung vom Teilnehmer zur Zentrale. Da dieser Kanal jedoch eine
geringere Bandbreite aufweist, benutzt man ihn vorwiegend für die Daten-
übermittlung.

Nach Bild 78 wird dem häuslichen Fernsehempfänger ein "Converter-Trans-
ceiver" vorgeschaltet, in welchem die zu übermittelnden Daten aufbereitet,
moduliert und über eine Frequenzweiche an die Zentrale abgegeben werden.
Ist diese Zentrale nach Bild 78 außer mit den Fernsehempfangseinrichtun-
gen auch mit einem lokalen Fernsehstudio, einem Rechenzentrum und einer
Datenbank ausgerüstet, dann lassen sich z.B. folgende Informationen abfragen und auf dem Fernsehempfangsschirm wiedergeben: Lokales Fernsehpro-
gramm, Fahrpläne, Sportergebnisse, Wetterkarte, Börsenkurse, Bankkonten,
Lexika-Auskünfte usw. Umgekehrt kann aber auch das Rechenzentrum Informationen vom Teilnehmer einholen: Sehbeteiligung an den Fernsehprogrammen
oder die Fernseh-Gebührenrechnung. Fragen eines Fernsehmoderators könnten
von den Teilnehmern über ein Tastenfeld beantwortet werden. Schließlich
ist über den Rückwärtskanal auch eine Heimüberwachung möglich, die nach
Bild 78 im Haus des Teilnehmers eine Einbruch- und Feuermelde-Einrichtung
vorsieht (Fernmeldetechnik). Auch eine Fernablesung des Elektrizitätszäh-
lers sowie des Gas- und Wasserzählers sind möglich (Fernmeßtechnik),
ebenso eine Ferneinschaltung der Heizung oder ein automatischer Weck-
dienst (Fernwirktechnik) [66, 68].

Mit einer gewissen Berechtigung trägt das in Bild 78 dargestellte Breitband-Kommunikationssystem in den USA die Bezeichnung TOCOM als Abkürzung
für "Total-Communication". Versuchsanlagen sind bereits in Betrieb. Auch
in der Bundesrepublik Deutschland befinden sich ähnliche Breitband-Kom-
munikationssysteme in Vorbereitung, wobei stets der wirtschaftlich einfacher zu realisierende Schritt der Installation eines reinen
Verteilsystems für Fernsehprogramme zuerst gegangen wird. Anschließend
erfolgt der Ausbau zum Breitband-Kommunikationssystem durch Hinzunahme
des Rückkanals. Weitere Zukunftsaspekte für die Nutzung von Kabelfernsehanlagen mit Rückkanal finden sich in [67,Bd5,Kap4].

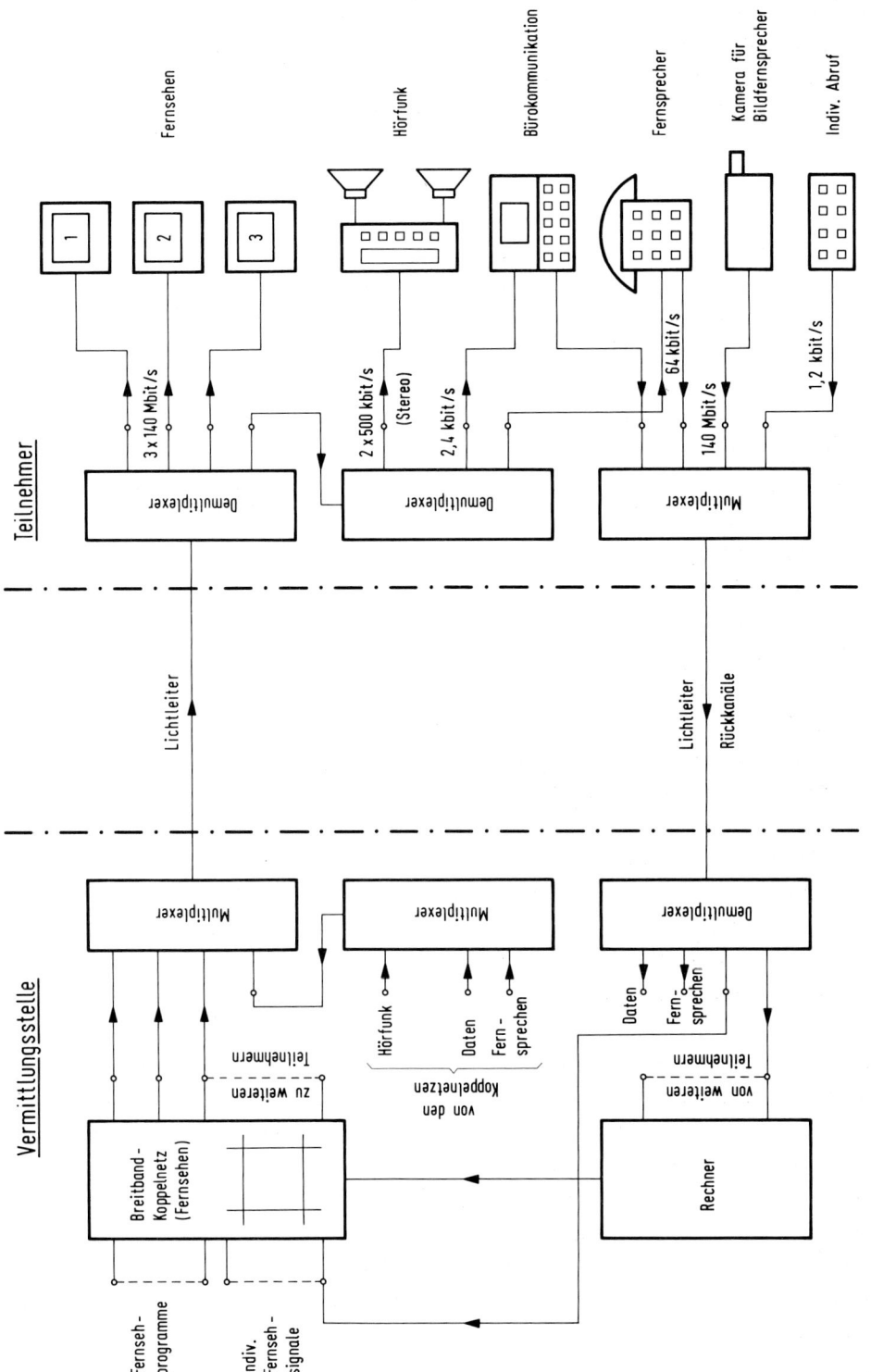

Breitband-Kommunikationssystem für Lichtleiterverbindungen
(Kabelfernsehanlage mit Rückkanal in Sternstruktur)

Als besonders geeignet für den Aufbau eines Breitband-Kommunikationssy-
stems erweist sich die optische Nachrichtenübertragung. Über lichtemit-
tierende Dioden (LEDs) oder Laserdioden werden die elektronischen Signale in moduliertes Licht umgesetzt, das dann über Glasfaserstrecken
(Lichtwellenleiter) übertragen und über Silizium-Halbleitersensoren
(PIN- oder Lawinen-Photodioden) wieder demoduliert wird [69]. Die sehr
geringe Leitungsdämpfung, die extrem hohe Übertragungskapazität, der geringe Leitungsdurchmesser, die fehlende elektrische Leitfähigkeit (keine
galvanische Verbindung) sowie die Unempfindlichkeit gegenüber elektroma-
gnetischen Feldern und schließlich die Tatsache, daß Rohstoffe zur Glas-
faserherstellung praktisch in beliebiger Menge vorhanden sind, sichern
diesem Übertragungselement eine zunehmende Verbreitung.

Bei der häufig verwendeten Multimode-Gradientenprofilfaser nimmt der Bre-
chungsindex der Faser von der Mitte nach außen hin kontinuierlich ab, wodurch das Licht im Mantelbereich mit niedriger Brechzahl zur Faserachse
hin abgelenkt wird. Durch die fast gleiche Laufzeit der Lichtstrahlen
(Dispersion) bleibt die Impulsverbreiterung gering, die übertragbare
Bandbreite entsprechend hoch [69]. Es lassen sich damit Kanalbandbreiten
von 1 GHz $\cdot$ km erzielen. Der Dämpfungswert liegt in dem vorzugsweise verwendeten Wellenlängenbereich 0,8...0,9 μm bei etwa 3 dB/km. Dem stehen
die weiter oben erwähnten 36 dB/km mit einer Bandbreite von nur 300 MHz
bei einem besonders aufwendigen - weil verlustarm konstruierten - Koaxialkabel gegenüber. Legt man wieder einen in der Praxis zulässigen Dämpfungsanstieg von 20 dB zugrunde, dann kommt man bei einem Glasfasernetz
auf Entfernungen von 20/3 = 6,7 km, die ohne Verstärker bei analoger Modulation erreicht werden können. Bei Anwendung von digitaler Modulationstechnik, die wegen der nichtlinearen elektrooptischen Wandler neben der
Frequenzmodulation hier ausschließlich in Frage kommt, darf der Störabstand theoretisch bis auf etwa 20 dB absinken [2,Kap8.4.3], so daß ein
entsprechend größerer Dämpfungsanstieg zulässig ist. Man kommt so nach
[70] auf etwa 15 km Leitungslänge ohne Zwischenverstärkung bei einer
Bandbreite von 1 GHz $\cdot$ km/15 km = 67 MHz, worüber man einen Nachrichtenfluß von etwa 140 Mbit/s (4. PCM-Hierarchiestufe) und damit gerade ein
digitales Farbfernsehsignal übertragen könnte (Kap. 4.1.2). Bei Beschränkung auf 5 km Leitungslänge, was für ein Ortsnetz ausreichend wäre, stehen 1 GHz $\cdot$ km/5 km = 200 MHz Bandbreite zur Verfügung, worüber
sich immerhin etwa 3 Farbfernsehsignale gleichzeitig übertragen lassen.

Da man also bei einer Glasfaserverkabelung im Ortsnetz ohne Zwischenver-
stärker auskommt, bietet sich nach [70] in Anlehnung an das Fernsprech-

Ortsnetz eine sternförmige Verkabelung an. Das bedeutet, daß von der
Vermittlungsstelle im Ortsamt zu jedem einzelnen Teilnehmer ein Lichtleiter verlegt wird. Es ist jedoch die Zahl der gleichzeitig übertragbaren Fernsehprogramme stärker eingeschränkt als bei dem analogen Kabel-
fernsehsystem mit Koaxialkabeln nach Bild 77. Deshalb ist ein individu-
eller Abruf der Programme in der Vermittlungsstelle notwendig, bei einer
sternförmigen Verkabelung aber auch leicht zu realisieren. Im einfachsten Fall wird man die vorhandene Fernsprechleitung für die Übermittlung
der Daten des individuellen Abrufes von Programmen verwenden.

Bild 79 zeigt die vielen zusätzlichen Kommunikationsmöglichkeiten, die
sich ergeben, wenn man für den Rückkanal einen zweiten Lichtleiter verlegt. Man erhält dann ein echtes Zweiwege-Breitband-Kommunikationssystem.
Mit einer Farbfernsehkamera in CCIR-Norm läßt sich nun ein Breitband-
Farbbildfernsprechdienst realisieren. Neben den Datenkanälen für den individuellen Abruf von Fernseh- und Hörfunkprogrammen sowie Textinformationen, Fest- oder Bewegtbildsequenzen sind 2,4 kbit/s- und 64 kbit/s-
Kanäle vorgesehen, über die ein digitaler Fernsprechdienst abgewickelt
werden kann, sowie auch Geräte der Bürokommunikation - z.B. Fernschreiber
und Fernkopierer (vgl. Kap. 6.2.4) - anschließbar sind. Die Zusammenfas-
sung all dieser Signale erfolgt nach Bild 79 in Multiplex-Geräten, die
die verschiedenen Impulsreihen nach dem Prinzip der Zeitmultiplextechnik
ineinanderschachteln [12,KapVI/3].

Als technologische Voraussetzungen für den weiteren Ausbau solcher Breit-
band-Kommunikationssysteme mit Glasfaser zeichnet sich die Entwicklung
der Wellenlängen-Multiplextechnik sowie der Übergang auf Lichtleiter mit
einer Monomode-Stufenprofilfaser ab, die Bandbreiten von 50 GHz · km erwarten lassen [69], so daß sich wesentlich größere Datenflüsse bzw. mehr
Kanäle realisieren lassen.

3.6 Satellitenfernsehen

Beim Kabelfernsehsystem nach Bild 77a sind in der Kopfstelle neben den
Empfangsanlagen für die Fernseh-Frequenzbereiche VHF (174...230 MHz) und
UHF (470...862 MHz) auch Mikrowellen-Empfangseinrichtungen für den 12-
GHz-Bereich vorgesehen. Die geringen Wellenlängen des GHz-Bereiches führen bei der Anwendung von wesentlich aufwendigeren Parabolantennen zu
den notwendigen Antennengewinnen durch Richtwirkung. Um auf gute Störabstände zu kommen, sind weiterhin auch aufwendige Antennen-Eingangsver-

stärker erforderlich, die mit parametrischen Verstärkerstufen, mit Maser
oder Tunneldioden arbeiten. Das ist vor allem deshalb wichtig, weil im
GHz-Bereich mit geringen Empfangsfeldstärken gerechnet werden muß. Bei
einem Fernseh-Satelliten ist durch das begrenzte Startgewicht - bzw. die
Probleme der Energieversorgung über Solargeneratoren - mit höchstens 200 W
Sendeleistung zu rechnen. Hinzu kommen eine relativ große Bedeckungszone
(z.B. Bundesrepublik Deutschland mit Randgebieten) und der Wunsch, die
gegenseitige Überlappung der Versorgungszonen von Nachbarländern für den
Empfang von ausländischen Fernsehprogrammen zu nutzen, wobei natürlich
mit besonders geringen Feldstärken zu rechnen ist [71]. Dies alles
spricht für einen Mikrowellenempfang in einer Großgemeinschafts-Antennenanlage nach Bild 77a, da hierbei ein großer Aufwand für die GHz-Emp-
fangsanlagen wirtschaftlich vertretbar ist.

Eine der beiden Mikrowellen-Empfangsanlagen in der Kopfstelle nach Bild
77a ist für den erdgebundenen GHz-Empfang vorgesehen. Doch sind die
Chancen für die Einführung eines derartigen Dienstes gering, da die Notwendigkeit von Sichtverbindung zwischen Sender und Empfänger eine sehr
große Zahl von Sendern erfordert bzw. eine wirtschaftliche Anwendung
dieses Dienstes auf dichtbesiedelte Gebiete beschränkt bleiben müßte. Dagegen kann man mit einem einzigen Fernsehsatelliten eine Vollversorgung
der Bundesrepublik erreichen, wobei insbesondere auch die Besiedelungen
von Tälern mit einbezogen wären. Es wird daher angestrebt, Mikrowellenempfang nicht nur über Großgemeinschafts-Antennenanlagen, sondern auch direkt mit dem Heimempfänger zu realisieren.

Für ein solches "Direktfernsehen" über Satelliten sind die Spezifikatio-
nen im Bild 80 zusammengestellt. Diese wurden von einer World Administra-
tive Radio Conference (WARC), die die International Telecommunication
Union (ITU) im Februar 1977 durchführte, festgelegt und beschreiben die
Eigenschaften der Übertragungsstrecke für einen mit 36 000 km Radius um
die Erde kreisenden Synchronsatelliten. Insbesondere wurden die Mindest-
forderungen festgelegt, die bezüglich Antennengrößen (Antennengewinn G
ist proportional dem Quadrat des Durchmessers einer Parabolantenne!) und
Sendeleistungen an das Übertragungssystem zu stellen sind, wenn unter Beachtung wirtschaftlicher Gesichtspunkte (kostengünstige Empfangseinrichtung für den Heimempfänger) eine ausreichende Empfangsqualität gewährleistet werden soll [71].

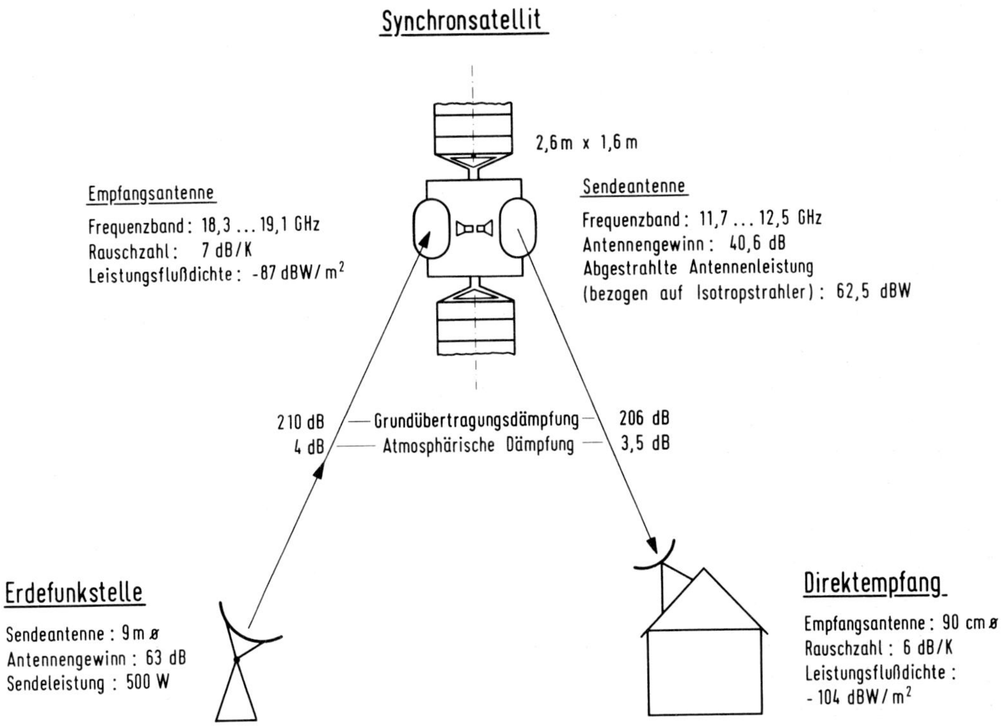

Synchronsatellit

2,6 m x 1,6 m

Empfangsantenne

Frequenzband: 18,3 ... 19,1 GHz
Rauschzahl: 7 dB/K
Leistungsflußdichte : -87 dBW/ m²

Sendeantenne

Frequenzband : 11,7 ... 12,5 GHz
Antennengewinn : 40,6 dB
Abgestrahlte Antennenleistung
(bezogen auf Isotropstrahler) : 62,5 dBW

210 dB ──── Grundübertragungsdämpfung ──── 206 dB
4 dB ──── Atmosphärische Dämpfung ──── 3,5 dB

Erdefunkstelle

Sendeantenne : 9 m ⌀
Antennengewinn : 63 dB
Sendeleistung : 500 W

Direktempfang

Empfangsantenne : 90 cm ⌀
Rauschzahl : 6 dB/K
Leistungsflußdichte :
- 104 dBW/ m²

<u>Bild 80</u> Technische Bedingungen für ein Satellitenfernsehen mit
            Direktempfang

Die im Synchronsatelliten erforderliche Sendeleistung erhält man, wenn
von der abgestrahlten Antennenleistung der Antennengewinn subtrahiert
und für die Verluste in der Antennenzuführung noch 1,2 dB zuaddiert werden:

$$62,5 \text{ dBW} - 40,6 \text{ dB} + 1,2 \text{ dB} = 23,1 \text{ dBW.}$$

Da dBW eine auf 1 W bezogene dekadisch-logarithmische Leistungsangabe
darstellt, ergibt sich der Absolutwert für die an der Endstufe abzuge-
bende Leistung aus:

$$10 \cdot \lg\frac{P_S}{1W} = 23,1 \text{ dBW}$$
$$P_S = 10^{2,31} = 204 \text{ W.}$$

(86)

Man rechnet daher mit einem Aufwand an Sendeleistung im Satelliten von
etwa 250 W, um beim Direktempfang die für eine ausreichende Empfangsqualität über eine relativ einfache Empfangsantenne mit 90 cm Durchmesser
nach Bild 80 erforderliche Leistungsflußdichte von -104 dBW/m^2 erhalten
zu können [71].

Entscheidenden Einfluß auf die Empfangsqualität einerseits und die auf-
zubringende Sendeleistung im Satelliten andererseits hat auch die Wahl
des Modulationsverfahrens. Diese muß allerdings auch in Relation zum
Aufwand im sogenannten Konverter einer 12-GHz-Empfangseinrichtung gesehen werden. Nach Bild 77a befinden sich in der Kopfstelle einer Großgemeinschafts-Antennenanlage solche Konverter, die die 12-GHz-Signale in
Sonderkanäle umsetzen. Beim Direktempfang des Heimempfängers vom Satelliten benötigt man den zusätzlichen Aufwand eines solchen Konverters vor
jedem Heimempfänger und ist daher an einer preiswerten Lösung interessiert.

Im einfachsten Fall würde der Satellit mit amplitudenmodulierter Restseitenbandübertragung senden, im Eingangskonverter ist dann nur ein Umsetzer erforderlich. Allerdings ist die Störempfindlichkeit gegenüber
dem Rauschen der Eingangsstufen sowie gegenüber Interferenzeffekten mit
Nachbarsatelliten viel zu hoch. Der Übergang auf Frequenzmodulation mit
einem Frequenzhub von 8 MHz und einer Kanalbreite von etwa 30 MHz läßt
die notwendige Sendeleistung bei gleichem Störabstand auf etwa 1/10 absinken. Bei der Wahl einer digitalen Modulationstechnik könnte die Sendeleistung noch weiter reduziert werden, würde jedoch zu einem erheblich
aufwendigeren Konverter führen [72].

Aber auch für die in der Praxis verwendete Frequenzmodulation muß der
Konverter - zusätzlich zum Umsetzer - einen Modulationswandler enthalten.
Dies zeigt das Blockschema des Konverters nach Bild 81, wie er für den
Direktempfang der 12-GHz-Signale vom Fernsehsatelliten als Vorschaltge-
rät eines normalen Fernseh-Heimempfängers benötigt wird [73]. Unmittelbar an die Parabolantenne angeflanscht ist das "Outdoor Unit", in dem
sofort vom 12-GHz-Bereich in die erste Zwischenfrequenz - 410 MHz oder
auch 1 GHz sind üblich - umgesetzt wird, um die Kabelverluste möglichst
gering zu halten. Die in dieser ersten Einheit verwendeten Bauelemente
bestimmen weitgehend den Störabstand, weshalb ein rauscharmer Schottky-
Dioden-Mischer und ein Gunn-Dioden-Oszillator (Osz. 1) verwendet werden.
Über Breitband-Antennenkabel geht es dann zum "Indoor-Unit", das sich

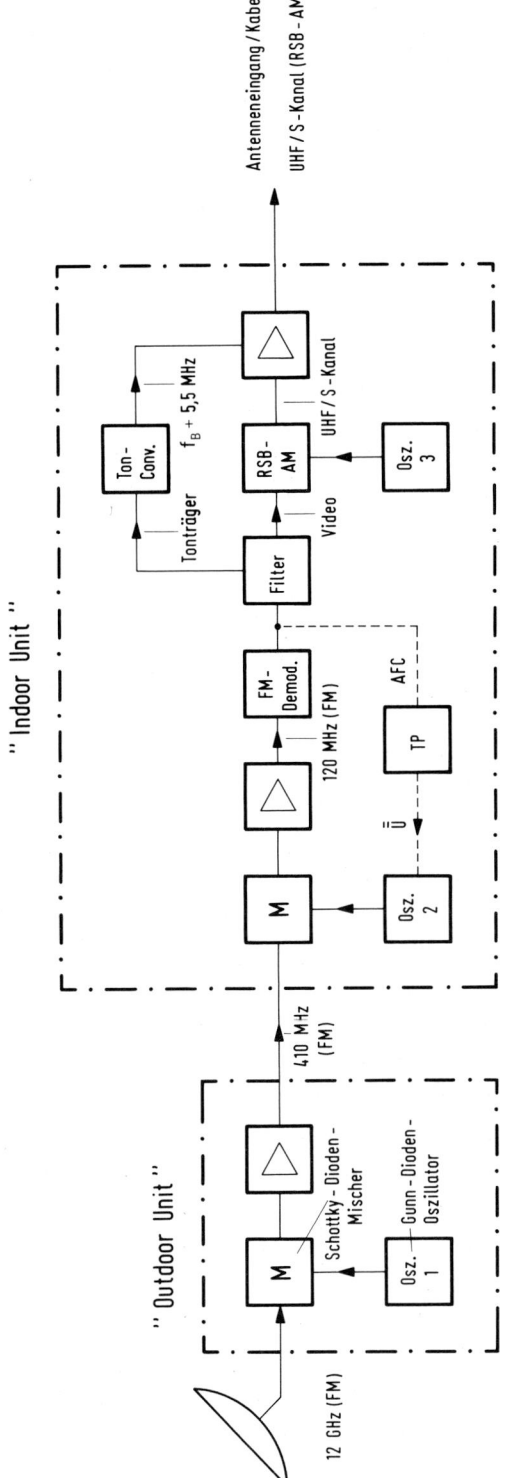

Bild 81 Blockschema eines Konverters für den 12-GHz-Empfang von einem
          Fernsehsatelliten

bei Gemeinschafts-Antennenanlagen auf dem Dachboden befinden kann, um
die hochfrequente Kabelverbindung kurz zu halten. Die 410 MHz liegen
aber bereits in der Nähe des UHF-Bereiches und lassen sich daher bei
Einzelgeräten auch bis zum Fernsehempfänger verkabeln, dem das "Indoor
Unit" dann unmittelbar vorgeschaltet ist. In diesem Gerät wird auf eine
niedrigere Zwischenfrequenz von 120 MHz umgesetzt und anschließend fre-
quenzdemoduliert.

Der für die zweite Umsetzung verwendete Oszillator (Osz. 2) wird über
einen an dem FM-Demodulator angeschlossenen AFC-Kreis (Automatic Fre-
quency Control) frequenzstabilisiert. Da der Gunn-Dioden-Oszillator in
der ersten Einheit durch eine dielektrische Temperaturkompensation innerhalb ± 5 MHz gehalten werden kann, bleibt diese Abweichung im Regelbe-
reich der AFC des zweiten Mischers und kann daher mit ausgeregelt werden
[73].

Die Modulationswandlung erfolgt nun in der zweiten Einheit nach Bild 81
durch Remodulation des Videosignals in einem Restseitenband-Amplituden-
modulator (RSB-AM). Der Tonträger muß dabei über einen separaten Ton-
Konverter im Endverstärker additiv zugesetzt werden. Das Ausgangssignal
des "Indoor Unit" läßt sich über den Antenneneingang des Fernsehempfängers direkt wiedergeben. Der für die Amplitudenmodulation verwendete Oszillator (Osz. 3) kann dabei auf einen UHF-Kanal eingestellt sein, wenn
das "Indoor Unit" unmittelbar vor dem Fernsehempfänger verwendet oder
sein Ausgangssignal in eine Gemeinschafts-Antennenanlage (GA) auf dem
Dachboden eingespeist werden soll. Wird der Konverter nach Bild 81 dagegen in der Kopfstelle einer Großgemeinschafts-Antennenanlage (GGA) - also
einer Kabelfernsehanlage (Bild 77a) - verwendet, dann wäre der Oszillator (Osz. 3) auf einen der Sonderkanäle ober- oder unterhalb des VHF-Ban-
des (Bild 77b) einzustellen, um das Signal des Fernsehsatelliten über das
Breitband-Kabelnetz zu den angeschlossenen Heimempfängern übertragen zu
können.

Die großen Frequenzbandreserven im GHz-Bereich einer Fernsehsatelliten-
übertragung lassen sich auch für die Verteilung von Programmen in HDTV-
Technik (Fernsehsysteme hoher Zeilenzahl) nutzen. Eine nach Kap. 5.1.3
für das 1125-Zeilensystem erforderliche Luminanzbandbreite von 20 MHz
und Chrominanzbandbreite von 6,5 MHz kann über den Satelliten mit
75 MHz trägerfrequente Bandbreite (Frequenzhub 17,5 MHz) für die Luminanz und 25 MHz trägerfrequente Bandbreite (Frequenzhub 6 MHz) für die
Chrominanz übermittelt werden. Insgesamt wird also eine Bandbreite von

75 + 25 = 100 MHz für die in Frequenzmultiplextechnik übermittelten Komponenten des HDTV-Farbfernsehsignals benötigt [74].

Außer an einen Direktempfang solcher Hochqualitäts-Fernsehbilder ist auch an eine Verteilung von fernsehmäßig mit dem HDTV-Standard abgetasteten Spielfilmen gedacht, die dann in vielen Kinos mit Farbfernseh-Großprojektoren gleichzeitig wiedergegeben werden können, da solch ein Hochzeilensystem für die Großbilddarstellung besonders geeignet ist (Kap. 5.1.2).

4. Digitale Bewegtbildübertragung

Bei der Zusatzübertragung im Fernsehkanal nach Kapitel 3.4 wurde für einige Verfahren bereits die digitale Übertragungstechnik vorausgesetzt. Insbesondere wenn es sich um die Übermittlung von Textinformationen handelt, werden die einzelnen Zeichen am zweckmäßigsten durch Datenfolgen beschrieben. Die Vorteile dieser Datenübertragung lassen sich durch eine digitale Übertragungstechnik - Pulscodemodulation (PCM) genannt - auch für Fest- und Bewegtbilder in Halbtonversion nutzbar machen. Pro Abtastwert müssen dann so viele Bits übermittelt werden, wie für die Kennzeichnung des jeweiligen Analogwertes notwendig sind, wodurch sich der Datenfluß entsprechend erhöht. Solche Digitalübertragungen analoger Signale waren auch bereits im Zusammenhang mit der optischen Nachrichtenübertragung in Kapitel 3.5 (Bild 79) erwähnt worden. Wegen der hier vorliegenden nichtlinearen optoelektrischen Wandler ist die digitale Übertragungstechnik besonders angebracht.

Neben der Unempfindlichkeit gegenüber nichtlinearen Übertragungsfehlern (was ja auch für die analoge Frequenzmodulation gilt) lassen sich folgende Hauptvorteile einer digitalen Übertragung, Verarbeitung und Speicherung nennen:

1. Es wird eine besonders störsichere Übertragung (bzw. Verarbeitung) erreicht. Da jeweils nur zwei Pegelwerte den Signalverlauf kennzeichnen, ist für den Grenzfall im Übertragungskanal eine Störabstandsverschlechterung bis etwa 20 dB zulässig, während bei Analogübertragung mindestens 40 dB zu fordern sind [2,Kap8.4.3].

2. Die Digitaltechnik eignet sich besonders gut für die moderne Mikroelektronik. Digitale Schaltungen können wesentlich leichter und effektiver integriert werden als analoge. Solche Schaltungen sind praktisch abgleichfrei und haben eine ausgezeichnete Langzeitkonstanz.

3. Durch die computergerechte Verarbeitung digitaler Signale lassen sich wesentlich kompliziertere Methoden in einer dennoch effektiven Form realisieren.

Diese Vorteile erklären die bevorzugte Anwendung digitaler Übertragungstechniken für zukünftige Nachrichtennetze. Gerade auch die Bildübertragung ist hiervon betroffen. Ebenso ist eine digitale Verarbeitung im Fernsehstudio und Fernsehempfänger von großem Interesse. In den folgenden Kapiteln werden daher die Besonderheiten einer digitalen Bewegtbild-Übertragung und -Verarbeitung geschildert.

4.1 Pulscodemodulation eines Bewegtbild-Signals

4.1.1 Digitales Schwarzweiß-Signal

Die Pulscodemodulation (PCM) oder Digitalisierung eines analogen Bildsignals verlangt zunächst eine zeitliche Quantisierung bzw. Abtastung, die entsprechend dem Abtasttheorem nach Gl. (3a) mit einer Impulsfrequenz (= Abtastfrequenz) von mindestens

$$f_T = \frac{1}{T} = 2W \qquad (87)$$

durchgeführt werden muß. Dabei stellt W die Bandgrenze des Analogsignals dar.

Für die Grauwertübertragung eines Schwarzweiß-Bildes werden normalerweise n = 256 Pegelstufen vorgesehen, was ldn = ld 256 = 8 bit oder einem restlichen Quantisierungsfehler mit einem Störabstand von 20·lg 256 = 48 dB entspricht, der dann meist im normalen Störabstand des Fernsehkanales (< 45 dB) untergeht. Zusätzlich zur zeitlichen Quantisierung kommt also bei PCM noch eine Pegelquantisierung hinzu, die bei Bildübertragungen 8 bit beträgt. Damit ergibt sich der maximale Nachrichtenfluß des digitalen Schwarzweiß-Bildsignals aus der Tatsache, daß pro Abtastperiode eine Nachrichtenmenge von 8 bit übertragen werden muß. Wenn das Abtasttheorem nach Gl. (87) sowie die Bandbreite des analogen Fernsehsignals nach Gl. (14b) berücksichtigt werden, dann erhält man für den Nachrichtenfluß eines digitalisierten Bewegtbild-Signals:

$$H_O' = \frac{ldn}{T} = 2W \cdot ldn = \rho \cdot f_B \cdot ldn. \tag{88a}$$

Das Produkt der drei Auflösungs-Parameter:

- Detailauflösung = Zahl der Bildpunkte ρ
- Bewegungsauflösung = Bildfrequenz f_B
- Gradationsauflösung = Zahl der Pegelstufen ld n

bestimmt also den Nachrichtenfluß. Trägt man nach <u>Bild 82</u> diese drei
Auflösungs-Parameter in einem räumlichen Diagramm auf, dann ist das Volumen eines Würfels mit den Kantenlängen der drei Auflösungs-Parameter
identisch mit dem Nachrichtenfluß [75,Teil 1]. Er beträgt für ein Schwarz-
weiß-Fernsehsignal $H_O' = 2W \cdot ldn = 2 \cdot 5$ MHz $\cdot$ 8 bit $=$ 80 Mbit/s.

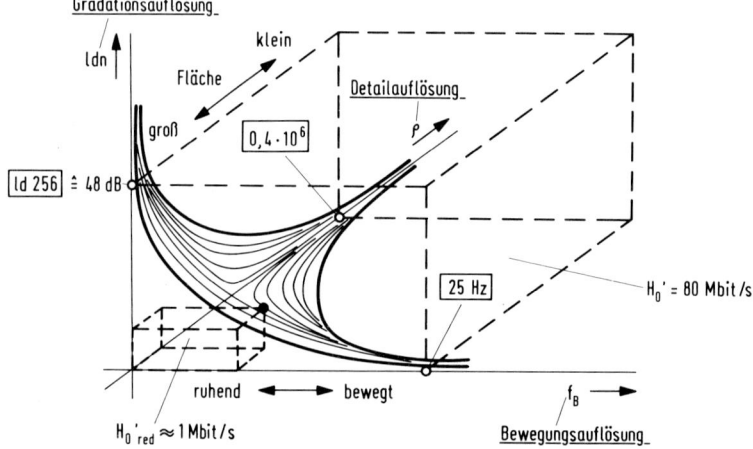

<u>Bild 82</u> Zusammensetzung des Nachrichtenflusses eines digitalisierten
Schwarzweiß-Fernsehsignals aus den drei Auflösungs-Parametern
sowie deren gegenseitige Abhängigkeit (psychooptisch)

Auf eine Abtastperiode T entfallen ld n [bit] Impulse. Damit ist die Impulsdauer $\tau = T/ld$ n. Andererseits stellt die si-Funktion nach Bild 2b
bei vorgegebener Bandgrenze $W = f_{gr}$ die schmalste Impulsanpassung mit
einer Impulsdauer von $\tau = 1/2f_{gr}$ dar. Die Übertragungsbandbreite des
PCM-Kanals wird damit unter Berücksichtigung von Gl. (88a):

$$f_{gr} = \frac{1}{2\tau} = \frac{ldn}{2T} = W \cdot ldn = \frac{H_O'}{2}. \tag{89}$$

Dabei wird allerdings der für PCM üblicherweise verwendete bandbreite-sparende NRZ-Code vorausgesetzt (Bild 73b). Die Bandbreite der PCM-Übertragung eines Schwarzweiß-Fernsehsignals erhöht sich also nach Gl. (89) gegenüber der Analogbandbreite W um den Faktor ld n [bit] und beträgt $H_O'/2 = 80/2 = 40$ MHz entsprechend 5 MHz · 8. Diese 8fache Über-tragungs-Bandbreite ist also der Preis, den man für die vielen Vorteile einer digitalen Übertragungstechnik des Fernsehsignals bezahlen muß.

4.1.2 Digitales Farbsignal

Es ist naheliegend, ein digitales Farbsignal einfach dadurch zu erzeu-gen, daß man das nach Bild 83a in einem NTSC- oder PAL-Coder aufbereite-te FBAS-Signal (Kapitel 3.3.4, Bilder 59 und 63) einer Analog/Digital-Wandlung unterwirft. Man nennt dies eine "Geschlossene Codierung". Der A/D-Wandler muß hierbei allerdings mit einer Abtastfrequenz betrieben werden, die ein geradzahliges Vielfaches des Farbträgers darstellt, um einerseits restliche Interferenzstörungen mit dem Farbträger möglichst gering zu halten und andererseits den modulierten Farbträger im Decoder problemlos verarbeiten zu können. Am besten eignet sich dafür das Vier-fache der Farbträgerfrequenz , da sich dann für planare digitale Filter-techniken eine günstigere Verarbeitung ergibt [76]. Der Nachrichtenfluß wird damit nach

$$H_O' = \frac{\text{ld}\,n}{T} = f_T \cdot \text{ld}\,n \qquad (88b)$$

4 · 4,43 MHz · 8 bit = 141,8 Mbit/s, ist also erheblich größer als die 80 Mbit/s eines Schwarzweiß-Fernsehsignals.

Eine solche "Geschlossene Codierung" wird man immer nur dann anwenden, wenn auf eine analoge Farbfernsehübertragung eine digitale Verarbeitung oder Übertragung folgen soll, da eine Zerlegung des FBAS-Signals in sei-ne Farbsignalkomponenten durch die notwendige Filtertechnik stets mit einem gewissen Qualitätsverlust verbunden ist [76]. Die Farbträgerver-kopplung des Abtasttaktes sowie die Problematik der Mitverarbeitung des überlagerten Farbträgers - insbesondere bei einer Datenreduktion (Kap.4.4)-führen jedoch bei der geschlossenen Codierung zu einigen Schwierigkei-ten [77].

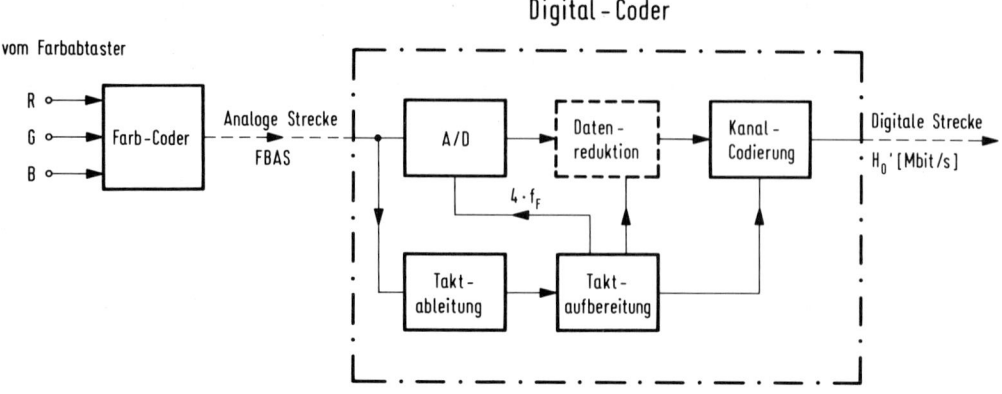

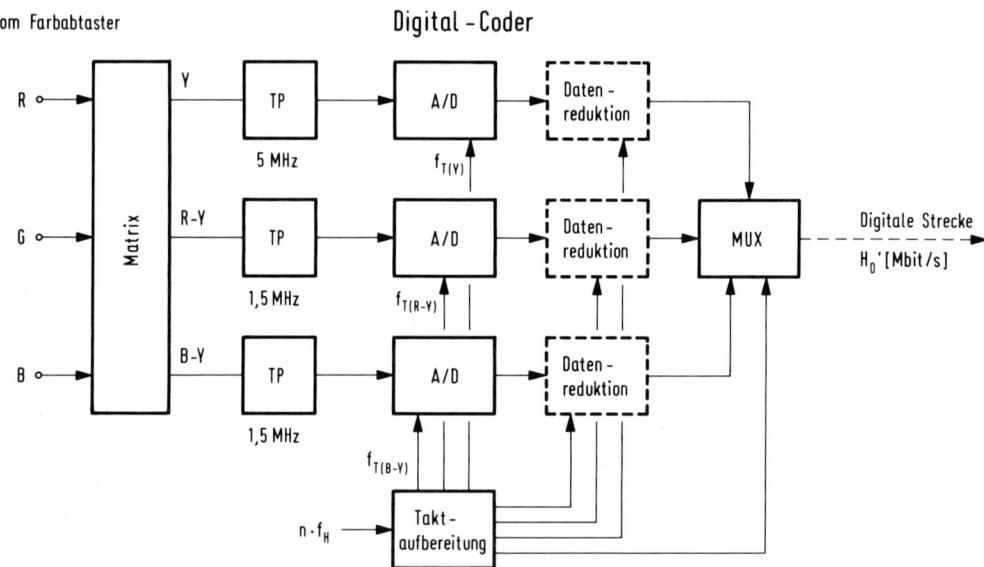

Bild 83 Codierarten für die Digitalisierung von Farbfernsehsignalen
    a) Geschlossene Codierung
    b) Komponenten-Codierung

Dort, wo ein unmittelbarer Zugriff zu den Farbsignalkomponenten eines
Farbfernsehabtasters besteht, benutzt man daher die in Bild 83b dargestellte "Komponenten-Codierung". Nach vorausgegangener Matrizierung werden hier das Luminanzsignal Y sowie die beiden Farbdifferenzsignale R-Y
und B-Y einer separaten Digitalisierung unterworfen. Im Vergleich zur
"Geschlossenen Codierung" erhält man dann die folgenden Vorteile:

- Die Abtastfrequenzen können im Hinblick auf eine möglichst geringe Datenrate optimal an die Bandbreite der Komponenten angepaßt werden.
- Datenreduktionen lassen sich mit den Basiskomponenten ohne größere
  Probleme durchführen (Kap. 4.4).
- Die Verkopplung mit dem Viertelzeilen-Offset des Farbträgers entfällt,
  die Abtastfrequenzen sind Vielfache der Zeilenfrequenz. Dadurch ergibt
  sich ein Abtastmuster, das nicht nur innerhalb eines Bildes (planar),
  sondern auch von Vollbild zu Vollbild orthogonal ist ("vollbildstabil"
  nach [77]), so daß relativ einfache Digital-Filterprozesse auch interframe (dreidimensional) ermöglicht werden (Kap. 4.4.5).
- Mit der Komponentencodierung wird man unabhängig von den verschiedenen
  Farbfernsehnormen. Programme in digitaler Magnetbandaufzeichnung sind
  ohne Transcodierung international austauschbar (Kap. 4.2).

Die Wahl der drei Abtastfrequenzen besteht aus einem Kompromiß zwischen
dem Überschwingen im Signal sowie dem Störspektrum durch Aliasing-Fehler
einerseits und der verarbeitbaren Datenrate andererseits. Es muß außerdem ein vernünftiger Kompromiß zwischen dem Filteraufwand (Überschwingen) und dem Störspektrum ermöglicht werden [78]. Nach Kapitel 1.2
(Bild 2d) lassen sich stärkere Interferenzen beim Abtasten eines Analogsignals nur dann vermeiden, wenn eine Vor- und Nachfilterung mit entsprechender Flankensteilheit durchgeführt wird. Je größer daher der Frequenzabstand zwischen der Bandgrenze W des Analogsignals und der "Nyquistgrenze" - entsprechend der halben Abtastfrequenz $1/2T = f_T/2$ nach
dem Abtasttheorem Gl. (3a) - ist, umso flacher kann nach Bild 84 die Fil-
terflanke der Bandbegrenzung verlaufen. Das bedeutet dann geringeres
Überschwingen im Signal sowie weniger Filteraufwand bei gleicher Sieb-
wirkung bzw. bei gleicher Störung durch restliche Schwebungsanteile.
Je höher daher die Abtastfrequenz gewählt wird - je größer sich also der
Frequenzabstand zwischen W und $f_T/2$ nach Bild 84 darstellt -, umso leichter ist ein befriedigender Kompromiß zwischen Überschwingen bzw. Filteraufwand einerseits und Siebung des Störspektrums andererseits zu erzielen.

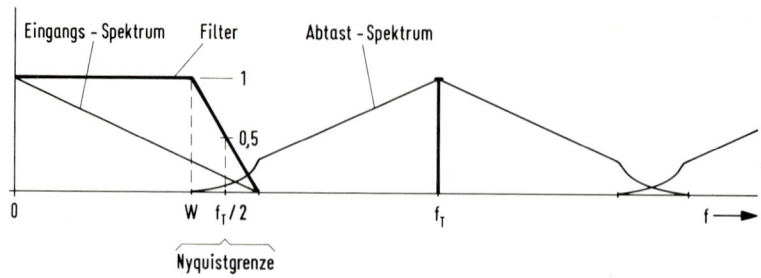

Bild 84 Anpassung von Vor- und Nachfilter an das Frequenzspektrum bei
Überabtastung

Die ursprünglich von der EBU (European Broadcasting Union) vorgeschlagenen Abtastfrequenzen 12/4/4 MHz - gleich einem laut Vorschrift ganzzahligen Verhältnis 3 : 1 : 1 - für die Komponentencodierung von Y, R-Y,
B-Y entsprechen den "Nyquistgrenzen" 6/2/2 MHz. Diese liegen damit bereits so weit oberhalb der Bandgrenzen 5/1,5/1,5 MHz, daß gute Filter-
kompromisse möglich sind [78]. Andererseits erreicht der Nachrichtenfluß
hierbei noch einen relativ geringen Wert; denn mit den ebenfalls vorgeschlagenen 8 bit/Abtastwert erhält man mit Gl. (88b) nach der Wandlung in
ein serielles Signal im Multiplexer MUX nach Bild 83b:

$$H_O' = H_Y + H_{R-Y} + H_{B-Y}$$

$$= [f_{T(Y)} + f_{T(R-Y)} + f_{T(B-Y)}] \cdot 1dn$$

$$= [12 + 4 + 4] \text{ MHz} \cdot 8 \text{ bit}$$

$$= 160 \text{ Mbit/s.} \qquad (90)$$

Diese Datenrate liegt gegenüber den 141,8 Mbit/s für die geschlossene
Codierung mit dem 4fachen Farbträger nach Gl. (88b) nur geringfügig
höher.

4.2 Digitales Fernsehstudio

Die in der Einleitung zu Kapitel 4 bereits besprochenen Vorteile einer
digitalen Fernsehtechnik bekommen besonderes Gewicht bei der Anwendung
dieser neuen Technik im Fernsehstudio. Die erwähnte computergerechte
Verarbeitung gestattet eine umfassendere und doch wesentlich effektivere
Regie- und Synchronisiertechnik. Deshalb haben sich auch schon früh sogenannte "black boxes" mit digitaler Signalverarbeitung im analogen
Fernsehstudio eingeführt, insbesondere dann, wenn Speicheraufgaben zu
bewältigen sind, die meist nur in Digitaltechnik effektiv und mit präziser Signalverarbeitung realisierbar sind. So konnten sich schon früh die
digitalen Zeitfehlerausgleicher für Video-Magnetbandgeräte durchsetzen.
Kernstück ist hier ein Zeilenspeicher. Vor allem aber die heute im Fernsehstudio bereits vielfältig verwendeten Bildspeicher werden als digitale Komponenten ausgeführt. Sie dienen z.B. als Normwandler für die Zwi-
schenzeilenauslesung beim Farbfilmabtaster mit Halbleiter-Zeilen (Kap.
2.5, Bild 48) sowie für die Standbildwiedergabe, den Slowmotion- und
Suchlauf-Betrieb bei Video-Magnetbandgeräten [76]. Auch für komplizierte
Trickaufgaben in der Regietechnik (z.B. elektronischer "Zoom") und
schließlich für die nichtsynchrone Einspielung von Fremdsignalen ("frame
synchronizer") werden digitale Bildspeicher im Studio verwendet. Zur
Störabstandsverbesserung von Fremd- oder Eigensignalen kann ein Bildspeicher auch in der Form eines Rekursivfilters eingesetzt werden [85].

In all diesen Fällen ist dem digitalen Speicher bzw. der digitalen Verarbeitung ein A/D-Wandler vor- und ein D/A-Wandler nachgeschaltet. In
der Betriebspraxis eines Fernsehstudios kann es dann häufig vorkommen,
daß mehrere solcher "black boxes" mit digitaler Verarbeitung hintereinander geschaltet sind. Eine solche Kaskadierung von A/D-Wandlungsprozes-
sen führt nach [78] zu einer erheblichen Störabstandsverschlechterung
infolge Zunahme der Quantisierungsfehler. Bei Digitalisierung des gesamten Fernsehstudios würde man diese mehrfachen A/D- und D/A-Wandlungen
vermeiden.

Wegen des erheblichen Aufwandes für die Umstellung eines Fernsehstudios
auf digitale Signalverarbeitung werden auch Zwischenlösungen mit einer
Teil-Digitalisierung entwickelt. Da man den größten Gewinn bei einer digitalen Schnittbearbeitung des Programm-Materials erwarten darf, ist der
Einsatz einer "Digitalen Insel" mit der gesamten regietechnischen Bearbeitung ("Digital Editing Suite") nach Bild 85 von großem Interesse. Die
für den elektronischen Schnitt erforderlichen - meist mehrfachen - Über-

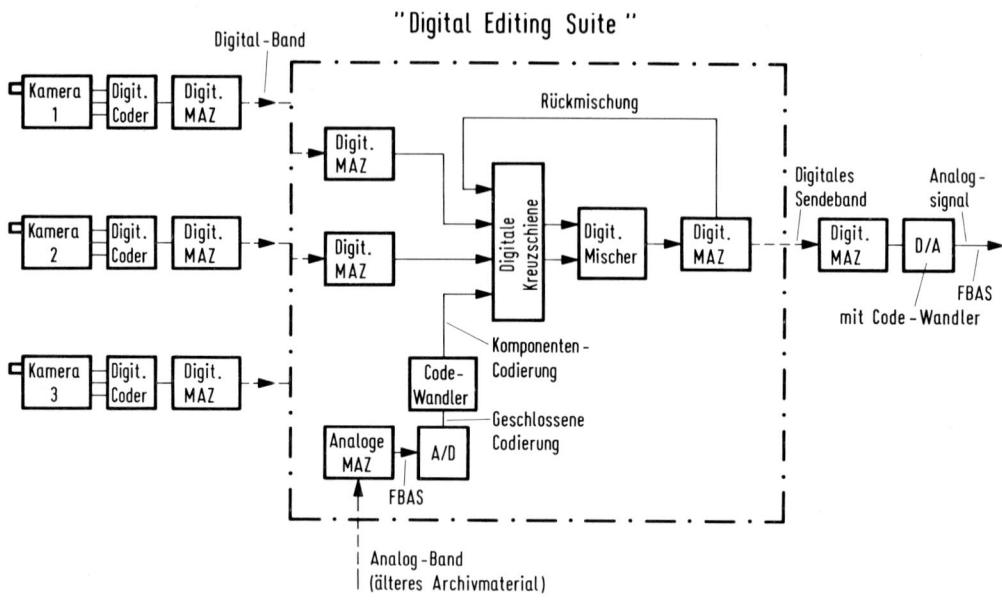

Teil-Digitalisierung des Studios durch eine "Digital Editing
Suite"

spielungen zwischen Video-Magnetbandmaschinen (MAZ) lassen sich bei Di-
gitalmaschinen ohne wesentlichen Störabstandsverlust durchführen. Natürlich müssen dann auch alle anderen Regiegeräte - Kreuzschiene, Überblen-
der und Trickmischer - digital arbeiten, damit die gesamte Bearbeitung
im Digitalbereich durchgeführt werden kann, um zusätzliche Quantisierungsfehler durch A/D-Wandlungen zu vermeiden.

Wie Bild 85 erkennen läßt, werden für die Programmbearbeitung nur Ma-
gnetbänder angeliefert, die auf digitalen Videorecordern aufgezeichnet
wurden. Soll eine ältere Archivaufnahme, die nur in Analogaufzeichnung
vorhanden ist, in die Produktion eingeblendet werden, dann muß sie nach
Bild 85 in einem speziellen A/D-Wandler in die digitale Signalform der
"Digital Editing Suite" umgewandelt werden. Die hier verwendete Komponenten-Codierung läßt es zweckmäßig erscheinen, das von der analogen MAZ
angelieferte FBAS-Signal zunächst einer geschlossenen Codierung zu unter-
werfen, wie das prinzipiell bereits in Bild 83a dargestellt wurde. Das
geschlossen codierte FBAS-Signal stellt dann ein digitalisiertes NTSC-
oder PAL-Signal dar und kann mit digitalen Verarbeitungsmethoden sehr
exakt in die drei Komponenten Y, R-Y, B-Y zerlegt werden. Dieses Problem

ist weitgehend identisch mit dem des nachfolgend beschriebenen digitalen Fernsehempfängers (Kap. 4.3).

Im vorangegangenen Kapitel 4.1.2 waren die Vorteile der Komponenten-Codierung ausführlich geschildert worden. Diese Codierart wurde daher für das digitale Fernsehstudio - aber auch für den digitalisierten Teil eines Studios ("Digital Editing Suite" nach Bild 85) - 1981 international genormt. An jeden Farbfernsehabtaster ist dann prinzipiell die in Bild 83b dargestellte Komponenten-Codieranordnung anzuschließen. Die Weiterverarbeitung im digitalen Fernsehstudio erfolgt in ähnlicher Weise, wie das für die "Digital Editing Suite" in Bild 85 dargestellt ist.

Bei der Festlegung der Abtastfrequenzen für die drei Farbsignalkomponenten ging man jedoch über die ursprünglich von der EBU vorgeschlagenen Werte 12/4/4 MHz (Kap. 4.1.2) hinaus. Insbesondere die Chrominanzbandbreite von 1,5 MHz erwies sich für die konturgesteuerten Schaltvorgänge in dem bei der Trickmischung häufig verwendeten "Chromakey-Gerät" (Hintergrund-Eintastung z.B. über eine blaue Wand) als zu niedrig wegen nicht ausreichender Schaltflankensteilheit [78]. So entschied man sich für den von der britischen Fernsehgesellschaft BBC vorgeschlagenen Standard 13,5/6,75/6,75 MHz. Diese Abtastfrequenzen entsprechen dann dem vorgeschriebenen ganzzahligen Verhältnis 4 : 2 : 2 und nach Gl. (90) ergibt sich eine Gesamt-Datenrate von:

$$H_0' = [13,5 + 6,75 + 6,75] \text{ MHz} \cdot 8 \text{ bit}$$

$$= 216 \text{ Mbit/s.} \tag{91}$$

Dieser erhöhte Nachrichtenfluß führt allerdings auch zu einigen Problemen. So ist eine Magnetbandaufzeichnung (MAZ) nur mit parallelen Köpfen auf dem rotierenden Kopfrad möglich; und für die Studioverkabelung sind bei kurzen Strecken Paralleldraht-Verbindungen vorgesehen, während längere Strecken sogar Glasfaserleitungen erforderlich machen. Eine Beschränkung der Digitaltechnik auf die "Digital Editing Suite" nach Bild 85 stellt daher auf lange Sicht eine wirtschaftlich günstigere Lösung dar. Die international festgelegte Digitalnorm gilt selbstverständlich auch für diese Suite, denn nur so ist ein internationaler Programmaustausch zwischen Studios über digital bespielte MAZ-Bänder möglich. Hier zeigt sich gleichzeitig einer der ganz wesentlichen Vorteile der digitalen Fernsehtechnik: Der Programmaustausch wird völlig unabhängig

von der jeweiligen analogen Farbfernsehnorm. Die Unterschiede in den
Zeilen- und Vollbildzahlen bleiben natürlich leider bestehen.

Ein weiterer wichtiger Gesichtspunkt bei der Festlegung der Digitalnorm
war die Berücksichtigung eines Hierarchiesystems, wie es in <u>Bild 86</u> dargestellt ist. Speziell von amerikanischen Fernsehorganisationen wurde
gefordert, bei der Festlegung der Hierarchie von einer höchsten Quali-
tätsstufe auszugehen. Für diese Original-Produktion hat man nun eine
Komponenten-Codierung mit jeweils 13,5 MHz Abtastfrequenz für die drei
Farbwertsignale R, G, B vorgesehen. Die volle Bandbreite dieser drei
Komponenten garantiert eine ausgezeichnete Bildschärfe, die man für eine
elektronische Filmproduktion nutzen möchte [77]. Solche Breitbandsignale
ließen sich auch über ein Kabelfernsehnetz mit Lichtleitfasern (Bild 79)
übertragen, um eine Fernsehversorgung mit der für 525/625-Zeilensysteme
bestmöglichen Qualität zu erhalten.

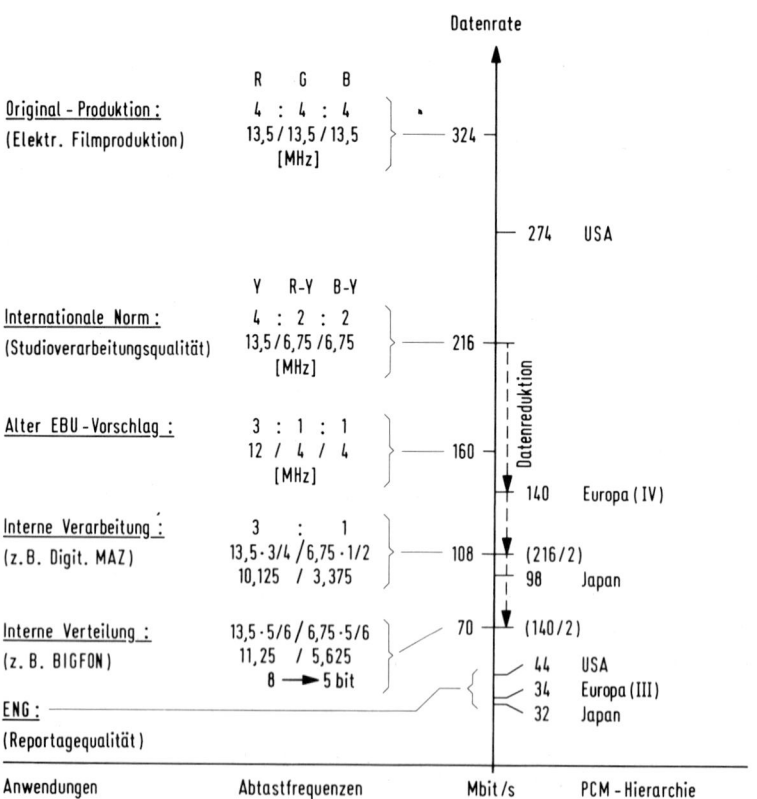

<u>Bild 86</u> Hierarchieskala für die digitale Fernsehnorm

Der Übergang von der Original-Produktion (4 : 4 : 4) zur internationalen
Norm in Studioqualität (4 : 2 : 2) ist nach Bild 86 relativ einfach möglich, da sich die Abtastfrequenzen beider Hierarchiestufen um ganzzahli-
ge Faktoren unterscheiden. Die notwendige Bandbegrenzung für die Farbdifferenzsignale läßt sich bei der Umcodierung digital ebenfalls in einfacher Weise realisieren.

Aus Bild 86 erkennt man aber auch, daß die Datenrate der digitalen Fernsehnorm mit 216 Mbit/s nur durch eine Datenreduktion an die 140 Mbit/s
der PCM-Hierarchiestufe IV angepaßt werden kann. Unter zusätzlicher Nutzung der Austastlücken (18% + 6% = 24% nach Kap. 1.3.4.1) kommt man über
Pufferspeicher bereits auf 216 (1 - 0,24) = 164,2 Mbit/s. Für den Rest
ist eine Nachrichtenreduktion nach Kapitel 4.4 notwendig. Eine weitaus
größere Datenreduktion muß dann noch folgen, wenn man das Signal in die
PCM-Hierarchiestufe III mit ihren 34 Mbit/s pressen will. Der hiermit
verbundene geringere Qualitätsstandard wäre für die Übertragung von Reportagebeiträgen (ENG = "Electronic News Gathering") ausreichend.

Wie in Kapitel 4.4 noch ausführlich gezeigt wird, ließe sich die Datenreduktion mit dem Faktor 4, um von der 4. PCM-Hierarchiestufe (140 Mbit/s) auf die
3. Stufe (34 Mbit/s) zu kommen, nur durch Anwendung eines Bildspeichers
erreichen, wenn kein wesentlicher Qualitätsverlust auftreten soll. Für
manche digitalen Verteilsysteme - wie z.B. das Lichtleiternetz nach
Bild 79 - wäre das ein zu großer Aufwand, da ein solcher Decoder mit
Bildspeicher bei jedem Fernsehteilnehmer benötigt würde. Deshalb wird
z.B. für das BIGFON-Netz (breitbandiges integriertes Glasfaser-Fernmel-
deortsnetz [79]) vorgeschlagen, nur bis zur halben Datenrate der 4. PCM-
Stufe - nämlich auf 70 Mbit/s - zu reduzieren (Bild 86). Um diese reduzierte Datenrate aus dem für das digitale Studio genormten Datenfluß
216 Mbit/s ableiten zu können, wird in [80] vorgeschlagen, die Abtastra-
ten um 5/6 und die Pegelquantisierung von 8 auf 5 bit zu reduzieren, so
daß sich Gl. (91) in folgender Weise verändert:

$$H_o' = [13,5 + 6,75] \cdot \frac{5}{6} \text{ MHz} \cdot 8 \cdot \frac{5}{8} \text{ bit}$$

$$= [11,25 + 5,625] \text{ MHz} \cdot 5 \text{ bit}$$

$$= 84,375 \text{ Mbit/s.} \tag{92}$$

Durch zusätzliche Nutzung der horizontalen Austastlücken (18% der H-Pe-
riode nach Kap. 1.3.4.1) kommt man über Pufferspeicher auf den gewünsch-

ten Wert 84,375 · (1 - 0,18) = 69,19 ≈ 70 Mbit/s. Die Abtastfrequenz
5,625 MHz in Gl. (92) wird nur einmal benötigt, da die beiden Farbsignalkomponenten zeilensequentiell übertragen werden. Das ist eine dem
SECAM-Verfahren (Kap. 3.3.4.2) äquivalente Reduktionsmethode, wobei der
Chrominanz-Auflösungsverlust in der Vertikalen um den Faktor 2 auch hier
zulässig wäre. Für den Übergang von 8 bit auf 5 bit in Gl. (92) wird die
in Kapitel 4.4.4 ausführlich beschriebene Differenz-Pulscodemodulation
(DPCM) verwendet, ein Datenreduktionsverfahren, das ohne Bildspeicher
auskommt.

In Bild 86 ist schließlich ein Datenfluß 108 Mbit/s eingetragen, der für
interne Verarbeitungen im Studio (z.B. digitale Magnetbandaufzeichnung
mit eingeschränktem Aufwand) vorgesehen werden kann. Er entspricht genau
der Hälfte des für das digitale Fernsehstudio genormten Datenflusses
216 Mbit/s und läßt sich ohne jegliche Bit-Reduktion aus diesem ableiten. Dazu werden lediglich die Bandbreiten der Komponenten mit digitalen
Filtern auf die im analogen Farbfernseh-Rundfunk üblichen Werte verringert, so daß die Abtastfrequenzen von 4 : 2 : 2 auf 3 : 1 reduziert werden können, was insgesamt genau dem Faktor $(4 + 2 + 2)/(3 + 1) = 2$ entspricht. Im einzelnen setzt sich der Nachrichtenfluß dann folgendermaßen
zusammen:

$$H_o' = [13,5 \cdot \frac{3}{4} + 6,75 \cdot \frac{1}{2}] \text{ MHz} \cdot 8 \text{ bit}$$

$$= [10,125 + 3,375] \text{ MHz} \cdot 8 \text{ bit}$$

$$= 108 \text{ Mbit/s}. \tag{93}$$

Auch hierbei wird also nur eine Abtastfrequenz für die Chrominanz
(3,375 MHz) benötigt, da man die beiden Farbsignalkomponenten wiederum
zeilensequentiell überträgt, wobei der vertikale Auflösungsverlust für
die Chrominanz wie beim SECAM-Verfahren in Kauf genommen werden kann.

4.3 Digitaler Fernsehempfänger

Die terrestrische Fernseh-Rundfunkversorgung arbeitet nach Kapitel 3.1
in einer rein analogen Technik. Auch in der Zukunft wird man - schon aus
Gründen der Bandbreiteökonomie - diese Analogtechnik beibehalten. Daher
wird auch der Fernseh-Rundfunkempfänger zukünftig nur analoge Signale
empfangen. Das schließt aber nicht aus, daß auf den HF/ZF-Teil und die

Amplituden-Demodulation nach <u>Bild 87</u> eine digitale Video-Signalverarbeitung folgt. Zu diesem Zweck wird das vom Amplituden-Demodulator kommende

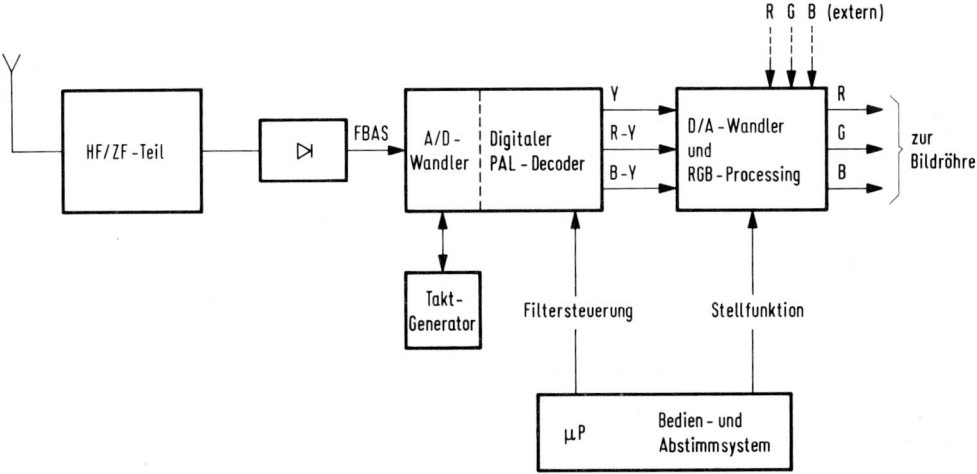

<u>Bild 87</u> Blockschema der digitalen Video-Signalverarbeitung in einem
        PAL-Farbfernsehempfänger

FBAS-Signal in einem A/D-Wandler digitalisiert, was einer "Geschlossenen
Codierung" nach Bild 83a entspricht. Wie dort und im Kapitel 4.1.2 bereits angegeben, wird man zweckmäßigerweise eine Abtastfrequenz 17,7 MHz
(4faches der Farbträgerfrequenz) wählen. Die 8 bit des A/D-Wandlers reichen nach [82, 83, 84] aus, um auch bei einer in der Praxis auftretenden
Farbträgerdämpfung von 24 dB in Verbindung mit dem Bit-Gewinn durch digitale Filterung noch ausreichende 6 bit für die Chrominanz zur Verfügung zu haben.

Die PAL-Decodierung kann dann digital erfolgen. Daraus ergeben sich zunächst folgende Vorteile für den Herstellungsprozeß eines Farbfernsehempfängers:

- Die Schaltkreise werden abgleichfrei.
- Es verbessert sich die Langzeitstabilität.
- Integrierte Schaltkreise in VLSI-Technologie lassen sich leicht realisieren.
- Der Herstellungsprozeß wird ökonomischer.

Alle Punkte tragen indirekt auch zu einer Qualitätssteigerung der Signalverarbeitung bei [81, 82]. Es ist aber sinnvoll, den Übergang auf
eine digitale Video-Signalverarbeitung im Farbfernsehempfänger zu einer
direkten Steigerung der Empfangsqualität zu nutzen. Dazu bietet die Digitaltechnik vielfältige Möglichkeiten, wie im folgenden dargestellt
werden soll [83].

Wie bereits bei der Besprechung der Farbcodierung in Kapitel 3.3.1 gezeigt, ist die erste wichtige Aufgabe des Farbdecoders die Zerlegung des
FBAS-Signals in den Luminanz- und Chrominanzanteil. Nach Bild 63b ist
hierfür im PAL-Decoder meist nur ein Bandpaßfilter BP im Chrominanzkanal
sowie eine Farbträgerfalle im Luminanzkanal vorgesehen. Erwähnt wurde am
Ende des Kapitels 3.3.1 auch bereits, daß man durch Verwendung von Kamm-
filterschaltungen die Interferenzstörungen zwischen Luminanz und Chrominanz ("cross-colour" und "cross-luminance") reduzieren, die Luminanz-
Chrominanztrennung also verbessern kann [8,Kap12.3]. Es bleiben die Unvollkommenheiten analoger Schaltungen, die sich hauptsächlich in Insta-
bilitäten und dem Einfluß von Phasenfehlern äußern.

Durch den Übergang auf die digitale Video-Signalverarbeitung im Heimempfänger lassen sich die Vorteile einer digitalen Filtertechnik voll nutzen. Nach Bild 88 handelt es sich dabei um Transversalfilter mit symme-

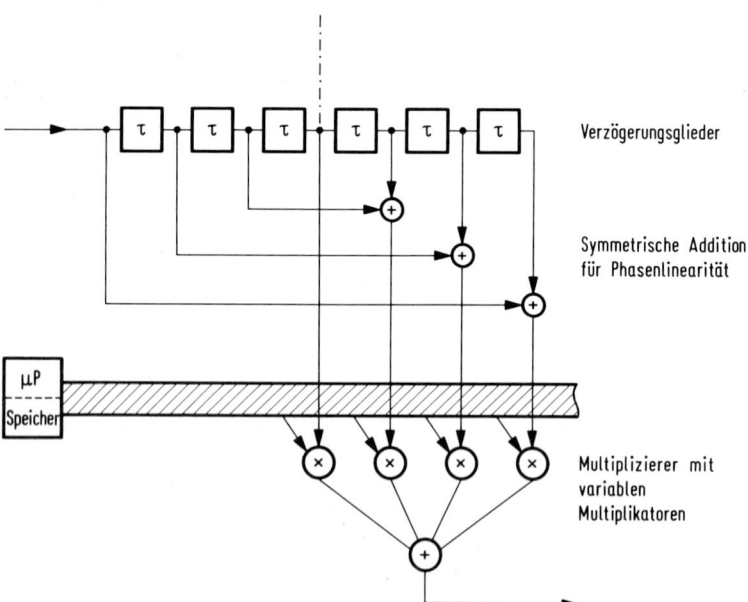

Bild 88 Prinzipbild eines digitalen Transversalfilters mit einstell-
        barem Amplitudenfrequenzgang

trischen Koeffizienten, die eine absolut phasenlineare Charakteristik
haben. Sprungfunktionen über derartige Filter sind daher exakt symmetrisch, wie Bild 89 erkennen läßt. Das Eingangssignal durchläuft nach

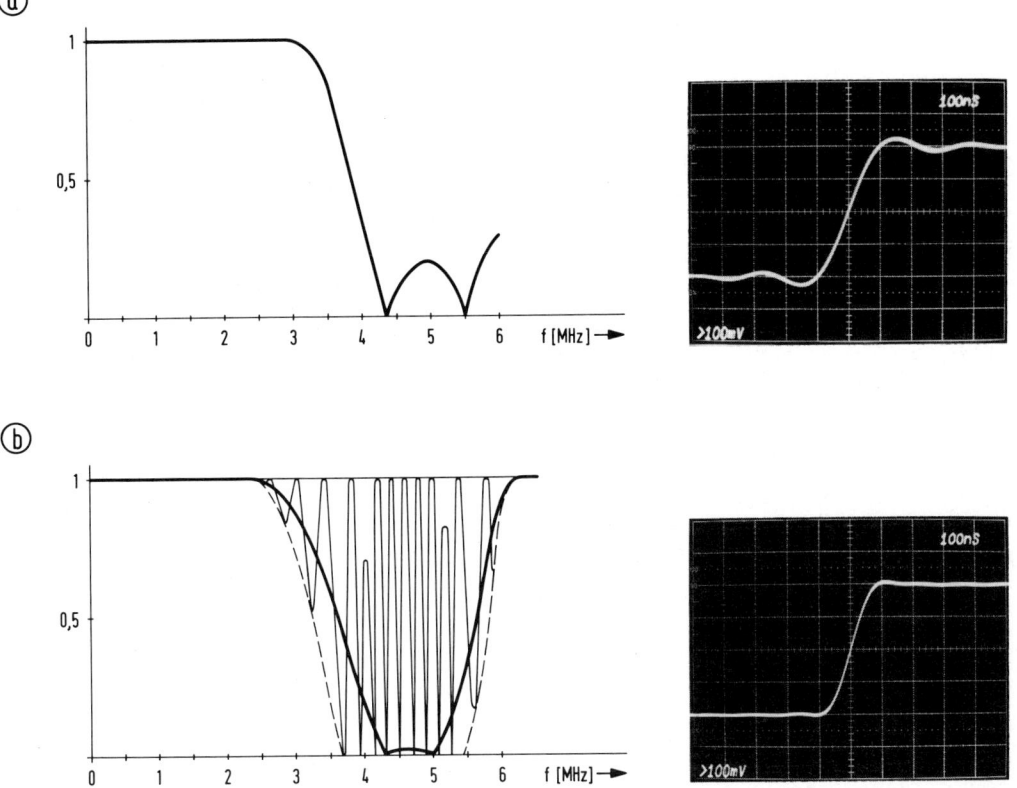

Bild 89 Übertragungscharakteristik des digitalen Luminanzfilters
(Amplitudenfrequenzgang und Sprungfunktion)
a) Tiefpaß (mit Farbträger- und Tonträger-Falle) (t_a = 140 ns)
b) Kammfilter (t_a = 120 ns)

Bild 88 eine Verzögerungskette, deren Anzapfungen das Auslesen der um
jeweils einen Takt verzögerten Eingangswerte ermöglicht. Der Amplituden-
Frequenzgang entsteht dann durch eine Addition zueinander phasenverscho-
bener Signalanteile, die zu teilweisen Kompensationen und damit z.B.
Frequenzgangabfällen führen (ähnlich dem "Echoentzerrer" [2,Kap5.2.2.4]).
Nullstellen lassen sich bei diesem Filtertyp gut realisieren. Direktes
und verzögertes Signal kompensieren sich dann bei der vorgegebenen Frequenz exakt. So wurde in der Amplitudencharakteristik für das Filter im

Luminanzkanal nach <u>Bild 89a</u> (Tiefpaß) auf die Farbträger- und Tonträgerfrequenz jeweils eine exakte Nullstelle gelegt, so daß Farbträgerstörungen (für Farbflächen) sowie Tonträgerstörungen (für die Ruhefrequenz)
präzise unterdrückt werden. Der Verlust an Oberwellenanteilen des Luminanzspektrums führt allerdings zu einer größeren Anstiegszeit von 140 ns.
Trotzdem ist dies nach [83] ein besonders günstiger Filtertyp, was den
Kompromiß zwischen Bildschärfe und Störunterdrückung anbelangt. Nur mit
einem PAL-Kammfilter lassen sich die Verhältnisse noch weiter verbessern. Nach [8,Kap15.4] werden bei diesem Filter die Chrominanzlinien
durch Nullstellen im Halbzeilen-Frequenzabstand unterdrückt und alle Luminanzlinien durch Filtermaxima ungedämpft übermittelt, so daß sich nach
<u>Bild 89b</u> (Kammfilter) die reduzierte Anstiegszeit von 120 ns ergibt, was
einer verbesserten Bildschärfe entspricht. Allerdings verschlechtert
sich die Wirkung des Kammfilters bei diagonalen und versagt ganz bei horizontalen Strukturen [83].

Eine weitere ganz wesentliche Verbesserung der Bildschärfe ist durch
zweidimensionale Aperturkorrektur zu erzielen. Diese Entzerrungsmethode
war bereits in Kapitel 1.3.7 behandelt worden. Sie benötigt für eine
zweidimensionale Anwendung nach Bild 18 zwei Verzögerungsglieder von
Zeilendauer. Speicherung und Verzögerung sind aber bei Digitalschaltun-
gen mit relativ wenig Mehraufwand zu realisieren. Deshalb bietet die Digitalisierung der Video-Signalverarbeitung im Heimempfänger eine gute
Möglichkeit, diese wichtige zweidimensionale Entzerrung auch auf der
Empfangsseite anzuwenden, während sie bisher aus Aufwandsgründen nur auf
die Studioseite beschränkt war. Aperturfehler durch endlichen Durchmesser
des Abtaststrahles (Kap. 1.3.7) treten aber sowohl in der Bildaufnahmeröhre als auch in der Bildwiedergaberöhre auf. Eine Vorentzerrung im Studio verbietet sich aus systemtechnischen Gründen [83], so daß die Aperturentzerrung der Bildwiedergaberöhre nur in der Videoelektronik des
Heimempfängers durchgeführt werden kann. In der analogen Schaltungstechnik entzerrt man aus Aufwandsgründen nur den horizontalen Fehler, indem
man den Luminanzkanal mit einer Frequenzganganhebung versieht, die aber
meist auch Phasenfehler verursacht. Die digitale Entzerrung arbeitet dagegen völlig phasenlinear und kann ohne größeren Aufwand auf die vertikale Korrektur erweitert werden.

Nach <u>Bild 90</u> folgt die zweidimensionale Aperturkorrektur unmittelbar auf
das Luminanzfilter. Die horizontale und die vertikale Korrektur werden
durch Detailsignale erzeugt, deren Anteil zum Hauptsignal durch die beiden Koeffizienten a_V, a_H eingestellt und dadurch das Maß der Korrektur

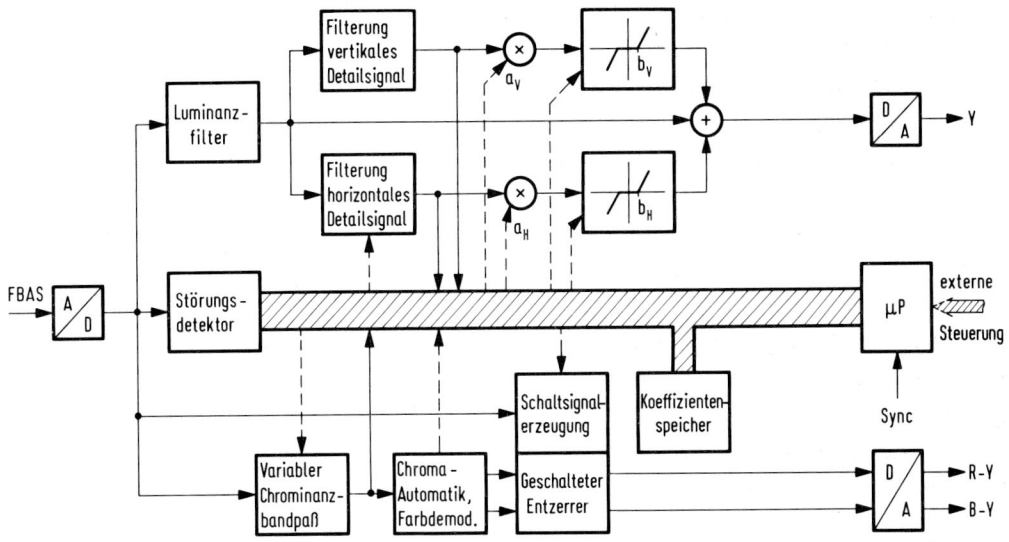

Bild 90 Blockschema der digitalen Video-Signalverarbeitung mit zwei-
        dimensionaler Aperturkorrektur und Adaption an wechselnde
        Empfangsverhältnisse

beeinflußt werden kann. Da bei der horizontalen Aperturkorrektur die hohen Frequenzen bzw. bei der vertikalen Aperturkorrektur die Zwischenräu-
me zwischen den Vielfachen der Zeilenfrequenz (Bild 18b) angehoben werden, ist mit dieser Entzerrungsmethode auch stets eine Störabstandsverschlechterung verbunden. Die Rauschanteile können aber mit den nichtlinearen Schwellwertschaltungen in den beiden Detailsignalkanälen (Bild 90)
für die Flächen des Bildes reduziert werden, da die Detailsignale hierbei in der Nähe von Null und damit unter den Schwellwerten b_V, b_H der
beiden nichtlinearen Kennlinien liegen. Die Aperturkorrektur wird hierdurch nur wenig beeinflußt, da sie sich ja auf die Konturen des Bildes
bezieht, für die sich größere Detailsignale ergeben, die oberhalb der
beiden Schwellwerte der nichtlinearen Kennlinien liegen. Allerdings empfiehlt sich eine Anpassung der Schwellwerte an die jeweiligen Störab-
standsverhältnisse.

Wegen der absolut phasenlinear arbeitenden Entzerrung ist es nun bei digitaler Video-Signalverarbeitung auch möglich, eine Apertur-Überkorrektur anzuwenden. Die Steigzeit der Schwarzweiß-Übergänge reduziert sich
auf diese Weise noch weiter und unterschreitet den Nominalwert von 100 ns
für ein bei 5 MHz bandbegrenztes System. Wegen der Phasenlinearität
bleibt das Überschwingen andererseits symmetrisch, wie Bild 91a erkennen

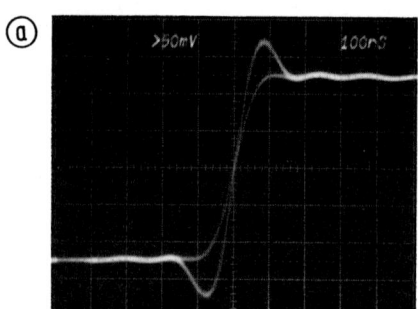

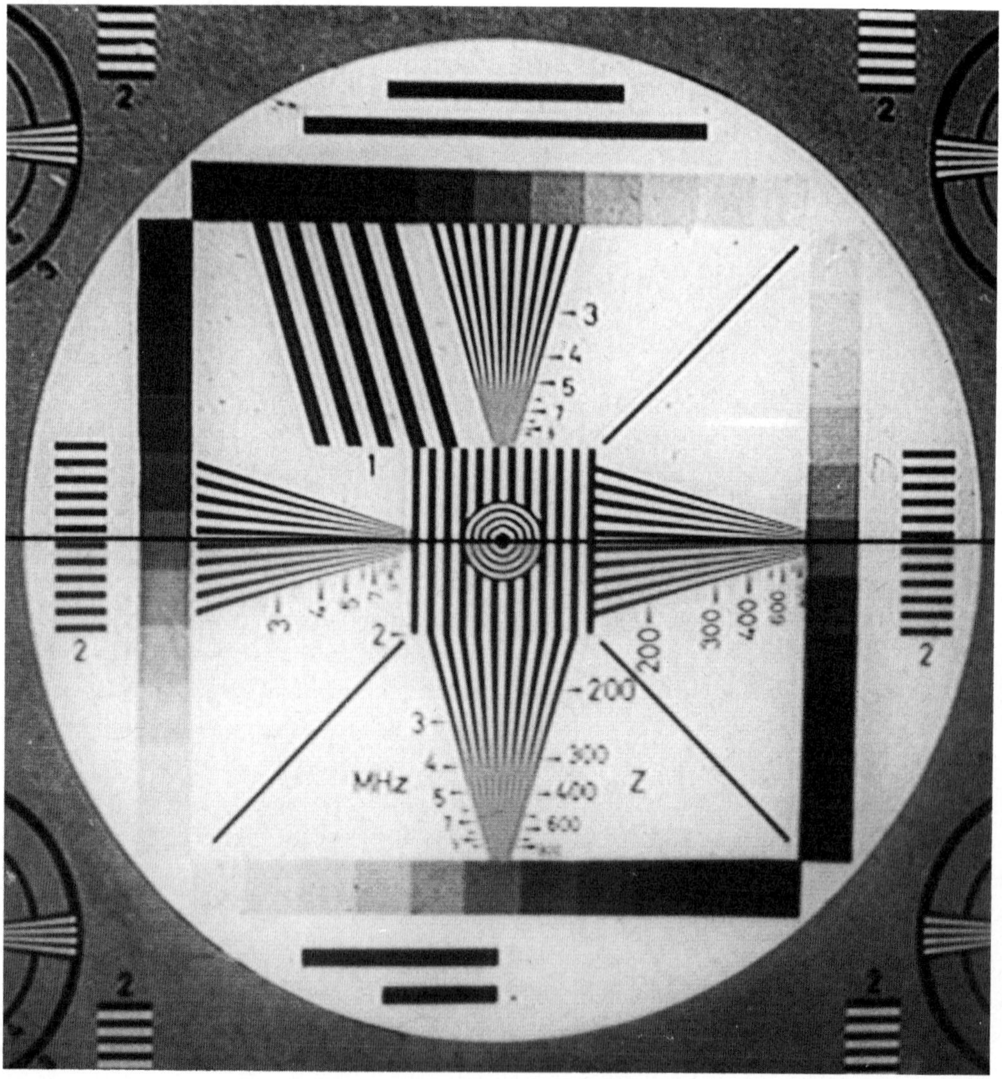

läßt. Es hält sich damit in tolerierbaren Grenzen bzw. verbessert durch
einen "Plastik-Effekt" den Schärfeeindruck.

Wie sich die gesamte Bildschärfe durch die Anwendung einer zweidimensionalen Apertur-Überkorrektur steigern läßt, das zeigt die Schirmbildaufnahme des Schwarzweiß-Testbildes in Bild 91b. Der Schärfeeindruck geht
über das bei 625 Zeilen übliche Maß eines mit 5 MHz bandbegrenzten Systems hinaus. Es läßt sich dies in Bild 91b recht gut beurteilen, da die
digitale Video-Signalverarbeitung sogar die schnelle Umschaltung der Filtercharakteristik innerhalb einer Zeile erlaubt, so daß ein unmittelbarer
Vergleich zwischen der oberen und unteren Bildhälfte ("split-screen")
möglich ist. Für die untere Bildhälfte wurde zu diesem Zweck der digitale
Decoder äquivalent zu einem analogen PAL-Decoder eingestellt, so daß die
Schärfeverbesserung durch die Anwendung der zweidimensionalen Aperturentzerrung in der oberen Bildhälfte deutlich zu sehen ist. Man beachte
auch den vollen Kontrast aller Linien des vertikalen "Testbesens" bis
5 MHz in der oberen Bildhälfte. Dies ist auf die Anwendung eines Kammfilters für die Luminanzabtrennung zurückzuführen und trägt ebenfalls
zur Schärfeverbesserung bei. In der unteren Hälfte von Bild 91b erkennt
man im vertikalen "Testbesen" dagegen deutlich die Wirkung der Farbträgerfalle, die in der Nachbarschaft des Farbträgers Linien unterdrückt
und damit auch Unschärfe hervorruft.

Ein weiterer außerordentlich wichtiger Vorteil der digitalen Video-Signalverarbeitung im Fernsehempfänger ist die Tatsache, daß sich die verwendeten digitalen Transversalfilter in ihrer Filtercharakteristik
leicht umschalten lassen. Dies geschieht durch eine Änderung der Koeffizienten, was nach Bild 88 z.B. von einem Mikroprozessor µP gesteuert
werden kann. Damit läßt sich eine automatische Anpassung der Signalver-

Bild 91 Wirkung der digitalen Aperturkorrektur
◄   a) Oszillogramm der Steigzeitreduktion (von 100 ns auf 50 ns)
            durch horizontale Apertur-Überkorrektur
         b) Schirmbildaufnahme eines digital verarbeiteten Schwarzweiß-
            Testbildes (RMA) zur Schärfebeurteilung mit elektronischem
            Schnitt
         obere Bildhälfte: mit Kammfilter und zweidimensionaler
                           Aperturkorrektur
         untere Bildhälfte:Filter äquivalent zu einem analogen
                           PAL-Decoder eingestellt

arbeitung an die wechselnden Empfangsbedingungen realisieren. Nach
Bild 90 registriert ein Störungsdetektor - z.B. durch Rauschmessung in
der vertikalen Austastlücke -, welche Empfangsqualität vorliegt. Daraus
wird die Bandbreitewahl bestimmt. Die Umschaltung des Chrominanzbandpas-
ses auf eine geringere Bandbreite erfolgt dann mittels Koeffizientenän-
derung über den Mikroprozessor µP in Verbindung mit dem Koeffizienten-
speicher. Dadurch ergibt sich eine Störabstandsverbesserung im Farbanteil. Natürlich würde sich auch eine entsprechende Chrominanzunschärfe
einstellen. Dem kann durch Zuschaltung eines "Geschalteten Entzerrers"
(Bild 90) entgegengewirkt werden. Nach [83] wird hierbei eine steile
Flanke in den Signalsprung eingetastet und so die Chrominanzschärfe an
Kanten regeneriert.

Auch im Luminanzkanal sind natürlich Umschaltungen vorzusehen, die eine
Adaption an die schlechteren Empfangsbedingungen bewirken. So werden die
beiden Koeffizienten a_V, a_H in Bild 90 um einen entsprechenden Wert reduziert und damit das Maß der zweidimensionalen Aperturkorrektur zurück-
genommen, so daß sich der Störabstand wieder verbessert. Dazu trägt auch
eine gleichzeitig vorgenommene Umschaltung der beiden Schwellwerte b_V,
b_H in Bild 90 bei.

Mit der hier beschriebenen zweidimensionalen (Intraframe-)Verarbeitung im
Heimempfänger lassen sich also durch den Übergang auf eine digitale Verarbeitung sehr wesentliche Qualitätsverbesserungen für das Farbfernseh-
Empfangsbild erzielen. Wenn es in Zukunft durch eine weitere Preisreduktion für Speicherbausteine möglich wird, in den Farbfernsehempfänger
einen Bildspeicher einzubauen, dann wird man

- ein dreidimensionales Kammfilter
- eine dreidimensionale Aperturkorrektur (Interframe-Rekursivfilter)
- eine dreidimensionale Bandbegrenzung bei ungünstigen Empfangsverhält-
  nissen (interframe-noise-reduction [85])
- eine flimmerfreie Bildwiedergabe durch zweifaches Auslesen aus dem
  Vollbildspeicher mit 100 Hz Rasterwechselfrequenz [86]

erreichen können. Alle diese Maßnahmen sind dazu angetan, die letzten
Reserven an Bildqualität aus dem 625-Zeilen-Fernsehsystem herauszuholen.
Bereits mit den weniger aufwendigen digitalen Intraframe-Korrekturver-
fahren im Heimempfänger - zweidimensionale Aperturkorrektur und geschaltete Entzerrer - läßt sich eine erhebliche Steigerung der Bildschärfe
erzielen. Sie erbringen allerdings den besseren Schärfeeindruck nur

durch eine Kantenversteilerung und sind deshalb weniger wirkungsvoll,
wenn z.B. feine Schriftzeichen übertragen werden sollen. In diesen Fällen hilft nur eine Auflösungserhöhung, die dann allerdings nur mit dem
wesentlich größeren Aufwand eines Fernsehsystems höherer Zeilenzahl
(HDTV-System) zu erreichen ist (Kap. 5.1.2).

4.4 Datenreduktion für Bildsignale

In dem Bild 86 mit der Hierarchieskala für die digitale Fernsehnorm läßt
sich die Aufgabe einer Datenreduktion deutlich erkennen. Um z.B. von der
Datenrate 216 Mbit/s der internationalen Studionorm auf die Datenrate
140 Mbit/s der in Europa üblichen PCM-Hierarchiestufe IV zu kommen, bedarf es einer Datenreduktion. Der übertragungstechnische Aufwand läßt
sich weiter senken, wenn man die in Bild 86 zusätzlich eingetragenen Datenraten 108, 70 oder sogar 34 Mbit/s (PCM-Hierarchiestufe III) verwendet, denn in einem Übertragungskanal 140 Mbit/s lassen sich dann 2 · 70
oder gar 4 · 34 Mbit/s unterbringen, also 2- oder sogar 4-mal mehr Fernsehprogramme übertragen. Wegen des nach Gl. (89) um den Faktor ld n
(Zahl der Bits) größeren Bandbreitebedarfes bei einer digitalen Übertragung sind solche Verfahren der Datenreduktion besonders erwünscht.

Prinzipiell ist jedoch eine Datenreduktion stets so durchzuführen, daß
ein Minimum an Qualitätsverlust damit verbunden ist. Da sich nach Gl.(88a)
der Nachrichtenfluß multiplikativ aus der Abtastfrequenz 2W und der Zahl
der Bits pro Abtastperiode ld n zusammensetzt, kann die Datenrate reduziert werden, wenn die Abtastfrequenz und/oder die Zahl der Bits verklei-
nert werden. Falls das so geschieht, daß eine Anpassung an die begrenzte
Leistungsfähigkeit des Auges erfolgt, dann spricht man von einer Irrelevanzreduktion, wie sie bereits in Kapitel 1.3.1 im Zusammenhang mit den
Auflösungsfragen erläutert wurde. Sind noch Bandbreitereserven vorhanden,
dann ergibt sich durch Reduktion der Bandbreiten und Abtastfrequenzen die
einfachste Form der Irrelevanzreduktion.

4.4.1 Abtastratenreduktion und Interpolation

Die internationale Norm für die digitale Studiotechnik läßt mit den Abtastfrequenzen 13,5/6,75/6,75 MHz wesentlich größere Komponentenband-
breiten zu, als es der analogen PAL-Empfangsqualität entspricht. Das ist
zwar für die Verarbeitung im Studio von Bedeutung, für die Übertragung
läßt sich jedoch eine digitale Bandbreitereduktion sowie eine entspre-

chende Reduktion der Abtastfrequenzen durchführen. Bei der Abtastung mit
der neuen Frequenz muß interpoliert werden [87]. So gelingt nach Gl. (93)
und Bild 86 eine Reduktion des Nachrichtenflusses von 216 auf 108 Mbit/s.
Die neuen Abtastfrequenzen 2W = 10,125/3,375 MHz lassen erkennen, daß
jetzt eine Komponentenbandbreite von W ≈ 4/1,5 MHz realisiert wird. Diese Werte sind nun besser angepaßt an die PAL-Empfangsqualität.

Verschiedentlich wurden auch Verfahren vorgeschlagen, die bei stark reduzierter Abtastrate sogar eine Unterabtastung (f_T < 2W, Verletzung des
Abtasttheorems) zulassen. Die entstehenden Interferenzlinien werden dann
mit einem Kammfilter weitgehend reduziert [88].

4.4.2 Irrelevanzreduktion durch Austausch der Auflösungsparameter

In Bild 82 waren die drei Auflösungsparameter eines Fernsehbildes - Detailauflösung, Bewegungsauflösung, Gradationsauflösung - in einem räumlichen Diagramm aufgetragen, so daß der Nachrichtenfluß, der sich nach
Gl. (88a) aus dem Produkt der drei Parameter zu 80 Mbit/s ergibt, dem
Volumen des aus den drei Parametern gebildeten Würfels entspricht. Genauere psycho-physiologische Studien des Gesichtssinnes zeigen, daß die
drei Auflösungsparameter eigentlich voneinander abhängig sind. So benötigt man die volle Detailauflösung von 400 000 Bildpunkten eigentlich
nur bei der Beobachtung eines ruhenden Gegenstandes. Bei unvorhersehba-
ren Bewegungen erscheint der Gegenstand dem Auge dagegen unscharf; die
Bildpunktzahl könnte reduziert werden. Genau umgekehrt verhält es sich
mit der Bewegungsauflösung. Hier benötigt man die volle Auflösung von
25 Hz eigentlich nur bei schnellen Bewegungen; bei geringer Bewegung
oder gar ruhendem Bild ließe sich die Bildfrequenz erheblich reduzieren.
Für den psycho-physiologischen Zusammenhang zwischen Detailauflösung und
Bewegungsauflösung ergibt sich damit ein hyperbelartiger Verlauf, wie er
im Bild 82 dargestellt ist.

Ähnlich ist der Zusammenhang der Detailauflösung mit der Gradationsauflösung. Nur wenn die dargestellte Fläche groß ist, benötigt man die volle Graustufenzahl von 256. Bei der Übertragung kleiner Flächen bzw. feiner Details genügt eine geringere Stufenzahl, da das Auge bei den stei-
leren Schwarz-Weiß-Sprüngen keine Gradationsunterschiede erkennen kann.
Schließlich besteht auch zwischen der Graustufenzahl und der Bildfrequenz ein solcher hyperbelartiger Zusammenhang, denn wenn schnelle Bewegungen übertragen werden, dann ist auch eine geringere Graustufenzahl
zulässig.

Wenn es gelänge, einen adaptiven Coder zu bauen, der in der Lage ist, die drei Auflösungsparameter in Abhängigkeit von der Bewegung und der Flächengröße im Bild nach diesen drei Hyperbelkurven im Bild 82 zu steuern, dann würde sich die Spitze des Würfels, der den Nachrichtenfluß repräsentiert, stets genau auf der Hyperbelfläche des räumlichen Diagramms bewegen. Das Volumen des Würfels hätte sich damit etwa auf 1/80 reduziert und damit auch der Nachrichtenfluß. Das PCM-Signal des Fernsehbildes würde jetzt nur noch einem Nachrichtenfluß von 1 Mbit/s entsprechen und könnte somit in der 1. PCM-Hierarchiestufe mit 2 Mbit/s untergebracht werden, was einer besonders wirtschaftlichen Übertragungsart entsprechen würde [75,Teil 1].

Der Aufwand eines solchen adaptiven Coders wäre allerdings extrem groß. Hinzu kommt, daß der genaue Verlauf dieser Hyperbelkurven erst noch durch umfangreiche psycho-physiologische Studien ermittelt werden müßte. Außerdem ist noch entscheidend, ob die Bewegung vorhersehbar ist oder nicht; das aber kann der Bewegungsdetektor nicht erkennen. Wenn die Bewegung nämlich vorhersehbar ist, dann verfolgt das Auge den bewegten Gegenstand, und er muß wieder scharf abgebildet werden, während beispielsweise dann der ruhende Bildhintergrund unscharf dargestellt werden könnte.

Teillösungen für eine Irrelevanzreduktion unter Beachtung dieser gegenseitigen Abhängigkeiten der Auflösungsparameter bzw. durch den gegenseitigen Austausch dieser Parameter werden jedoch vielfach angewendet. Man beschränkt sich dabei auf relativ einfache Bewegungsdetektoren mit nur e i n e m Schwellenwert, die damit auf den Unterschied zwischen einem ruhenden und bewegten Bilddetail nur mit einer Ja-Nein-Entscheidung reagieren können. Ähnlich ist es mit dem Flächendetektor, der auch nur eine Entscheidungsschwelle hat. Damit werden die Hyperbelkurven in grober Näherung durch zweistufige Treppenkurven ersetzt.

L i m b und P e a s e [89] beschrieben zuerst ein Verfahren mit unterschiedlich auslesbarem Vollbildspeicher, wobei zwischen stationärem Mode und Bewegungsmode unterschieden wird, was den Austausch von Bewegungs- und Detailauflösung durch einfaches Umschalten steuert. Auch alle modernen Interframe-Reduktionsverfahren vermindern bei geringer bewegten oder sogar ruhenden Details die Bewegungsauflösung durch Interpolation im Bildspeicher [75,Teil 1]. Nicht immer ist jedoch dabei auch ein Austausch mit der Detailauflösung vorgesehen (Kap. 4.4.5).

Das klassische Verfahren für den Austausch zwischen Detailauflösung und
Gradationsauflösung wurde bereits 1957 von K r e t z m e r [90] angegeben. Der Detektor für die Detailerkennung ist hier eine einfache Bandaufspaltung mit Filtern; die niederfrequenten Anteile werden dann fein
und die höherfrequenten grob quantisiert [75,Teil 1]. Von dieser Tatsache, daß man dem Auge die feinen Details mit einer groben Quantisierung
anbieten darf ("Maskierungseffekt") und dadurch eine erhebliche Irrelevanzreduktion der Daten ermöglicht wird, macht auch die am häufigsten
verwendete Differenz-Pulscodemodulation (DPCM) Gebrauch (Kap. 4.4.4).

4.4.3 Redundanzreduktion

Bei der bisher beschriebenen Irrelevanzreduktion entfernt man die für
den Gesichtssinn nicht relevanten Anteile aus dem Signal. Man paßt sich
damit optimal an die Leistungsfähigkeit der Nachrichtensinke (bei Bildübertragung der Gesichtssinn) an. Im Gegensatz dazu stellt die Redundanzreduktion einen reversiblen Prozeß dar, wobei alle im Coder entfernten Anteile im Decoder wieder exakt zugesetzt werden können. Entfernt
werden dürfen dann vor dem Übertragungsprozeß nur die sogenannten redun-
danten Anteile des Signals. Das sind solche Anteile, die sich aufgrund
einer Statistik-Analyse vorhersagen lassen, somit im eigentlichen Sinne
keine Information enthalten und deshalb für die Übertragung entfallen
können.

Meist ist aber der Informationsgehalt einzelner Signalelemente nicht
null, sondern nur geringer, so daß man lediglich den entsprechend redun-
danten Anteil entfallen läßt. Um diese Feinanpassung vornehmen zu können, muß die Wahrscheinlichkeitsverteilung für die einzelnen Amplitudenwerte des Bildsignals ermittelt werden. In Bild 92a wird das für eine
Pulscodemodulation mit 3 bit (n = 2^3 = 8 Pegelstufen) dargestellt. Die
Statistik-Analyse wurde dabei mit einer Rechenanlage an vier typischen
Fernseh-Testdias (SMPTE) durchgeführt. Man sieht, daß sich keine wesentlichen Unterschiede für die Wahrscheinlichkeit des Auftretens der einzelnen Amplitudenwerte ergeben. Diese Art der Codierung läßt damit noch
keine Redundanz erkennen.

Größere Änderungen in der Wahrscheinlichkeitsverteilung ergaben sich dagegen, wenn man sich auf die in Bild 92b dargestellte Signalform bezieht, die durch Bildung der Amplitudendifferenz zum jeweils vorhergehenden Bildelement entsteht. Nach der rechts dargestellten Kurve für die

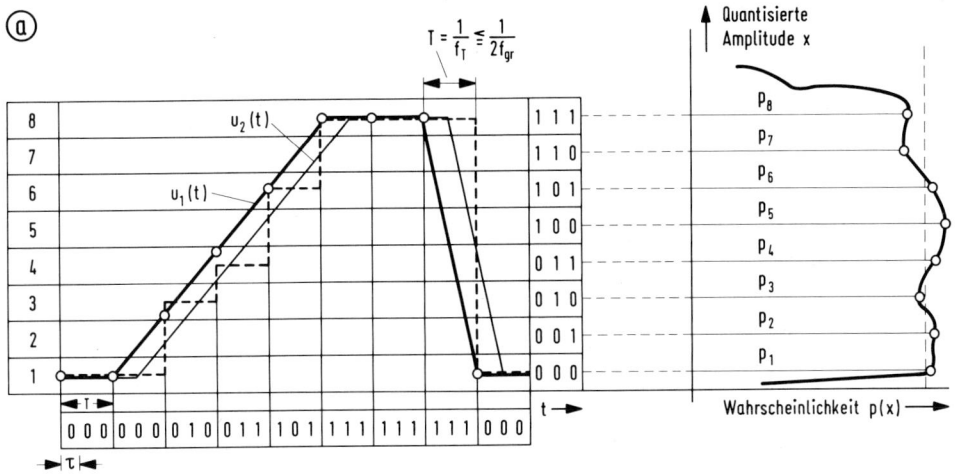

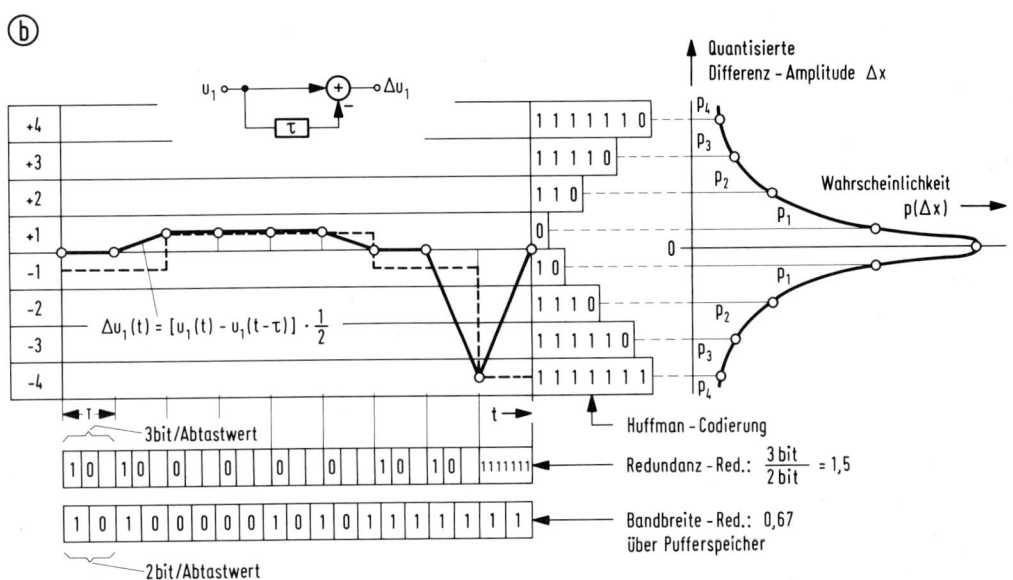

Bild 92 Methoden der digitalen Übertragungstechnik
     a) Pulscodemodulation mit 3 bit pro Abtastwert
     b) Differenz-Codierung (lineare Quantisierung) mit Redundanz-
        reduktion

Wahrscheinlichkeitsverteilung erhält man eine besonders große Wahrscheinlichkeit für das Auftreten der Amplitudendifferenz Null und sehr geringer Amplitudendifferenzen in der Nähe von Null. Je größer die Amplitudendifferenz, umso geringer ist die Wahrscheinlichkeit ihres Auftretens.
Das erklärt sich aus der Tatsache, daß die meisten Bilder große Flächen

konstanter oder sich nur gering verändernder Helligkeit enthalten, so
daß die Bildung der Amplitudendifferenz zwischen benachbarten Bildelementen sehr häufig den Wert Null oder einen Wert in der Nähe von Null
ergibt (Bild 92b).

Die Differenzbildung zwischen den Nachbar-Bildelementen hat somit zu
einer Aufhebung der statistischen Bindungen (Korrelation) zwischen diesen Bildelementen geführt, weshalb man auch von "Dekorrelation" spricht.
Die hierdurch bewirkte stark unterschiedliche Wahrscheinlichkeitsverteilung für die einzelnen Amplitudenwerte läßt sich nun durch eine sogenannte "Optimalcodierung" für die Redundanzreduktion nutzen [75,Teil1; 91].
Dabei ordnet man nach Bild 92b den sehr häufig auftretenden kleinen Amplitudendifferenzen, die zu den großen Flächen im Bild gehören, kurze
Codezeichen zu. Den weniger häufig auftretenden großen Amplitudendifferenzen, die den Schwarzweiß-Sprüngen entsprechen, ordnet man dagegen
längere Codezeichen zu. Dabei benutzt man meist den "Huffman-Code", bei
dem die Zeichen so gewählt werden, daß der Decoder jeweils erkennen kann,
wann das einzelne Codezeichen zu Ende ist, denn nun tritt ja ein unglei-
cher Datenfluß auf.

Ein Vergleich der Datenflüsse in den Bildern 92a und 92b (jeweils unterhalb der Diagramme) läßt die Datenreduktion durch Anwendung einer Diffe-
renzcodierung in Verbindung mit dem Huffman-Code deutlich erkennen. Mit
einem Pufferspeicher kann man den ungleichmäßigen Datenfluß nach Bild 92b
in einen gleichmäßigen Datenfluß verwandeln. Dann würden auf eine Abtastperiode (ein Bildelement) nur noch 2 bit entfallen, während es zuvor
3 bit waren. Das entspricht einer Bandbreitenreduktion um den Faktor
$3/2 = 1,5$. Allerdings ist das nur eine grobe Abschätzung, die dem hier
als Beispiel angenommenen Signalverlauf entspricht. Der genaue Faktor
der Redundanzreduktion müßte aus der Wahrscheinlichkeitsverteilung errechnet werden.

Im Bild 93a ist das Blockschema des Gesamtsystems dargestellt. Am Eingang erkennt man das Übertragungsglied zur Bildung der Amplitudendifferenz (Dekorrelator). Nach der Umwandlung in das Digitalsignal im A/D-
Wandler erfolgt die Redundanzreduktion mit einem Huffman-Coder (Optimal-
coder). Am Ende der Übertragungsstrecke muß nach der Decodierung die
Differenzbildung des Signals durch eine Summenbildung der benachbarten
Signalelemente wieder rückgängig gemacht werden. Dafür ist ein Summier-
glied vorgesehen (Korrelator).

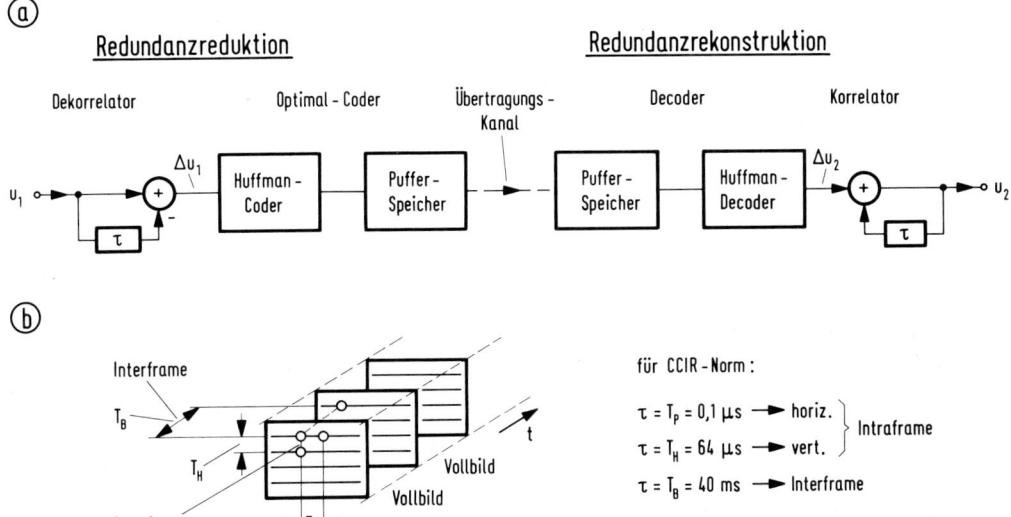

Bild 93 Redundanzreduktion durch Dekorrelation und Optimalcodierung
        a) Blockschema der Übertragungskette
        b) Bildübertragung mit Intraframe- und Interframe-Reduktion

Eine Dekorrelation für benachbarte Signalelemente kann man bei einem
Fernsehbild in Zeilenrichtung, quer zur Zeile und zwischen zwei zeitlich
aufeinanderfolgenden Vollbildern vornehmen. Man unterscheidet daher sinngemäß zwischen einer Intraframe- und Interframe-Reduktion (Bild 93b). Die
Dekorrelationsschaltung ist die gleiche, jedoch benötigt man für die Zeilenrichtung nur ein Verzögerungsglied von Bildpunktdauer, für die Richtung quer zur Zeile bereits eine Zeilenverzögerung und von Bild zu Bild
den sehr großen Aufwand eines Bildspeichers. Mit letzterem läßt sich allerdings auch die stärkste Datenreduktion bewirken, da in den meisten
Fernsehbildern viele unbewegte Bildteile enthalten sind, wie im Kapitel
4.4.5 (Interframe-Codierung) näher dargestellt wird.

4.4.4 Differenz-Pulscodemodulation (DPCM)

Die beiden Pufferspeicher im Coder und Decoder des digitalen Übertragungssystems mit reiner Redundanzreduktion (Optimal-Codierung) nach
Bild 93a stellen bereits einen erheblichen Aufwand dar. Diese Speicher
können entfallen, wenn man sich auf ein Verfahren mit zeitlich konstanter Datenfolge beschränkt. Die Datenreduktion läßt sich jetzt allerdings
nur durch eine Verringerung der Quantisierungsstufenzahl bewirken. Prin-

zipiell treten dann zunächst einmal Quantisierungsfehler auf, wie an dem
Beispiel eines PCM-Systems mit nur 8 Pegelstufen - entsprechend ld 8
= 3 bit/Abtastwert - von Bild 92a zu erkennen ist. Ein flacher Signalanstieg $u_1(t)$ wird durch die zu grobe Quantisierung in eine Treppenkurve
$u_2(t)$ umgewandelt. Bei der Übertragung von größeren Flächen mit geringen
Helligkeitsänderungen entstehen hierdurch Kontureffekte. Dieses sogenannte "Contouring" ist in Bild 94 (linke Bildhälfte) deutlich zu sehen. Ein

Bild 94 Vergleich eines 3-bit-PCM-Bildes (links) mit einem 3-bit-DPCM-
        Bild (rechts)

PCM-System für Fernsehbilder verwendet demgegenüber nach Kapitel 4.1.1
8 bit - entsprechend 2^8 = 256 Pegelstufen - und vermeidet dann praktisch
jegliches Contouring. Bei einem 3-bit-PCM-System (Bild 92a) würde damit
der Nachrichtenfluß um den Faktor 8 bit/3 bit = 2,7 reduziert. Es muß
allerdings eine Codiermethode gefunden werden, die das starke Contouring
nach Bild 94 (links) vermeidet.

Eine geeignete Möglichkeit zur Reduzierung von Quantisierungsfehlern bei
Systemen mit geringer Pegelstufenzahl bietet nun die Differenzbildung
oder Dekorrelation des Signalverlaufes nach Bild 92b, womit die Redundanzreduktion nach Bild 93a eingeleitet wurde. Bei einer solchen Diffe-
renz-Codierung wird das Eingangssignal näherungsweise differenziert, so
daß der flache Signalanstieg $u_1(t)$ nach Bild 92a in die konstante und
relativ kleine Spannung $\Delta u_1(t)$ nach Bild 92b umgewandelt wird. Über die
Quantisierungskennlinie bleibt dies ein konstanter Signalanteil, so daß
die anschließend im Decoder vorgenommene näherungsweise Integration
durch das Korrelationsglied nach Bild 93a zu einem flachen und unver-
zerrten Signalanstieg $u_2(t)$ führt (Bild 92a) [91].

Die Quantisierungsfehler der Differenzsignale würden nun allerdings
durch das Korrelationsglied integriert und zu einem unzulässigen Nachziehen in Zeilenrichtung führen, wenn nicht der in <u>Bild 95a</u> dargestellte

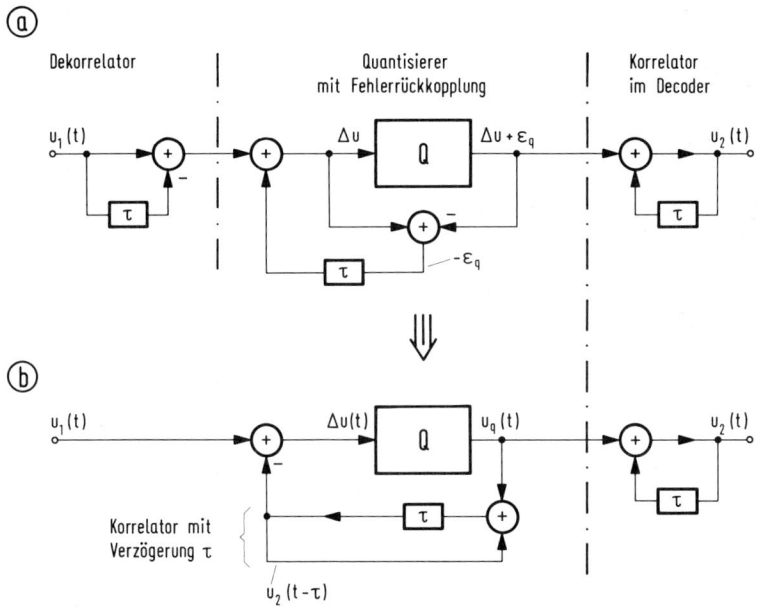

<u>Bild 95</u> Ableitung der DPCM-Schaltung (b) aus der Serienschaltung eines
Dekorrelators und eines rückgekoppelten Quantisierers (a)

Quantisierer mit Fehlerrückkopplung verwendet würde. Der Quantisierungsfehler ε_q wird hierbei über das Verzögerungsglied τ vom Eingangssignal
subtrahiert und damit eliminiert [92]. Nach [93] läßt sich diese so er-
weiterte Codierschaltung aus Dekorrelator und Quantisierer mit Fehler-

rückkopplung umwandeln in die Standard-Darstellung einer Differenz-Pulscodemodulation (DPCM) in Bild 95b. Der Dekorrelator ist nun in die Schaltung des rückgekoppelten Quantisierers mit einbezogen worden. Dadurch
liegt im Rückführkreis der DPCM-Schaltung nach Bild 95b das gleiche Korrelationsglied wie im Decoder. Es kann nun als Prädiktionsglied interpretiert werden. Im einfachsten Fall wird τ als Bildpunktdauer gewählt,
so daß die Vorhersage lediglich in einer einfachen Wiederholung der vorhergehenden Bildpunktinformation besteht.

In dieser Grundform wurde die DPCM-Schaltung bereits 1952 von C u t l e r
(BELL, USA) angegeben [94]. Sie stellt bis heute die am häufigsten ange-
wandte Datenreduktionsmethode dar. Die einfache Prädiktion mit Bildpunktdauer führt jedoch noch zu einigen Unzulänglichkeiten, die aus Bild 96
zu erkennen sind. Zu dem konstanten Signalwert (a) - entsprechend einem

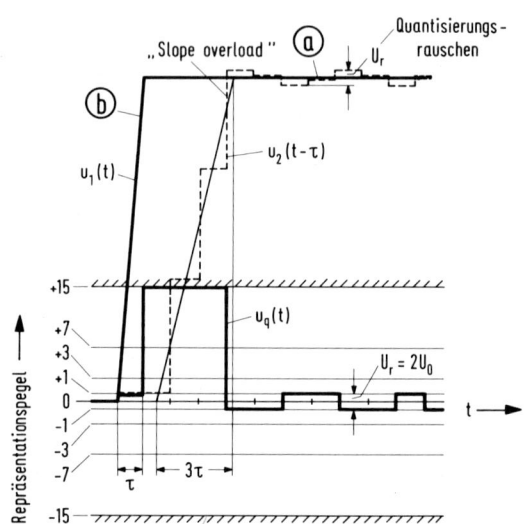

Bild 96 Verhalten der DPCM-Schaltung bei der Übertragung eines konstan-
        ten Signalwertes (a) sowie eines Signalsprunges (b)

konstanten Grauwert - müßte sich theoretisch ein Differenzsignal Null ergeben. Die Quantisierungskennlinie hat aber genau an dieser Stelle eine
Entscheidungsschwelle. Deshalb springt das quantisierte Signal $u_q(t)$ sta-
tistisch zwischen dem Repräsentationspegel $+U_o$ und $-U_o$ hin und her. Das
führt zum sogenannten Quantisierungsrauschen $U_r = 2U_o$. Dieses ist natürlich umso kleiner, je niedriger man den kleinsten Repräsentationspegel U_o
machen kann. Der Quantisierer einer DPCM-Schaltung muß deshalb mit einer

nichtlinearen Quantisierungskennlinie arbeiten, wie sie in Bild 96 durch
die unterschiedlichen Abstände der Repräsentationspegel gekennzeichnet
ist. Durch die feinere Abstufung in der Nähe von Null wird nicht nur das
Quantisierungsrauschen $U_r = 2U_o$ reduziert, sondern auch die Genauigkeit
der Grauwertdarstellung großer Flächen im Bild verbessert. Bei feinen
Details, zu denen dann die gröber quantisierten größeren Differenzampli-
tuden gehören, läßt das Auge dagegen einen schlechteren Störabstand sowie Grauwertabweichungen zu ("Maskierungseffekt"). Die DPCM-Schaltung
paßt sich daher recht gut an die Leistungsfähigkeit des menschlichen Gesichtssinnes an und bedient sich in Anlehnung an die Darlegungen in Kapitel 4.4.2 primär einer Irrelevanzreduktion durch den Austausch von De-
tail- und Gradationsauflösung.

Problematisch ist bei der einfachen DPCM-Schaltung, daß sich bei der normalen Aussteuerung des Quantisierers nur ein Störabstand gegenüber dem
Quantisierungsrauschen von $15/2 = 7,5 \hat{=} 17$ dB ergibt. Durch die in
Bild 96 dargestellte dreifache Übersteuerung wird der Störabstand zwar
um etwa 10 dB verbessert, aber jetzt tritt bei der Übertragung des vollen Signalsprunges (b) ein Übersteuerungseffekt ("slope overload") auf.
Da das Ausgangssignal $u_2(t - \tau)$ immer nur pro Abtastperiode um den Wert
des maximalen Repräsentationspegels springen kann, vergrößert sich die
Anstiegszeit des Schwarzweiß-Sprunges bei der in Bild 96 gewählten dreifachen Übersteuerung um den gleichen Faktor 3. Bei einer groben Quantisierung (größerer Reduktionsfaktor) ist es also bei dieser einfachen
DPCM-Schaltung nicht möglich, einen befriedigenden Kompromiß zwischen
Bildschärfe und Quantisierungsrauschen zu finden [75,Teil 2; 91].

Die Quantisierungsfehler der DPCM-Schaltung können nun dadurch verringert werden, daß man zunächst einmal die Prädiktion in der Rückkopplungs-
schleife nach Bild 95b wesentlich verbessert, indem man außer dem einen
vorhergehenden Bildpunkt in der Zeile auch weitere Bildpunkte in dieser
und in der vorhergehenden Zeile hinzunimmt [95, 97]. Wichtig ist weiterhin, daß die Quantisierungskennlinie einerseits an die Statistik des
Bildmaterials, andererseits an die Wahrnehmbarkeit der Quantisierungsfehler angepaßt wird [96]. Die entscheidende Verbesserung ergibt sich
jedoch durch den Übergang auf eine adaptive DPCM-Schaltung. Im einfachsten Fall wird dabei für die Übertragung einer Sprungfunktion von der
DPCM auf die normale PCM umgeschaltet, um das "slope overload" zu vermeiden [91, 99]. Wirksamer ist eine signalabhängige Umschaltung der Quantisierungskennlinie [95, 97], wie sie in Bild 97 gestrichelt angedeutet
ist.

4.4.5 Interframe-Codierung

Bereits für den Dekorrelator war nach Bild 93b die Möglichkeit der Differenzbildung zwischen Bildpunkten in aufeinanderfolgenden Vollbildern in Kapitel 4.4.3 erörtert worden. Benötigt wird für diese sogenannte Interframe-Codierung ein Vollbildspeicher, was den Aufwand entsprechend erhöht. Da aber in den meisten Bewegtbildszenen sehr viel ruhende Bilddetails enthalten sind, läßt die Interframeverarbeitung eine besonders wirkungsvolle Datenreduktion erwarten.

Eine wesentliche Steigerung der Effektivität des DPCM-Coders nach Bild 95b läßt sich deshalb erreichen, wenn man in der Rückführschleife zusätzlich einen Bildspeicher verwendet. Nach [98] können dann für die Prädiktion auch Bildpunkte des vorhergehenden Vollbildes herangezogen werden. Infolge der erheblichen zeitlichen Redundanz ergibt sich so eine weitgehende Reduktion der restlichen Quantisierungsfehler (Prädiktionsfehler), so daß man die Bits pro Abtastwert weiter erniedrigen kann und somit einen größeren Datenreduktionsfaktor erhält.

Neben der zeitlichen Redundanz (interframe) soll aber auch die innerhalb eines Vollbildes (intraframe) enthaltene Redundanz für die Prädiktion genutzt werden. Nach älteren Vorschlägen wurde zu diesem Zweck das Verzögerungsglied in der Rückführschleife des DPCM-Codecs (Bild 95b) für bewegte Konturen umgeschaltet. Dadurch sollten die bei bewegten Konturen infolge Integration des Bewegungsvorganges - z.B. durch Nachzieheffekte der Kamera - auftretenden statistischen Verknüpfungen innerhalb eines Vollbildes genutzt werden [91, 99]. In Bild 97 sind dagegen die drei Prädiktionsglieder mit Bildpunkt τ_p-, Zeilen τ_z- und Vollbild τ_B-Verzögerung zum Zwecke der räumlichen Prädiktion in der Rückführschleife parallel geschaltet [98]. Außerdem ist ein Steuerglied angeschlossen (in Bild 97 gestrichelt), das den adaptiven Quantisierer mit seiner nichtlinearen Kennlinie an die jeweiligen Bilddetails anpaßt (Kap. 4.4.4).

Die für eine Schmalband-Bildfernsprechübertragung notwendige starke Datenreduktion (Faktor 8) läßt sich nun allerdings nach [98, 100] nur durch eine der DPCM-Codierung nachgeschaltete Optimalcodierung - auch genannt "Entropiecodierung" - erzielen. Diese entspricht dem in Bild 93a (Kap. 4.4.3) dargestellten Redundanzreduktions-Verfahren. Der Huffman-Coder nach Bild 97 ordnet dann den bei der DPCM sehr häufig auftretenden niedrigen Pegelwerten (große Flächen im Bild) kurze Codezeichen zu, während die seltener auftretenden größeren Pegelwerte (Details im Bild) durch

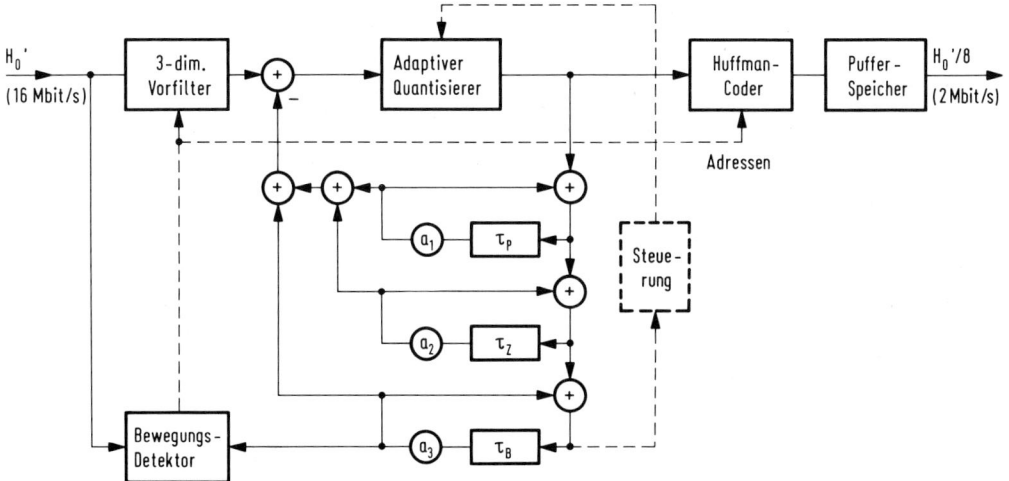

Bild 97 Blockschema eines Intra/Interframe-Coders mit kombinierter
DPCM- und Optimalcodierung

längere Codezeichen gekennzeichnet werden, ganz analog zur reinen Redundanzreduktion nach Bild 92b. Hier hat man es nun also mit einem Verfahren
kombinierter Redundanz(Optimalcode)- und Irrelevanzreduktion (DPCM) zu
tun.

Analog zu Bild 92b muß im Intra/Interframe-Coder nach Bild 97 auf den
Huffman-Coder noch ein Pufferspeicher folgen, der den ungleichmäßigen in
einen gleichmäßigen Datenfluß umformt. Ein weiteres wichtiges Element
ist der Bewegungsdetektor, der aus einem Vergleich des vorhergehenden
- über den Bildspeicher gewonnenen - Bildes mit dem aktuellen Bild ent-
scheidet, an welchen Stellen bewegte Konturen auftreten. Der Entschei-
dungs-Algorithmus hierfür erfordert einigen Aufwand [101] und wird in
Form von Adressen zusammen mit den sich ändernden Signalanteilen in den
Pufferspeicher eingespeist. Bild 98b zeigt diese sich ändernden Konturen, die durch Markierung in Form einer Helltastung auf dem Bildschirm
sichtbar gemacht wurden. Sie gehören zu dem sich horizontal bewegenden
Mädchenkopf nach Bild 98a. In den meisten Fällen bleibt die Gesamtzahl
der sich ändernden Bildpunkte unter 25%, woran man noch einmal die erhebliche Redundanz in einem Bewegtbild und die Möglichkeit einer wirkungsvollen Interframe-Datenreduktion erkennt.

Die Information über alle sich im Bild ändernden Konturen kann man nach
Bild 97 auch dazu verwenden, um ein dreidimensionales (räumliches) Tief-

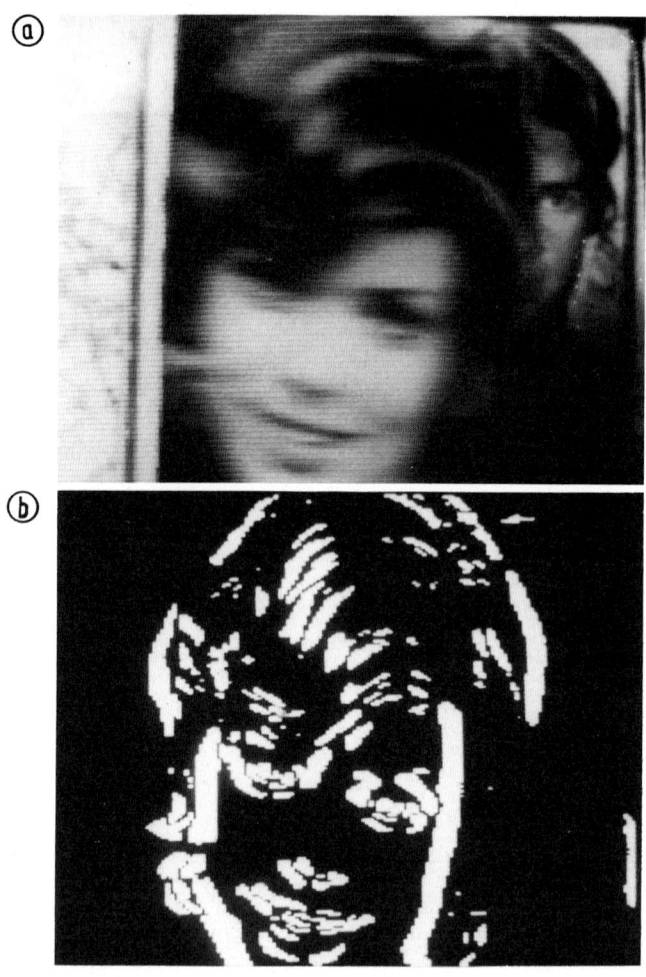

Bild 98 Schirmbildaufnahmen einer Intra/Interframe-Verarbeitung mit
        Optimalcodierung (Bildfernsprecher mit 313 Zeilen)
        a) Portraitaufnahme mit horizontaler Bewegung
        b)Übertragene Bildpunkte in den bewegten Konturen

paßfilter zu steuern, das dem Coder vorgeschaltet ist und bei sehr vielen zeitlichen Änderungen im Bild vom Bewegungsdetektor aus eingeschaltet wird. Dadurch wird die Korrelation zwischen benachbarten Bildpunkten
erhöht, so daß der Datenfluß über den Intra/Interframe-Coder stark reduziert, und damit der Pufferspeicher am Schaltungsausgang vor dem Überlaufen geschützt wird [100]. Nach einem Vorschlag in [98] wird dagegen
die Steuerinformation für den vorgeschalteten Tiefpaß direkt einer Mes-

sung des Pufferfüllungsgrades entnommen, um das mit starken Störungen
verbundene Überlaufen des Pufferspeichers zu verhindern.

Mit einem solchen Intra/Interframe-Coder nach Bild 97 läßt sich der erhebliche Datenreduktionsfaktor 8 bei guter Bildqualität erreichen. Deshalb sind derartige Codierungen für den digitalen Schmalband-Bildfernsprecher vorgesehen [100]. Nach Kapitel 5.2.2 wird hierfür eine Analogbandbreite von 1 MHz zugrunde gelegt. Für die digitale Übertragung dieses Signals erhält man mit den üblichen 8 bit/Abtastwert nach Gl. (88a)
einen maximalen Nachrichtenfluß von $H_o' = 2 \cdot 1$ MHz $\cdot$ 8 bit = 16 Mbit/s.
Mit dem datenreduzierenden Coder nach Bild 97 läßt sich der Nachrichtenfluß des Bildfernsprechsignals etwa um den Faktor 8 erniedrigen, so daß
man mit $H_o'/8 = 16/8 = 2$ Mbit/s eine Datenrate erhält, die nun im PCM-
Grundsystem (2,048 Mbit/s) übertragen werden kann [100]. Im Mittel wird
dabei pro Abtastperiode ld n = $H_o'/2W$ = 2 Mbit/s / 2 MHz = 1 bit übertragen.

Es gibt darüber hinaus noch weitergehende Bemühungen, den Nachrichtenfluß eines Bildfernsprechsignals sogar so weit zu reduzieren, daß er mit
64 kbit/s in einen digitalen Fernsprechkanal paßt. Das geht nun allerdings nur noch mit einer erheblichen Relevanzreduktion. Die Qualitäts-
verluste werden jedoch durch eine sorgfältige Anpassung der dreidimensionalen Reduktion an die Eigenschaften des Gesichtssinnes in erträglichen
Grenzen gehalten [102]. Wichtig ist dabei die Reduzierung der Bewegungsauflösung durch Austasten von Teilbildern in allen unbewegten Bildtei-
len. Um Aliasfehler zu vermeiden, ist diesem Austastvorgang eine an die
Wahrnehmungseigenschaften angepaßte Tiefpaßfilterung vorgeschaltet. Insbesondere wird bei der Optimierung des Systems auch der in Bild 82 dargestellte psychooptische Zusammenhang zwischen Bewegungsauflösung und
Detailauflösung beachtet, so daß insgesamt mit einer an die Augeneigen-
schaften und die Bildfernsprechverhältnisse recht gut angepaßten Quali-
tätsminderung gerechnet werden kann.

Alle in diesem Kapitel 4.4 behandelten Verfahren der Datenreduktion gelten auch für Farbsignale. Man wird dann zweckmäßigerweise die in Kapitel
4.1.2 besprochene und in Bild 83b dargestellte Methode der getrennten
Codierung für die Luminanz und die beiden Farbsignalkomponenten anwenden, so daß die Datenreduktion für jede Komponente separat durchgeführt
werden kann, wie das in Bild 83b auch gestrichelt eingezeichnet wurde.
Die Reduktionsmethode kann dann für die Chrominanz getrennt optimiert
werden. Die hierfür maßgebenden Gesichtspunkte werden z.B. in [103] beschrieben.

Es wurden hier nur die prädiktiven Datenreduktionsverfahren dargestellt, da sie am häufigsten angewendet werden. Die Verarbeitung erfolgt dabei ausschließlich im Zeitbereich. Von der Reduktion im Frequenzbereich macht dagegen die Transformationscodierung Gebrauch. Insbesondere bei großen Datenreduktionsfaktoren mit dreidimensionaler Verarbeitung kann eine datenreduzierte Übertragung der Transformationskoeffizienten mit der prädiktiven Methode eventuell konkurrieren. Meist beschränkt sich die Anwendung der Transformationscodierung jedoch auf ruhende Bilder [104].

5. Bewegtbildsysteme mit extremer Zeilenzahl

Von den in Tabelle 2 (Kap. 1.3.4) angegebenen Fernsehnormen sind die 625-Zeilen-Norm in Europa und die 525-Zeilen-Norm in den USA als internationaler Standard erhalten geblieben und haben sich weltweit bewährt. Zukünftige Breitband-Übertragungssysteme - z.B. Kabel- und Satelliten-Übertragungstechnik nach Kapitel 3.5 und 3.6 - eröffnen jedoch die Möglichkeit, auf eine höhere Zeilenzahl überzugehen und damit die Qualität des Fernsehbildes weiter zu verbessern. Auf der anderen Seite ist es für die Bewegtbildübertragung von Bedeutung, die weltweit vorhandenen Schmalband-Übertragungseinrichtungen des Fernsprechens mit zu benutzen - z.B. für das Bildfernsprechen -, was nur durch eine Reduktion der Zeilenzahl möglich ist. Beide Extremfälle einer solchen Bewegtbildübertragung sollen in den folgenden Kapiteln behandelt werden.

5.1 Hochauflösendes Fernsehsystem (HDTV)

5.1.1 Vergleich zwischen HQ- und HDTV-Systemen

Im Kapitel 4.3 wurde gezeigt, wie man durch den Übergang auf eine digitale Signalverarbeitung im Farbfernseh-Heimempfänger eine Qualitätssteigerung herbeiführen kann. Folgende Verbesserungen ließen sich auf diese Weise bereits für das 625-Zeilensystem bewirken:

- Reduktion der Luminanz/Chrominanz-Interferenz (cross-colour und cross-luminance)
- Verbesserung der Bildschärfe durch zweidimensionale Aperturkorrektur oder die Anwendung von geschalteten Entzerrern (bei etwa gleichem Störabstand)
- Vermeidung des Großflächenflimmerns (50 Hz) durch zweifaches Auslesen aus dem Vollbildspeicher mit 100 Hz (vgl. Bild 3, Kap. 1.3.1.1)

- Vermeidung des Kantenflimmerns (25 Hz) an horizontalen Kanten durch
  Auslesen aus dem Vollbildspeicher ohne Zeilensprung (vgl.Kap. 1.3.5.2).

Durch die digitale Verarbeitung lassen sich also noch erhebliche Reserven des 625-Zeilensystems mobilisieren, weshalb man hier von einem HQ
("High-Quality")-Fernsehsystem sprechen könnte. Die im zweiten Punkt angesprochene Bildschärfeverbesserung basiert allerdings auf einer Kantenversteilerung, die entweder durch eine Frequenzgangüberhöhung innerhalb
des zur Verfügung stehenden Frequenzbereiches von 5 MHz (Apertur-Überkorrektur) oder durch eine künstlich aufmodulierte Flanke (Geschalteter
Entzerrer) hervorgerufen wird. Bei feinen Details (z.B. Schriftübertragung) versagen jedoch beide Verfahren. Hier hilft nur eine echte Auflösungserhöhung, d.h. für die Vertikale eine Erhöhung der Zeilenzahl und
für die Horizontale eine Vergrößerung der Bandbreite. Eine Verbesserung
der Wiedergabe feiner Details ist also nur mit einem HDTV ("High-Defini-
tion-Television")-System zu erreichen.

5.1.2 Wahl der Zeilenzahl

Für die Wahl der Zeilenzahl eines HDTV-Systems sind folgende Gesichtspunkte maßgebend [105]:

- Verbesserte Auflösung für Schrift- und Graphik-Übertragung
- Anpassung an die Verhältnisse einer Fernseh-Großprojektion bzw. eines
  Heim-Projektionsempfängers
- Bildschärfe vergleichbar einer 35-mm-Filmprojektion
- eine räumliche Bildwirkung ist anzustreben.

Wie in Kapitel 1.3.1.2 grundlegend dargestellt, muß die Zeilenzahl primär so gewählt werden, daß bei einem vorgegebenen Betrachtungsabstand
(Betrachtungswinkel) die Zeilenstruktur vom Auge gerade ausintegriert
wird. Nach der allgemeinen Darstellung der Betrachtungsverhältnisse in
Bild 4 konnte bereits in Tabelle 1 für einen Betrachtungswinkel von
$\alpha \approx 25^{\circ}$ eine erforderliche Zeilenzahl Z = 1000 ermittelt werden. Dieser
zunächst für die Telebildverhältnisse abgeschätzte Wert gilt in ähnlicher Weise auch für die Fernseh-Großprojektion, da hier im Mittel ebenfalls ein Betrachtungswinkel von etwa 25° vorliegt.

Nach Kapitel 1.3.8 wäre zu prüfen, ob diese 1000 Zeilen auch für die geforderte Verbesserung der Auflösung bei Schrift- und Graphikvorlagen
ausreichend sind. Wie bereits in Bild 24 dargestellt, bezieht man sich

zweckmäßigerweise wieder auf die Übertragung einer DIN-A4-Seite mit der
Standard-Schreibmaschinenschrift. Die hieraus zu ermittelnde Anzahl Zeilen pro Zeichenhöhe (3 mm) ist ein sehr geeignetes Maß für die Lesbarkeit und damit für die Auflösung der Schrift. Nach Bild 24 entfallen auf
die 300 mm Gesamthöhe der DIN-A4-Seite beim 625-Zeilensystem etwa 600
aktive Zeilen, so daß sich nach Gl. (49) eine "Zeilendichte" von 600 Zei-
len/300 mm = 2 Zeilen/mm ergibt. Auf die 3 mm hohen Buchstaben der Standard-Schreibmaschinenschrift entfallen dann 2 Zeilen/mm · 3 mm = 6 Zei-
len/Zeichen.

Bild 99a läßt allerdings erkennen, daß diese in Kapitel 1.3.8 (für Bildfernsprechverhältnisse) als ausreichend angenommene Zeilenzahl/Zeichen
höheren Qualitätsansprüchen nicht gerecht wird. Eine Verdoppelung auf

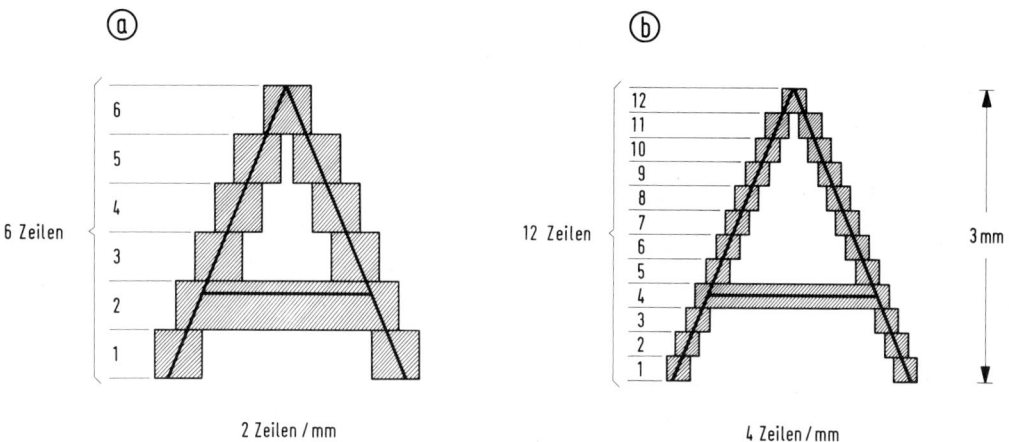

Bild 99 Zeichenauflösung bei verschiedenen Zeilenzahlen
      a) 6 Zeilen/Buchstabenhöhe
      b)12 Zeilen/Buchstabenhöhe

12 Zeilen/Zeichen würde dagegen bereits zu einer recht guten Auflösung
des Zeichens führen, wie Bild 99b deutlich zu entnehmen ist. Das aber
würde unter Beibehaltung der Übertragung einer kompletten DIN-A4-Seite
gegenüber der Darstellung in Bild 24 zu einer Verdoppelung der Zeilen-
zahl/Bild auf etwa Z = 1200 führen und erfüllt damit gleichzeitig die Bedingung für eine genügende Ausintegration der Zeilenstruktur beim Projek-
tionsempfang (Z > 1000). Die damit verbundene Verdoppelung der Zeilendichte führt auf 4 Zeilen/mm (Bild 99b), welcher Wert auch bei der Faksimileübertragung nach Kapitel 6.2 üblich ist.

Übrigens entsprechen die nun beim HDTV-System mit 1200 Zeilen vorliegenden 12 Zeilen je Schreibmaschinenzeichen in einer komplett übertragenen
DIN-A4-Seite etwa den 14 Zeilen/Zeichen, die beim Videotext- und Bildschirmtext-Verfahren nach Kapitel 3.4.7 üblich sind. Dort werden ja mit
625 Zeilen nach Bild 74b insgesamt 24 Textzeilen zu je 40 Zeichen übertragen, was etwa das in dem Beispiel von Bild 76 wiedergegebene Schrift-
bild ergibt. Für den gleichen Zeichensatz von 24 · 40 = 960 gleichzeitig
auf dem Schirm darstellbaren Zeichen ließe sich die Qualität beim Übergang auf 1200 Zeilen entsprechend verbessern oder die Zeichenzahl auf
(2 · 24) · (2 · 40) = 3840 vervierfachen unter Beibehaltung der Videotext-
Qualität.

Es bleibt nun noch nachzuprüfen, ob sich durch die ungefähre Verdoppelung der Zeilenzahl in etwa die Bildschärfe eines projizierten 35-mm-
Farbfilms erreichen läßt. Zu diesem Zweck ist in Bild 100 die "Modulati-
ons-Übertragungsfunktion" (MÜF) eines moderneren "Video-News"-Filmmate-
rials aufgetragen [106]. Es handelt sich um die Charakteristik eines Um-

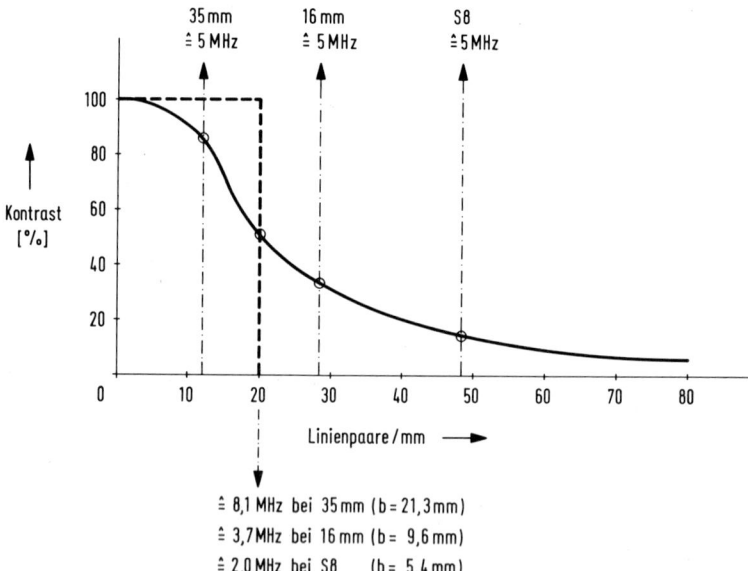

Bild 100 Bildschärfevergleich zwischen Fernsehen und Filmprojektion an
         der Modulationsübertragungsfunktion (MÜF) von typischem Film-
         material (Video-News-Umkehrfilm [106])

kehrmaterials, mit dem sich die bestmögliche Bildschärfe erreichen läßt.
Um einen Überblick über die Leistungsfähigkeit der einzelnen Filmformate
geben zu können, wurden die jeweiligen Bildbreiten b aus [7,KapIIIF] entnommen, die zur Bandgrenze 5 MHz des 625-Zeilensystems gehörenden Lini-
enpaare/mm mit Gl. (44) ausgerechnet und in das Diagramm von Bild 100
eingetragen. Danach hat der 35-mm-Film bei 5 MHz nur einen Rückgang in
der Modulationstiefe von etwa 10%. Im Gegensatz zum 16-mm- und S8-Film
reduziert er also die Schärfe des Fernsehbildes praktisch nicht. Er ist
vielmehr in der Projektion der Bildschärfe des 625-Zeilensystems überlegen.

Am besten erkennt man das an einem Vergleich der Anstiegsflanken für die
Schwarzweiß-Übergänge bei den drei Filmformaten mit der Anstiegsflanke
beim Fernsehbild. Bereits in Kapitel 1.3.8 wurde festgestellt, daß die
gesamte Bildschärfe im wesentlichen von der Steilheit dieser Anstiegsflanken abhängt. Diese Werte werden ausreichend beschrieben durch die
Bandbreite eines äquivalenten Rechteck-Tiefpasses, wie er in Bild 100 bei
20 Linienpaaren/mm (als ungefähr flächengleiches Rechteck) für 50% Abfall
der MÜF eingetragen wurde. Aus Gl. (44) lassen sich nun umgekehrt die zu
20 Linienpaaren/mm und den verschiedenen Bildbreiten b gehörenden Grenzfrequenzen der äquivalenten Tiefpaßbegrenzungen für die drei Filmformate aus-
rechnen:

$$35\text{-mm-Film: } f_{gr} = 8,1 \text{ MHz}$$
$$16\text{-mm-Film: } f_{gr} = 3,7 \text{ MHz}$$
$$S8\text{-Film: } f_{gr} = 2 \quad \text{ MHz.}$$

Die Anstiegsflanken bzw. Impulsbreiten entsprechen dem Verhältnis dieser
drei Grenzfrequenzen $T_{BP} = 1/2 f_{gr}$ (Bild 21b). Der PAL-Empfänger mit
Farbträgerfalle weist nach Bild 89a demgegenüber eine Steigzeit von etwa
140 ns auf, was f_{gr} = 3,6 MHz äquivalent ist. Damit entspricht die Bildschärfe des 625-Zeilensystems etwa derjenigen des 16-mm-Filmes.

Die Bildschärfe des projizierten 35-mm-Filmes kann also nur mit einer
Zeilenzahlerhöhung erreicht werden. Eine Verdoppelung der Zeilenzahl
verdoppelt auch die Zeilenfrequenz (bei gleicher Bildfrequenz und gleichem Seitenverhältnis), so daß nach Gl. (44) die modifizierte obere
Grenzfrequenz f_{gr} = 2·5 MHz = 10 MHz wird, was den Wert 8,1 MHz des 35-
mm-Filmes überschreitet. Damit ist nachgewiesen, daß das 1200-Zeilensy-
stem eine mit dem projizierten 35-mm-Film vergleichbare Bildschärfe
liefert.

5.1.3 Wahl der Übertragungsbandbreite

Ein bereits von der japanischen Rundfunkgesellschaft NHK erprobtes HDTV-
System benutzt folgende Parameter [107, 108]:

$$
\begin{aligned}
\text{Zeilenzahl:} \quad & Z = 1125 \\
\text{Zeilensprung:} \quad & = 2 : 1 \\
\text{Bildfrequenz:} \quad & f_B = 30 \text{ Hz} \\
\text{Seitenverhältnis:} \quad & b/h = 5 : 3 \ (2 : 1).
\end{aligned}
$$

Man ist also der Forderung nach einer etwas räumlicheren Bildwirkung
durch eine Vergrößerung des Seitenverhältnisses von 4:3 auf 5 : 3 bzw.
sogar 2 : 1 nachgekommen. Unter der Voraussetzung, daß die horizontalen
und vertikalen Austastlücken prozentual in gleicher Weise beibehalten
werden wie beim 625-Zeilensystem, und der Kellfaktor in gleicher Weise
Gültigkeit hat, gilt die Gl. (18):

$$ f_{gr}^* = \frac{1}{2} Z^2 \cdot \left(\frac{b}{h}\right) \cdot f_B \cdot 0,77 $$

$$ \text{für } \frac{b}{h} = \frac{5}{3}: f_{gr}^* = \frac{1}{2} \, 1125^2 \cdot \frac{5}{3} \cdot 30 \cdot 0,77 = 24,4 \text{ MHz} $$

$$ \text{für } \frac{b}{h} = 2: f_{gr}^* = \frac{1}{2} \, 1125^2 \cdot 2 \cdot 30 \cdot 0,77 = 29,2 \text{ MHz}. \qquad (94) $$

Demgemäß werden nach [108] folgende Bandbreiten gewählt:

Basisband für R, G, B: 30 MHz
codiert: Luminanz: 20 MHz
         Chrominanz: 6,5 MHz.
         (zeilensequentiell)

Am Ende des Kapitels 3.6 wurde bereits die Übertragung eines derartigen
HDTV-Signals über einen Fernsehsatelliten beschrieben, wobei Luminanz und
Chrominanz in zwei getrennten Kanälen übermittelt werden, so daß Cross-
colour und Cross-luminance entfallen. Angewendet wird hierbei Frequenzmodulation mit einem Frequenzhub, der jeweils etwa gleich der Videoband-
breite gewählt wurde, so daß sich insgesamt eine trägerfrequente Bandbreite von 100 MHz ergibt.

5.1.4 Digitale HDTV-Technik

Der Aufwand für eine analoge HDTV-Übertragung ist nach dem vorigen Abschnitt ganz erheblich. Noch aufwendiger werden die Verhältnisse, wenn man äquivalent zu Kapitel 4.2 an eine digitale Verarbeitung, Magnetaufzeichnung und Übertragung eines solchen Hochzeilensignals denkt. Nach [108] hat die britische Rundfunkgesellschaft BBC bei Versuchen mit einer digitalen Übertragung eine DPCM nach Kapitel 4.4.4 mit 5 bit/Abtastwert verwendet, so daß sich nach Gl. (90) für das NHK-Hochzeilensystem etwa die folgende Datenrate ergeben würde:

$$H_O' = [f_{T(Y)} + f_{T(C)}] \cdot ldn_{red}$$

$$= [45 + 15]\ MHz \cdot 5\ bit$$

$$= 300\ Mbit/s. \tag{95}$$

Ohne DPCM wären es sogar 60 MHz $\cdot$ 8 bit = 480 Mbit/s. Die Verarbeitung, Speicherung und Übertragung solch hoher Datenraten pro Signal ist nur mit erheblichem Aufwand zu beherrschen. Man muß auch bedenken, daß es sich bei dem NHK-Vorschlag um ein HDTV-System mit Zwischenzeilenverfahren handelt. Wie bei den 625-Zeilensystemen tritt deshalb nach Kapitel 1.3.5.2 durch den Zeilensprung an feinen horizontalen Details ein Kantenflimmern mit 25 Hz auf. Bei gleicher Detailgröße (z.B. Schrifthöhe bei Textübertragung) wird es zwar durch die doppelte Zeilenzahl gemildert, es ließe sich jedoch nur durch die Anwendung eines digitalen Bildspeichers im Heimempfänger ganz vermeiden, wie das in Kapitel 5.1.1 vorgeschlagen wird. Im Empfänger bedeutet das nun aber nach Gl. (88a) ein Speichervolumen (abzüglich der Austastlücken ΔT_H, ΔT_B) von:

$$\rho \cdot ldn = \frac{H_O'}{f_B}\ (1 - \frac{\Delta T_H}{T_H} - \frac{\Delta T_B}{T_B})$$

$$= \frac{300\ Mbit/s}{30\ Hz}\ (1 - 0{,}18 - 0{,}06)$$

$$= 7{,}6\ Mbit \tag{96}$$

bzw. sogar 12 Mbit bei dem erhöhten Nachrichtenfluß von 480 Mbit/s ohne Datenreduktion. Dem steht beim 625-Zeilensystem mit einem Nachrichtenfluß von 141,8 Mbit/s (geschlossene Codierung nach Kap. 4.1.2) das viel geringere Speichervolumen von

$$\rho \cdot ldn = \frac{141,8 \text{ Mbit/s}}{25 \text{ Hz}} (1 - 0,18 - 0,06)$$

$$= 4,3 \text{ Mbit} \tag{97}$$

gegenüber. Darüber hinaus bleibt der gesamte Verarbeitungsaufwand in
einem digitalen Fernsehempfänger mit höchster Qualitätsausbeute für das
625-Zeilenverfahren nach Kapitel 4.3 wesentlich geringer. Das betrifft
in gleicher Weise die Fernseh-Übertragungskette. Deshalb sind auch Methoden zur Auflösungserhöhung durch Offset-Abtastung und planare Filterung, die ebenfalls zur Qualitätsverbesserung ohne Erhöhung der Zeilenzahl beitragen würden, von Interesse [105, 108].

5.2 Schmalband-Bildfernsprecher

Unter Bildfernsprechen versteht man die Ergänzung der Fernsprechverbindung durch eine Bewegtbildübertragung. Dadurch ergibt sich eine erhebliche Steigerung der Kommunikationswirkung. Das gilt insbesondere dann,
wenn sich nun bei Geschäftsgesprächen die Möglichkeit eröffnet, den Dis-
kussionsgegenstand durch Erläuterungen an einer Graphik oder einem
Schriftstück zu verdeutlichen. Daraus wird schon ersichtlich, daß bei
einem solchen Bildfernsprechdienst die Bewegtbildübertragung über ein
ähnliches Schmalbandnetz vorgenommen werden muß, wie es für den Fernsprechdienst zur Verfügung steht. Während also bei einem Breitband-
Bildfernsprecher, wie er z.B. nach Bild 79 für Glasfaserübertragungen
vorgesehen ist, das normale 625-Zeilensystem der Fernseh-Rundfunktechnik
Anwendung findet, muß für den Schmalband-Bildfernsprecher eine reduzierte Norm gefunden werden.

5.2.1 Bildübertragung im Dialogsystem

Es kommt noch ein weiterer wichtiger Gesichtspunkt hinzu, den das
Bild 101 an einem Vergleich zwischen dem Fernseh-Rundfunksystem und dem
Bildfernsprechsystem aufzeigt. Die Aufgaben der beiden Nachrichtennetze
sind nämlich ganz verschiedenartig. Während es sich im Falle des Fern-
sehrundfunkes (Bild 101a) um ein reines "Verteil-Fernsehen" handelt mit
reiner Aufnahmetechnik auf der Geberseite, kann man das Bildfernsprechen
(Bild 101b) als "Dialog-Fernsehen" bezeichnen, wobei jeder Teilnehmer
mit einer Aufnahme- und Wiedergabeeinrichtung ausgerüstet sein muß. In
den Bildern 24 und 103 der Teilnehmereinrichtung erkennt man die im

(a) **Verteil - Fernsehen (Fernsehrundfunk)**

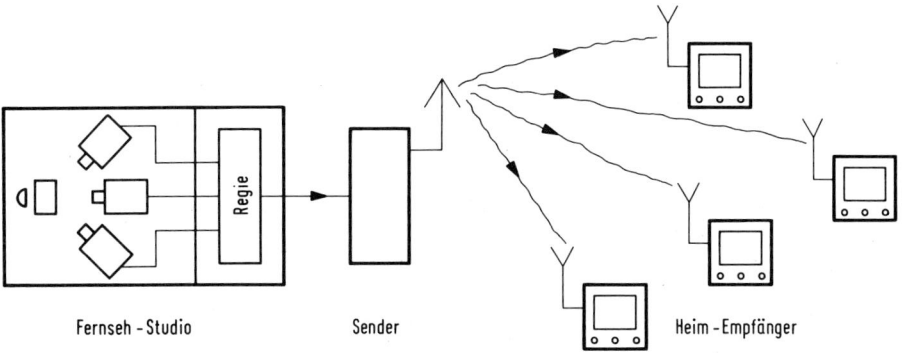

(b) **Dialog - Fernsehen (Bildfernsprechen)**

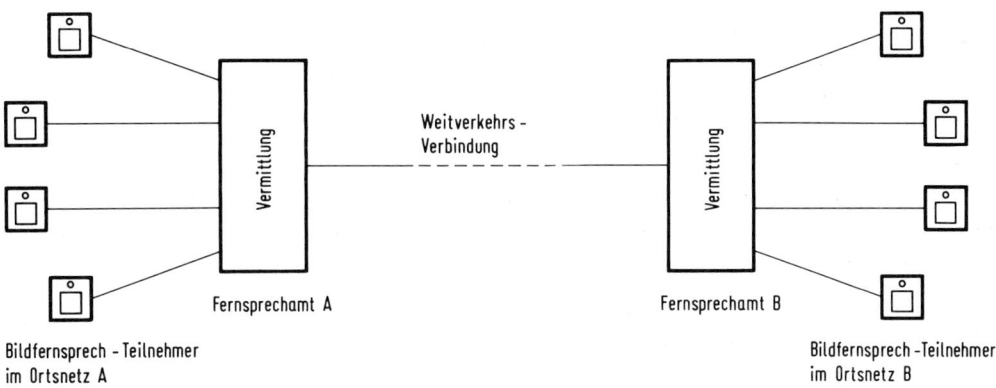

Bild 101 Bewegtbild-Übertragungssysteme

gleichen Gehäuse untergebrachte Aufnahmekamera und die Bildwiedergaberöhre.

Beim Rundfunksystem nach Bild 101a wird der größte Teil des schaltungs-
technischen Aufwandes im Sender und im Fernsehstudio konzentriert, um
die vielen Millionen Empfänger technisch einfacher und damit preiswerter
gestalten zu können. Demgegenüber muß der gerätetechnische Aufwand beim
Dialog-Fernsehen nach Bild 101b für beide Teilnehmerstationen gleich
groß und in akzeptablen Grenzen gehalten werden. Vor allem muß das System (b) so angepaßt werden, daß eine der Vermittlung und Übertragung im
Fernsprechnetz ähnliche Technik verwendet werden kann, d.h. daß die
Bandbreite des Bewegtbildsystemes entsprechend reduziert werden muß.

5.2.2 Parameteranpassung an den Schmalbandkanal

Für die Bewegtbildübertragung des Bildfernsprechens über die normale
Fernsprechleitung ist eine wesentlich größere Bandbreite als die üblichen 3,4 kHz des Fernsprechens zu erwarten. Es muß daher etwa alle 2 km
ein Entzerrerverstärker eingesetzt werden, und man erhält dann die in
Bild 102 dargestellte Dämpfungskurve $\alpha_l(f)$ für eine symmetrische Zwei-
drahtleitung, wie sie im Ortsnetz üblich ist. Da andererseits mit zuneh-

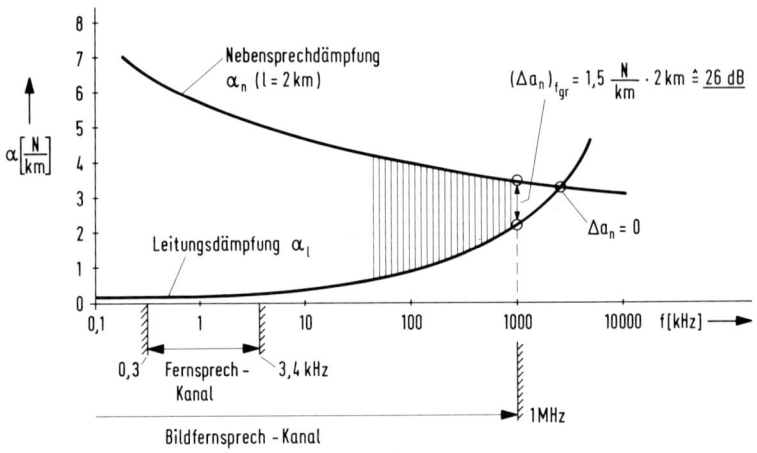

Bild 102 Bandbreiteermittlung aus dem Frequenzgang der Leitungsdämpfung
und der Nebensprechdämpfung einer symmetrischen Zweidrahtlei-
tung

mender Frequenz das Nebensprechen ansteigt, fällt die Nebensprechdämp-
fungskurve $\alpha_n(f)$ ab, so daß bei einer Grenzfrequenz von $f_{gr} = 1$ MHz die
zulässige Restdämpfung für das Nebensprechen von 26 dB erreicht wird [109].
Damit kann man also eine solche symmetrische Zweidraht-Fernsprechleitung
bis zu einer Bandbreite von 1 MHz ausnützen.

Die Abtastnorm des Bildfernsprechers muß nun an diese Bandbreite von
1 MHz angepaßt werden. Die Fernseh-Rundfunknorm mit 625 Zeilen bean-
sprucht demgegenüber 5 MHz Bandbreite, wie sich aus Gl. (18) errechnete.
Danach ist die Übertragungsbandbreite des Bewegtbildsignals dem Quadrat
der Zeilenzahl proportional, da bei quadratisch angenommenen Bildpunkten
die Bildschärfe gleichzeitig in den beiden Dimensionen des Bildes geändert wird. Deshalb beeinflußt auch eine Zeilenzahlreduktion die Bandbreite am wirksamsten, und die Schärfereduktion bleibt symmetrisch

[12,KapV,1]. Folgende Parameter bestimmen nun die Zeilenzahl des Bildfernsprechers:

$$f_{gr} = 1 \text{ MHz}$$
$$f_B = 25 \text{ Hz}$$
$$b/h = 1,1.$$

Es wird die gleiche Bildfrequenz f_B wie in der Fernseh-Rundfunknorm gewählt, da dann die Normwandlung zwischen Breitband- und Schmalbandsigna-
len wesentlich vereinfacht wird (Kap. 5.2.4). Das Seitenverhältnis wird
beim Bildfernsprecher von b/h = 4/3 = 1,33 auf 1,1 reduziert, denn ein
mehr quadratisches Format ist für die Übertragung von Kopfbildern und
Vorlagen besser geeignet. Gleichzeitig hat das den Vorteil, daß sich
eine etwas höhere Zeilenzahl bei gleicher Bandbreite ergibt. Diese Parameter werden nun in die nach der Zeilenzahl aufgelöste Bandbreiteformel
Gl. (18) eingesetzt, wobei die Austastlücken und der Kellfaktor beibehalten wurden:

$$Z = \sqrt{\frac{2,6}{b/h} \cdot \frac{f_{gr}}{f_B}}$$

$$= \sqrt{\frac{2,6}{1,1} \cdot \frac{10^6}{25}} = 307,5. \tag{98}$$

Die genaue Zeilenzahl muß wegen des Zwischenzeilenverfahrens ungerade
sein (Kap. 1.3.5.2). Außerdem hängt von der Zeilenzahl auch die Zeilenfrequenz ab. Gewählt wird nun Z = 313, da man dann nach Gl. (19) die
halbe Zeilenfrequenz des Fernsehrundfunks (15,625/2 = 7,8125 kHz) bis
auf eine geringfügige Abweichung erhält:

$$f_H = Z \cdot f_B = 313 \cdot 25 = 7,825 \text{ kHz}. \tag{99}$$

Auch das trägt wieder - neben der übereinstimmenden Bildfrequenz - zu
einer sehr wesentlichen Vereinfachung der Normwandlung vom Fernseh-Rund-
funksignal in ein Bildfernsprechsignal (und umgekehrt) bei.

Für die USA-Norm ergibt sich übrigens aus Gl. (98) eine Zeilenzahl Z = 280,
die zur Wahl von 267 Zeilen für das amerikanische Bildtelefon führte, wobei nach Gl. (99) die Zeilenfrequenz f_H = 267 · 30 = 8,01 kHz wird.

5.2.3 Zeilenintegration und Auflösung

Damit die mit Rücksicht auf den Schmalbandkanal gewählte geringere Zeilenzahl nicht zu einer erheblichen Reduktion der für das Auge relevanten
Bilddetails (Informationsverlust) führt, müssen die Betriebsbedingungen
des Bildfernsprechers entsprechend angepaßt werden. Das betrifft zunächst die Ausintegration der Zeilenstruktur. Nach den diesbezüglichen
Betrachtungen in Kapitel 1.3.1.2 (Bild 4) entfällt die Ausintegration
des Zeilenmusters, wenn man den für einen Betrachtungsabstand (4 .... 5)
x Bildhöhe nach Gl. (7) errechneten und in Tabelle 1 eingetragenen Wert
von 600 Zeilen unterschreitet.

Allerdings sind die Betrachtungsbedingungen beim Bildfernsprecher völlig
anders als beim Fernsehempfänger, insbesondere dann, wenn die Teilnehmerstation nach Bild 103 als Arbeitshilfe an einem Schreibtisch verwen-

Bild 103 Bildfernsprecher am Arbeitsplatz
         (Werkfoto: SIEMENS, Videoset 101)

det wird. Der Betrachtungsabstand ist dann etwa 1 m und die Bildschirmgröße b/h = 14 cm/12,7 cm = 1,1. Für diesen kleineren Bildschirm benötigt man tatsächlich weniger Zeilen bei gleicher Ausintegration des Zeilenmusters.

Ein direkter Vergleich der Betrachtungsverhältnisse beim Fernseh-Heimempfänger nach Bild 104a (äquivalent zu Bild 4) mit den Verhältnissen
beim Bildfernsprecher nach Bild 104b zeigt, daß die Halbierung der Zeilenzahl von 588 auf 294 eine Halbierung der Bildschirmhöhe von 38 cm auf
19 cm gestatten würde, ohne daß sich am Zeilenabstand und damit an der
Ausintegration der Zeilenstruktur etwas ändern würde. Durch den geringe-

(a) **Fernsehrundfunk :**

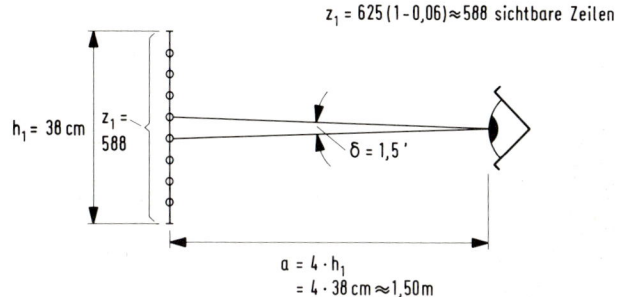

(b) **Bildfernsprecher :**

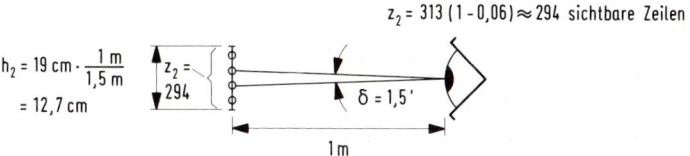

Bild 104 Vergleich der Betrachtungsbedingungen zwischen Fernseh-
          rundfunk (a) und Bildfernsprecher (b)

ren Betrachtungsabstand von 1m statt 1,5 m muß sich die Bildschirmhöhe
noch einmal um den Faktor 1 m/1,5 m reduzieren, damit der Zeilenabstand
bei konstanter Zeilenzahl um den gleichen Faktor verringert und damit
die gleiche Zeilenintegration beibehalten wird. Das führt nach Bild 104b
auf eine rechnerisch abgeschätzte Bildschirmhöhe von h_2 = 19 cm · 1 m/1,5 m
= 12,7 cm. Das ist identisch mit den für die Teilnehmerstation gewählten
Bildschirmabmessungen:

$$h = 12,7 \text{ cm}$$
$$b = 12,7 \text{ cm} \cdot 1,1 = 14 \text{ cm}.$$

Bei diesem Format und den normalen Betrachtungsbedingungen aus 1 m Entfernung erfolgt also bei 313 Zeilen eine befriedigende Ausintegration der Zeilenstruktur. Es bleibt aber die Frage zu klären, welche Details mit dieser geringeren Zeilenzahl noch in genügender Auflösung übertragen werden können. Dies wurde bei der allgemeinen Besprechung von Definitionen der Bildschärfe am Schluß des Kapitels 1.3.8 schon einmal besprochen.

Auch die beim Bildfernsprecher vorliegenden Verhältnisse wurden in Bild 24 bereits berücksichtigt. Man bezieht sich dabei auf die Lesbarkeit von normaler Schreibmaschinenschrift mit dem 3 mm hohen alphanumerischen Zeichen. Solche Schriftvorlagen können durch Umlenkung des Strahlenganges mittels eines Klappspiegels direkt von der Schreibtischfläche aufgenommen werden, wie das aus den Bildern 24 und 103 zu ersehen ist.

Wählt man nach Bild 24 einen DIN-A6-Ausschnitt (Postkarte) aus einer DIN-A4-Schreibmaschinenseite, dann entfallen bei den 267 Zeilen der amerikanischen Bildfernsprechnorm etwa 6 Zeilen und bei den 313 Zeilen der europäischen Bildfernsprechnorm etwa 7 Zeilen auf eine Zeichenhöhe. Nach der Darstellung in Bild 99a reicht das gerade für eine hinreichende Lesbarkeit. Feinere Details gehen jedoch bereits verloren. Erst bei etwa 12 Zeilen/Zeichen wird nach dem Beispiel von Bild 99b die Auflösung von Schrift und Graphik befriedigend. Man muß dann allerdings beim Bildfernsprecher von der 1 : 1-Abbildung der Schriftgröße mit gerade ausreichender Lesbarkeit in 1 m Betrachtungsabstand nach Bild 24 abgehen und ein Abbildungsverhältnis 2 : 1 wählen. Das Zeichen wird jetzt auf dem Schirm doppelt so groß wie auf der DIN-A4-Vorlage abgebildet, dafür halbiert sich die Zahl der gleichzeitig übertragbaren Zeichen, denn statt dem postkartengroßen DIN-A6-Ausschnitt kann jetzt nur noch etwa ein DIN-A7-Ausschnitt übermittelt werden [67,Bd2,Kap5.2]. Das entspricht der sehr geringen Fläche einer kleinen Karteikarte. Für das Erläutern einer DIN-A4-Graphik muß dann die Vorlage ständig hin und her geschoben werden, was eigentlich unzumutbar ist.

Zusammenfassend kann damit festgestellt werden, daß ein Bildfernsprecher mit 313 Zeilen zwar für die Übermittlung von Kopfbildern der Teilnehmer wegen der hierbei auftretenden geringen Details eine im allgemeinen befriedigende Auflösung besitzt, daß jedoch die gegenüber dem Fernsehrundfunk halbierte Zeilenzahl für die Graphik- und Schriftübertragung im Bürobereich oft unzureichend ist. Die notwendige Auflösung läßt sich nur durch einen relativ kleinen Ausschnitt aus der Schriftvorlage erzielen. Eine mögliche Lösung wäre die Umschaltung auf eine höhere Zeilenzahl auf Kosten der Bewegungsauflösung bei ruhenden Schriftvorlagen, wofür allerdings ein Bildspeicher im Teilnehmergerät erforderlich ist [12,KapV,4].

5.2.4 Normwandlung Breitband/Schmalband-Bildfernsprecher

Nach Kapitel 5.2.2 wurde bei der Festlegung der Übertragungsparameter des Bildfernsprechers auf eine gute Kompatibilität mit dem Fernseh-Rundfunksystem geachtet. So sind die Bildfrequenzen gleich, und die Zeilenfrequenzen unterscheiden sich praktisch nur um den Faktor 2. Damit ist eine gegenseitige Normwandlung leicht möglich. Es lassen sich deshalb mit relativ wenig Aufwand - insbesondere bei der Anwendung von digitaler Verarbeitungstechnik - die in Bildfernsprechnorm empfangenen Signale mit einem handelsüblichen Fernseh-Rundfunkempfänger wiedergeben (bei allerdings reduzierter Auflösung). Andererseits können über einen ähnlich einfachen Normwandler Fernseh-Rundfunksignale auch in Schmalbandsignale umgesetzt werden, so daß sich der Einsatz spezieller Kameras für die 313-Zeilentechnik erübrigt.

In [111] wird ein Fernsehrundfunk-Reportagesystem beschrieben, das mit einer derartigen Normwandlung in ein Schmalbandsignal arbeitet, um dies über das Bildfernsprechnetz (mit 2,048 Mbit/s) oder über einen Nachrichtensatelliten (mit 8,448 Mbit/s) zu übertragen. Dabei muß natürlich eine entsprechende Qualitätseinbuße in Form von Auflösungsverlust in Kauf genommen werden, was jedoch bei Reportagebeiträgen im Hinblick auf die Aktualität im allgemeinen toleriert wird.

Die Coderseite eines derartigen Übertragungssystems mit Signalerzeugung in 625-Zeilentechnik und anschließender Umsetzung auf die Bildfernsprechnorm 313 Zeilen ist in Bild 105 dargestellt. Hier wird gleichzeitig eine elegante Lösung für die Farbsignalübertragung beim Farb-Bildfernsprecher vorgeschlagen [100, 111]. Es handelt sich um die Anwendung des Timeplex-Verfahrens, das in Kapitel 3.3.5 bereits ausführlich beschrieben wurde. Durch die serielle Luminanz/Chrominanz-Übertragung ist diese Farbcodierung sehr gut geeignet für die gemeinsame Verarbeitung in dem anschliessenden Normwandler. Insbesondere wird nur ein Bildspeicher benötigt. Wegen der in Kapitel 3.3.5 näher beschriebenen weiteren Vorzüge des Timeplex-Systems (z.B. Wegfall der Luminanz/Chrominanz-Interferenzen, opti-

Timeplex - Coder

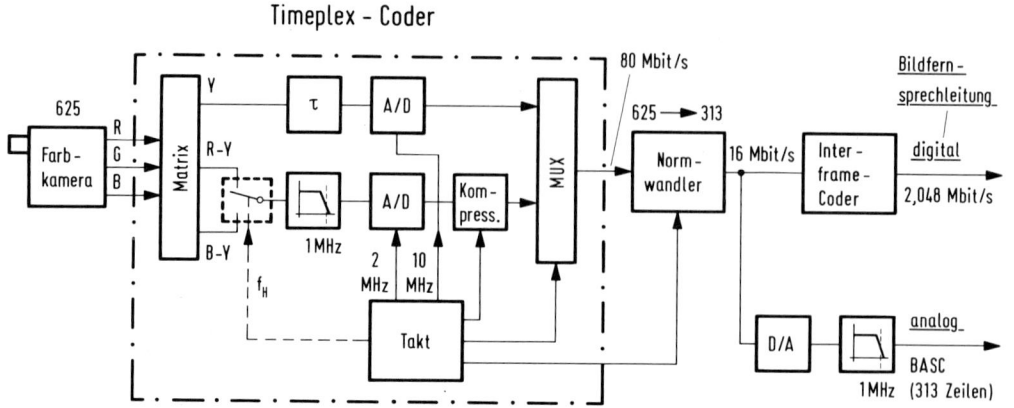

Bild 105 Verfahren zur Übertragung von 625-Zeilen-Farbsignalen über
313-Zeilen-Bildfernsprechleitungen

male Auflösung des Luminanzanteiles) ist dieses Verfahren für die Schmal-
bandübertragung von Farbsignalen prädestiniert [63, 112].

Der Timeplex-Coder in Bild 105 stellt die digitale Version des in Bild 66a
wiedergegebenen analogen Coders dar. Wie bereits im Kapitel 3.3.5 abschließend erwähnt, ergeben sich bei einer digitalen Kompression und Expansion sowie allgemein bei der digitalen Aufbereitung des Timeplex-Signals eine ganze Reihe von Vorteilen. Das Ausgangssignal dieses Coders
entspricht dann (in digitaler Form) dem Signalverlauf nach Bild 67. Im
digitalen Normwandler können damit Luminanz- und Farbdifferenz-Signale
seriell verarbeitet werden. Man benötigt also nur e i n e Verarbei-
tungselektronik.

Bei der Normwandlung in Bild 105 handelt es sich eigentlich um eine planare (zweidimensionale) Filterung. Zur Umwandlung von 625 in 313 Zeilen
erfolgt zunächst eine digitale Bandbreitereduktion von 5 auf 2,5 MHz sowie eine Abtastratenwandlung von 10 auf 5 MHz, wodurch in der Horizontalen die Bildpunktzahl und damit die Auflösung halbiert wird. Äquivalent
dazu erfolgt die Bandbreitereduktion um den Faktor 2 in der Vertikalen
durch die in Bild 106 dargestellte Interpolation je zweier Zeilen. Dabei
müssen geometrisch benachbarte Zeilen miteinander integriert und abwechselnd dem neuen 1. und 2. Teilbild des 313-Zeilen-Bildes zugeordnet werden, eine Aufgabe, die nur mit einem Bildspeicher gelöst werden kann. Da
die beiden miteinander zu integrierenden Zeilen verschiedenen Teilbildern angehören, würde sich bei Änderungen im Bild eine Bewegungsunschär-

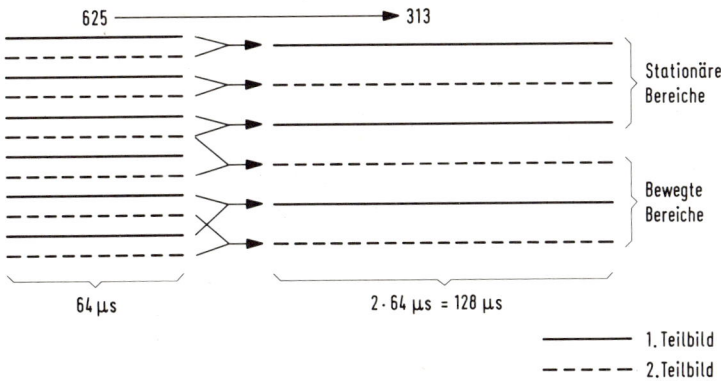

Bild 106 Normwandlung 625/313 Zeilen

fe einstellen. Dem kann nach Bild 106 begegnet werden, indem in bewegten
Bildstellen auf eine Integration zweier zeitlich benachbarten Zeilen in
je einem Teilbild umgeschaltet wird. Der damit verbundene Rückgang der
Detailauflösung ist psychooptisch zulässig. Es entspricht dies ganz grob
dem in Bild 82 dargestellten hyperbelartigen Zusammenhang zwischen De-
tail- und Bewegungsauflösung und hat Ähnlichkeit mit der in [75,Teil1;
89] beschriebenen Interframe-Datenreduktionsmethode durch Irrelevanzreduktion infolge Austauschs der Auflösungen. Die Umschaltung zwischen dem
stationären Mode und dem Bewegungsmode muß allerdings von einem Bewegungsdetektor gesteuert werden, wie er auch in dem Interframe-Reduktionsverfahren nach Bild 97 benötigt wird [110].

Zu beachten ist noch, daß die zum 313-Zeilenraster gehörenden Zeilenin-
formationen die doppelte Periodendauer haben müssen, denn nach Gl. (99)
halbiert sich mit der Zeilenzahl auch die Zeilenfrequenz, wenn die Bildfrequenz unverändert bleibt. Diese Zeitdehnung um den Faktor 2 ergibt
sich aber einfach durch Einlesen in den Speicher mit 10 MHz und Auslesen
mit der halben Taktfrequenz 5 MHz.

Falls das Empfangsbild statt mit 313 Zeilen in 625-Zeilentechnik wiedergegeben werden soll, kann man mit einem Bildspeicher durch Zeilenwieder-
holung den Vorgang exakt umkehren. Vorschläge für Methoden mit möglichst
wenig Auflösungsverlust finden sich in [113, 114].

Die 10 MHz · 8 bit = 80 Mbit/s werden durch die zweidimensionale Bandbreitereduktion (entsprechend einer planaren Filterung) mit dem Faktor 2
in der Horizontalen und dem Faktor 2 in der Vertikalen auf 20 Mbit/s re-

duziert. Wenn man die horizontale Bandbreitereduktion von 2,5 auf 2 MHz
ändert, dann läßt sich sogar die für das digitale (unreduzierte) Bildfernsprechsignal übliche Datenrate 2 · 1 MHz · 8 bit = 16 Mbit/s erreichen,
denn es wird in diesem Fall: 20 Mbit/s · 2/2,5 = 16 Mbit/s. Über einen
D/A-Wandler ließe sich nach Bild 105 direkt das nach Kapitel 5.2.2 mit
1 MHz Bandbreite festgelegte Bildfernsprechsignal erzeugen.

Für eine digitale Bildfernsprechübertragung muß dem Normwandler nach
Bild 105 noch ein Interframe-Coder nachgeschaltet werden, der z.B. dem
in Bild 97 dargestellten Coder exakt entsprechen kann. Nach den Ausführungen in Kapitel 4.4.5 gelingt es mit einem solchen Intra/Interframe-
Coder, die Datenrate um den Faktor 8 zu senken, also von den 16 Mbit/s
auf 2 Mbit/s zu kommen. Damit kann dieses digitale Bildfernsprechsignal
im PCM-Grundsystem (2,048 Mbit/s), das normalerweise für 30 PCM-Fern-
sprechkanäle vorgesehen ist, übermittelt werden.

In Kapitel 4.4.5 wurde noch das in [102] und [115] näher beschriebene
Interframe-Reduktionsverfahren erwähnt, mit dem man - vom Bildfernsprecher mit 625 Zeilen ausgehend - sogar auf die Datenrate 64 kbit/s des
PCM-Fernsprechkanales kommen kann. Die Technik der Normwandlung - bzw.
planaren Abwärtsfilterung - wird auch hierbei in der beschriebenen Weise
angewendet. Doch dann folgt noch eine starke zeitliche Bandbreitereduktion mit Bildspeichern, was einer insgesamt dreidimensionalen Abwärtsfilterung entspricht. Der mit der Interframe-Reduktion verbundene Rückgang in der Bewegungsauflösung kann beim Bildfernsprecher unter nicht zu
hohen Qualitätsansprüchen in Kauf genommen werden.

5.2.5 Bildkonferenz

In einem bestehenden Bildfernsprechnetz wäre es von besonderem Wert,
wenn einige Teilnehmer nach vorheriger Anmeldung zu einer Bildkonferenz
zusammengeschaltet werden könnten. Besonders für geschäftliche Abwick-
lungen ließen sich dadurch der Zeit- und Kostenaufwand für Dienstreisen
einsparen. Die sogenannte Arbeitsplatzkonferenz, bei der jeder Teilnehmer mit dem an seinem Arbeitsplatz installierten Bildfernsprech-Endgerät
an einer Bildkonferenz teilnehmen kann, wäre zwar besonders anwender-
freundlich, ließe sich aber nur mit einem wirtschaftlich nicht mehr zu
vertretenden Zusatzaufwand realisieren. Deshalb soll die Bildkonferenz
durch eine leichter zu schaltende Verbindung zwischen zwei Besprechungs-
zimmern realisiert werden [116, 117]. Die beiden Besprechungsgruppen las-

sen sich dabei audiovisuell so miteinander verbinden, wie das in Bild 107
prinzipiell dargestellt ist. Bild und Ton werden für jede Richtung über

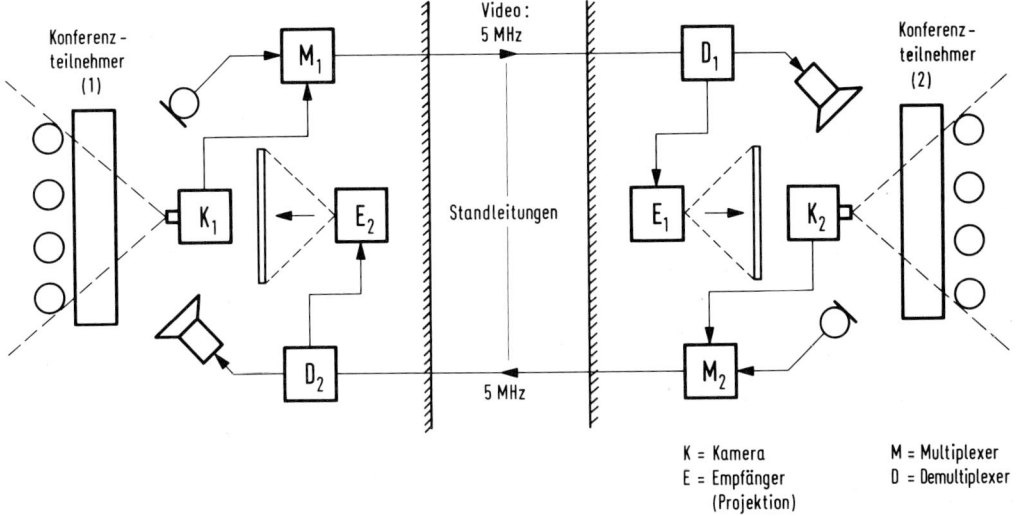

Bild 107 Prinzipbild eines Videokonferenzsystems über Breitbandverbin-
         dung

je eine Multiplexerstufe M - bei Analogübertragung in Frequenzmultiplex-,
bei Digitalübertragung in Zeitmultiplex-Technik - zusammengefaßt und in
der Empfangsstelle über je einen Demultiplexer D wieder getrennt.

Es ist die Aufgabe eines guten Video-Konferenzsystems, der jeweiligen
Teilnehmergruppe eine möglichst vollendete audiovisuelle Reproduktion
der anderen Teilnehmergruppe zu übermitteln. In dem Beispiel von Bild
107 nimmt deshalb die Kamera K ein Gesamtbild der vier Konferenzteilnehmer auf, das dann mit einem Projektionsempfänger E (hier z.B. in Rück-
projektion) bei der anderen Teilnehmergruppe wiedergegeben wird. Die
Anforderungen an die Auflösung von Aufnahme- und Wiedergabeeinrichtung
sind jedoch dabei erheblich. Deshalb geht man auch auf Einzelkameras
und Einzelmonitore für jeden Konferenzteilnehmer über und ergänzt diese
Anordnung durch je ein Richtmikrofon und je einen Lautsprecher. Alle
diese Signale werden für die Übertragung in Multiplextechnik zusammengefaßt, was natürlich zu erheblichen Bandbreitewerten bzw. Nachrichten-
flüssen führt, weshalb diese Technik meist nur bei Breitbandnetzen realisierbar ist, wie in [118] untersucht und in [67,Bd4,Kap2.6.1] vorgeschlagen wurde.

Aber auch für das schmalbandige Bildfernsprechnetz gibt es Realisie-
rungsmöglichkeiten. So wurde nach [117] ein Bildkonferenzsystem über ein
Bildfernsprech-Versuchsnetz erprobt. Nach Bild 108 sind hierbei jeweils
vier normale Bildfernsprech-Teilnehmergeräte - mit Kamera, Monitor,
Richtmikrofon und Lautsprecher - in einen runden Konferenztisch einge-
baut, wie auch der Fotografie in Bild 109a zu entnehmen ist. Die jeweils
vier Signale eines Teilnehmergerätes sind mit dem zentralen Multiplexer/
Demultiplexer MD in Bild 108 verbunden, der alle Signale für die hin-
und rücklaufende Richtung zusammenfaßt. Dabei werden nach Bild 109b die
Bilder der vier Konferenzteilnehmer elektronisch zu einem gemeinsamen
Bild zusammengefaßt, das dann jeder Teilnehmer der Gegenstelle auf seinem Monitor ständig zur Verfügung hat. Da es sich um Portraitbilder handelt, die lediglich der gesprächsunterstützenden Orientierung dienen,
hat sich die Bildschärfe trotz der geringen Zeilenzahl des Bildfernsprechers als ausreichend erwiesen [116, 117].

Für den Konferenzablauf von besonderer Bedeutung ist aber die Übermittlung von Schriftvorlagen. Diese Möglichkeit hat jeder Teilnehmer. Auf
Knopfdruck an seinem Bediengerät wird dann der Strahlengang seiner Kamera mittels eines Umlenkspiegels - wie schon in Bild 24 zu sehen - auf
die Tischplatte umgelenkt und zunächst ein Übersichtsbild des Dokumentes
in 18 x 16 cm aufgenommen. Zum Zwecke der besseren Schriftauflösung kann
über eine entsprechende Brennweitenänderung am Objektiv auf den kleineren Ausschnitt 13 x 12 cm (≈ DIN A6 nach Bild 24) umgeschaltet werden.

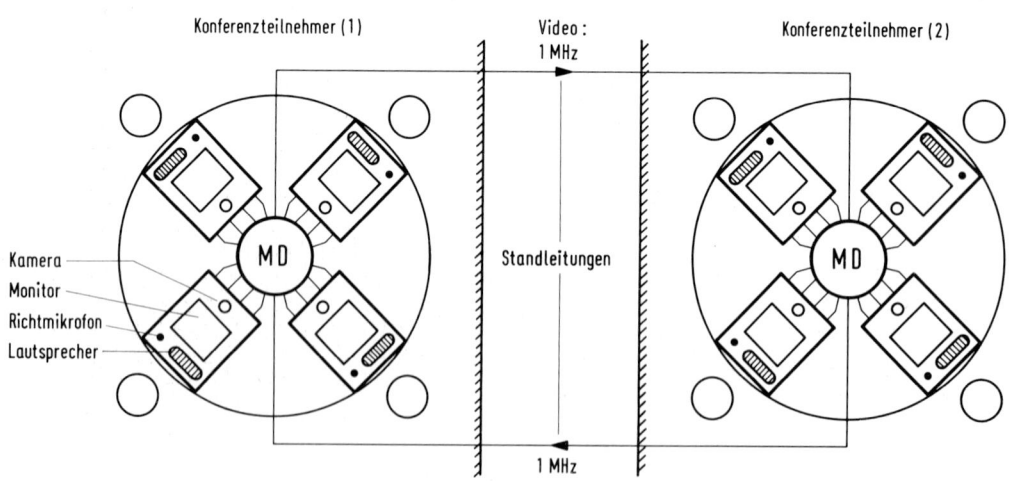

Bild 108 Bildkonferenz für je vier Teilnehmer unter Verwendung normaler
         Bildfernsprechgeräte in Schmalbandnorm [117]

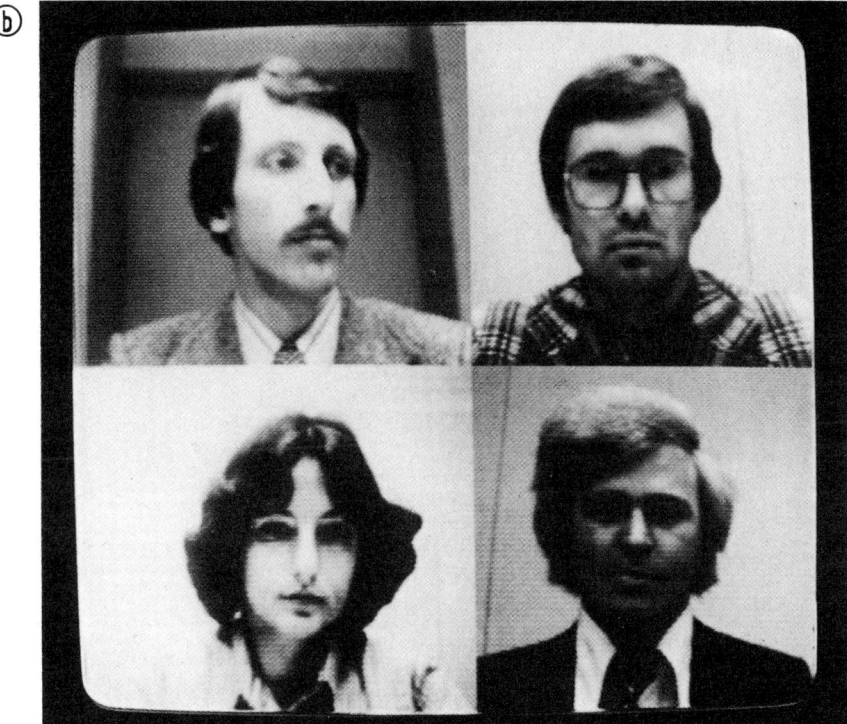

Bild 109 Betriebsversuch mit einem Bildkonferenzsystem nach Bild 108
         (Werkfotos: SIEMENS)
         a) Konferenztisch im Betrieb
         b) Elektronisches Mischbild von den vier Konferenzteilnehmern
            der Gegenstelle

Selbstverständlich kommen für die Dokumentenübertragung auch alle son-
stigen Methoden der papiergebundenen Festbildübertragung in Frage, die
im nächsten Kapitel behandelt werden. Sie lassen eine wesentlich höhere
Auflösung zu und könnten nach konventioneller Übermittlung über den Tonkanal (in einer Gesprächspause) anschließend allen Konferenzteilnehmern
in Projektionstechnik dargeboten werden [118].

6. Festbildübertragung

Der Übergang von der bisher betrachteten Bewegtbild- zur Festbild-Übertragungstechnik wird besonders deutlich, wenn man die Bandbreiteformel
von Gl. (18) mit $f_{gr} = 1/T_B$ folgendermaßen umformt:

$$f_{gr} \cdot T_B = \frac{1}{2}\left(\frac{b}{h}\right) \cdot z^2 \cdot 0,77. \qquad (100)$$

Diese Darstellungsweise interpretiert das Zeitgesetz der elektrischen
Nachrichtentechnik, wie das anhand von Gl. (15) ohne die Korrekturfaktoren (Austastlücken und Kellfaktor) schon einmal erläutert wurde. Danach
ist das Produkt aus Bandbreite f_{gr} und Übertragungszeit T_B bei gleicher
Zeilenzahl Z (also gleicher Bildpunktzahl ρ) stets eine Konstante. Je
kleiner daher die Bandbreite gewählt wird, umso größer muß die Bildperiode werden. Das entspricht den Geradenscharen in Bild 110, die sich aus
der Gl. (100) ergeben. Bei Bandbreiten des Übertragungskanals unter etwa
32 kHz wird die Periodendauer dann so groß (> 1 sec), daß man nur noch
ein Einzelbild ohne Bewegungsvorgang - also ein sogenanntes Festbild -
übertragen kann.

Diese Festbildkommunikation hat große Bedeutung für die Übermittlung von
Dokumenten. Während die Telegrafie den zu reproduzierenden Text - durch
Codezeichen gesteuert - aus dem Symbolvorrat des Wiedergabespeichers zusammensetzt (Kap. 3.4.7), wird bei der "Bildtelegrafie" die Text- oder
Grafikvorlage zeilenweise auf die Wiedergabeseite übertragen und kann
hier als weitgehend getreues Abbild der Vorlage - also in der Form eines
echten Dokumentes - ausgewertet werden.

Die Übertragung ist allerdings mit wesentlich mehr Redundanz und daher
mit einem größeren Nachrichtenfluß (Bandbreite) bzw. nach Gl. (100) bei
gleicher Bandbreite mit einer längeren Übertragungszeit verbunden. Es
kommt hinzu, daß man bei einer Dokumentenübertragung auf hohe Auflösung

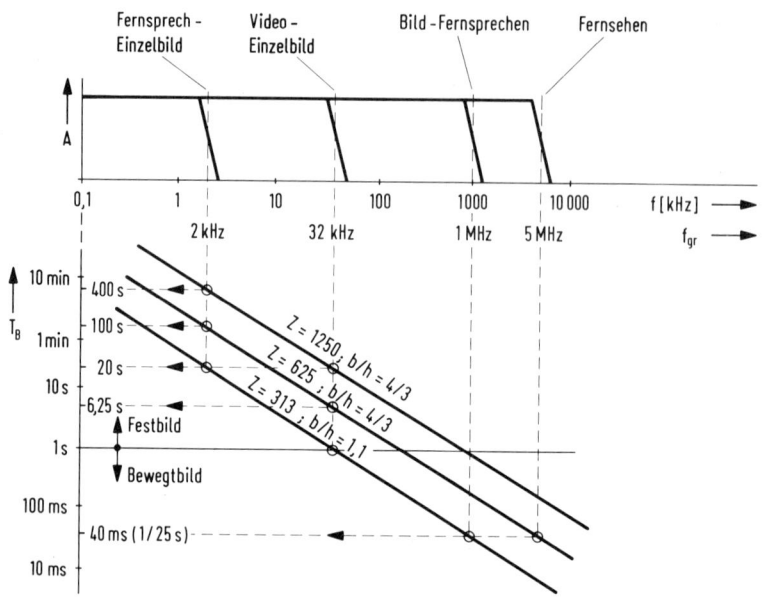

<u>Bild 110</u> Zusammenhang zwischen Bandbreite und Übertragungszeit bei
analogen Bildübertragungssystemen

großen Wert legt. Nach den Betrachtungen in Kapitel 5.1.2 kann eine komplette DIN-A4-Seite nur dann mit befriedigender Zeichenauflösung übertragen werden, wenn die Zeilenzahl über 1000 liegt. Bei einer Bandbreite
von etwa 2 kHz für die Festbildübertragung über eine analoge Fernsprechleitung (Telebild nach Kap. 6.3) muß man deshalb nach Bild 110 mit einer
Übertragungszeit von nahezu 400 sec (etwa 6 min) rechnen, bei den 625
Zeilen der Fernsehnorm (Fernsprech-Einzelbild nach Kap. 6.4) sind es
100 sec (etwa 1 1/2 min) bei entsprechend verminderter Auflösung.

Im ersten Fall handelt es sich um papiergebundene Festbild-Übertragungsverfahren, wie sie in den nachfolgenden Kapiteln 6.2 und 6.3 (Faksimile
und Telebild) behandelt werden. Hierbei dient das Papier als notwendiges
Speichermedium, das die Zeitdehnung für den längeren Übertragungsvorgang
überhaupt erst ermöglicht. Diese Verfahren sind schon seit den zwanziger
Jahren bekannt - also älter als die Fernsehtechnik - und wurden früher
mit der bereits erwähnten Bezeichnung "Bildtelegrafie" belegt. Im zweiten Fall handelt es sich dagegen um modernere Verfahren, bei denen die
Festbildübertragung bildschirmgebunden durchgeführt wird. Diese im Kapitel 6.4 beschriebenen Methoden verwenden fernsehtechnische Mittel und

benötigen daher in beiden Endgeräten je einen elektronischen Bildspeicher für die notwendige Zeittransformation in eine Langsamübertragung.

Beide Festbild-Übertragungsmethoden haben für den weiteren Ausbau der
Kommunikationssysteme große Bedeutung, da sie eine Bildübertragung über
die normalen Fernsprechleitungen bzw. ähnliche Schmalbandverbindungen
gestatten. Das wird durch den Abschlußbericht der KtK [67] unterstri-
chen, die bereits 1976 deutlich darauf hinwies, daß das deutsche Fernsprech-Wählnetz heute einen Wert von etwa 60 Milliarden DM hat, wovon
auf die Ortsnetze allein 3/4 des Anlagevermögens entfallen, so daß Verfahren, die sich des normalen Fernsprechnetzes bedienen - und damit auch
die Festbildkommunikation - besonders zu empfehlen seien.

6.1 Abtastung und Aufzeichnung ruhender Bilder

Wenn die in Kapitel 1 besprochene schnelle Bewegtbild-Abtasttechnik für
die wesentlich langsamere Festbild-Übertragungstechnik beibehalten werden soll, dann ist ein elektronischer "Normwandler" für die notwendige
Zeitdehnung erforderlich (Kap. 6.1.3). Es gibt aber auch Möglichkeiten
einer direkten "Slowscan"-Technik (Kap. 6.1.2). Die klassische Methode
der Langsamabtastung, wie sie seit vielen Jahren - und auch heute noch
überwiegend - für die "Bildtelegrafie" (Faksimile und Telebild) verwendet wird, arbeitet dagegen mit elektromechanischen Mitteln.

6.1.1 Mechanische Bildabtaster und Bildschreiber

Als in den zwanziger Jahren die Entwicklung der Bildtelegrafie begann,
kamen nur mechanische Abtastverfahren in Frage. Diese sind in der Lage,
das Signal in der gleichen Zeitbasis - also genau so langsam - auf der
Geberseite abzutasten und auf der Empfängerseite zu schreiben, wie es
über den Fernsprechkanal übertragen wird. Dieser langsame Abtastvorgang
war auch der Grund, warum die Bildtelegrafie noch früher als das Fernsehen realisiert wurde. Gehalten haben sich diese mechanischen Scanner,
weil sie mit ihren relativ großen mechanischen Massen prädestiniert sind
für einen langsamen Abtastvorgang, insbesondere aber weil - bis zur heute erst möglichen Laseranwendung - kein Verfahren eine ausreichende
Lichtausbeute für die Belichtung des Fotopapiers der Wiedergabeseite
aufbringen konnte [119,Kap6.1].

6.1.1.1 Trommelabtaster

Von den verschiedenen klassischen Methoden der elektromechanischen Ab-
tasttechnik - Nipkowscheibe, Spiegelrad und Zylinder mit wendelförmiger
Schlitzmaske [12,KapIV2.1] - hat sich nur der Trommelabtaster bis heute
gehalten. Nach Bild 111 wird hierbei die Vorlage (z.B. 13 x 18 cm) auf
eine Trommel gespannt, so daß der Zeilenvorschub durch das Rotieren des
Bildes mit der Trommeldrehzahl n bewirkt wird. Der Vertikalvorschub V
erfolgt durch gleichzeitiges langsames Verschieben des sogenannten Op-
tikschlittens in Richtung der Trommelachse. Dadurch wird das Bild insgesamt wendelförmig (spiralförmig) abgetastet. Die einzelnen Zeilen rei-
hen sich kontinuierlich aneinander, eine mechanische Rücklaufbewegung
(wie z.B. bei einem Flachbettabtaster) ist hier nicht erforderlich. Die
komplette Abtastung des Bildes erfolgt also mit einem Minimum an mecha-
nischem Aufwand. Dies ist sicher mit ein Grund, warum sich dieses Verfahren bis heute behaupten konnte. Allerdings muß dabei der gegenüber
einem Flachbettabtaster wesentlich umständlichere Aufspannvorgang der
Vorlage in Kauf genommen werden.

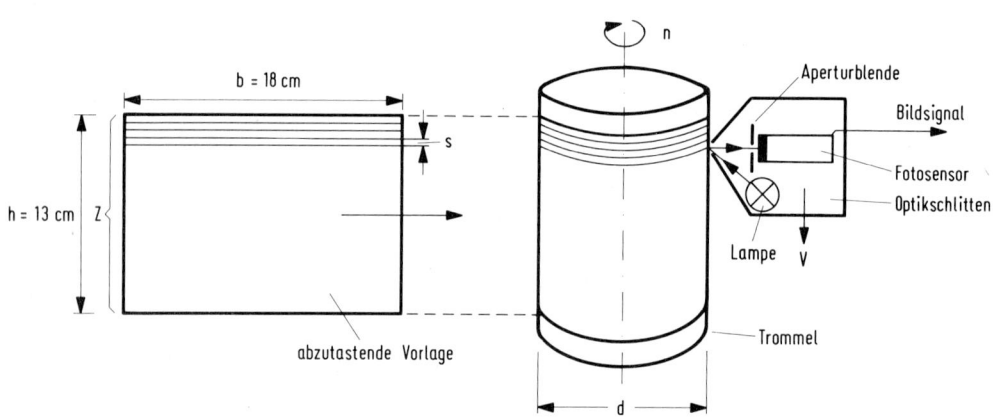

Bild 111 Prinzip des Trommelabtasters

Im Optikschlitten befindet sich nach Bild 111 die Lampe zum Ausleuchten
des Aufnahmefeldes. Das im Rhythmus der Grauwertschwankungen von der
Vorlage reflektierte Licht wird mit einer Aperturblende auf den abzutastenden Bildpunkt beschränkt und dann mit einem Fotosensor (Fotozelle
oder Fotowiderstand) in das Bildsignal umgewandelt. Für den Aufzeichnungsvorgang des Empfängers ist nur die Lampe erforderlich. Sie wird

dann in ihrer Helligkeit im Rhythmus des Bildsignals moduliert und be-
lichtet dabei das auf der Trommel vorbeigleitende Fotopapier, so daß in
spiralförmigem Schreibvorgang wieder das komplette Bild entsteht.

6.1.1.2 Bandbreite und Übertragungszeit

Bei den mechanischen Abtastern besteht Interesse daran, die beiden Übertragungsparameter Bandbreite und Übertragungszeit aus den Abmessungen
der Trommel und deren Umdrehungszahl zu ermitteln bzw. - auch umgekehrt -
bei gegebenem Übertragungskanal die mechanischen Parameter abschätzen zu
können.

Durch die spiralförmige Trommelabtastung haben die Zeilen unmittelbar
Anschluß, so daß die horizontalen Austastlücken (Kap. 1.3.4.1) entfallen.
Auch der Kell-Faktor (Kap. 1.3.4.2) wird nicht berücksichtigt, da die
bei der Festbildwiedergabe als ruhende Muster wiedergegebenen Schwebungsstrukturen (in der Nähe der Nyquistgrenze f_{gr}) wesentlich weniger
stören. Es entfallen hier ja die sonst bei Bewegtbildern durch das Zwischenzeilenverfahren (Kap. 1.3.5.2) hervorgerufenen Flackerstörungen der
Schwebungsmuster. Damit kann nun die Grundform der Bandbreiteformel
(ohne die Korrekturfaktoren für Austastlücken und Kell-Faktor) nach
Gl. (16) verwendet werden. Hierin einzusetzen sind die folgenden Zusam-
menhänge mit den mechanischen Parametern und der Zeilendichte:

$$\text{Übertragungszeit } T_B = \frac{60}{n[1/\text{min}]} Z[\text{sec}] = \frac{Z}{n}[\text{min}] \qquad (101)$$

Zeilenzahl nach
Gl. (49) $Z = h \cdot l$ mit $l = \frac{1}{s}$ = Zeilendichte in Zeilen/mm

Bildbreite $b = \pi \cdot d$ mit d = Trommeldurchmesser in mm.

Man erhält dann mit Gl. (16), wenn anstelle der Bildfrequenz $f_B = 1/T_B$
gesetzt wird, für den Zusammenhang der Übertragungsbandbreite mit dem
Trommeldurchmesser d , der Umdrehungszahl n und der Zeilendichte l:

$$f_{gr} = \frac{1}{2} Z^2 \left(\frac{b}{h}\right) \cdot \frac{1}{T_B} = \frac{\pi}{120} d \cdot l \cdot n. \qquad (102)$$

Wie bereits in Kapitel 1.3.8 dargestellt, ist die Zeilendichte $l = Z/h$ bei einem Bildtelegrafiesystem das richtige Maß für die Aufzeichnungs-feinheit und damit für die Bildschärfe. Nach Gl. (102) ist nun das Pro-dukt aus Trommeldurchmesser d und Zeilendichte l stets eine Konstante, wenn gleiche Übertragungsbandbreite f_{gr} und gleiche Umdrehungszahl n vorliegen. Das muß auch so sein, da bei konstantem Seitenverhältnis b/h (keine Veränderung der Bildgeometrie) eine Vergrößerung des Trommel-durchmessers stets auch mit einer proportionalen Vergrößerung der Bild-höhe h einhergeht, so daß bei gleicher Zeilenzahl die Zeilendichte um-gekehrt proportional abnimmt. Da es aber in der Praxis vorkommen kann, daß Aufnahme- und Wiedergabegerät mit unterschiedlichem Trommeldurch-messer arbeiten, hat man das Produkt $d \cdot l = A$ genormt und mit der Be-zeichnung "Modul" belegt. Damit wird aus Gl. (102):

$$f_{gr} = \frac{\pi}{120} \cdot A \cdot n \qquad\qquad\qquad\qquad (103)$$

$$\text{mit Modul } A = d \cdot l .$$

Für das Telebildgerät TS 975 der Firma HELL, Kiel, das für die Übermitt-lung von Pressebildern verwendet wird, liegen die folgenden Parameter vor [12,KapIV 2.2]:

$$A = 352 \qquad\qquad l = 5 \text{ Zeilen/mm}$$
$$n = 120 \text{ 1/min} \qquad Z = h \cdot l$$
$$= 130 \text{ mm} \cdot 5 \text{ Zeilen/mm}$$
$$= 650 \text{ Zeilen.}$$

Damit errechnet sich die Bandbreite des Bildsignals nach Gl. (103) zu $f_{gr} = (\pi/120) \cdot 352 \cdot 120 = 1100$ Hz, und die Übertragungszeit wird nach Gl. (101) $T_B = 650/120 = 5,5$ min. Eine solche Bandbreite von 1100 Hz kann noch im amplitudenmodulierten Zweiseitenbandbetrieb über eine ana-loge Fernsprechleitung übertragen werden (Kap. 6.3.1, Bild 121a).

6.1.1.3 Synchronisierung

Bei der Langsamabtastung der Bildtelegrafie mit rotierender Trommel liegt über die Trommelbewegung eine automatische Verkopplung von Bild- und Zeilensynchronisierung vor. Die bei der Bewegtbildübertragung not-wendigen Zeilenimpulse (Horizontal-Synchronsignal nach Kap. 1.3.5.1)

können hier also entfallen. Es muß lediglich durch Frequenznormale im
Sender und Empfänger dafür gesorgt werden, daß die Winkelgeschwindigkei-
ten der beiden Trommeln gut übereinstimmen. Die zusätzlich notwendige
Phasenübereinstimmung wird durch ein sogenanntes "Phasenzeichen" erzwun-
gen. Man kann dieses als den Bildimpuls ansehen, der die Wiedergabe-
trommel synchron mit der Aufnahmetrommel startet (Start-Stop-Prinzip)
und anschließend das "Einphasen" besorgt [120,Kap6.3.2].

Treten nun während der Bildübertragung Drehzahlabweichungen $\Delta n/n$ zwischen Sender- und Empfängertrommel auf, dann führt das zu der in <u>Bild 112</u>
dargestellten Bildschiefe. Diese sollte den Wert

$$\tan\eta = \frac{\Delta b}{s} = \Delta b \cdot 1 = 0,01 \qquad (104)$$

(1% = 1mm auf 10 cm) nicht überschreiten. Die zulässige Drehzahltoleranz
wird dann mit Gl. (104) und einem Modul $A = d \cdot 1 = 352$:

$$\frac{\Delta n}{n} = \frac{\Delta b}{b} = \frac{\tan\eta}{\pi \cdot d \cdot 1} = \frac{\tan\eta}{\pi \cdot A} = \frac{0,01}{\pi \cdot 352} \approx 10^{-5}. \qquad (105)$$

Die beiden Antriebsmotoren werden daher mit je einem Quarzgenerator gesteuert, um diese Drehzahlgenauigkeit einzuhalten.

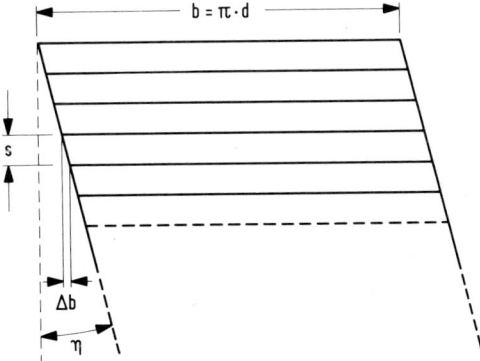

<u>Bild 112</u> Bildschiefe infolge Drehzahldifferenz zwischen Sende- und
         Empfangstrommel

6.1.2 Elektronische Slowscan-Technik

Rein elektronische Verfahren für das langsame Abtasten und Aufzeichnen
sind prinzipiell für die Flachbett-Technik gut geeignet und führen deshalb gegenüber dem mechanischen Trommelabtaster zu einer wesentlichen
Bedienungsvereinfachung für die Sender- und Empfängerseite. Die elektronische Abtastung reduziert vor allem die Zahl der mechanisch bewegten
Teile, die ständiger Abnutzung unterliegen und wegen der komplizierteren
Fertigungstechnik zu prinzipiell teureren Produkten führen.

6.1.2.1 Kathodenstrahl-Verfahren

Die Abtastung in Zeilenrichtung erfolgt hierbei durch die elektromagne-
tische oder elektrostatische Ablenkung eines Kathodenstrahles. Auf dem
Schirm der Kathodenstrahlröhre wird jeweils nur eine Zeile geschrieben,
die entweder auf die Vorlage projiziert oder über eine spezielle Fiber-
glasausführung der Schirmoberfläche unmittelbar an die Vorlage herange-
bracht wird. Ein Fotosensor wandelt dann das reflektierte bzw. durchge-
lassene, mit den Helligkeitsänderungen der Vorlage modulierte Licht in
das Bildsignal um. Der Vertikalvorschub muß allerdings auch hier noch
mechanisch durch Vorbeiziehen der Vorlage an der elektronisch abgelenkten Zeile durchgeführt werden.

Da die Lichtausbeute dieses Kathodenstrahlverfahrens gering ist, kommt
es für die Wiedergabeseite nur sehr bedingt in Frage (sehr lichtempfind-
liches Papier erforderlich). Auf der Aufnahmeseite ist es bisher aus dem
gleichen Grund nur für die Abtastung von transparenten Vorlagen verwendet worden. In dieser Form wurde es nach [66,121] für die Übertragung
von Zeitungsseiten in der vertikalen Austastlücke des Fernsehsignals und
nach [21,Teil1] bei der Orbiter-Mondsonde für die Slowscan-Übertragung
von Aufnahmen der Mondoberfläche verwendet, die auf einem 70 mm-Film
sehr hoher Auflösung (100 Linienpaare/mm) aufgezeichnet waren.

In beiden Fällen war die schnellere Abtastmöglichkeit gegenüber den mechanischen Verfahren von Vorteil. Die Analogie dieser Kathodenstrahlver-
fahren zum Lichtpunktabtaster der Fernsehtechnik nach Kapitel 2.5
(Bild 46) ist unverkennbar. Von Nachteil für die Anwendung dieses Verfahrens in Bildübertragungsgeräten des Heim- und Bürobereiches ist die
Notwendigkeit, Hochspannung führende Bauteile für das Kathodenstrahlrohr
vorzusehen.

6.1.2.2 Laser-Verfahren

Laser erzeugen einen energiereichen, scharfgebündelten Lichtstrahl. Sie sind daher für den Abtast- und den Aufzeichnungsvorgang eines Flachbettabtasters sehr gut geeignet. Auflösungen von 8 - 12 Zeilen/mm auf der Senderseite und sogar 15 Linien/mm auf der Empfängerseite sind ohne weiteres zu erreichen. Wegen des monochromatischen Lichtes können sich allerdings Schwierigkeiten bei der Grauwertumsetzung von Farbvorlagen ergeben.

Ein weiteres Problem ist die fehlende elektronische Ablenkmöglichkeit des Laserstrahles. Als mechanische Ablenkmittel für die Zeilenrichtung bieten sich Polygon-Drehspiegel oder Galvanometer-Schwingspiegel an. In beiden Fällen muß der optische Tangensfehler beachtet werden. Die Vertikalablenkung geschieht auch hier wieder durch den Papiervorschub. In Bild 113 sind beide Ablenkverfahren dargestellt, und zwar beispielhaft das Drehspiegelverfahren für die Abtastung der Senderseite und das Schwingspiegelverfahren für die Aufzeichnung der Empfängerseite [122,Kap4.2].

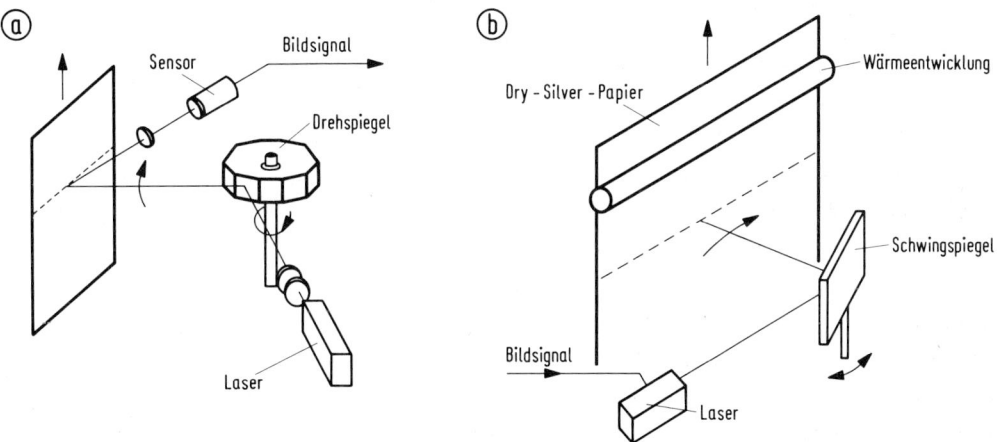

Bild 113 Slowscan-Technik mit Laser
        a) Abtastvorgang der Senderseite
        b) Aufzeichnungsvorgang der Empfängerseite

Die hohe Lichtausbeute des Lasers gestattet es, für die Aufzeichnung auf der Empfängerseite anstelle des Fotopapiers (mit dem zeitraubenden Entwicklungsvorgang) ein sogenanntes "Dry-Silver-Papier" zu verwenden.

Es arbeitet mit einer trockenen Entwicklung durch Wärmeeinwirkung, wofür nach Bild 113b eine Einrichtung zur Wärmeentwicklung vorgesehen ist.
Auch Halbtöne lassen sich auf diesem Papier aufzeichnen. Dazu muß das
Laserlicht in seiner Intensität allerdings moduliert werden, während es
bei zweipegeliger Aufzeichnung (Grafik und Schrift) durch das Bildsignal
einfach getastet wird.

6.1.2.3 Bildpunktsequentielle Verfahren

Hier sollen nun Verfahren betrachtet werden, die für den Zeilen-Abtast-
vorgang keinen mechanisch oder elektrisch gesteuerten Lichtstrahl verwenden, sondern die Zeile in einzelne Bildpunkte unterteilen und deren
Aus- oder Einlesung mit einer elektrischen Taktfolge steuern. Für den
Abtastvorgang war dazu der erste Schritt die Übertragung der einzelnen
Bildpunkt-Helligkeitswerte über Lichtleitfasern auf eine Kreisbahn, die
dann mit einem rotierenden Lichtleiter abgefragt und einem einzigen Fotosensor zugeleitet wird [122,Kap4.2]. Dieser sogenannte "Line-to-
Circle-Converter" wurde inzwischen ersetzt durch die wesentlich elegan-
tere - weil rein elektronische - Lösung von Bild 114a mit einer Fotodiodenzeile oder CCD-Zeile.

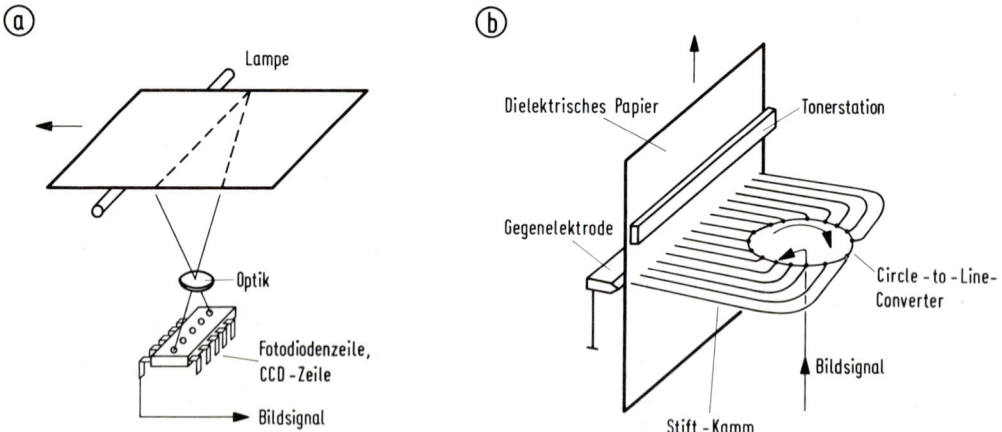

Bild 114 Bildpunktsequentielle Flachbettscanner
         a) Abtastung mit Halbleiterzeile
         b) Aufzeichnung mit Circle-to-Line-Converter

Bei der Besprechung der Bildaufnahme-Sensoren wurde in Kapitel 1.4.3 bereits ausführlich die Wirkungsweise einer Fotodiodenzeile (Bild 28) sowie einer CCD-Zeile (Bild 29) besprochen. Verwendet werden sogenannte "Selbstabtastende Diodenzeilen". Nach Bild 28 ist hierbei parallel zu den Fotodioden ein Schieberegister auf der Chipfläche mit integriert, das dann über ebenfalls integrierte MOS-Schalter die Signalanteile aller Dioden sequentiell abfragt.

Aus technologischen Gründen kann die Abtastung einer Fotodioden- oder CCD-Zeile (100 Zeilen/s) nicht so langsam erfolgen, wie das für die Übertragung des Bildsignals über Fernsprechleitungen erforderlich ist (650 Zeilen/330 s = 2 Zeilen/s). Deshalb muß eine Zeitdehnung mit Scan-Converter (Speicher) durchgeführt werden.

Die notwendige Anzahl Fotodioden, die auf einer Zeile angeordnet sein sollten, läßt sich mit der Auflösung 5 Bildpunkte/mm des Trommelabtasters für den Pressedienst (Kap. 6.1.1.2) und einer Bildbreite 130 mm (Format 13 x 18 cm) abschätzen zu $130 \cdot 5 = 650$ Dioden. Für die Abtastung der 210 mm Breite einer DIN-A4-Seite (Format 21 x 30 cm) würden $210 \cdot 5 = 1050$ Dioden benötigt. Solche Diodenzeilen sind verfügbar.

Ein direktes Äquivalent zur bildpunktsequentiellen Abtastung mit Halbleiterzeile auf der Senderseite gibt es auf der Empfängerseite nicht. Nach Bild 114b tritt an deren Stelle das Prinzip der bildpunktsequentiellen Elektrografie. Über den Circle-to-Line-Converter und den Stiftkamm wird bildpunktsequentiell Ladung auf das dielektrische Papier gebracht, so daß mit nachfolgender Tonerung eine Einfärbung möglich ist [119,Kap5.2].

Schneller arbeitende Geräte der Gruppe 3 (nur 1 Minute Übertragungszeit nach Kap. 6.2.3) verwenden oft das Thermokamm-Verfahren [123]. Ein Elektronenkamm - ähnlich Bild 114b - besteht dann aus z.B. 1728 Heizelementen, die als Zeile auf einem Keramiksubstrat angeordnet sind. Durch Anlegen der Spannung an ein Heizelement wird dieses aufgeheizt, und die auf ein spezielles Thermopapier übertragene Wärme erzeugt durch eine chemisch-physikalische Reaktion die entsprechende Verfärbung in der Thermoschicht.

Für die Zukunft der Elektrografie wird angestrebt, eine Selentrommel oder einen organischen Fotohalbleiter mit einer Laseranordnung zu belichten. Nach anschließender Tonerung des Ladungsbildes kann der Umdruck auf normales Papier mit beliebig vielen Kopien erfolgen. Man kann das

als "Fernkopieren" von Halbtonbildern durch "Xerografie" bezeichnen
[122,Kap4.2].

6.1.3 Fernsehabtastung mit Normwandlung

Bereits bei der Verwendung von Halbleiter-Zeilen für das bildpunktsequentielle Abtastverfahren nach Kapitel 6.1.2.3 muß aus funktionellen
Gründen mit einer höheren Geschwindigkeit abgetastet werden als es der
Übertragungsrate über die Fernsprechleitung entspricht. Für die Geschwin-
digkeitsanpassung ist dann ein Zeilenspeicher erforderlich. Dieser "Norm-
wandlungsvorgang" läßt sich nun derart erweitern, daß die Abtasteinrich-
tung mit der Geschwindigkeit der Fernsehnorm arbeitet, während die Langsamübertragung des Festbildes über die Fernsprechleitung beibehalten
wird. Vorteil dieser Methode ist die Verwendungsmöglichkeit von Fernseh-
abtastern für die Faksimile- oder Telebildübertragung. Solche Abtastverfahren würden daher bevorzugt auch für die Festbildübertragung in der V-
Lücke eines Fernsehsignals (Kap. 3.4.6) verwendet.

6.1.3.1 Elektronischer Schlupf

Diese Methode ist besonders gut für die Anwendung im Fernsehstudio geeignet, da jeder Fernsehabtaster als Festbildgeber verwendet werden
kann. Er muß lediglich mit einem etwas modifizierten Takt versorgt werden, wodurch ein "elektronischer Schlupf" entsteht. Das Verfahren kommt
ohne Bildspeicher aus und ist besonders geeignet für die zeilenserielle
Übertragung des Festbildes in einer Datenzeile der vertikalen Austastlücke, wie in Kapitel 3.4.6 bereits erwähnt [62].

Zur Realisierung des "elektronischen Schlupfes" werden nach Bild 115a
im Festbildraster 626 Zeilen pro Vollbild erzeugt, während das normale
Fernsehraster in der gleichen Zeit 625 Zeilen enthält. Hierzu muß die
dem Festbildabtaster zugeführte Zeilenfrequenz lediglich um die Bildfrequenz $f_B = 25$ Hz erhöht werden. Das ergibt sich aus einem Vergleich
der Zeilenperioden pro Vollbild für die beiden Raster:

$$625 T_H = 626 T_{HF}. \qquad\qquad (106)$$

$$625 f_{HF} = (625 + 1) f_H$$

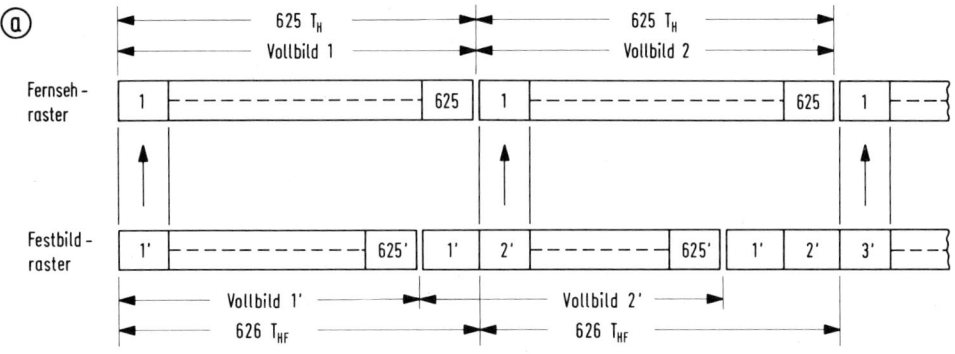

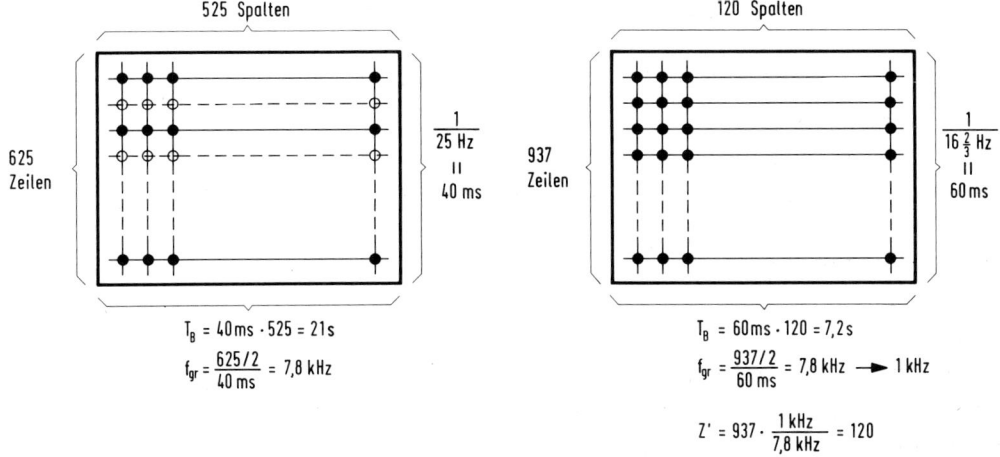

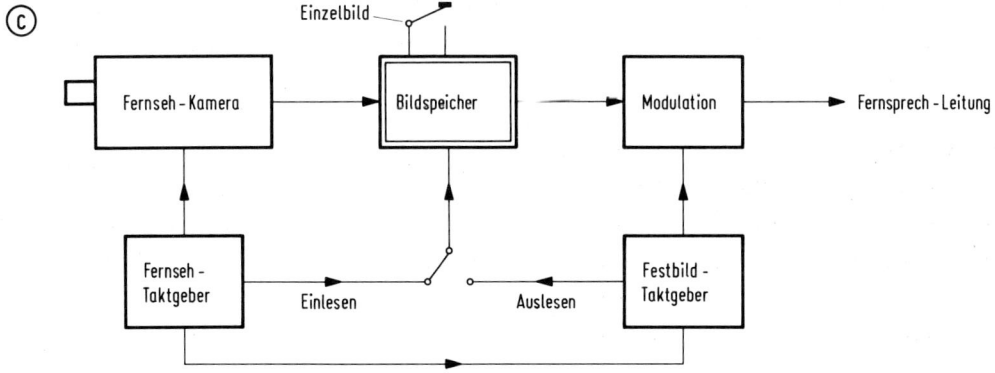

Bild 115 Normwandler Fernseh/Festbild-Format

        a) Elektronischer Schlupf
        b) Sampling-Verfahren
        c) Speicher-Verfahren

Mit Gl. (19) ergibt sich dann für die Zeilenfrequenz des Festbildabtasters:

$$f_{HF} = (1 + \frac{1}{625})f_H = f_H + f_B. \tag{107}$$

Damit ergibt sich für das Festbildraster gegenüber dem normalen Fernsehraster ein Schlupf von 1 Zeile pro Vollbild, der es nach Bild 115a gestattet, in jeweils der gleichen Zeile 1 des Fernsehrasters (bzw. Datenzeile in der V-Lücke) in 625 aufeinanderfolgenden Vollbildern nacheinander die einzelnen Zeilen des Festbildes zu übertragen. Das dauert dann 40 ms · 625 = 25 s. Durch die Bereitstellung mehrerer Zeilen in der V-Lücke kann die Übertragungszeit entsprechend verkürzt werden.

6.1.3.2 Sampling-Verfahren

Bei dem im vorigen Kapitel beschriebenen Verfahren des "elektronischen Schlupfes" handelt es sich im Prinzip um eine stroboskopische Methode, die prinzipiell eine ruhende Bildvorlage (Diaabtaster oder bei der Kamera eine Szene ohne Bewegungsablauf) voraussetzt. Dies gilt auch für das Sampling-Verfahren. Hier verzichtet man jedoch auf die Anpassung an die Vertikallücke und überträgt nicht mehr pro Vollbild eine komplette Zeile des Festbildes, sondern pro Zeile einen Bildpunkt. Nach Bild 115b wird auf diese Weise das Festbild in vertikale Spalten zerlegt. Beim "Fast-Scan-TV" verringert sich damit die Übertragungsbandbreite von 5 MHz auf f_{gr} = 7,8 kHz (Bild 115b, FSTV). Dieses Verfahren wird häufig für die Langsameingabe von Video-Einzelbildern in Rechenanlagen verwendet.

Das von Funkamateuren bevorzugte "Slow-Scan-TV" (SSTV) [124] arbeitet dagegen nur mit 120 Spalten, so daß sich nach Bild 115b die Übertragungszeit des Festbildes von 21 s auf T_B = 7,2 s reduziert. Die Vertikalfrequenz der Kamera wurde dabei auf 50/3 = 16 2/3 Hz umgeschaltet, wodurch sich die Zeilenzahl pro Bildperiode auf etwa 937 erhöht. Das führt auf die gleiche Bandbreite f_{gr} = 7,8 kHz, die aber für den Übertragungsvorgang auf 1 kHz reduziert wird. Man erhält dann eine effektive Bildpunktzahl in der Vertikalen von Z' = 120 (Bild 115b, SSTV). Damit besteht das übertragene Festbild aus 120 x 120 Bildpunkten mit einer entsprechend reduzierten Auflösung gegenüber Fernsehbildern.

Für die Übertragung solcher SSTV-Signale über Schmalbandkanäle wird Frequenzmodulation verwendet, wobei nach [124] der Synchronpegel bei 1200 Hz, der Schwarzwert bei 1500 Hz und der Weißwert bei 2300 Hz liegt. Ein solches Schmalband-FM-Signal mit 3 kHz Bandbreite kann über Funkkanäle (z.B. Amateurfunk) oder Fernsprechleitungen übertragen bzw. auch auf einem Ton-Kassettenrecorder aufgezeichnet werden.

Während durch das Sampling-Verfahren in Verbindung mit der ruhenden Bildvorlage ein Bildspeicher auf der Senderseite vermieden wird, benötigt man nun aber auf der Empfängerseite eine Bildspeichereinrichtung. Allerdings genügt hier im einfachsten Fall (Amateurfunk) ein Kathodenstrahloszillograf mit Speicherröhre (Speicher-KO), oder man zeichnet die in 7,2 s entstehenden 120 Spalten des Festbildes mit einer vor den Bildschirm gesetzten Fotokamera (z.B. Polaroid-Kamera) auf [124].

6.1.3.3 Bildspeicher-Verfahren

Hier kann nun die Bildvorlage bewegt sein. Mit der Speichereinrichtung ist es möglich, ein Vollbild als "Video-Einzelbild" elektronisch zu speichern und anschließend langsam auszulesen, d.h. mit geringer Bandbreite zu übertragen. In diese Kategorie fällt z.B. auch die im Kapitel 1.4.2 behandelte Speicherröhre. Sie wird bevorzugt bei Wettersatelliten und Raumsonden eingesetzt (Kap. 6.5). Hier wird mit einem mechanischen Verschluß - wie bei der Fotokamera - eine Momentaufnahme der bewegten Vorlage als Ladungsverteilung in der Speicherröhre festgehalten und diese dann für die Langsamübertragung ausgelesen.

Bild 115c zeigt demgegenüber die rein elektronische Methode. Hier kommt das Signal in Fernsehnorm aus einer üblichen Fernsehkamera mit schneller Abtastung. Auf Knopfdruck wird das gewünschte Einzelbild im Bildspeicher festgehalten und kann dann - nach Umschaltung auf den Festbild-Taktgeber - langsam ausgelesen, moduliert und z.B. über eine Schmalband-Fernsprechleitung übertragen werden. Man nennt dies dann eine "Fernsprech-Einzelbildübertragung", wie sie in Kapitel 6.4 näher beschrieben wird. Der elektronische Bildspeicher hat hier also die Funktion eines Normwandlers zwischen der schnellen Bewegtbildabtastung des Fernsehens und der Langsamübertragung des Festbildes übernommen. Er stellt damit einen Pufferspeicher für die erforderliche Zeitdehnung des Signals dar.

Bereits in Kapitel 3.4.6 war die Festbildübertragung über die V-Lücke des Fernsehsignals (Video-Einzelbild) oder den Fernsprechkanal (Fernsprech-Einzelbild) kurz beschrieben sowie auf die Problematik des großen Bildspeicheraufwandes hingewiesen worden. Nach Bild 74a werden auf der Sender- und Empfängerseite je ein Vollbildspeicher mit einer Speicherkapazität von 2,4 Mbit benötigt. Die Einführung eines derartigen Festbild-Übertragungsdienstes hängt daher weitgehend von der Kostenentwicklung der Speicherelemente ab. Einen entscheidenden Einfluß hat hier die erzielbare Integrationsdichte [125].

Die größten Speicherkapazitäten werden mit 1 Mbit/Schaltkreis bei den Magnetblasenspeichern (Bubbles) erreicht. Wegen ihrer derzeit noch zu langen Zugriffszeit sind sie zwar für Rechner-Massenspeicher, nicht jedoch für Videoanwendung geeignet. Die diesbezügliche Entwicklung konzentriert sich auf die Erhöhung der Speicherdichte bei statischen und dynamischen Speichern mit wahlfreiem Zugriff ("Random-Access-Memory" = RAM). Hierfür konnte die Kapazität der Speicherbausteine von 16 kbit über 64 kbit auf 256 kbit gesteigert werden, so daß man mit nur noch 10 Schaltkreisen bei einem Vollbildspeicher für die Fernsehnorm (2,4 Mbit) auskommt [125]. Die erhöhte Speicherdichte führt jedoch nicht in vollem Umfang zu der erhofften Preisreduktion. Der Gesamtpreis des Videospeichers wird nämlich noch von der Ansteuerelektronik beeinflußt. Der diesbezügliche Aufwand nimmt leider mit einer Reduktion der Schaltkreiszahl zu.

6.2 Faksimile-Übertragung

Wie bereits in der Einführung zu Kapitel 6 erwähnt, handelt es sich hier um eine papiergebundene Festbild-Übertragung, die sich auf sogenannte "zweipegelige" Vorlagen - nämlich Schrift- oder Graphik-Material - beschränkt. Mechanische Abtast- und Schreibvorrichtungen hierfür wurden bereits im Kapitel 6.1.1 und die elektronischen Slowscan-Verfahren in Kapitel 6.1.2 besprochen. Bild 116 zeigt als Beispiel für ein Faksimilegerät mit Trommelabtaster (vgl. Bild 111) einen sogenannten Faksimile-Transceiver, der sowohl für Sende- als auch für Empfangsbetrieb (Abtastung und Aufzeichnung) eingerichtet ist. Da solche Geräte bevorzugt im Büro eingesetzt werden, nennt man diesen Dienst auch

- Bürofax
- Telefax
- Fernkopieren.

<u>Bild 116</u> Faksimile-Transceiver im Bürodienst (Bürofax)
          (Werkfoto: HELL, HF 146)

Letztere Bezeichnung ist besonders einprägsam, da sie den Vorgang der
Faksimileübertragung als eine im gleichen Augenblick beim entfernten
Teilnehmer angefertigte Kopie beschreibt.

Das Faksimilegerät wird an die normale Fernsprechleitung angeschlossen.
Nach Bild 116 wird daher zunächst die normale Fernsprechverbindung hergestellt und dann auf die Bildübertragung umgeschaltet. Da während dieser Faksimileübertragung kein Ferngespräch geführt werden kann, ist man
- selbstverständlich auch wegen der Leitungskosten - an einer möglichst
kurzen Übertragungszeit interessiert. Es wurden drei Gerätegruppen - ge-
ordnet nach der erzielbaren Übertragungszeit (DIN-A4-Seite) - definiert
[122,Kap4.1.1]:

          <u>Gruppe 1</u>: 6 min, DSB-AM/FM
          <u>Gruppe 2</u>: 3 min, RSB-AM-PM + duobinäre Signalform
          <u>Gruppe 3</u>: 1 min, PCM + Datenreduktion.

Die Reduktion der Übertragungszeit wird also sehr wesentlich durch das
gewählte Modulationsverfahren beeinflußt. Es sollen daher im folgenden
einige Besonderheiten dieser Modulationsverfahren besprochen werden.

6.2.1 Analoge Modulation für die Gerätegruppe 1

Typische Werte für Faksimilegeräte der Gruppe 1 (z.B. HF 146 in Bild 116)
sind:

$$
\begin{aligned}
\text{Modul A} \qquad &= 264 \\
\text{Umdrehungszahl } n &= 180 \text{ U/min} \\
\text{Zeilendichte } l \quad &= 3,8 \text{ Zeilen/mm} \\
\text{Bildhöhe } h \qquad &= 300 \text{ mm (DIN-A4)} \\
\text{Zeilenzahl } Z \quad &= h \cdot l = 1140.
\end{aligned}
$$

Damit ergeben sich nach den Gleichungen (101) und (103) Übertragungszeit
und Bandbreite wie folgt:

$$ T_B = \frac{1140}{180} = 6,3 \text{ min} $$

$$ f_{gr} = \frac{\pi}{120} \cdot 264 \cdot 180 = 1244 \text{ Hz}. $$

Da es sich beim Fernsprechkanal um eine Bandpaßcharakteristik von 300 Hz
bis 3,4 kHz handelt, muß das Faksimilesignal trägerfrequent übertragen
werden. Sowohl Doppelseitenband-Amplitudenmodulation (DSB-AM) als auch
Frequenzmodulation (FM) werden angewendet. Bild 117 zeigt die Bandbrei-
teverhältnisse für beide Modulationsarten. Als Bandbreite des Faksimilesignals wird der für ein typisches Gruppe-1-Gerät ermittelte Wert
f_{gr} = 1244 Hz zugrunde gelegt.

Da die Gruppenlaufzeit nach der oberen Bandgrenze zu stark ansteigt,
darf die Trägerfrequenz nicht zu hoch gewählt werden, um stärkere Verzerrungen der Schwarzweiß-Übergänge zu vermeiden. Auch ist bei der Wahl
der Trägerfrequenz darauf zu achten, daß die Seitenbänder bei der vorliegenden Basisbandbreite des Faksimilesignals noch innerhalb der Bandbegrenzung des Fernsprechkanals liegen. Ein für die Praxis gewählter
günstiger Kompromiß liegt nach [122,Kap4.1.1] bei einer Trägerfrequenz
von f_T = 1,9 kHz. Bild 117b zeigt, daß mit der Basisbandbreite
f_{gr} = 1244 Hz (Bild 117a) die Bandgrenzen des Trägerspektrums für Amplitudenmodulation (AM) bei $f_T - f_{gr}$ = 1,9 - 1,244 = 0,656 kHz und
$f_T + f_{gr}$ = 1,9 + 1,244 = 3,144 kHz liegen. Das gesamte trägerfrequente
Band mit einer Breite B = $2f_{gr}$ liegt also nach Bild 117b noch gut innerhalb der Bandgrenzen des Fernsprechkanals.

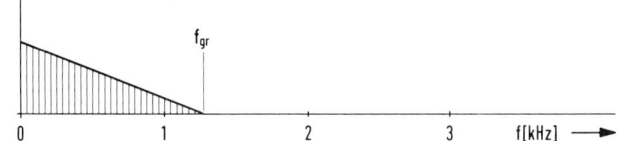

Zeitverlauf :   Spektrum :

(a) **Basisband**

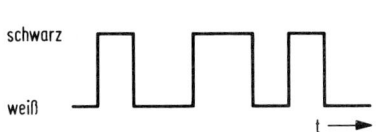

schwarz

weiß

(b) **DSB - AM**

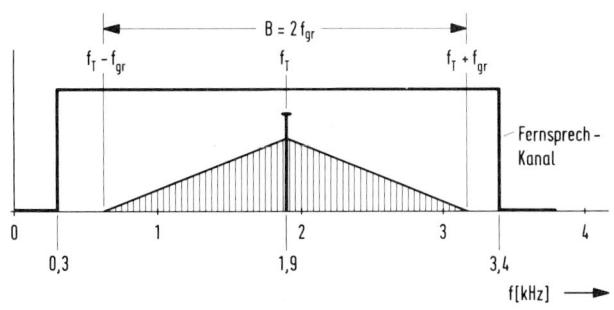

Fernsprech-
Kanal

(c) **FM**

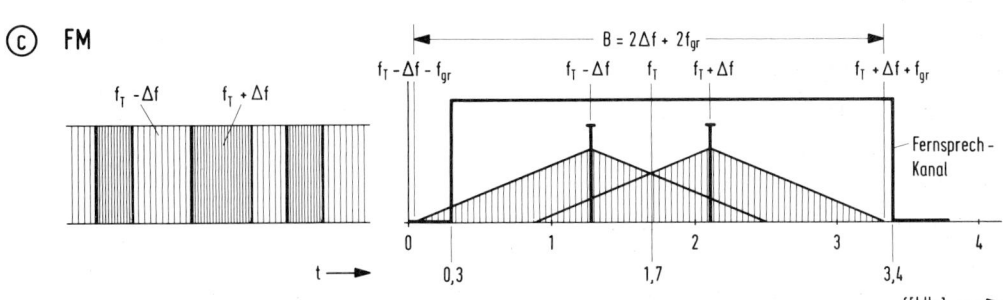

Fernsprech-
Kanal

Bild 117 Modulationsverfahren für Faksimilegeräte der Gruppe 1
(6 min für DIN-A4-Seite)
a) Basisband
b) Doppelseitenband-Amplitudenmodulation (DSB-AM)
c) Frequenzmodulation (FM)

Ganz analog zur Fernseh-Rundfunkübertragung nach Kapitel 3.1 (Bild 52a)
hat man für die AM eine Negativmodulation gewählt. Nach dem Zeitverlauf
in Bild 117a,b bedeutet dies, daß für Schwarzwerte im Bild die maximale
Trägeramplitude, für Weißwerte dagegen der Trägerwert Null übertragen
wird. Die Schwarzwerte werden daher mit gutem Störabstand übertragen,
was wegen der größeren Störempfindlichkeit des Auges in dunklen Bilddetails wichtig ist. Wegen des guten Störabstandes überträgt man auch die
Synchronisierzeichen am Bildanfang mit vollem Trägerpegel.

Um die Störsicherheit bei ungünstigen Übertragungsverhältnissen weiter
zu verbessern, geht man auf Frequenzmodulation (FM) über. Dabei wird
nach dem Zeitverlauf in Bild 117c für den Schwarzwert die um den Frequenzhub Δf = 400 Hz höhere Frequenzlage $f_T + \Delta f$, für den Weißwert dagegen die um den gleichen Frequenzhub geringere Frequenzlage $f_T - \Delta f$ gewählt. Die bei Schrift- und Grafik-Übertragung schmaleren Schwarzimpulse
werden dann geringeren Einschwingvorgängen unterworfen. Als Ruhefrequenz
wurde 1,7 kHz gewählt. Für Schwarz ergibt sich dann die mit Rücksicht
auf den ansteigenden Gruppenlaufzeitgang gerade noch zulässige Trägerlage $f_T + \Delta f$ = 1,7 + 0,4 = 2,1 kHz.

Die maßstäbliche Auftragung des Spektrums in Bild 117c für eine Basisbandbreite des Faksimilesignals f_{gr} = 1244 Hz sowie einen in der Praxis
gewählten Frequenzhub Δf = 400 Hz [122,Kap4.1.1] zeigt, daß die Gesamt-
bandbreite des FM-Signals

$$B = 2\Delta f + 2f_{gr} = 2 \cdot 0,4 + 2 \cdot 1,244 = 3,288 \text{ kHz} \tag{108}$$

die Fernsprechkanal-Bandbreite 3,4 - 0,3 = 3,1 kHz knapp überschreitet,
was aber wegen des abfallenden Seitenlinienspektrums zulässig ist.

Wegen der in Bild 117c dargestellten Bandausnutzung kann nur der relativ niedrige Frequenzhub Δf = 0,4 kHz gewählt werden. Dieser Wert ist
kleiner als die maximale Modulationsfrequenz, so daß sich nach
[12,KapVI 2.1.3] gegenüber dem äquivalenten AM-System theoretisch sogar
eine Störabstandsverschlechterung ergibt:

$$\frac{S_{FM}}{S_{AM}} = \frac{\Delta f}{f_{gr}} = \frac{0,4 \text{ kHz}}{1,244 \text{ kHz}} = 0,32. \tag{109}$$

Bei Störfrequenzen in Trägernähe weist das FM-System jedoch (wegen des
dreieckförmigen Störgrequenzganges nach [12,KapVI 2.1.3]) einen wesentlich besseren Störabstand auf, so daß der Übergang auf FM in vielen Fällen berechtigt ist.

6.2.2 Analoge Modulation für die Gerätegruppe 2

Die Halbierung der Übertragungszeit wird durch eine Verdopplung der Umdrehungszahl von n = 180 U/min auf 360 U/min realisiert. Unter Beibehaltung der anderen Parameter würde sich dann allerdings nach Gl. (103)
auch die Bandbreite des Faksimilesignals verdoppeln. Es muß daher nach
[122,Kap4.1.1] durch eine geschickte Kombination von Modulationsverfahren (RSB - AM - PM) in Verbindung mit einer duobinären Signalform dafür
gesorgt werden, daß die trägerfrequente Bandbreite die Grenzen des Fernsprechkanals nicht überschreitet.

In Bild 118 sind diese Maßnahmen im einzelnen dargestellt. Bereits im
Basisband gelingt es, die Bandbreite zu halbieren durch den Übergang auf
eine duobinäre Signalform (Bild 118a). Dies ist allerdings nur möglich,
weil die Faksimileabtastung (nur Schrift- und Grafik-Vorlagen) zu einem
binären ("zweipegeligen") Signal führt. Nach Bild 118a wird dann im Sender jeder zweite Wechsel umgepolt. Zu einer derartigen duobinären Signalform gehört ein Spektrum, das nur noch etwa die halbe Frequenz-Band-
breite besitzt, wie man leicht einsehen kann, wenn man sich in die beiden Signalverläufe nach Bild 118a jeweils die Grundwelle f_{gr} bzw. 0,5 f_{gr}
eingezeichnet denkt. Der Empfänger muß diese duobinäre Signalform selbstverständlich wieder in die binäre zurückwandeln.

Die Modulation des Duobinärsignals auf einen Träger muß mit einem Dop-
pel-Gegentaktmodulator erfolgen. Dadurch ergibt sich die in Bild 118b
dargestellte Amplituden- und Phasenmodulation (AM-PM), da jeder negative Wechsel mit 180° übertragen wird. Die Bandausnutzung des Fernsprechkanals entspricht nun der DSB-AM nach Bild 117b, obwohl das Basisband-
Spektrum die doppelte Bandbreite (halbe Übertragungszeit) aufweist.

Um die Bandausnutzung noch weiter zu verbessern, ging man zu der in
Bild 118c dargestellten Restseitenbandübertragung über. Ganz analog zu
der in Kapitel 3.2 beschriebenen Restseitenbandübertragung für die Fernseh-Rundfunkübertragung wird in Trägernähe die Nyquistflanke verwendet.
Sie vermeidet nach Bild 53c Frequenzgangfehler. Der Träger wird nach

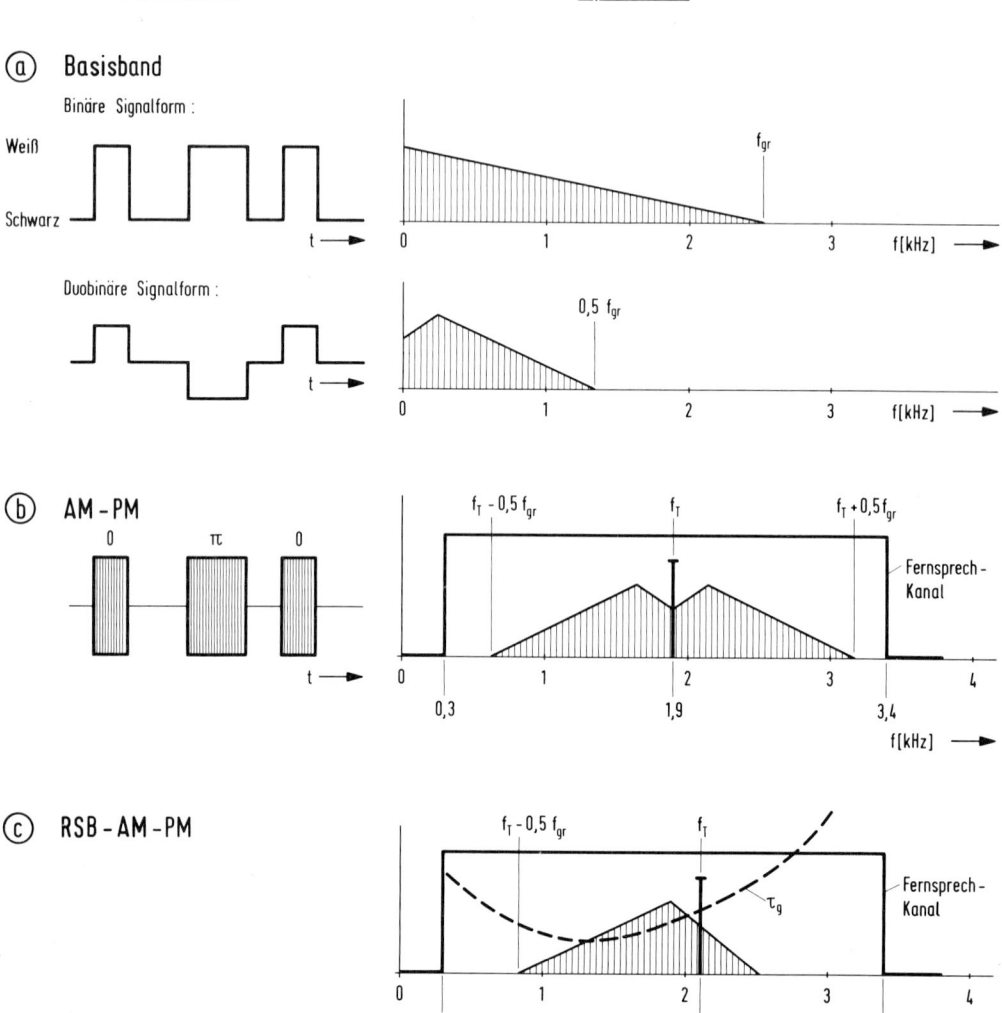

<u>Bild 118</u> Modulationsverfahren für Faksimilegeräte der Gruppe 2
(3 min für DIN-A4-Seite)
a) Übergang auf duobinäre Signalform
b) Amplituden - und Phasenmodulation (AM-PM)
c) Zusätzliche Restseitenbandübertragung (RSB-AM-PM)

Bild 118c auf die mit Rücksicht auf den Gruppenlaufzeitanstieg $\tau_g(f)$ gerade noch zulässige Frequenz f_T = 2,1 kHz gelegt. Das Spektrum des modulierten Faksimilesignals reicht jetzt nur bis f_T - $0,5f_{gr}$ = 2,1 - 0,5 · 2,5 = 0,85 kHz und bleibt damit gerade über dem mit Rücksicht auf den Gruppenlaufzeitanstieg $\tau_g(f)$ bei niedrigen Frequenzen (Trägerfrequenztelefonie) festgelegten Grenzwert 800 Hz. Die Folge ist eine weitgehend verzerrungsfreie Übertragung trotz verdoppelter Basisbandbreite und damit halbierter Übertragungszeit.

Im Empfänger benötigt dieses RSB-AM-PM-Verfahren allerdings den zusätzlichen Aufwand eines Synchrondemodulators [122,Kap4.1.1], wie er in Bild 54e für den Fernsehempfänger dargestellt ist. Bei dieser Schaltung ist eine Trägerregenerierung (mit einem Phasenregelkreis PLL) erforderlich. Deshalb wird beim RSB-AM-PM-Verfahren im Gegensatz zum DSB-Verfahren (Kap. 6.2.1) Positiv-Modulation angewendet. Die großen Weißflächen des Bildes (bei Schrift- und Grafik-Vorlagen) erzeugen so einen kräftigen Träger, der die Regenerierung erleichtert.

6.2.3 Digitale Modulation für die Gerätegruppe 3

Die Reduktion auf 1 Minute Übertragungszeit für eine DIN-A4-Seite läßt sich nur durch Methoden der Datenreduktion erreichen. Dazu ist der Übergang auf eine digitale Übertragungstechnik (Datenübertragung) erforderlich. Die bei der Faksimileabtastung entstehende binäre Signalform (1 Bit) muß zu diesem Zwecke noch einer zeitlichen Quantisierung (Abtastung) unterworfen werden. Moderne Geräte dieser Art [123,127] arbeiten mit einer sehr guten Horizontalauflösung von 8 Bildpunkten/mm. Bei 220 mm Breite der DIN-A4-Seite entspricht dies 220 · 8 = 1760 Bildpunkten pro Zeile. Solche Geräte streben dann gegenüber den 3,85 Zeilen/mm der Gerätegruppen 1 und 2 (Kap. 6.2.1, 6.2.2) auch eine Verdopplung der Vertikalauflösung auf 7,7 Zeilen/mm an, so daß für die 300 mm Höhe der DIN-A4-Seite 300 · 7,7 = 2310 Zeilen und damit in 1 Minute insgesamt 1760 · 2310 $\approx$ 4 · 10^6 Bildpunkte übertragen werden müssen. Ohne besondere Quellencodierung würde bei digitaler Übertragung der binären Information eines Faksimilesignals 1 Bit/Bildpunkt übermittelt werden. Das führt zu dem ganz erheblichen Nachrichtenfluß von 4 · 10^6 bit/60 s = 67 kbit/s, der sich über einen analogen Fernsprechkanal nicht übertragen ließe.

Der Übergang auf eine digitale Codierung gestatte nun aber die Anwendung
einer wirkungsvollen Datenreduktion. Die in Kapitel 4.4 beschriebenen
Reduktionsverfahren gelten für Halbtonbilder und führen bei Intraframe-
Verfahren (innerhalb eines Vollbildes) höchstens zu einer Datenreduktion
um den Faktor 2. Faksimilebilder enthalten jedoch wegen ihrer Beschränkung auf "zweipegelige" Vorlagen (Schreibmaschinenschrift oder Grafik)
wesentlich mehr Redundanz, so daß mit einer stärkeren Datenreduktion zu
rechnen ist. Da das Signal nur binär vorliegt, kann allerdings die in
Kapitel 4.4.3 beschriebene Redundanzreduktion durch Huffman-Codierung
(Optimalcodierung) der Pegeldifferenzen (Bild 92b) nicht angewendet werden. Die Huffman-Codierung muß hier vielmehr den unterschiedlichen Längen von Schwarz und Weiß innerhalb einer Zeile zugeordnet werden. Man
nennt dies eine "Lauflängen-Codierung" [122,Kap4.1.2.1]. Nach Bild 119b
werden dabei die einzelnen Längen für Weiß und Schwarz durch die Zahl
der Bildpunkte gleicher Farbe n und diese wiederum durch ein Codewort
(Adresse) gekennzeichnet.

Nach dem Prinzip der Huffman-Codierung (Kap. 4.4.3) muß nun die Länge
des Codezeichens an die Häufigkeit des Auftretens der Weiß- und Schwarz-
längen n angepaßt werden, um ein Minimum an Datenfluß zu erhalten. Analog zur Wahrscheinlichkeitsverteilung p(ΔU) für Halbtonbilder (Bild 92b)
muß hier nun für das Faksimilesignal nach Bild 119a die Wahrscheinlichkeitsverteilung p(n) in Abhängigkeit von der Lauflänge n ermittelt werden. Dabei wurden die verschiedenartigsten Schrift- und Grafik-Vorlagen
zugrunde gelegt. Man erkennt, daß die Schwarzimpulse eine besonders
große Häufigkeit des Auftretens bei n = 2...4 Bildpunkten besitzen. Deshalb müssen hierfür besonders kurze Codeworte gewählt werden, während
für die größeren Lauflängen, die nicht so häufig auftreten, längere
Codeworte verwendet werden. Nach Bild 119a wurde die Länge der Codeworte
umgekehrt proportional an die Wahrscheinlichkeitsverteilung p(n) angepaßt. Für Weiß ergibt sich eine gleichmäßigere Verteilung.

1980 wurde die in Bild 119a dargestellte Codewortverteilung vom CCITT
unter der Bezeichnung T4 ("modified" Huffman-Code) für Geräte der Gruppe
3 genormt [123, 127]. Vorangegangene Untersuchungen [126] hatten immer
wieder bestätigt, daß es sich bei dem "modified" Huffman-Code um einen
recht guten Kompromiß handelt. Die Codeworte reichen übrigens nur von
n = 1...63. Für größere Lauflängen wird ein zweites Huffman-Codewort
vorangestellt, das ein Vielfaches von 64 repräsentiert [126].

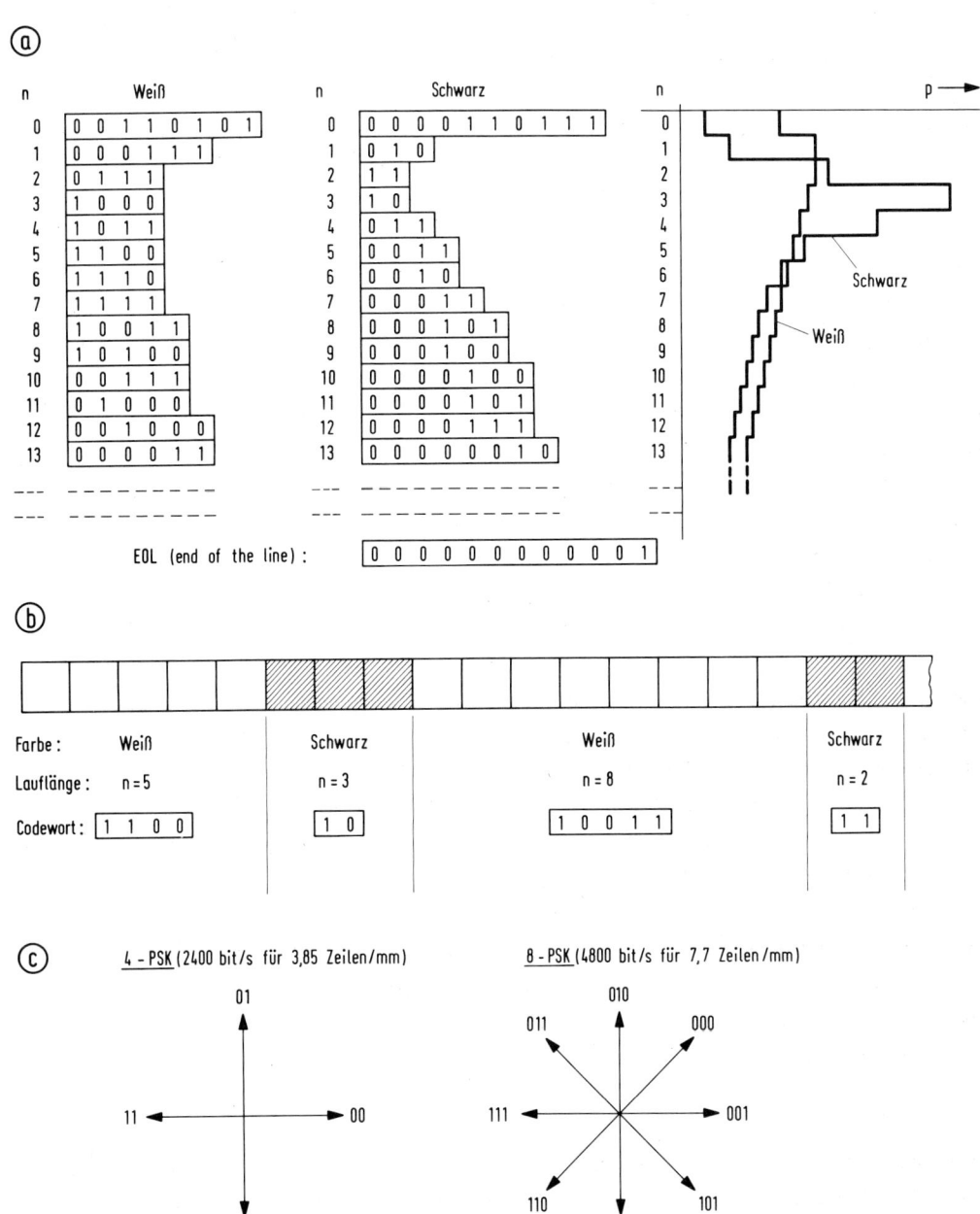

<u>Bild 119</u> Lauflängen-Codierung für Faksimilegeräte der Gruppe 3

　　　　a) "Modified" Huffman-Code

　　　　b) Codierbeispiel für eine Zeile

　　　　c) Datenübertragung mit Mehrphasen-Umtastung (PSK)

Eine Besonderheit des "modified" Huffman-Codes ist nach Bild 119a, daß
jeweils am Ende einer Zeile (EOL = end of the line) ein spezielles 12-
stelliges Codewort übertragen wird, das sich als Synchronisierzeichen
deutlich aus dem Datenfluß hervorhebt. Damit kommt zu dem Startzeichen
(Bildimpuls) bei der Gerätegruppe 3 auch noch ein Zeilen-Synchronimpuls
dazu. Er hat die primäre Aufgabe, die bei der Lauflängen-Codierung auftretende Fehlerfortpflanzung am Zeilenende zu stoppen, indem für die
folgende Zeile neu synchronisiert wird [127].

Bezogen auf typische Schrift- und Grafik-Vorlagen sind nun bei dem für
die Gerätegruppe 3 gewählten Code nach [126] Reduktionsfaktoren von etwa
6...8 zu erwarten. Damit sinkt der eingangs ohne jegliche Quellencodierung ermittelte Datenfluß auf mindestens 67 kbit/s : 6 $\approx$ 11 kbit/s.

Um auf die für Fernsprechleitungen üblichen Datenraten zu kommen, bedarf es noch der Anwendung einer speziellen Mehrfachmodulation. Nach
[127] wurde für 4800 bit/s die Achtphasen-Umtastung 8-PSK (phase shift
keying) eines bei f_T = 1,8 kHz liegenden Trägers gewählt. Nach Bild 119c
kann jetzt der Datenfluß bei 8-PSK in Gruppen zu je 3 Bits zusammengefaßt werden. Da diese 3 Bits nun nicht mehr seriell über den Kanal übertragen werden müssen, sondern in 8 Phasenlagen des Trägers 1,8 kHz jeweils simultan übermittelt werden, reduziert sich der Datenfluß um den
Faktor 3. Der nunmehr auf 11 kbit/s : 3 = 3,7 kbit/s verringerte Datenfluß
paßt in den genormten und für analoge Fernsprechleitungen noch zulässigen Datenrahmen 4800 bit/s.

Arbeitet das Faksimilegerät der Gruppe 3 nur mit der halben Vertikalauflösung 3,85 Zeilen/mm, dann halbiert sich auch der Datenfluß, so daß man
mit einer Vierphasen-Umtastung (4-PSK) des Trägers auskommt. Nach
Bild 119c lassen sich über diese vier Phasenwerte 2 Bits jeweils simultan übertragen, so daß sich der Datenfluß jetzt nur noch halbiert.

Apparativ entspricht die Mehrphasen-Umtastung PSK übrigens sehr genau
der im Kapitel 3.3.4.1 für das NTSC-Verfahren beschriebenen Quadraturmodulation des Farbträgers. Analog zu Bild 59a werden für den Coder zwei
in Quadratur (mit 90° Phasenverschiebung) arbeitende Doppel-Gegentaktmo-
dulatoren benötigt. Die Komponentenzerlegung erfolgt wie in Bild 59b
mittels zweier Synchrondemodulatoren. Allerdings werden im Gegensatz zur
NTSC-Farbträgermodulation bei der PSK nach Bild 119c nur feste Phasenwinkel für die einzelnen Codewörter übertragen.

6.2.4 Bürokommunikation

Wichtigstes Ziel für neue Kommunikationsdienste ist die Modernisierung
des Büros. Hierdurch entsteht zukünftig ein besonderer Bedarf an Daten-,
Text- und Bildkommunikation. Nach Bild 120a kommt dann zum konventio-
nellen Fernsprechanschluß ein moderner Bürofernschreiber (Teletex-Dienst
mit 200 bit/s) hinzu sowie ein Fernkopierer (Faksimileübertragung mit
Gerätegruppe 2 nach Kap. 6.2.2) und ein Fernsehgerät für Bildschirmtext
(Kap. 3.4.7). Die Fernsprechtechnik erweitert sich somit zur modernen
Telekommunikation. Man erkennt, daß die beiden Bildübertragungstechniken
Fernkopieren und Bildschirmtext - als Ergänzung zur Fernsprech- und
Textübertragung - eine wichtige Rolle im modernen Büro spielen könnten.

Der prinzipielle Nachteil ist nun aber, daß nach Bild 120a das Bürofax-
Gerät (Fernkopierer der Gruppe 2) und Bildschirmtext zusammen mit dem
Fernsprechanschluß an das analoge Fernsprech-Wählnetz angeschlossen
werden müssen, während der Bürofernschreiber (Teletex) über das völlig
separate Datex-L-Netz bzw. über das IDN-Netz mit einer getrennten Vermittlung verbunden ist. Bei Datex-L handelt es sich um ein auf 200 bit/s
erweitertes Telexnetz, das die höhere Schrittgeschwindigkeit der modernen Bürofernschreiber (Teletex) übertragen kann (seit etwa 1970). IDN
ist dagegen ein integriertes Fernschreib- und Datennetz für die gleichzeitige Übertragung von Telex, Teletex sowie von Signalen zukünftig er-
weiterter Bürokommunikations-Geräte mit den Datenraten 2400, 4800,
9600 bit/s (seit etwa 1980). Durch die Erhöhung auf $9600 \cdot 5 = 48$ kbit/s
können auch komplette Rechenanlagen über das IDN verbunden werden
[67,Bd3,Kap4.2].

In Zukunft wird einer integrierten Lösung nach Bild 120b der Vorzug gegeben werden [128]. Alle für die Bürokommunikation erforderlichen Endgeräte werden hierbei gemeinsam über das ISDN (= Integrated Service Data
Network = Dienstintegriertes Digitalnetz) angeschlossen. Die Vorteile
für Verteilung, Vermittlung und Verarbeitung sind offensichtlich. Bildverarbeitung kann jetzt mit Textverarbeitung in einem Bürokommunikati-
ons-Terminal kombiniert werden. Die übertragenen Text- und Grafik-Bilder
lassen sich zunächst auf dem Bildschirm darstellen bevor man sich ent-
scheidet, diese Abbildungen mittels einer Hardcopyeinrichtung auf Papier
zu übertragen. Auch Kombinationen von Text- und Faksimileübertragungen
sind möglich (z.B. elektronisches Ausfüllen von Formularen nach [129]).

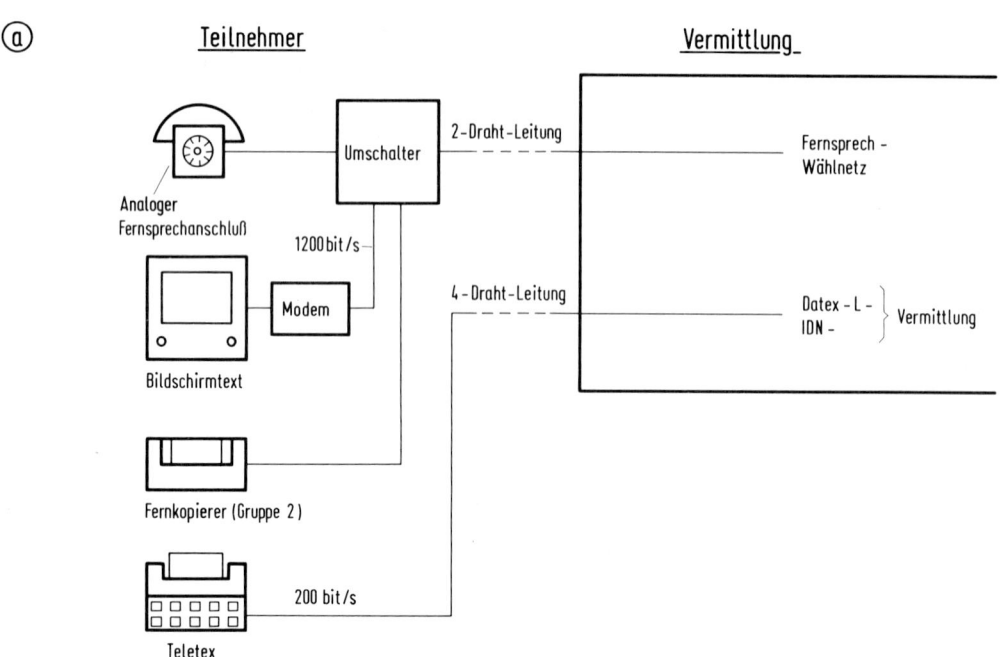

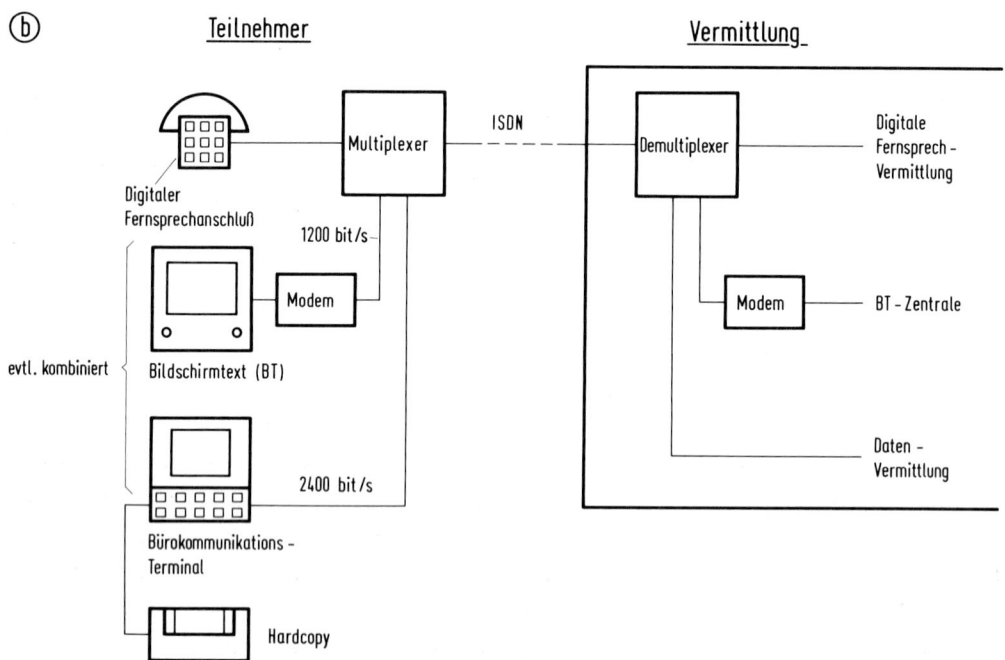

<u>Bild 120</u> Anschluß der Bürokommunikation an das Telekommunikationsnetz
a) Konventionelle Lösung über getrennte Verbindungen
b) Integrierte Lösung über gemeinsame ISDN-Verbindung

Das dienstintegrierte Digitalnetz ISDN basiert auf der Datenrate des digitalen Fernsprechsignals: 4 kHz · 2 · 8 bit = 64 kbit/s. Wegen der bidirektionalen Fernsprechübertragung ist international für den ISDN-Teilnehmeranschluß eine Datenrate von 2 · 64 kbit/s + 12 kbit/s = 140 kbit/s vorgesehen. In den 12 kbit/s können dann alle zusätzlichen Telekommunikationen nach Bild 120b untergebracht werden.

Eine Erweiterung all dieser Dienste durch Verteilung von Fernseh- und Hörrundfunksignalen sowie einen Bildfernsprechdienst führt zu dem in Bild 79 (Kap. 3.5) dargestellten Breitband-Kommunikationssystem mit Glasfaserverbindungen, das unter der Bezeichnung BIGFON ("Breitband Integriertes Glasfaser Ortsnetz") eingeführt werden soll [79]. BIGFON kann deshalb als "Breitband-ISDN" aufgefaßt werden. Es bedient sich demgemäß auch der PCM-Hierarchie, die auf der Grund-Datenrate 2,048 Mbit/s aufgebaut ist, wobei dies dem 32-fachen der Datenrate eines digitalen Fernsprechsignals 64 kbit/s entspricht.

6.3 Telebild-Übertragung

Es handelt sich hier um eine papiergebundene Festbildübertragung. Abtastung und Wiedergabe erfolgen in der gleichen Weise wie bei der Faksimileübertragung (Kap. 6.2) mit mechanischen oder elektronischen Techniken (Kap. 6.1.1 und 6.1.2). Allerdings werden jetzt Halbtonbilder abgetastet und übertragen.

6.3.1 Analogübertragung über Fernsprechleitung

Telebildübertragungen werden vor allem für die Übermittlung von aktuellen Pressebildern zu den Zeitungsredaktionen sowie von Fahndungsbildern zu den Kriminalämtern verwendet. Es werden dafür von den Postverwaltungen zwar spezielle Bildleitungen zur Verfügung gestellt, im Prinzip handelt es sich aber um normale Fernsprechleitungen, die lediglich durch eine Phasenentzerrung ergänzt wurden. Im Ausland dürfen auch die üblichen Fernsprechverbindungen für eine Telebildübertragung verwendet werden.

Für diese analogen Strecken kommt dann nur Amplitudenmodulation in Frage, da der Bandbreitebedarf und damit die Übertragungszeit relativ gering

sind (insbesondere bei Restseitenbandübertragung). In Sonderfällen (geringer Störabstand) wird auch Frequenzmodulation angewendet. Digitalübertragung wird man nur für den Anschluß an das ISDN-Netz nach Bild 120b
vorsehen. Hier ist an den Einsatz der Differenz-Pulscodemodulation
(Kap. 4.4.4) gedacht, um Übertragungszeit zu sparen.

Bild 121a zeigt den für die analoge Telebildübertragung zur Verfügung
stehenden Frequenzbereich des Fernsprechkanals (0,3 - 3,4 kHz). Die
untere Grenzfrequenz von 300 Hz sowie der Anteil von Gleichspannungswer-
ten (≙ Grauwerten) im Bildsignal verlangen eine geträgerte Übertragung.

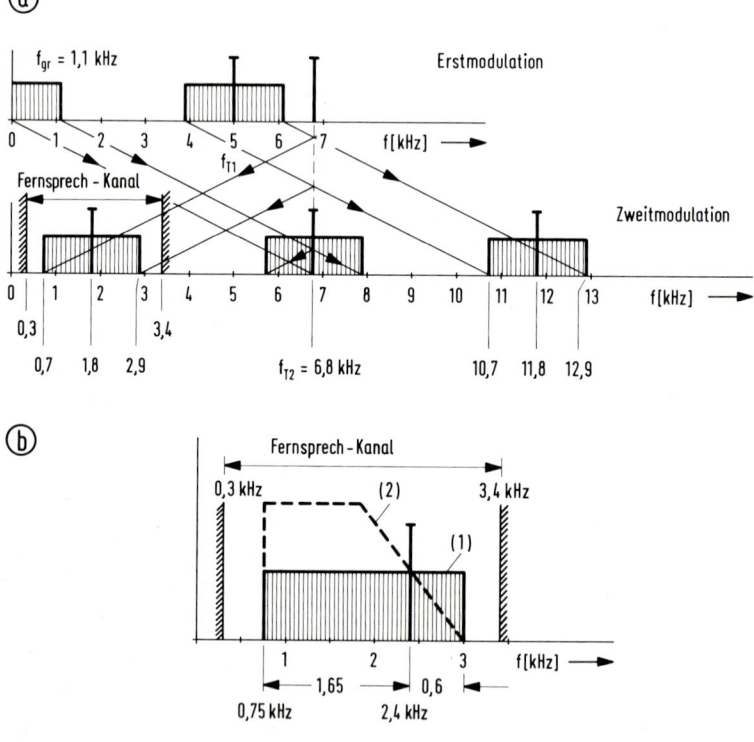

Bild 121 Amplitudenmodulationsverfahren für die Telebildübertragung
         über Fernsprechleitungen
         a) Zweistufenmodulation für interferenzfreie AM
         b) Restseitenbandübertragung für Telebildgeräte höherer
            Auflösung
            (1) Restseitenband-Spektrum
            (2) mit Nyquistflanke und Faktor 2

Als Trägerfrequenz für die Amplitudenmodulation wird nach Bild 121a z.B.
1,8 kHz gewählt. Bereits in Kapitel 6.1.1.2 war für die Übertragungszeit
von 5,5 min (Gl. 101) eine Bandbreite des Bildsignals von 1100 Hz (Gl.102)
errechnet worden. Bild 121a läßt erkennen, daß sich in diesem Fall das
Niederfrequenzspektrum mit f_{gr} = 1,1 kHz und das Trägerfrequenzspektrum
der Zweiseitenband-Amplitudenmodulation (untere Frequenzgrenze: 1,8 - 1,1
= 0,7 kHz) bis zu 400 Hz überschneiden, wodurch Interferenzstörungen bei
einem nicht ganz exakt symmetrischen Amplitudenmodulator auftreten.

Dies Problem kann nach Bild 121a durch eine Zweistufenmodulation gelöst
werden [12,KapIX 1.1]. Zunächst wird das Niederfrequenzband einem Träger von 5 kHz aufmoduliert (Erstmodulation). Dann moduliert man das gesamte Band einem zweiten Träger von 6,8 kHz auf. Man erkennt, daß das
Differenzband - nun ohne jegliche Frequenzbandüberschneidung - in den
Fernsprechkanal fällt. Den zweiten Träger f_{T2} kann man übrigens unterschiedlich einstellen und so die umgesetzte Trägerlage im Fernsprechband
zwischen 1,3 - 1,9 kHz je nach Gruppenlaufzeitcharakteristik wählen.

Für Telebildsender, die im Fahndungsdienst der Kriminalämter eingesetzt
sind, errechnet sich für die Vorlage 20 x 21 cm mit der hier erforderlichen höheren Zeilendichte l = 7,6 Zeilen/mm (bessere Auflösung), dem
Trommeldurchmesser d = 70 mm sowie der Umdrehungszahl n = 120 U/min nach
Gl. (101) eine Übertragungszeit von 12,5 min und nach Gl. (102) eine
Bandbreite von 1,65 kHz. Hier versagt nun die Zweiseitenbandübertragung,
und man muß durch noch höhere Trägerlage (2,4 kHz) auf die in Bild 121b
dargestellte Restseitenbandübertragung (RSB) übergehen.

Bezüglich der zu erwartenden Fehler besteht eine weitgehende Analogie zu
der Restseitenbandübertragung in der Fernseh-Rundfunktechnik, wie sie in
Kapitel 3.2 ausführlich dargestellt wurde. Analog zu Bild 53 wird die
Treppencharakteristik der demodulierten Inphasekomponente durch die Nyquistflanke (Frequenzgangabfall symmetrisch zum Träger) nach Bild 121b
vermieden. Die Quadraturkomponente sowie die damit verbundene Nichtlinearität der Demodulation (Bild 54d) kann man durch Anwendung der Synchrondemodulation nach Bild 54e ausschalten. Davon wird allerdings in der
Praxis kaum Gebrauch gemacht. Man toleriert die nichtlinearen Fehler der
Restseitenbandübertragung.

6.3.2 Farb-Telebildverfahren

Die Übermittlung von Farbfotografien über Fernsprechleitungen stieß bisher nur auf geringes Interesse. Einerseits besteht bei aktuellen Pressebildern für die Wiedergabe in der Tageszeitung kein Bedarf an der Farbbildübermittlung, da ein Farbdruck viel zu teuer wäre; andererseits ist der umständliche und zeitraubende Verarbeitungsprozeß des Farbdruckes gerade bei der Veröffentlichung von aktuellen Bildern hinderlich. Hinzu kommt, daß die Farb-Telebildübertragung sich bis heute der dreifachen Abtastung der Farbvorlage und der bildsequentiellen Übertragung des roten, grünen und blauen Farbauszuges bedient. Das bedeutet natürlich den dreifachen Zeitaufwand für die Übertragung. Systeme, die mit der aus psychooptischen Gründen möglichen Bandbreitereduktion für den roten und blauen Farbauszug arbeiten und damit nur auf die doppelte Übertragungszeit kommen [130], konnten sich nicht einführen, da die Verbesserung in keinem Verhältnis zum Aufwand (Drehzahlumschaltung) steht.

In [131] ist nun ein Verfahren beschrieben, das eine entscheidende Verbesserung bringen könnte. Es bedient sich nämlich der gleichen Luminanz/Chrominanz-Codierung, wie sie in der Farbfernseh-Rundfunktechnik üblich ist (Kap. 3.3.3). Dadurch kann die Chrominanzbandbreite gegenüber der Luminanz um den Faktor 4 reduziert werden. Die zusätzliche Übertragung dieses Chrominanzanteiles benötigt dann nur 25% mehr Übertragungszeit. Zeichnet man zu beiden Seiten des im Format etwas verkleinerten Luminanzbildes die beiden Farbdifferenzbilder in komprimierter Form auf ("optisches Timeplex-Verfahren" analog zu Kap. 3.3.5, Bild 67), dann kommt man sogar mit der gleichen Übertragungszeit wie bisher bei der Übermittlung von Grautonvorlagen aus.

Ein ganz besonderer Vorteil des nach [131] auch experimentell erprobten Verfahrens ist die volle Kompatibilität bei der Wiedergabe auf den bisherigen Grauton-Telebildgeräten. Der Luminanzanteil kann wie bisher sofort für den Zeitungsdruck verwendet werden. Das Farbbild läßt sich mit einem Fernsehabtaster zunächst auf dem Bildschirm beurteilen. Erst danach fertigt man bei Bedarf mit einem besonderen Überspielgerät die Farbauszüge an.

Auf der Geberseite muß allerdings ein farbtüchtiger Telebildabtaster zur Verfügung stehen. Für die Verfahren mit gleichzeitiger Übertragung der Farbdifferenzsignale in einer Zeile oder in zwei aufeinanderfolgenden Zeilen müssen die Farbwertsignale RGB simultan abgetastet werden, wozu

eine Strahlenteilungsoptik - ganz analog zur Studio-Farbkamera für Bewegtbilder nach Bild 38 - erforderlich ist, die dann an den Optikschlitten des Trommelabtasters nach Bild 111 anzubringen wäre. Handelt es sich
um einen Flachbettabtaster mit Halbleiterzeile nach Bild 114a, dann besteht auch die Möglichkeit, eine Zeile der Vorlage dreimal abzutasten
(durch Anhalten des Schrittmotors für den Papiertransport), wobei über
ein Filterrad die drei Farbwertsignale RGB zeilensequentiell gewonnen
werden. Diese können in drei Speicherketten elektronisch gespeichert
werden und stehen damit für die weitere Luminanz/Chrominanz-Codierung
simultan zur Verfügung. Man benötigt auf diese Weise nur eine Halbleiterzeile und vermeidet die optischen Justierprobleme für den Dreifach-
abtaster.

6.4 Fernsprech-Einzelbildübertragung

Im Gegensatz zu den Verfahren des vorhergehenden Abschnittes 6.3 handelt es sich hier um ein bildschirmgebundenes Festbild-Übertragungsverfahren für Grauton- bzw. Farbbilder. Das Grundprinzip wurde bereits in
Kapitel 6.1.3.3 (Bild 115c) sowie in Kapitel 3.4.6 (Bild 74a) behandelt.
Nach Bild 115c wird dabei in einem elektronischen Bildspeicher ein Fern-
seh-Vollbild - in der Art einer Momentaufnahme - gespeichert und dann
anschließend langsam über die Fernsprechleitung (oder auch einen anderen
Schmalbandkanal) übertragen. Auf der Wiedergabeseite dient ein zweiter
Bildspeicher zur Aufsummierung des bildpunktsequentiell langsam übertragenen Fernsehsignals in ein wiederum komplett gespeichertes Video-Einzelbild, das dann als Festbild auf dem empfangsseitigen Fernsehmonitor
beliebig lange dargestellt werden kann.

Eine mögliche apparative Ausführung der Fernsprech-Einzelbildübertragung
zeigt Bild 122 [112, 132]. Um die notwendige Bildspeicherung effektiv
durchführen zu können, erfolgt die Signalverarbeitung im Sende- und Empfangsbetrieb jeweils digital, während die Übertragung über den vormalen
Fernsprechkanal (0,3 - 3,4 kHz) analog durchgeführt wird, um mit einer
geringen Übertragungszeit auskommen zu können. Vor und hinter dem Bildspeicher und der Signalverarbeitung findet man in Bild 122 daher jeweils
einen A/D-Wandler bzw. D/A-Wandler.

Die Farbbildübertragung wird nach dem in Kapitel 3.3.5 ausführlich beschriebenen Timeplex-Verfahren durchgeführt. Die serielle Codierung des

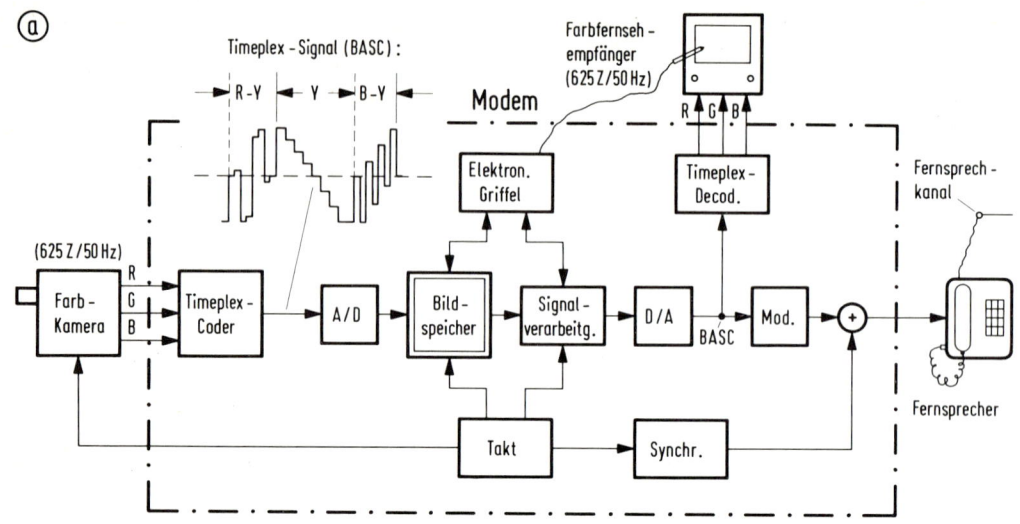

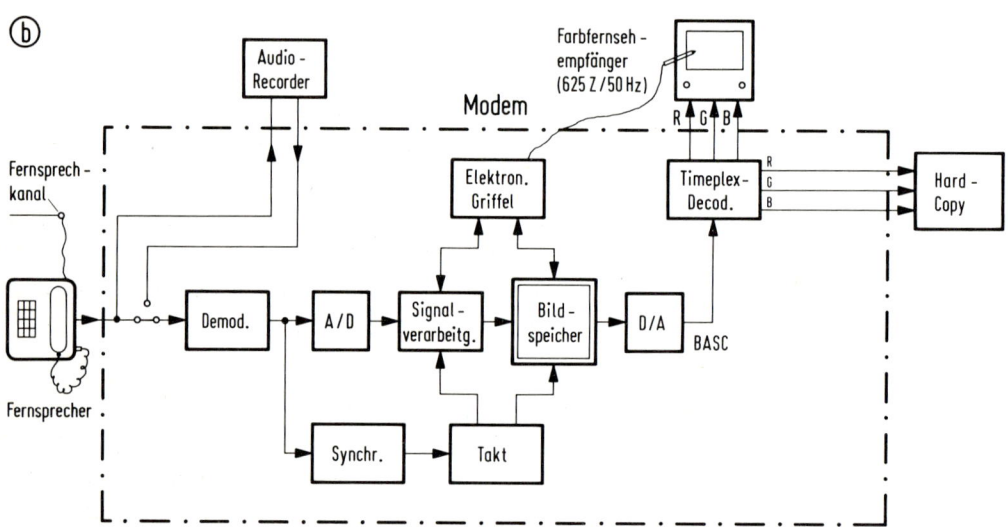

Bild 122 Farbfernseh-Einzelbildübertragung über Fernsprechleitungen

    a) Sendebetrieb

    b) Empfangsbetrieb

Luminanz- und komprimierten Chrominanzanteiles führt hier zu dem großen
Vorteil, daß man mit nur einem Bildspeicher (bzw. mit einer einfacheren
Speicherorganisation) auskommt. Für die anschließende Übertragung des
Farbsignals über den Schmalbandkanal des Fernsprechnetzes war bereits in
[45] nachgewiesen worden, daß sich das Timeplex-Verfahren besonders gut
eignet. Nach Bild 122a wird zunächst in einem Timeplex-Coder (Bild 66a)
das seriell codierte BASC-Signal erzeugt und dieses dann dem A/D-Wandler
zugeführt. Es ist auch möglich, die Timeplex-Aufbereitung sofort in der
digitalen Schaltung durchzuführen, was noch etwas ökonomischer ist. Am
Schaltungsausgang ist in jedem Fall ein entsprechender Timeplex-Decoder
(Bild 66b) erforderlich, der das BASC-Signal wieder in die Farbwertsignale RGB zerlegt, an die ein moderner Farbfernsehempfänger (mit RGB-
Eingängen) angeschlossen werden kann.

Das auf Empfangsbetrieb geschaltete Modem ist in Bild 122b dargestellt.
Die Funktionen laufen jetzt lediglich in der umgekehrten Reihenfolge ab,
um das über die Fernsprechleitung langsam übertragene Farbfernseh-Ein-
zelbild aus dem Bildspeicher auszulesen und auf dem Empfängerschirm als
Festbild sichtbar zu machen. Für Langzeitspeicherungen dieses Bildes
kann nach Bild 122b an die RGB-Signale auch eine Hardcopy-Einrichtung
angeschlossen werden, die dann allerdings farbtüchtig sein müßte. Eine
andere Möglichkeit ist die magnetische Speicherung. Nach Bild 122b kann
das trägerfrequent über die Fernsprechleitung übertragene Timeplex-Signal auch unmittelbar auf einem handelsüblichen Audio-Cassettenrecorder
aufgezeichnet werden; denn die Übertragungsbandbreite des Fernsprechkanals liegt bei etwa 4 kHz. Wegen der Gleichlaufschwankungen des Recorders muß allerdings ein Pilotträger (z.B. auf der zweiten Spur) mit aufgezeichnet werden. Beim späteren Abspielen des Signals und Einspeisen in
das Modem wird dann dieser Pilotträger zur Taktsteuerung beim Einlesen
des schwankenden Signals in den Bildspeicher verwendet. Dadurch wird das
Signal im Speicher mit starrer Zeitbasis abgelegt, so daß die Zeitfehler
beim Auslesen mit dem üblichen starren Takt für die Wiedergabe auf dem
Fernsehempfänger eliminiert sind [132].

Äquivalent zur Analogübertragung von Telebildsignalen höherer Auflösung
nach Kapitel 6.3.1 kann für die Fernsprech-Einzelbildübertragung eine
Restseitenband-Amplitudenmodulation gewählt werden. Nach Bild 121b beträgt dann die übertragbare Bandbreite 1,65 kHz. Nach [132] läßt sich
aber durch weitere Erhöhung der Trägerlage (von 2,4 auf 2,7 kHz) die
Übertragungsbandbreite auf 2 kHz erhöhen. Nach Bild 110 gehört dazu eine
Übertragungszeit des Fernseh-Einzelbildes mit 625 Zeilen von etwa

100 s = 1,7 min. Da während dieser Bildübertragungszeit das Ferngespräch
unterbrochen ist, wurde in [132] ein Verfahren vorgeschlagen, in einer
wesentlich kürzeren Übertragungszeit zunächst ein unschärferes Bild zu
übertragen, was durch Bildpunktinterpolationen im Bildspeicher ohne
größeren Aufwand möglich ist. Die Detailinformationen mit ihrem entsprechend geringeren Nachrichtenfluß können dann während der Fortsetzung des
Ferngespräches in Frequenz- oder Zeitlücken des Telefoniesignals simultan übermittelt werden.

Diese Zusatzinformation läßt sich weiter reduzieren, wenn mit dem in
Bild 122 zu erkennenden "Elektronischen Griffel" auf dem Bildschirm die
Bildpartien gekennzeichnet werden, für die eine Schärfeerhöhung erwünscht ist. Dieser Griffel kann auch für die zusätzliche Übermittlung
von gezeichneten Hinweisen verwendet werden, die sich dann nach erfolg-
ter Bildübertragung in die beiden Teilnehmerbilder eintasten lassen. Dabei ergeben sich ähnliche Verhältnisse wie bei einer "Elektronischen
Schreibtafel" [133].

6.5 Bilder von Wettersatelliten und Raumsonden

Das Problem einer Bildübertragung aus dem Weltraum liegt in der großen
Entfernung zwischen Sonde und Erde bei gleichzeitig geringer Sendeleistung wegen der Energieversorgungsprobleme einer solchen Sonde. Dadurch
ergibt sich eine äußerst geringe Empfangs-Feldstärke. Obwohl man in den
Empfänger-Eingangsstufen bereits sehr rauscharme Verstärker verwendet,
ist doch eine erhebliche Bandbreitereduktion des Übertragungskanals erforderlich, um dadurch den Störabstand auf einen einigermaßen akzeptablen Wert zu bringen [21,Teil 1].

Bewegtbildübertragungen konnten daher bisher nur bei dem Apollo-Mond-
landeprogramm durchgeführt werden. Allerdings mußte auch hierbei aus
Störabstandsgründen die Übertragungsbandbreite von 4 MHz der USA-Fern-
sehnorm auf 500 kHz reduziert werden, was durch eine Verringerung der
Zeilenzahl von 525 auf 320 und der Bildfrequenz von 30 Hz auf 10 Hz gelang. Durch Verwendung eines elektrooptischen Normwandlers und eines
umfangreichen Plattenspeichers konnte die Anpassung an die terrestrische
Fernsehnorm bei allerdings erheblichen Qualitätseinbußen (geringere Flä-
chen- und Bewegungsauflösung) vorgenommen werden [21,Teil 2].

Bei den Mariner-Marssonden war dagegen die Entfernung zur Erde so groß
$(216 \cdot 10^6$ km), daß die Bandbreite für die Bildübertragung auf den außerordentlich geringen Wert von 5 Hz reduziert werden mußte, was für die
gewählte digitale Übertragung einem Datenfluß von nur etwa 10 bit/s entspricht [21,Teil 1]. Nach <u>Bild 123a</u> wurde für diese Langsamübertragung
der Bilddaten ein in der Laufgeschwindigkeit umschaltbarer Magnetband-
Recorder verwendet. Bei der Aufnahme lief er mit 32 cm/s, Bei der Wiedergabe mit 0,25 mm/s. Dadurch konnte der Nachrichtenfluß von 10,7 kbit/s
auf den für die Übertragung zur Erde erforderlichen geringen Wert von
8,4 bit/s reduziert werden.

Der relativ geringe Eingangs-Datenfluß des Recorders von 10,7 kbit/s war
nur durch eine Kamera mit Speicher-Vidikon und Langsamabtastung zu erhalten. Es ist dies die gleiche Anordnung, wie sie teilweise auch in den

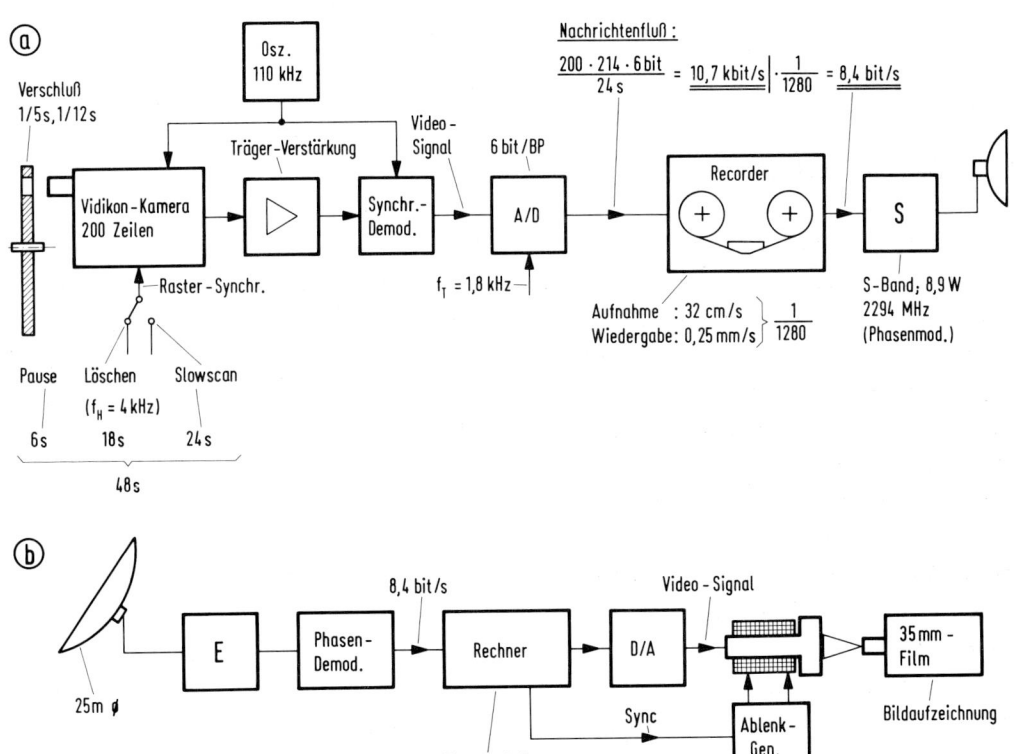

<u>Bild 123</u> Festbildübertragung von der Marssonde Mariner IV
    a) Raumstation
    b) Bodenstation

Wettersatelliten für die Übertragung von Wolkenbildern zur Erde verwendet wird. Die Funktion und Betriebsweise des Speicher-Vidikons ist in Kapitel 1.4.2 (Bild 27) bereits ausführlich beschrieben worden. Ein derartiges "Slowscan-Vidikon" wurde darüber hinaus fast im gesamten Raumfahrtprogramm der Nasa (Ranger, Surveyor für den Mond, Mariner und Viking-Orbiter für den Mars sowie Voyager für Jupiter und Saturn) verwendet [134]. Lediglich im Lunar-Orbiter-Programm mußte für die genaue Vermessung der Mondoberfläche wegen der höheren Auflösung ein wesentlich komplizierteres fotografisches Verfahren mit anschließender Lichtpunktabtastung verwendet werden [21,Teil 1].

Bei der Marssonde Mariner IV wurde nach Bild 123a der Nachrichtenfluß noch dadurch zusätzlich reduziert, daß für die Bildabtastung in der Vidikonkamera nur 200 Zeilen verwendet werden. In der Horizontalen müssen ebenfalls 200 Bildpunkte (+14 Bildpunkte Austastlücke) übertragen werden. Bei einer A/D-Wandlung mit 6 bit/Bildpunkt ergibt sich dann eine Nachrichtenmenge von $200 \cdot 214 \cdot 6$ bit = 256,8 kbit. Da für die Langsamabtastung im Speicher-Vidikon 24 s vorgesehen sind, wird der Nachrichtenfluß 256,8 kbit/24 s = 10,7 kbit/s.

Nach Kapitel 1.4.2 (Bild 27) benötigt das Speicher-Vidikon eine Kurzzeitbelichtung, die nach Bild 123a mit einem mechanischen Verschluß (eine Umdrehung der rotierenden Blende) durchgeführt wird. Zuvor erfolgt nach Bild 27 das Löschen des früher gespeicherten Bildes mit einem schnell laufenden Raster in 18 s. Dann schließt sich das Langsamabtasten in 24 s an. Einschließlich einer Pause von 6 s dauert nach Bild 123a der ganze Vorgang 48 s. Da die Marssonde Mariner IV nach achtmonatigem Flug am 14. Juli 1965 nur ungefähr 25 Minuten lang in einer Entfernung von 12 500 km am Mars vorbeiflog, konnten so in etwa einminütigem Abstand 22 Aufnahmen von der Marsoberfläche auf das mit 32 cm/s laufende Magnetband gespeichert werden.

Erst nach weiteren acht Stunden, nachdem die Sonde hinter dem Mars vorbeigeflogen war, konnten mit dem jetzt sehr langsam laufenden Band (1/1280 der Aufnahmegeschwindigkeit) die PCM-Daten der 22 Bilder mit dem auf 10,7 kbit/s : 1280 = 8,4 bit/s reduzierten Nachrichtenfluß zur Erde übertragen werden. Pro Bild mit einer Nachrichtenmenge 256,8 kbit wurden dann eine Übertragungszeit von 256,8 kbit : 8,4 bit/s = $30,6 \cdot 10^3$ s = 8,5 Stunden und für die 22 Bilder $22 \cdot 8,5/24 \approx 8$ Tage benötigt.

In der Bodenstation nach <u>Bild 123b</u> wurde das PCM-Signal einem Rechner
zugeführt und hier zunächst einmal gespeichert. Während der nächsten 8
Tage - solange mit der Sonde noch Funkkontakt bestand - übertrug man die
Daten der 22 Bilder noch einmal und ließ den Rechner den Mittelwert zwischen einander entsprechenden Signalwerten bilden, wodurch sich der
Störabstand noch einmal verbessert. Nach weiteren bildverbessernden Maßnahmen mit dem Rechner und einer anschließenden D/A-Wandlung wurden die
Marsbilder dann mit dem langsam laufenden Lichtpunkt einer Bildröhre auf
35-mm-Film aufgezeichnet.

Bei einigen Wettersatelliten werden für die Aufnahme der Wolkenbilder
ebenfalls Fernsehkameras mit Speicher-Vidikons verwendet. Es sind ähnliche Anordnungen wie die Kameraeinrichtung in der Marssonde Mariner IV
nach Bild 123a. Das nach dem Prinzip von Bild 27 aus der Speicherschicht
in Slowscan-Technik ausgelesene Videosignal wird dabei allerdings nicht
(wie bei Mariner IV) auf einem Recorder zwischengespeichert, sondern direkt zur Erde übertragen. Dabei werden Abtast- und Übertragungszeiten
von etwa 200 s bei Übertragungs-Bandbreiten von ungefähr 1 kHz verwendet.

Seit 1977 ist nun aber für den europäischen Raum der Wettersatellit Meteosat im Einsatz. Er wurde nach <u>Bild 124</u> in einer Höhe von 36 000 km
- also in geostationärer Umlaufbahn - etwa über dem Äquator (Golf von
Guinea) positioniert und sieht damit die Erde mit einem Öffnungswinkel
von $\approx 18°$. Die Satellitenachse ist mit 100 U/min drallstabilisiert. Diese Drehbewegung nutzt man nun zur zeilenweisen Abtastung der Erdoberfläche [135]. Zu diesem Zweck ist hinter einem Fenster des Satelliten ein

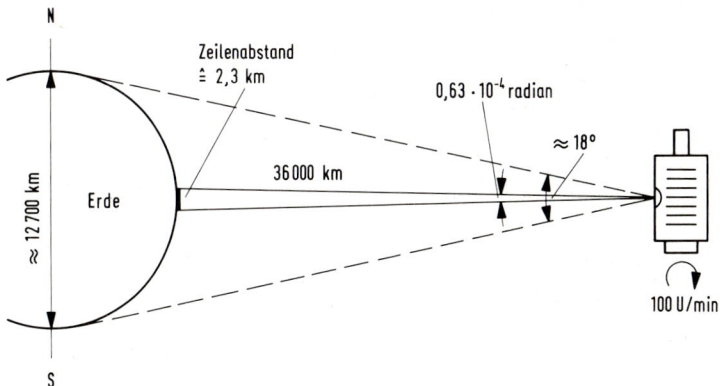

<u>Bild 124</u> Prinzip der Bildabtastung beim Wettersatelliten Meteosat

Spiegelteleskop (Radiometer) mit entsprechenden Sensoren für Aufnahmen
im sichtbaren Bereich und im Infrarotbereich fest angebracht. Während
eines Umlaufes in 600 ms wird die Erde von diesen Sensoren in
600 ms · $18^\circ/360^\circ$ = 30 ms einmal abgetastet, die Zeileninformation elektronisch gespeichert und in der restlichen Umlaufzeit aus diesem Speicher entsprechend langsamer ausgelesen und sofort zur Erde übertragen.
Nach jedem Umlauf wird das Teleskop um einen kleinen Winkel gekippt und
dann die nächste Zeile abgetastet. Für die Übertragung des Gesamtbildes
der Erdoberfläche werden 2500 Satelliten-Umdrehungen (entsprechend 2500
Zeilen) benötigt, was zu einer Bildübertragungszeit von 600 ms · 2500 = 25
Minuten führt.

Zur Auflösungserhöhung bei der Erstellung des Wolkenbildes im sichtbaren
Bereich verwendet man zwei parallele Sensoren, so daß mit einem Umlauf
jeweils zwei Zeilen gleichzeitig abgetastet werden. Das führt zu einer
Gesamt-Zeilenzahl von 2500 · 2 = 5000. Man erhält damit eine Vertikalauflösung, die dem Winkel 18° · 0,0175/5000 = 0,63 · 10^{-4} radian entspricht.
Nach Bild 124 führt das zu einem Zeilenabstand auf der Erde von
36 000 km · 0,63 · 10^{-4} = 2,3 km. Die gleiche Auflösung in der Horizontalen des Bildes erfordert 5000 Bildpunkte pro Zeile und damit einen Nachrichtenfluß für die Übertragung zur Erde von 5000 · 6 bit/600 ms = 50 kbit/s.

Besonders leistungsfähig wird das Meteosat-System dadurch, daß die vom
Wettersatelliten empfangenen Bilder in der zentralen Bodenstation der
ESOC (European Space Operations Centre) in Darmstadt durch eine Großre-
chenanlage verarbeitet werden können. So lassen sich Übertragungsfehler
durch Korrelationsmethoden korrigieren. Es können weiterhin Gradnetze
und Küstenlinien überlagert werden, um auch für bewölkte Gegenden die
geographischen Verhältnisse abschätzen zu können. Schließlich werden mit
dem Rechner auch die gewünschten Bildausschnitte für die einzelnen Regi-
onen angefertigt.

Die derart verarbeiteten Bilder werden von der ESOC in Darmstadt wieder
zum Wettersatelliten Meteosat übertragen und können von dort an die verschiedenen Benutzer verteilt werden, wobei auch eine Anpassung an die
Norm der älteren Wetterkartenempfänger vorgenommen wird. Damit existiert
im Bereich des europäischen Wetterdienstes ein wirklich vorbildliches
Festbild-Kommunikationsnetz, mit dessen Beschreibung hier abschließend
noch einmal die Leistungsfähigkeit moderner Bildübertragungssysteme
deutlich gemacht werden sollte.

Literaturverzeichnis

[1] H. Schönfelder   Fernsehtechnik, Teil 1.
                      Justus von Liebig Verlag, Darmstadt 1972

[2] H.D. Lüke   Signalübertragung.
                      Springer-Verlag, Berlin 1975

[3] F. Arp   Fernsehnormen als Qualitätsstandard der
                      Bildübertragung.
                      NTZ 27 (1974), H. 1, S. 35 - 42

[4] R.D. Kell   A Determination of Optimum Number of Lines
    A.V. Bedford   in a Television System.
    G.L. Fredendall   RCA Review 5 (1940), H. 1, S. 8 - 30

[5] U. Reimers   Zur Auflösung von Fernsehkameras mit Halb-
                      leiter-Bildsensoren.
                      Dissertation an der TU Braunschweig 1982

[6] H. Schönfelder   Nachrichtenreduktion in der Fernsehtechnik.
                      Fernseh- und Kinotechnik 27 (1973), H. 1,
                      S. 3 - 8

[7] H. Tümmel   Laufbildprojektion.
                      Springer-Verlag, Wien - New York 1973

[8] H. Schönfelder   Fernsehtechnik, Teil 2.
                      Justus von Liebig Verlag, Darmstadt 1973

[9] D.E. Pearson   Transmission and Display of Pictorial
                      Information.
                      Pentech Press Limited, London 1975

[10] F. Arp   Eine verallgemeinerte Theorie der Bildabtastung
                               3. Teil: Aperturkorrektur und die äquivalente
                               Filterung des Bildsignals.
                               AEÜ 24 (1970), H. 10, S. 447 - 459

[11] R.H. McMann   A Digital Noise Reducer for Encoded NTSC Signals.
     et al.   Symposium record G-5, International Television
                               Symposium Montreux 1977

[12] H. Schönfelder   Nachrichtentechnik,
                               Telefonie - Telegrafie - Bildübertragung.
                               Justus von Liebig Verlag, Darmstadt 1974

[13] W. Dillenburger   Einführung in die Fernsehtechnik, Band 1.
                               Fachverlag Schiele u. Schön, Berlin 1975

[14] R.G. Neuhauser   The Silicon-Target Vidicon.
                               SMPTE Journal 86 (1977), H. 6, S. 408 - 414

[15] S. König   Wirkungsweise und Anwendung ladungsgekoppelter
                               Halbleiteranordnungen.
                               Fernseh- und Kinotechnik 29 (1975), H. 4,
                               S. 107 - 110

[16] G. Brand   Signalverarbeitung mit analogen Speichern in
                               der Fernsehtechnik.
                               Fernseh- und Kinotechnik 30 (1976), H. 3,
                               S. 81 - 85

[17] H. Herbst   CCD und CID - Optoelektronische Halbleiter-
     K. Knauer   sensoren für die Fernsehtechnik.
     R. Koch   Rundfunktechn. Mitteilungen 21 (1977), H. 2,
                               S. 77 - 86

[18] N. Mayer   Technik des Farbfernsehens in Theorie und
                               Praxis.
                               Hüthig und Pflaum Verlag, München/Heidelberg
                               1967

[19] H. Lang   Farbmetrik und Farbfernsehen.
                               R. Oldenbourg Verlag, München/Wien 1978

[20] H. Schönfelder   Einröhren- und Zweiröhren-Farbkamerasysteme.
     G. Bock   Funkschau 47 (1975), H. 18, S. 111 - 114 und
                        H. 19, S. 59 - 63

[21] H. Schönfelder   Bildübertragung im Weltraum.
                        Fernseh- und Kinotechnik 27 (1973)
                        Teil 1: H. 7, S. 223 - 226
                        Teil 2: H. 8, S. 281 - 282

[22] Y. Kubota   The Design Philisophy of a Singletube Color
     H. Kurokawa   Camera Employing Electronic Indexing Method.
                        Sony Research Center Reports 10 (1971)

[23] D.H. Pritchard   Stripe-Color-Encoded Single-Tube Color-Televi-
                        sion Camera Systems.
                        RCA Review 34 (1973), H. 6, S. 235 - 242

[24] U. Kraus   Prinzipien der optischen Farbcodierung in
                        elektronischen Einröhren-Farbkameras.
                        Fernseh- und Kinotechnik 27 (1973), H. 11,
                        S. 387 - 390 und H. 12, S. 432 - 434

[25] G. Bock   Farbwertsignalfehler bei Einröhren- und Zwei-
                        röhren-Farbkameras mit subtraktiv wirkenden
                        Streifenfiltern.
                        Dissertation an der TU Braunschweig 1977

[26] H. Borkan   Simultaneous Signal Separation in the Tricolor
                        Vidicon.
                        RCA Review 21 (1960), S. 3 - 16

[27] J. Wölber   Dia-Abtaster mit P^2CCD-Zeilen.
                        Fernseh- und Kinotechnik 33 (1979), H. 1, S. 5 - 9

[28] D. Poetsch   Neue Lösungswege bei der Filmabtastung.
                        Fernseh- und Kinotechnik 32 (1978), H. 9,
                        S. 349 - 354

[29] W. Otten   Das 20-AX-System, 66 cm-In-Line-Farbbildröhre
     J. Wölber   mit Langlochmaske für parastigmatische Ablenkung.
                        Funkschau 46 (1974), H. 9, S. 299 - 302 und
                        H. 10, S. 374 - 376

[30] B. Morgenstern   Farbfernsehtechnik.
                           B.G. Teubner Verlag, Stuttgart 1977

[31] F. Kirschstein   Die Bildwiedergabe durch Fernsehempfänger bei
     A. Krug   ungenauer Abstimmung.
                           Fernmeldetechn. Zeitschrift (1954), H. 6,
                           S. 273 - 278

[32] K. Küpfmüller   Die Systemtheorie der elektrischen Nachrich-
                           tenübertragung.
                           S. Hirzel Verlag, Stuttgart 1968

[33] H. Christoph   Analyse der Cross-Color-Störung bei schrägem
                           Strichrastertest für das NTSC- und PAL-Farb-
                           fernsehsystem.
                           NTZ 26 (1973), H. 5, S. 210 - 216

[34] H. Hartridge   The Visual Perception of Fine Detail.
                           Philosophical Transactions of the Royal
                           Society 232 (1947), S. 519 - 671

[35] H. Schönfelder   Die Farbsynchronisierung beim NTSC-Verfahren.
                           AEÜ 18 (1964), S. 355 - 370

[36] H. Schönfelder   Ein Vektorskop für Laboratorium und Farbfern-
                           sehstudio.
                           Radio Mentor 28 (1962), S. 835 - 840

[37] H. Schönfelder   Übertragungsfehler im NTSC-Kanal.
                           AEÜ 12 (1958), S. 497 - 509

[38] H. de France   Le système de télévision en couleurs
                           sequentiel - simultané.
                           L'Onde Electrique 38 (1958), S. 479 - 483

[39] R. Chaste   Arbeitsweise und Vorteile des Farbfernseh-
     P. Cassagne   verfahrens SECAM.
                           Elektronische Rundschau 14 (1960), S. 361 - 366

[40] W. Bruch   Das PAL-Farbfernsehen -
                         Prinzipielle Grundlagen der Modulation und
                         Demodulation.
                         NTZ 17 (1964), S. 109 - 121

[41] W. Bruch   Wahl eines Präzisionsoffsets für den Farbhilfs-
                         träger im PAL-Farbfernsehsystem.
                         Telefunken-Zeitung 36 (1963), S. 89 - 99

[42] W. Bruch   System zur Speicherung von Farbbildsignalen.
                         Patent 2 056 684, 18.11.1970 (AEG-Telefunken)

[43] W. van den Bussche Farbfernsehsystem.
                         Patent 2 156 201, 12.11.1971 (Philips)

[44] H. Schönfelder   Zur Konzeption eines Farb-Bildfernsprech-
                         systems.
                         NTZ 30 (1977), H. 2, S. 163 - 168

[45] G. Brand   Ein Zeitmultiplex-Übertragungssystem für das
                         Farbbildtelefon.
                         Dissertation an der TU Braunschweig 1979

[46] G. Brand   "Timeplex" - ein serielles Farbcodierverfahren
     G. Müller   für Heim-Videorecorder.
     H. Schönfelder   Fernseh- und Kinotechnik 34 (1980), H. 12,
     K.-P. Wendler   S. 451 - 458

[47] G. Brand   Timeplex - ein serielles Farbcodierverfahren
     H. Schönfelder   für Videorecorder.
     K.-P. Wendler   Tagungsband der 8. FKTG-Jahrestagung in Berlin
                         1980, S. 207 - 223

[48] R. Rawlings   Multiplexed Analogue Components - a New Video
     R. Morcom   Coding System for Satellite Broadcasting.
                         Convention Record IBC Brighton 1982, S. 158 - 164

[49] S. Dinsel   Zweiter Ton zum Fernsehbild-Übertragungsver-
                         fahren für weitere Tonkanäle.
                         Radio Mentor 35 (1969), H. 6, S. 415 - 418

[50] M. Aigner   Zweitonübertragung beim Fernsehen - Der Einfluß
                        des Offsetbetriebes von Fernsehsendern auf den
                        Tonstörabstand beim FM/FM-Multiplexverfahren
                        und dem Zweiträgerverfahren.
                        Rundfunktechn. Mitteilungen 22 (1978), H. 4,
                        S. 185 - 194

[51] M. Aigner   Eine neue Stereomatrizierung für den Fernsehton.
                        Rundfunktechn. Mitteilungen 23 (1979), H. 1,
                        S. 10 - 13

[52] P. Dambacher   Stereo- und Zweiton-Technik beim Fernsehen.
     K. Kislinger   Fernseh- und Kinotechnik 35 (1981), H. 8,
                        S. 273 - 278

[53] H. Schwarz   HiFi-Qualität für den Fernsehton. - Eine neue
     W. Weltersbach   Konzeption für die Differenz-Tonträgergewinnung
                        beim Zwei-Tonträger-Verfahren.
                        Fernseh- und Kinotechnik 35 (1981), H. 8,
                        S. 279 - 286

[54] G.-G. Gaßmann   Das COIN-System, ein neues Vielton-Übertra-
     E. Eckert   gungssystem.
                        Funkschau 42 (1970), S. 689 - 692 u. 749 - 750

[55] P. Wolf   Die Übertragung von NF-Signalen in einer einzel-
                        nen Zeile der Bildaustastlücke.
                        Rundfunktechn. Mitteilungen 15 (1971), H. 2,
                        S. 61 - 69

[56] P. Wolf   Analyse eines Verfahrens zur Übertragung von
                        NF-Signalen in zeitkomprimierter, analoger Form.
                        NTZ 25 (1972), H. 8, S. 352 - 358

[57] P. Wolf   Nutzung des Fernsehkanals für die Übertragung
                        zusätzlicher Informationen.
                        Fernseh- und Kinotechnik 29 (1975), H. 8,
                        S. 235 - 238

[58] K. Vogt   Datenübertragung in einer Zeile des Fernseh-
                                signals.
                                Rundfunktechn. Mitteilungen 16 (1972), H. 2,
                                S. 88 - 93

[59] R. Burkhardt   Integrierte digitale Stereotonübertragung im
     G. Steudel   Fernsehen.
                                Rundfunktechn. Mitteilungen 24 (1980), H. 1,
                                S. 26 - 30

[60] H.E. Krüger   Das digitale Fernsehkennungssystem ZPS.
                                NTZ 35 (1982), H. 6, S. 368 - 376

[61] F. Pilz   Techniken zur Übertragung von Untertiteln in
                                Fernsehprogrammen, insbesondere zur wahlweisen
                                Verwendung beim Zuschauer.
                                Rundfunktechn. Mitteilungen 20 (1976), H. 4,
                                S. 138 - 146

[62] N. Mayer   Verfahren zur Mitsendung zusätzlicher Bild-
     G. Möll   information in der Vertikalaustastzeit einer
                                Fernsehübertragung.
                                Rundfunktechn. Mitteilungen 15 (1971), H. 5,
                                S. 206 - 213

[63] H. Schönfelder   Zukunftsaspekte der Fernsehtechnik.
                                Fernseh- und Kinotechnik 33 (1979), H. 9,
                                S. 307 - 310

[64] F. Pilz   Digital codierte Übertragung von Text und
                                Graphik in den Vertikal-Austastintervallen
                                des Fernsehsignals.
                                Fernseh- und Kinotechnik 31 (1977), H. 8,
                                S. 277 - 283

[65] H. Licht   Fernsehen über Mikrowellen, Satelliten und
                                ausgedehnte Kabelnetze.
                                Radio Mentor 36 (1970), H. 5, S. 340 - 345

[66] H. Schönfelder   Die Bild-Kommunikationssysteme der Zukunft.
                           Mitt. der TU Braunschweig 9 (1974), H. 3/4,
                           S. 39 - 47

[67] W. Kaiser   Telekommunikationsbericht der Kommission für den
     et al.   Ausbau des technischen Kommunikationssystems
                          (KtK), Arbeitskreis Technik und Kosten.
                          Anlageband 2: Technik u. Kosten besteh. u. mögl.
                                        neuer Telekommunikationsformen
                          Anlageband 3: Bestehende Fernmeldedienste
                          Anlageband 4: Neue Kommunikationsformen in be-
                                        stehenden Netzen
                          Anlageband 5: Kabelfernsehen
                          Anlageband 6: Breitbandkommunikation.
                          Verlag Dr. Hans Heger, Bonn-Bad Godesberg 1976

[68] A. Köhler   Stand des Kabelfernsehens in den USA.
                         Fernseh- und Kinotechnik 25 (1971), H. 10,
                         S. 364 - 369 und H. 11, S. 397 - 400

[69] H.-G. Unger   Optische Nachrichtentechnik.
                         Elitera-Verlag, Berlin 1976

[70] H. Bauch   Künftige Kommunikationstechnik mit Lichtleitern.
                         NTZ 32 (1979), H. 3, S. 150 - 153

[71] R. Süverkrübbe   Satellitentechnik -
                         Verteiler- und Rundfunksatelliten.
                         Rundfunktechn. Mitteilungen 24 (1980), H. 2,
                         S. 72 - 78

[72] K. Freeman   12-GHz-Fernsehempfang über Satelliten.
                         Rundfunktechn. Mitteilungen 17 (1973), H. 2,
                         S. 70 - 78

[73] P. Wawker   Low-Cost Satellite Receiving Techniques.
                         IBA Technical Review (1978), H. 11 (Satellites
                         for Broadcast), S. 27 - 35

[74] H.-D. Naumann   Übertragungsexperimente mit hochauflösenden
                        Fernsehsystemen über Satelliten.
                        Bild und Ton 34 (1981), H. 6, S. 187 - 188

[75] H. Schönfelder   Nachrichtenreduktion in der Fernsehtechnik.
                        Fernseh- und Kinotechnik 27 (1973),
                        Teil 1: H. 1, S. 3 - 8
                        Teil 2: H. 2, S. 53 - 55

[76] J. Heitmann   Digitalisierung von Fernsehsignalen - Notwendige
                        und mögliche Standards für digitale Fernseh-
                        Studiosignale.
                        Fernseh- und Kinotechnik 33 (1979), H. 5,
                        S. 150 - 154

[77] N. Mayer   Probleme und Stand der internationalen Normung
                        digitaler Bildsignale.
                        Fernseh- und Kinotechnik 35 (1981), H. 5,
                        S. 161 - 166

[78] M. Hausdörfer   Digitale Systeme in der Studiotechnik.
                        Tagungsband der 8. FKTG-Jahrestagung in Berlin
                        1980, S. 158 - 168

[79] A. Naab   Merkmale eines breitbandigen und integrierten
                        Übertragungssystems in Glasfasertechnik.
                        Zeitschrift für das Post- und Fernmeldewesen
                        (1981), H. 11, S. 38 - 43

[80] G. Wengenroth   Die Codierung von Farbfernseh- und Bildfern-
                        sprechsignalen in einem digitalen optischen
                        Teilnehmeranschlußnetz.
                        ntz-Archiv 4 (1982), H. 4, S. 103 - 107

[81] T. Fischer   Fernsehen wird digital.
                        Elektronik (1981), H. 16, S. 27 - 35

[82] W. Weltersbach   Digitale Videosignalverarbeitung im Farbfern-
     M. Jacobsen   sehempfänger.
                        1. Teil: PAL-Farbdecoder.
                        Fernseh- und Kinotechnik 35 (1981), H. 9,
                        S. 317 - 323

[83] M. Jacobsen   Digitale Videosignalverarbeitung im Farbfern-
     W. Weltersbach   sehempfänger.
                         2. Teil: Maßnahmen zur Verbesserung der
                                  Bildqualität.
                         Fernseh- und Kinotechnik 35 (1981), H. 10,
                         S. 371 - 379

[84] P. Draheim   Digitaltechnik im Fernsehgerät.
                         NTZ 35 (1982), H. 2, S. 96 - 98

[85] J.P. Rossi   Digital Techniques for Reducing Television Noise.
                         SMPTE Journal 87 (1978), H. 3, S. 134 - 140

[86] U. Kraus   Vermeidung des Großflächenflimmerns in Fernseh-
                         Heimempfängern.
                         Rundfunktechn. Mitteilungen 25 (1981), H. 6,
                         S. 264 - 269

[87] J.D. Lowry   Coder/Decoder Units for RGB and NTSC Signals.
                         SMPTE Journal 90 (1981), H. 10, S. 945 - 948

[88] U. Messerschmid   Bandbreitenreduktion bei der Fernsehübertragung
                         mit Pulscodemodulation durch Verringerung der
                         Abtastfrequenz.
                         NTZ 22 (1969), H. 9, S. 515 - 521

[89] J.O. Limb   A Simple Interframe Coder for Video Telephony.
     R.F.W. Pease   Bell Syst. Techn. Journal 50 (1971), S. 1877-1888

[90] E.R. Kretzmer   Versuche zur günstigen Codierung von Bildinfor-
                         mation.
                         Nachrichtentechn. Fachber. 6 (1957),S.11/19-11/25

[91] H. Schönfelder   Nachrichtenreduktion für Bildsignale.
                         Funkschau 45 (1973), H. 15, S. 1707 - 1818

[92] H. Schönfelder   Experimentalvorführung zur Quellencodierung.
     D. Preuß   NTG-Fachberichte, Band 40 (Codierung) 1971,
     W. Schlink   S. 56 - 71
     H. Wendt

[93] H. Wendt   Redundanz- und Informationsreduktion von Fern-
                         sehsignalen.
                         NTG-Fachberichte, Band 40 (Codierung) 1971,
                         S. 46 - 55

[94] D.J. Connor   Intraframe Coding for Picture Transmission.
     R.C. Brainard   Proc. IEEE 60 (1972), H. 7, S. 779 - 791
     J.O. Limb

[95] H.G. Musmann   Predictive Image Coding (aus "Image Transmission
                         Techniques" edited by W.K. Pratt).
                         Academic Press, New York 1979, S. 73 - 112

[96] P. Pirsch   Optimierung von Farbfernseh-DPCM-Systemen unter
                         Berücksichtigung der Wahrnehmbarkeit von Quanti-
                         sierungsfehlern.
                         Dissertation an der Universität Hannover, Fakul-
                         tät für Maschinenwesen, 1979

[97] T. Kummerow   Ein DPCM-System mit zweidimensionalem Prädiktor
                         und gesteuertem Quantisierer.
                         Tagungsband der NTG-Fachtagung "Signalverarbei-
                         tung" (1973), S. 425 - 439

[98] J. Burgmeier   Dreidimensionale DPCM mit Entropiecodierung und
                         adaptivem Filter.
                         NTZ 30 (1977), H. 3, S. 251 - 254

[99] H. Wendt   Interframe-Codierung für Videosignale.
                         Internationale Elektronische Rundschau 27 (1973),
                         H. 1, S. 2 - 7

[100] H. Wendt   Stand der Ergebnisse der Arbeiten des COST211-
                         Ausschusses zu einer europäischen digitalen
                         Bildfernsprechnorm.
                         NTG-Fachberichte, Band 74 (Text- und Bildkommu-
                         nikation) 1980, S. 362 - 369

[101] G. Bostelmann   Ein Codec für Bildfernsprechsignale mit subjek-
                         tiv optimiertem Bewegungsdetektor.
                         Frequenz 33 (1979), H. 1, S. 2 - 8

[102] H.C. Bergmann   Übertragung von Bewegtbildern mit niedrigen
                        Übertragungsraten.
                        NTG-Fachberichte, Band 74 (Text- und Bildkommu-
                        nikation) 1980, S. 370 - 378

[103] L. Stenger   Die Pulscodemodulation der Chrominanzsignale des
                        Farbfernsehens.
                        Dissertation an der Universität Hannover, Fakul-
                        tät für Maschinenwesen, 1977

[104] P.A. Wintz   Transform Picture Coding.
                        Proc. IEEE 60 (1972), H. 7, S. 809 - 819

[105] B. Wendland   Entwicklungsalternativen für zukünftige Fernseh-
                        systeme.
                        Fernseh- und Kinotechnik 34 (1980), H. 2,
                        S. 41 - 48

[106] B. Brettschneider Eigenschaften und Verarbeitung des neuen hoch-
      W. Zikesch   empfindlichen Video-News-Kinefilms.
                         Fernseh- und Kinotechnik 31 (1977), H. 9,
                         S. 323 - 325

[107] T. Fujio   A Study of High-Definition TV-System in the
                        Future.
                        IEEE Transactions on Broadcasting,
                        Vol. BC-24 (1978), H. 4

[108] B. Wendland   Einführungsstrategien für HiFi-Fernsehsysteme.
                        Fernseh- und Kinotechnik 35 (1981), H. 9,
                        S. 325 - 332

[109] W. Heberle   Vom Verteil- zum Dialog-Fernsehen.
                        Radio Mentor 37 (1971), H. 2, S. 85 - 88

[110] H. Wendt   Schmalband-Codierung.
                        NTZ 30 (1977), H. 3, S. 245 - 250

[111] H. Wendt   International Transmission of 625-Line Colour
                               Television Signals at 8,448 Mbit/s.
                               Convention Record 4. International Conference
                               on Digital Satellite Communications,
                               Montreal 1978, S. 256 - 260

[112] H. Schönfelder   Fernsehtechnik für zukünftige Kommunikations-
                               aufgaben.
                               Bosch Techn. Berichte 6 (1979), H. 5/6,
                               S. 276 - 285

[113] M.C.W. van Buul   Standards Conversion of a Videophone Signal
      L.J.van de Polder   with 313 Lines into a TV Signal with 625 Lines.
                               Philips Res. Repts. 29 (1974), S. 413 - 428

[114] J. Ost   Zeilennormwandler in einem Video-Kommunikati-
                               onssystem.
                               NTZ 30 (1977), H. 3, S. 223 - 225

[115] J. Klie   Codierung von Fernsehsignalen für niedrige
                               Übertragungsbitraten.
                               Dissertation an der Universität Hannover, Fakul-
                               tät für Maschinenwesen, 1978

[116] P. Klein   Fernsprech-Bildkonferenz.
                               NTZ 30 (1977), H. 3, S. 239 - 244

[117] P. Klein   Bildkonferenz in einem Betriebsversuchsnetz.
                               NTG-Fachberichte, Band 74 (Text- und Bildkommu-
                               nikation) 1980, S. 352 - 361

[118] P. Günther   Projektstudie Fernsehkonferenz. Stand der Tech-
      P. Neuhold   nik und Vorschläge für Weiterentwicklungen.
      G. Plenge   Forschungsbericht T75 (1975) des Heinrich-
                               Hertz-Instituts, Berlin

[119] T. Celio   Die photoelektronischen Abtastmethoden in der
                               Technik der Bildwiedergabe.
                               Birkhäuser Verlag Basel und Stuttgart 1975

[120] K. Bergmann   Lehrbuch der Fernmeldetechnik.
                           Fachverlag Schiele & Schön, Berlin 1970

[121] S. Itoh   Heim-Fax, Zeitung aus Fernseher oder Radio-
                           apparat.
                           Radio Mentor 36 (1970), H. 8, S. 534 - 536

[122] H.G. Musmann   Stand und Entwicklungstendenzen der Faksimile-
      et al.   technik.
                           Forschungsbericht T77-33 (1977) des BMFT

[123] J. Wenzel   Ein Fernkopierer der Gruppe 3.
                           Funkschau 54 (1982), H. 8, S. 62 - 64

[124] H.-J. Pietsch   SSTV-Aufnahme- und Sendetechnik.
                           Funkschau 46 (1974), H. 2, S. 55 - 57

[125] G. Brand   Bildspeichersysteme für die Verarbeitung von
      W. Eggersglüß   Farbfernsehsignalen.
                           Tagungsband der 7. FKTG-Jahrestagung in Dort-
                           mund 1979, S. 193 - 211

[126] D. Preuß   Vergleich von Redundanzreduktionsverfahren für
                           die Faksimileübertragung von Dokumenten.
                           NTZ 30 (1977), H. 3, S. 234 - 236

[127] H. Bouwman   Philips P-FAX 2000 facsimile transceivers.
      P. Gustin   Philips Telecom. Review 39 (1981), H. 1,
                           S. 1 - 15

[128] H.T. Hagmeyer   Gleichzeitige Sprach-, Text- und Bildkommunika-
                           tion über einen digitalen Fernsprechanschluß.
                           NTG-Fachberichte, Band 74 (Text- und Bildkommu-
                           nikation) 1980, S. 79 - 89

[129] M. Tasto   Kombination von Text- und Facsimileübertragung,
                           Anwendungs- und Systemüberlegungen.
                           NTG-Fachberichte, Band 74 (Text- und Bildkommu-
                           nikation) 1980, S. 75 - 78

[130] A. Blay   Farbfaksimileübertragung.
                          Internationale Elektronische Rundschau 25 (1971),
                          H. 2, S. 39 - 40

[131] H. Niemeier   Ein neues Verfahren zur Übertragung und Speiche-
                          rung von Farb-Telebildern.
                          Fernseh- und Kinotechnik 35 (1981), H. 4,
                          S. 117 - 125

[132] H.-J. Fischer   Farbfernseh-Einzelbildübertragung über Fern-
                          sprechleitungen.
                          NTG-Fachberichte, Band 74 (Text- und Bildkommu-
                          nikation) 1980, S. 298 - 305

[133] H.U. Delius   Simultane Übertragung von Sprache und Hand-
                          schrift über einen Fernsprechkanal.
                          NTG-Fachberichte, Band 74 (Text- und Bildkommu-
                          nikation) 1980, S. 254 - 261

[134] M.M. Mirabito   Television Systems and Slow-Scan-Vidicons on
                          NASA Space Probes.
                          SMPTE Journal 91 (1982), H. 6, S. 542 - 546

[135] K.G. Lenhart   Bilderstellung und Datentechnik des Wetter-
                          satelliten "Meteosat".
                          Fernseh- und Kinotechnik 35 (1981), H. 2,
                          S. 45 - 50

Sachverzeichnis